信息科学技术学术著作丛书

藏语自然语言处理基本理论和方法

尼玛扎西　完么扎西　著

科学出版社

北　京

内 容 简 介

本书介绍藏语自然语言处理的基本理论和方法。全书11章，第1章介绍构成藏语语法单位的字、词、短语和句子。第2章介绍概率论、信息论等的基本概念，以及马尔可夫模型、最大熵模型、条件随机场等模型。第3章介绍形式语言与自动机理论涉及的内容。第4章介绍计算机字符编码。第5～10章分别阐述藏语语料库、信息熵、拼写形式语言、自动分词及词性和语义标注、短语结构及其形式化描述和句法分析。第11章结合藏汉机器翻译，介绍统计机器翻译原理。

本书对从事藏语自然语言处理研究的研究者有参考价值，也可供藏文信息技术和藏语计算语言学专业教师和研究生使用。

图书在版编目（CIP）数据

藏语自然语言处理基本理论和方法 / 尼玛扎西，完么扎西著. —北京：科学出版社，2020.5

（信息科学技术学术著作丛书）

ISBN 978-7-03-060337-1

Ⅰ. ①藏… Ⅱ. ①尼… ②完… Ⅲ. ①藏语–自然语言处理–研究 Ⅳ. ①TP391

中国版本图书馆 CIP 数据核字（2018）第 298814 号

责任编辑：魏英杰 / 责任校对：王 瑞
责任印制：吴兆东 / 封面设计：陈 敬

科学出版社 出版

北京东黄城根北街16号

邮政编码：100717

http://www.sciencep.com

北京中石油彩色印刷有限责任公司 印刷

科学出版社发行　各地新华书店经销

*

2020年5月第 一 版　开本：720×1000 B5
2020年5月第一次印刷　印张：20 1/4
字数：405 000

定价：149.00元

（如有印装质量问题，我社负责调换）

《信息科学技术学术著作丛书》序

21世纪是信息科学技术发生深刻变革的时代，一场以网络科学、高性能计算和仿真、智能科学、计算思维为特征的信息科学革命正在兴起。信息科学技术正在逐步融入各个应用领域并与生物、纳米、认知等交织在一起，悄然改变着我们的生活方式。信息科学技术已经成为人类社会进步过程中发展最快、交叉渗透性最强、应用面最广的关键技术。

如何进一步推动我国信息科学技术的研究与发展；如何将信息技术发展的新理论、新方法与研究成果转化为社会发展的推动力；如何抓住信息技术深刻发展变革的机遇，提升我国自主创新和可持续发展的能力？这些问题的解答都离不开我国科技工作者和工程技术人员的求索和艰辛付出。为这些科技工作者和工程技术人员提供一个良好的出版环境和平台，将这些科技成就迅速转化为智力成果，将对我国信息科学技术的发展起到重要的推动作用。

《信息科学技术学术著作丛书》是科学出版社在广泛征求专家意见的基础上，经过长期考察、反复论证之后组织出版的。这套丛书旨在传播网络科学和未来网络技术，微电子、光电子和量子信息技术、超级计算机、软件和信息存储技术、数据知识化和基于知识处理的未来信息服务业、低成本信息化和用信息技术提升传统产业，智能与认知科学、生物信息学、社会信息学等前沿交叉科学，信息科学基础理论，信息安全等几个未来信息科学技术重点发展领域的优秀科研成果。丛书力争起点高、内容新、导向性强，具有一定的原创性，体现出科学出版社"高层次、高水平、高质量"的特色和"严肃、严密、严格"的优良作风。

希望这套丛书的出版，能为我国信息科学技术的发展、创新和突破带来一些启迪和帮助。同时，欢迎广大读者提出好的建议，以促进和完善丛书的出版工作。

中国工程院院士

原中国科学院计算技术研究所所长

前　　言

我于20世纪80年代末开始从事计算机专业教学和藏文信息技术研发工作。在早期的藏文信息技术研发中，着力于解决计算机藏文输入/输出问题。在这个阶段，研发了基于DOS和Windows操作系统的各类藏文输入法及点阵和矢量字库。90年代初开始，致力于藏文信息技术标准的研究和制定。在这个阶段，主持研究制定了《信息交换用藏文编码字符集》国际标准和GB 16959—1997《信息技术信息交换用藏文编码字符集基本集》国家标准。进入新的千年后，回首以往十余年的藏文信息技术研发历史，深感缺乏基础理论研究，因此从信息技术的角度研究藏文拼写文法，并将形式文法和自动机理论引入藏文信息技术研究领域，使藏文信息技术在字处理层面有了进一步的发展。在这些工作的基础上，开始了藏汉及汉藏、藏英及英藏统计机器翻译，藏文及多文种搜索引擎等藏语自然语言处理技术研究。随着人工智能技术的迅猛发展，藏语自然语言处理技术面临新的机遇和挑战。我深感需要对以往的研究和教学工作进行总结，在基础理论和基本方法层面为藏语自然语言处理技术的进一步发展作铺垫，使之在人工智能时代有更好的发展。本书就是在这样的背景下撰写的。

本书介绍了藏语自然语言处理涉及的集合论、概率论和信息论等基本概念，以及齐普夫定律、马尔可夫模型、隐马尔可夫模型、最大熵模型、条件随机场模型等基本定律和模型，并结合藏语自然语言处理介绍藏语语料库、藏文信息熵、藏文拼写形式语言、藏语自动分词及词性和语义标注、现代藏语短语结构及其形式化描述和藏语句法分析等。

本书出版得到国家重点研发计划重点专项"藏文文献资源数字化技术集成与应用示范"(2017YFB1402200)的资助。我主要撰写了本书的第3章、第4章、第7章、第11章的全部内容和第2章的部分内容，完么扎西副教授主要撰写了第1章、第5章、第6章、第8章、第9章、第10章的全部内容和第2章的部分内容。

培养研究生的过程使我教学相长。我的博士研究生完么扎西副教授具有很强的学习能力、认真的治学态度和刻苦的钻研精神，他为本书的撰写付出了巨大的努力。

感谢所有给予我们支持、鼓励和帮助的朋友、同仁和家人！

限于作者水平，书中难免存在不妥之处，恳请各位读者指正。

尼玛扎西

目　　录

第1章 藏语语法单位

藏族是中华民族大家庭中历史悠久、文化源远流长、人口众多、分布较广的古老民族之一。藏语文是藏族群众使用的主要交流工具。藏语属汉藏语系藏缅语族藏语支。藏文是一种具有 1400 多年历史的古老的拼音文字,是藏语的书面表达形式。自公元 7 世纪至今,藏文在发展和使用过程中曾进行了三次较大规模的厘定,形成了较为规范的文法体系。藏文作为藏族文化的重要载体,在推动藏文文化发展和社会进步方面发挥了巨大的作用,历史上用藏文撰写的各类典籍浩如烟海,其数量之巨在国内仅次于汉文。

随着时代的进步和社会的发展,藏语语法得到不断充实、丰富和发展,局部地吸收了字、词、短语、句子等为语法单位的现代语言学的研究方法,使藏语语法规范化取得重大进展,促进了藏语语法的现代化。本章简要介绍藏文字符、藏文字、藏语词语、藏语短语和藏语句子等语法单位。

1.1 藏 文 字 符

现代藏文有 30 个辅音字母和 4 个元音字符,同时使用 5 个反写字母和 5 个并体字母,1 个长元音字符等。传统上,藏文辅音字母表以 4 个字母为一组,共 7 组半,大体上按发音部位分组,又以发音方法为序[1],如表 1-1 所示。藏文 4 个元音字符如表 1-2 所示。

表 1-1 藏文 30 个辅音字母

ཀ་ཁ་ག་ང་	ཅ་ཆ་ཇ་ཉ་	ཏ་ཐ་ད་ན་	པ་ཕ་བ་མ་
ཙ་ཚ་ཛ་ཝ་	ཞ་ཟ་འ་ཡ་	ར་ལ་ཤ་ས་	ཧ་ཨ་

表 1-2 藏文元音字符表

元音	藏文名称	发音
ི	གི་གུ	[i]
ུ	ཞབས་ཀྱུ	[u]
ེ	འགྲེང་པོ	[e]
ོ	ན་རོ	[o]

藏文标点符号形体简单、种类不多，而且其使用规则也与其他文字的标点符号有区别。藏文传统标点符号有20多种，现代藏文常用的标点符号共有6种形式[2]，其中音节之间的分字符(`)使用频率最高。此外，还有云头符(࿓ 和 ࿔)，用于书题或篇首；聚宝垂符(༓)，用于新的行首；蛇形垂符(༕)，用于文章开头处；单垂符(།)，用于短语或句终；双垂符(༎)，用于终结词后或颂偈中；四垂符(༏)，用于卷次末尾。为便于更加准确地表达语义，现代藏文借鉴并使用西方文字的标点符号和阿拉伯数字等，简化了原有的标点符号。

藏文字符包括辅音字母、元音字符、标点符号、数字符号和佛教符号等[3]。根据 GB 16959—1997《信息技术 信息交换用藏文编码字符集 基本集》国家标准和国际标准 ISO/IEC 10646(Tibetan)，藏文字符共有 169 种。

1.2 藏 文 字

在传统藏文文法中，每相邻两个分字符之间的单位被定义为一个音节字(ཚིག་གྲུབ)[4]，以下简称藏文字。藏文字有一套严谨且完备的拼写文法。藏文字既进行横向拼写，又进行纵向拼写，具有一种独特的非线性二维结构。藏文字的拼写顺序是前加字、上加字、基字、下加字、元音字符、后加字、再后加字。

1.2.1 藏文字结构

藏文字形结构均以一个辅音字母为核心，其余字母以此为基础前后和上下拼写，组合成一个完整的字表结构[5]。藏文字形结构如图 1-1 所示。通常藏文字形结构最少为一个辅音字母，即由单独一个辅音字母构成，最多由 6 个辅音字母构成，元音字符则加在辅音结构的上面或下面。其中，核心字母称为基字，其余字母的称谓均根据其位于基字的部位而得名，即位于基字前面的字母称为前加字，位于

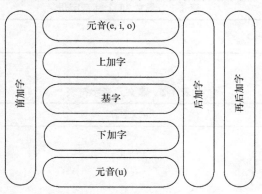

图 1-1　藏文字形结构

基字上面的字母称为上加字，位于基字下面的字母称为下加字，位于基字后面的字母称为后加字，位于后加字后面的字母称为再后加字。

藏文 30 个辅音字母和 5 个反写字母均可作基字，其中的 5 个辅音字母(གདངབའ)作前加字，10 个辅音字母(གདནབམའརལས)作后加字，2 个辅音字母(དས)作再后加字，3 个辅音字母(རལས)作上加字，4 个辅音字母(ཡརལའ)作下加字。

通过对藏文字拼写文法的分析和归纳，如果将基字与两个下加字同时拼写 ग、辅音字母与辅音字母拼写 ཐ(非上加字、下加字与基字拼写)、辅音字母与辅音字母(非上加字、下加字与基字拼写)及后加字拼写 ཙ 、无后加字藏文字与 ཞཉུའོངཞསརས 拼写 ཁི、 བི、 ཕང、 འདྲིཾ、 ཐེ、 ཤྱང 等特殊拼写情况也作为单独的拼写结构，那么藏文字的基本拼写结构可归纳为 28 种[6]。具体内容将在第 7 章中详细讨论，这里不再赘述。

1.2.2　藏文的书写及字体

藏文书写习惯为从左至右横写。字体分两大类，即乌金体和吾麦体，是根据字体的不同形式而得名[7]。乌金体相当于汉文的楷体，常用于印刷、雕刻、正规文书等。吾麦体相当于汉文的行书，主要用于手书。吾麦体又可细分为簇通，意为笔画短促；簇仁，意为笔画长；珠擦，是一种笔画转折处棱角突出的行书字体。此外，还有一种书写迅速、笔画简化的草写体，藏语称作丘，适合速记，其形体与印刷体差别甚大。除了以上藏文字体，在藏文的发展过程中还出现许多其他形式多样的字体。藏文部分字体如图 1-2 所示。

乌金体　　　　　　　簇通体　　　　　　　珠擦体　　　　　　　丘体

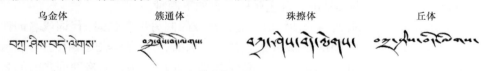

图 1-2　藏文部分字体示例

1.3　藏　语　词　语

传统藏文文法将文字和正字法包括在文法之内，作为文法内容之一。藏文文法分为两部分：一部分叫"文法根本三十颂"，其主要内容有藏文拼写文法、以静词为中心的格助词及各类虚词的用法；另一部分叫"字性组织法"，其主要内容有字性音势理论，以动词为中心的形态变化、时态、施受关系和能所关系，单句的部类和复句的句式等有关动词的一系列语法范畴和功能[8]。本节简要介绍格助词、不自由虚词、自由虚词、动词等有关传统藏文文法的内容。名词、代词、形容词等有关藏语词类划分的内容将在第 8 章详细讨论。

1.3.1　格助词

格助词，传统藏文文法称之为属于"格位"范畴的虚词。它是指通过一定的语法形式，附着于名词、代词、名词性短语的后面，表示名词或代词与动词、名词与名词之间的各种语法语义关系。它是名词、代词、名词性短语等在句子中扮演什么角色的一种重要标志。

在传统藏文文法中，引入梵文的格思想，把格助词分为八个格，即名格、业格、主格、为格、从格、属格、位格和呼格等[9]。由于名格和呼格与动词无关，业格、位格和为格等所用格助词相同，因此按语法形式又可分为主格、属格、ལ格(含业格、位格、为格)和从格等四种。下面主要介绍这四种格的添接规则及其基本用法。若没有特别说明，ད 表示再后加字。

1. 属格助词

(1) 属格助词的添接法

属格助词有 གི་གྱི་ཀྱི་འི་ཡི 五个变体形式，其添接规则如表 1-3 所示。

表 1-3　属格助词的添接规则

后加字	ད	བ	ས	མ	ང	ན	མ	ར	ལ	འ	མ་འ་མེད
属格		ཀྱི				གི			གྱི		འི|ཡི

(2) 属格助词的用法

根据属格助词的兼类情况，其主要用法有如下两种。

① 用在名词、代词或名词性短语之后修饰或限制另一个名词、代词或名词性短语，表示与中心词之间的领属和复指关系。例如，ཀླུང་ཆེན་བོད་ཆབ་ 中的 འི 表示 བོད་ཆབ་ 属于 ཀླུང 。从语法结构上看，该结构属于定中结构，属格助词之前的名词、代词或名词性短语称为定语，而属格助词之后的名词、代词或名词性短语称为中心词，因此属格助词可以说是定语的重要标志之一。

② 对比复句中的连词。例如，གསོ་ཅན་སྐྱེ་བར་སྐྱ་བ་ནི། རང་དོན་ཡིན་གྱི་གུས་ཅི་ཉེ་མེད། 中的 གྱི 为对比复句中的连词，它没有属格的语法功能。

2. 主格助词

(1) 主格助词的添接法

主格助词共有五个变体形式，即 གིས་གྱིས་ཀྱིས་འིས་ཡིས 。其添接规则基本上与属格助词相同，如表 1-4 所示。

表1-4 主格助词的添接规则

后加字	ད	བ		ག		ང	ས	ར	ལ	འ	མཐའ་མེད
主格	གྱིས			གིས				ཀྱིས			ཞེས|ཡིས|ས

表中，ཞེས/ཡིས(ས) 表示后加字为 འ 或无后加字之后出现主格助词 ཞེས 或 ཡིས 时，可以简写成 ས，并把 ས 称为紧缩词。

(2) 主格助词的用法

① 用在名词、代词或名词性短语后面表示动作的施事者、工具、方法、方式等。例如，སློབ་མས་སྨྱུག་གུ་གིས་ཡི་གེ་བྲིས། 中的第 1 个主格助词 ཡིས/ཞེས 表示动作的施事者，而第 2 个主格助词 གིས 表示动作施事者所用的工具。在这种用法中，主格助词之后的动词必须为及物动词。

② 表示动作发生的原因。在这种用法中，主格助词之后可以用及物动词，也可以用不及物动词，还可以用形容词。例如，ཚ་འཁྱང་བས་ཆ་མ་ཚོས 中主格助词 ས 之后用的是及物动词 ཚོས ，སྐྱག་པས་ཤོས 中主格助词 ས 之后用的是不及物动词 ཤོས ，ནོར་གྱིས་དབུལ 中主格助词 གྱིས 之后用的是形容词 དབུལ 。

3. འ 格助词

(1) འ 格助词的添接法

འ 格助词共有七个变体形式，即 སུ་ར་ཏུ་དུ་ན་ལ་ཧ。其中，ན་ལ 两个属自由虚词，不受前一音节后加字的限制，可自由运用。其他 5 个受后加字的限制，不能自由运用。其添接规则如表 1-5 所示。

表1-5 འ 格助词的添接规则

后加字		ག		ད		ད	ན	མ	ར	ལ	འ	མཐའ་མེད
འ格 不自由	སུ		ཏུ			དུ					ར|ཏུ	
འ格 自由	ན								ལ			

表中，ར\|ཏུ 表示后加字为 འ 或无后加字之后出现 འ 格助词 ར 或 ཏུ 时，可以简写成 ར，并把 ར 称为紧缩词。

(2) འ 格助词的用法

① 表示业格。根据 འ 格助词受语法意义的限制，这种用法分为两类：一类表示对象宾语，藏语中的宾语分为涉事宾语和对象宾语两种，其中涉事宾语之后不能用 འ 格助词，而对象宾语之后必须用 འ 格助词，且只能用 ལ 和 ར 两种形式，同时 འ 格助词之后的动词必须为及物动词，例如 ཤེད་ཡིག་ཏུ་བལྟ 、ཕ་མར་བཀུར 、གྱལ་ལ་བཀོད 、རྒྱ་སྐྱེལ 等。另一类表示地点状语，一般与 ཏུ 、ནང 、གོང 、ཞེག 等方位词联合使

用，并修饰其后的谓语动词。这种用法中的 ཨ 格助词不受语法意义的限定，而且 ཨ 格助词之后的动词必须为不及物动词，例如 ཨ、ཨ、ཨ、ཨ 等。

② 表示为格。根据 ཨ 格助词之前的词类不同，这种用法分为两类：一类用在已成为目的的名词或名词性短语之后修饰其后的谓语动词，例如 ཨ、ཨ、ཨ 中的 ཨ、ཨ、ཨ 等为动作行为 ཨ、ཨ、ཨ 等要达到的目的。另一类用在已成为目的的动词或动词性短语之后修饰其后的谓语动词，例如 ཨ、ཨ、ཨ 等。在这种用法中，ཨ 格助词可以用 ཨ、ཨ、ཨ 等表示目的的词代替。

③ 表示位格。一般在 ཨ 格助词之后用 ཨ、ཨ、ཨ、ཨ、ཨ、ཨ、ཨ、ཨ 等表示存在的动词。例如，ཨ、ཨ、ཨ 等。

④ 表示时间。一般用在时间名词后面修饰其后的谓语动词。例如，ཨ、ཨ 等。

⑤ 表示补语。一般除 ཨ 之外的 ཨ 格助词都用在名词、名词性短语或形容词之后表示动作行为发生的结果，对动词起补充说明的作用。例如，ཨ、ཨ、ཨ、ཨ 等。

此外，ཨ ཨ ཨ ཨ 都是兼类词，其中 ཨ 可以兼疑问词，ཨ 可以兼数词，ཨ ཨ 可以兼名词，ཨ 可以兼动词、名词、祈使、转折连词等，ཨ 可以兼名词、接续连词、从格助词等。因此，ཨ 格助词在实际使用中具有多种不同的用法。

4. 从格助词

(1) 从格助词属自由格助词

从格助词共有两个变体形式，即 ཨ ཨ。添接不受前一个音节后加字的限制，可以自由运用。

(2) 从格助词的主要用法

① 表示来源，包括真来源和伪来源两种。例如，ཨ 中的 ཨ 表示事物 ཨ 的真来源，ཨ 中的 ཨ 表示某物离开某处，是一种伪来源。

② 表示动作的施事者。例如，ཨ 中的 ཨ 表示动作行为的施事，功能与主格助词相当。

③ 表示比较，包括同类事物之间的比较和异类事物之间的比较两种，其中同类事物之间的比较只能用 ཨ，而异类事物之间的比较只能用 ཨ。例如，ཨ 中的 ཨ 表示同类事物之间的比较，ཨ 中的 ཨ 表示异类事物之间的比较。

④ 表示范围，包括地点范围、时间范围和数字范围等，只能用 ནས 。例如，ཕྱུགས་ནས་མཚོ་སྔོན་བར་ 、 ཁ་སང་ནས་དེ་རིང་ 、 བརྒྱ་ནས་སྟོང་ 等。

此外，ནས་ལས 都是兼类词，其中 ནས 可以兼接续连词、名词等，ལས 可以兼动词、名词等。

1.3.2　不自由虚词

传统藏文文法把所有虚词按其添接法是否受前一音节后加字的限制分为不自由虚词和自由虚词两大类。若添接法受前一音节后加字的限制，则称之为不自由虚词；否则，称之为自由虚词。《三十颂》中不自由虚词共有九种，上节介绍的属格助词、主格助词、ལ格助词也属于不自由虚词。下面简要介绍非格的其他五种不自由虚词的添接规则及其基本用法。

1. 集饰连词

(1) 集饰连词的添接法

集饰连词共有三个变体形式，即 ཀྱང་ཡང་འང 。其添接规则如表 1-6 所示。

表 1-6　集饰连词的添接规则

后加字	ག	ད	བ	ས		ང	མ	ར	ལ	འ	མཐའ་མེད
饰集词	ཀྱང					ཡང				འང | ཡང	

(2) 集饰连词的主要用法

① 表示相顺修饰，用于两个完全相同的词之间表示加强修饰色彩。例如，དགོས་ཀྱང་དགོས 、 གསལ་ཡང་གསལ 、 བུམ་པ་ཡང་བུམ་པ 等。

② 表示转折关系，用在分句之间意思转向不相容的方面。例如，བད་སྐྱིད་ཤེས་ཡང་སྐྱལ་བཟལ་ཆེ 、 ང་དཀར་ཡང་སེམས་ནག 、 ཕན་ཏན་ཡོད་ཀྱང་བྱ་སྟོང་མི་ལེགས 等中集饰连词前后的意思不相容。

③ 表示隐含，用在名词、代词、名词性短语之后修饰其后的谓语动词，具有副词的功能。例如，ཆོས་དབྱིན་ཡིག་ཀྱང་ཤེས 、 མེ་ཆོས་དེ་ཙི་ཡང་ཞིམ 、 སྟོབས་མཆན་འགྲོ་དགོས 等中集饰连词的作用是整个句子暗含另一层意思。

此外，ཡང 还可以兼形容词，并且从语义上来讲，具有重复和选择两种义项。

2. 接续连词

(1) 接续连词的添接法

接续连词共有三个变体形式，即 ཅི་ཏེ་སྟེ 。其添接规则如表 1-7 所示。

表 1-7　接续连词的添接规则

后加字	ན	ར	ལ	ས	←	ད	ག	←	ང	བ	མ	འ	མཐའ་མེད
接续词			ཏེ			སྟེ					དེ		

(2) 接续连词的主要用法

① 表示连贯关系。用在两个动词之间，后一个动词是前一个动作行为发生的结果，或者后一个动词对前一个动词起补充说明的作用。一般情况下，前一个动词的时态为过去时，其中的接续词也可以用 ནས 来替代。例如，ང་བསྒོས་ཏེ་འཆིས、མཐའ་འཁོབས་ཏེ་ཡོང、ནད་བྱུང་སྟེ་ཤི 等。

② 表示复指关系。用在两个事件之间，使后一个事件证明前一个事件的真实性。例如，མི་ཡོང་དེ་བ་ཡོང་བའི་ཕྱིར、ཚིག་རྒྱན་དེ་ཚིག་མཚོན་པར་བྱེད་པའི་རྒྱན་ནོ 等。

③ 表示并列关系。用在两个分句之间，使前后两个分句之间呈现松散的并列关系。例如，འདི་ནི་ར་གནས་ཏེ་འདི་ནི་གནས་ར、ཕྱི་ནུབ་འཇུམ་ན་དགའ་ཐགས་ཏེ་གཟིན་རྗེ་འཇུམ་ན་གནོད་པའི་ཐགས 等。

④ 表示转折关系。用在两个事件之间，使后一个事件与前一个事件在意义上具有不相容性。例如，ཁ་བཤིག་མ་སྨྲ་སྟེ་ལས་པ་དགར、འདི་ཡིན་ཏེ་དེ་མིན་ནོ 等。

3. 离合连词

(1) 离合连词的添接法

离合连词共有十一个变体形式，即 གམ་ངམ་དམ་ནམ་བམ་མམ་འམ་རམ་ལམ་སམ་ཏམ 。除 ཏམ 之外，其他都是由原十个后加字后面加 མ 构成的。其添接规则如表 1-8 所示。

表 1-8　离合连词的添接规则

后加字	ག	ང	ད	ན	བ	མ	ར	ལ	ས	←ད	འ	མཐའ་མེད
离合词	གམ	ངམ	དམ	ནམ	བམ	མམ	རམ	ལམ	སམ	ཏམ	འམ	

(2) 离合连词主要用法

① 表示并列关系。用在词性完全相同的两个或两个以上的词之间，使前后词之间呈现并列的关系，功能与 དང་སྟེ 一样。例如，རྟའམ་ནོར་རས་ལུག、མང་ངོའམ་སྐྱར་པོ、འགྲོ་བའམ་འདུག་པ 等。

② 表示疑问。用在句末，功能与汉语等其他语言中的问号相当。例如，དོན་དག་དེ་བདེན་ནམ、དེ་མགོ་ལྟ་ན་མཚོ་ཞིག་འདུག་པ་ཟེར་བ་ཤེས་སམ 等。

③ 表示选择。用在两个事件之间，使呈现出两个事件中任选其一的选择关系。例如，ཁྱེད་རང་ལ་ཞོངས་ལོ་མ་དགོས、ཚིག་བཅད་དམ་ཚིག་ལྷུག་གང་བྱིས་ཀྱང་ཆོག 等。

4. 终结助词

(1) 终结助词的添接法

终结助词共有十一个变体形式，即 གོ་ངོ་དོ་ནོ་བོ་མོ་རོ་ལོ་སོ་ཏོ། 。除 ཏོ 之外，其他都是由原十个后加字加元音字符 ཨོ 构成的。其添接规则与离合连词相同，如表 1-9 所示。

表 1-9　终结助词的添接规则

后加字	ག	ང	ད	ན	བ	མ	ར	ལ	ས	─ད	འ།མཐའ་མེད
终结词	གོ	ངོ	དོ	ནོ	བོ	མོ	རོ	ལོ	སོ	ཏོ	ཨོ

(2) 终结助词的用法

终结助词用于句末，表示所要表达的意思完结、告一段落，句型独立，不再与后面的语句发生任何形式的结构关系，功能与汉语的句号相当。

གསལ 并不一定用在句末，有时也可以用在句首或句中。例如， རྒྱུའི་རྐྱེན་བྱེད་བཞིའི་རིགས་པ་ཀུན་གྱི་སྐྱེ་མཆོག་མ་ཡིན་ཏེ། 中用在句首，འདི་ལྟར་བྱེད་རྐྱེན་ནས་བྱུང་སོ། 中用在句中，但是用在句首或句中的虚词 གསལ 没有终结的功能，所以也不叫终结助词。

此外，终结助词中的大部分是兼类词。其中，ག 兼动词和名词、ང 兼名词、ད 兼量词和名词、ན 兼指人后缀、མ 兼指人后缀和名词、ར 兼名词、ལ 兼名词、ས 兼名词、ཏོ 兼名词。

5. 虚词 ཞིང 等

(1) 虚词 ཞིང 等的添接法

虚词 ཞིང 等包括五种作用不同的虚词，即 ཞིང་ཞེས་ཞེའོ་ཞེ་ན་ཞིག 、ཅིང་ཅེས་ཅེའོ་ཅེ་ན་ཅིག 、ཤིང་ཤེས་ཤེའོ་ཤེ་ན་ཤིག，每种虚词又都有五个变体形式。它们的添接规则都相同，如表 1-10 所示。

表 1-10　虚词 ཞིང 等的添接规则

后加字							虚词ཞིང等				
ང	ད	མ	བ	ར	ལ	འ།མཐའ་མེད	ཞིང	ཞེས	ཞེའོ	ཞེ་ན	ཞིག
ག		ད		བ		─ད	ཅིང	ཅེས	ཅེའོ	ཅེ་ན	ཅིག
ས							ཤིང	ཤེས/ཞེས	ཤེའོ	ཤེ་ན	ཤིག

表中，ཤེས/ཞེས 表示前一音节的后加字为 ས 的时候，既可以用 ཤེས ，也可以用 ཞེས 。一般情况下用 ཞེས 的比较多。

(2) 虚词 ཞིང་ 等的用法

① ཅིང་ཞིང་ཤིང་ 主要用于谓词性形容词和动词后面，是一组专门表示并列关系的和摄连词。其主要用法分三类。

第一，用于联合结构，表示并列关系。例如，བདེ་ཞིང་སྐྱིད་ 、འབར་ཞིང་ཆེན་ 等。

第二，用于述补结构，表示连贯关系，与接续词的功能相当。例如，ཡི་གེ་བྲིས་ཤིང་བསྐུར་ 、ང་བཀྲོལ་ཞིང་འཕུར་等。

第三，用于复句中，表示并列和顺承。

② ཅིག་ཤིག་ཞིག 兼其他词类。当兼数词时，用在除指代词外的一般名词或名词性短语后面，表示单数或整体概念，此时的功能与英语的不定冠词 a 相当。例如 དགེ་ཉེན་ཞིག 、རྒྱལ་ཁབ་ཅིག 等。当兼语气助词时，用在动词后面表示祈使或命令。例如 བཀའ་ཤིས་པར་གྱུར་ཅིག 、རི་མོ་ཕྱིས་ཤིག 等。

③ ཅེས་ཞེས་ཤེས 用在词、短语或句子后面表示该句是引语。例如，སྐྱོན་དང་མི་ལྡོང་ཞེས་བྱ་བ་ལས་... 、...མཐུག་མ་མེད་ཅེས་བཤད་གང་བྱེ 等。

④ ཅེ་ན་ཞེ་ན 用于疑问句末，表示自问自答的一组特殊的疑问语气助词。例如，སྐྱེས་བུ་སྲེག་པ་གང་ཞེ་ན་... 、ཅི་ཕྱིར་འཇུག་པར་བྱེད་ཅེ་ན་... 等。

⑤ ཅེས་ཞེས་ཤེས 用于句末，起完整谓语的作用，表示句子到此结束。例如，སྐོལ་དང་ནད་ཀྱིས་བཀག་ཅེའོ།། 、མི་དེ་ལགས་མི་གཙང་ཞེའོ།། 等。

1.3.3　自由虚词

自由虚词不受前一音节后加字的限制，可以自由运用。《三十颂》中共有六种自由虚词。下面简要介绍这六种虚词的基本用法。

1. 陈述词(ནི་སྟེ)

陈述词的用法如下。

① 提示主题。用在名词、代词、名词性短语之后起提示说明主题的作用，并且提示的主题为句中的主语，所用的谓语动词一般有 ཡིན་ 、རེད་ 等判断动词或 བཞིན་ 、འདུག 等比喻助词、终结助词。例如，བཀྲ་ཤིས་ནི་དགེ་ཉེན་གསར་བ་ཞིག་རེད་ 、དངོས་པོ་ནི་མི་ རྟག་པ་ཡིན་、ནོར་བུ་ནི་རིན་པོ་ཆེའི་བྱ་གོ་ 、མིག་ནི་ལྷུང་པར་སྟོན་པོ་བཞིན་ 等。

② 表示强调语气。用在名词、代词、名词性短语之后起强调语气的作用，所用谓语动词一般有形容词或及物动词、不及物动词。例如，མི་ཏོག་འདི་མདོག་ནི་མདོག་ས ཏི་ཉི་ཞིམ་... 、ཡི་གེ་ནི་བྲིས་ཟིན 、ནད་ཆེན་ནི་ད་ནད་ཚར 等。

③ 填补诗歌缺字。以填补 ནི་སྟེ 达到数量上的平衡。例如，ཤ་ཁྲམས་ཀྱིས་ནི་སྡུག་བ་དང་།།བག གིས་ཆོད་གདོང་བ་མཛད།། 等。

2. 连词(དང་སྒྲ)

དང་སྒྲ 既可以作连词，又可以作助词。其主要用法有如下七种。

① 表示并列关系。用在词性完全相同的两个或两个以上的词之间，使前后词之间呈现出并列的关系。例如， ཕྱུགས་དང་མཚོ་སྐྱོང 、 བཀའ་དང་ཁྲི 、 མཐར་པ་དང་ཁ་བ 等。

② 表示原因。用在两个事件之间，使前一个事件为后一个事件发生的原因。例如， དུ་བ་མཐོང་བ་དང་མེ་ཡོད་པ་ཤེས 、 སྤྲིན་འཁྲིགས་པ་དང་ཆར་བོས 等。

③ 表示命令语气。用在动词命令式后面起命令或教育某人做某事的作用。例如， བསྐུར་ལ་བརྟན་དང 、 ཚོ་ལ་བཟུང་དང 等。

④ 表示时间。用在两个事件之间，使说明前后两个事件同时发生。例如， ཉི་མ་ཤར་བ་དང་ལས་ཀར་ཐེགས 、 ནམ་བཀང་པ་དང་སྒོ་ལ་བྱུར་འགྲོ 等。

⑤ 表示转折。用在两个事件之间，使说明前后两个事件不相容，与集饰连词表示转折的功能一样。例如， དཔའ་རྒྱལ་ཆེ་དང་རིག་པ་ཞན 、 ཐོབ་སྐྱོང་དང་མཆོང་མ་སྐྱོང 等。

⑥ 表示对象宾语。用在名词、代词、名词性短语之后表示动作接受的对象。例如， དགྲ་དང་འཐབ 、 རོགས་དང་འགྲོགས 等。

⑦ 表示特性。用在具有特性或特征意义的名词、名词性短语之后表示某物具有该特性，谓语动词用 ཡིན 。例如， བརྟན་འགྱུར་དང་ལྡན 、 ཡོན་ཅན་དང་ལྡན 等。

3. 指代词(དེ་སྒྲ)

指代词共有两个变体形式，即 དེ་འདི 。其主要用法有指代特定的某事物，包括某事件、某人、某时间等。根据时间或距离的远近不同，表示远的用 དེ ，表示近的用 འདི 。例如， ཁ་སང་གི་བྱ་བ་དེ 、 དེ་རིང་གི་བྱ་བ་འདི 、 ན་ཉིང་གི་མོ་དེ 、 ད་ལོའི་མོ་འདི 、 དགེ་རྒན་ཚེ་རིང་དེ 等。

4. 疑问词(སྒྲི་སྒྲ)

疑问词共有六个变体形式，即 ཅི་ཇི་སུ་གང་དུ་ནམ 。其主要用法有指代未定的或有疑问的某事物。其中， སུ 主要用于人， དུ 主要用于数字， ཅི 主要用于事件， ཇི 主要用于估测， ནམ 主要用于时间， གང 可以通用。例如， ཁྱོད་གང་ནས་ཡོང་ནམ་ཡོང 、 ཡོང་རྒྱགས་པ་ཡོད 、 དང་དོན་ཅི་ཡིན 、 སུ་ལ་རེ་བ་བཅོལ 、 ཇི་ལྟར 等。

5. 否定词(དགག་སྒྲ)

否定词共有两个变体形式，即 མ་མི 。其主要用法有用在被否定的动词或形容词之前，称前置否定词。其中， མ 用在动词过去时或现在时、命令式之前，而 མི 用在动词现在时或未来时之前。例如， མ་བསྐུལ 、 མ་ཤེས 、 མི་འགྲོ 、 མི་བཟང 等。

6. 指人后缀(བདག་སྒྲ)

(1) 指人后缀的添接法

指人后缀共有九个变体形式，即 པ་པོ་བ་བོ་མ་མོ་ཅན་ཤན་མཁན 。其中， པ་པོ་བ་ས 等四个后

缀有添接规则，剩余的可以自由运用。其添接规则如表 1-11 所示。

表 1-11　指人后缀 པ·པོ·བ·བོ 等的添接规则

后加字	ག	ད	བ	མ	ཕ	མ		ང	ར	ལ	འ|མཐའ་མེད
指人后缀			པ|པོ							བ|བོ	

(2) 指人后缀的用法

① 用在名词、动词、形容词后面构成新词，并表示人。例如，ཏུ་པ 、 ཚལ་པ་པོ 、 ལྔགས་པ 、 ཡོན་ཏན་ཅན 、 འབྲི་མཁན 、 དཔའ་བོ 等。

② 用在句子后面构成短语。例如，ངས་ཡི་གེ་བྲིས་པ 、 ལྔགས་གསེར་དུ་འགྱུར་བ 等。

1.3.4　动词概述

虚词和动词是传统藏文文法的两根支柱。尤其做为字性组织法的中心内容的动词在整个文法体系中占有支配地位，无论词法还是句法都受制于动词。下面将动词的分类、动词的能所关系和动词的形态变化等作简要介绍，详细内容请参阅相关藏文文法。

1. 动词的分类

藏语的动词按音节的多少来分，有单音节动词、双音节动词和多音节动词。其中，单音节动词大约有 1300 多个[10]。

藏语的动词同汉语一样，在句法上的主要功能是充当谓语。根据谓语和宾语之间的关系，藏语动词可以分为及物动词和不及物动词两类。藏语的宾语分为带位格助词的对象宾语和不带位格助词的涉事宾语两种，因此及物动词是指能带涉事宾语的动词，而不及物动词是指不能带涉事宾语的动词。

藏语的动词还根据行为主体对行为的制约分为自主动词和不自主动词两类。凡动作行为能够由行为主体随意制约支配的称为自主动词；反之，凡动作行为不能有行为主体随意制约支配的称为不自主动词。

2. 动词的能所关系

能所关系是传统藏文文法用来分析及物动词谓语句和利用及物动词的过去时、现在时和未来时等形态构词的一种特殊语法手段。按传统说法，及物动词的施动者、施动工具和方式、能动现在时等三个表示的主动态部分可以概括地称为能动者；及物动词涉及事物、所向对象和方位、所动未来时等三个表示的被动态部分可以概括地称为所动者。例如，对于 ཁོང་མཁན་གྱིས་ལྔ་རེ་ཞིག་གཏོད， 施动者 ཁོང་མཁན 、施动工具 ལྔ་རེ 和能动现在时 གཏོད་པར་ཉེད 等为能动者；及物动词 གཏོད 涉及的事

物 ཤིང་ 和所动未来时 གཅད་པར་བྱ 等为所动者。

3. 动词的形态变化

藏语书面语动词具有比较丰富的形态变化。这些形态变化主要表示动词的时式范畴和他动与自动范畴。藏语大多数动词具有词性数目不等的时式形态变化。所谓时态指现在时、未来时、过去时等三个时间概念；式指命令式。

如表 1-12 所示为部分动词的三时一式。

表 1-12　部分动词的三时一式

现在时	未来时	过去时	命令式
སྒྲུབ	བསྒྲུབ	བསྒྲུབས	སྒྲུབས
འཆོམ	བཆུམ	བཆུམས	ཆུམས
འཇུག	འཇུག	བཞུག	འཇུག
གུལ	གུལ	གུལ	ཁུལ

由表 1-12 可知，有形态变化的动词并不是每一个都有"三时一式"四种变化形式。有的动词有四种变化形式，有的只有三种或两种变化形式。

1.4　藏 语 短 语

短语又称词组(phrases)，是实词与实词或实词与虚词，按照一定的方式组织起来的。短语的组成成分之间有一定的语法关系，但它在句子中的功能相当于一个词。短语能够在句法结构中承担某种句法成分，并能作为构成句子的语法单位。

通过如下几点可以更进一步地理解现代藏语短语的概念。

① 短语是构成句子的一个语法单位。现代藏语的语法单位划分为字(语素)(ཡི་གེ)、词(མིང)、短语(ཚིག་གི་ཚོགས་པ)、句子(ཚིག)和句群(ཚིག་ཚོགས)。

② 短语能在句法结构中承担某种句法成分，其功能同相应的词类功能基本一致。句法成分是指主语(བྱེད)、谓语(བྱ)、宾语(ལས)、补语(ཁ་སྐོང)、定语(རེལ་ཆེད)、状语(སྐབས་སྐྱགས)、中心语(ཚིག་གི་རིང)等。

③ 短语是由两个以上的词或短语组成的。例如， མིག་དཀྲུགས་རིང་བ 和 གདང་མཚོན་པ 都是一个名词后面跟着一个带 པ་བ 等的形容词构成的定中结构，通过虚词 ཤིང 又可以组合成一个联合结构 མིག་དཀྲུགས་རིང་ཞིང་གདང་མཚོན。

④ 短语是按照一定的规则组成的。n+v 构成的是述宾短语，而 v+n 构成的就不是述宾短语。现代藏语短语结构规则将在第 9 章详细讨论，用这些规则生成的短语在语法上是正确的，并尽可能多地覆盖现代藏语的语言事实。

根据短语在句法结构中承担的语法功能，可以将现代藏语短语分为名词性短语、动词性短语、形容词性短语、副词性短语、数词性短语和数量短语等。

1.5　藏　语　句　子

藏语是典型的动居句尾型语言，其语序常态是"施事-受事-动作"(S-O-V)的结构，具体的结构规则将在第 10 章讨论。下面简要介绍藏语句子的特点和分类。

1.5.1　藏语句子的特点

从结构上看，藏语句子具有如下四个特点。

(1) 一个句子中有无虚词是无关的

一般来说，构成藏语句子的因素有两个，即实词和虚词。虚词结合实词表明事物及其属性差别，但实词的组合中没有虚词或者省略也能表明事物及其属性差别。例如，ཉི་མ་ཤར། ཁོང་བརྩོན་ཡིན། ང་ཉིན་ལྟར་སྐྱིད་པོ་བྱུང་ཐལབ། 等，因此藏语中不会存在无实词的句子，但存在无虚词的句子。

(2) 一个句子的结尾必有结束的标记

这里所说的结束标记包括单音节动词、形容词、助词等，是句子结束的一个重要标志。例如，ཁབ་ཏུ་ཅང་མཁ། 和 ཚར་ཕྱོགས་རེ་རེ་རྩེས། དགར་གསལ་ཟླ་བ་རྒྱ། 等句子中有无虚词不重要，只要句尾有结束标记就是一个表达完整的、可作切分单位的句子。

(3) 一个句子的结尾不能有 ཡན 等后接成分

后接成分 ཡན 等是短语的一个重要标志，也是区分句子与短语的重要标志之一，有后接成分 ཡན 等的短语，不管有多长，只能当作构成句子的一个语法单位。

(4) 一个句子具有鲜明的语气

语调的高低、快慢和伸缩等也能区分句子与短语的区别，一个句子在不同的语境中有不同的语调，而短语没有。

1.5.2　藏语句子的分类

藏语句子大体上可以分为如下两大类，即单句和复句。

1. 单句

句中没有连词，所要表达的意思完结、告一段落的句子被称为单句。单句按不同的角度可以再进行分类。

(1) 按语气分

① 陈述句。陈述某事物的种类、动作、性质和情况等的句子。

例如，ང་ནི་དགེ་རྒན་ཡིན། ཁོ་རང་བོད་མ་རེད། 等这类句尾为判断动词的句子。

② 疑问句。暂时叙述的事物的种类和性质等未知而对别人提问的句子。例如，ཁྱོད་སུ་ཡིན། ཕ་མ་ཁྱོད་ཀྱི་མིང་ལ་ཅི་ཟེར། 等，这类句中用 གམ་སོགས་བཅུ་གཉིས་དང་སྒྲ་སྒྲ 等表示疑问的助词。

③ 祈使句。要求对方做或不要做某事，或者希望实现自己愿望的句子。例如，རྫོང་བོ་ཆེད་ཅིག་ཅི་བཟས་ཁྱུར་བ་ཞིག་འགྲུབ་པར་ཤོག 等，这类句尾用 ཅིག་ཞིག་ཤིག་སོགས་དང་རྒྱལ་མཚོད་ཤོག 等表示祈使的助词。

④ 感叹句。表示喜怒哀乐等心理变化的句子。例如，ཨེ་མ་ཚ་མཚར་ཆེ། ཨ་ལ་ལ་ཇི་འདྲའི་མཛེས་པ་ལ། 等，这类句中用虚词 ཨེ་མ་ཨ་ཏོ་ཨ་ལ་ལ་ཀྱི་མ 等表示感叹的句子。

(2) 按语义分

① 自主句。表示某动作由该动作执行者完成。例如，དགེ་རྒན་གྱིས་སློབ་ཕྲུག་བྱ མ ཚིར་དཔོན་དུ་བསྐོས། 等这类及物动词为谓词的句子。

② 不自主句。表示某动作由事物自身的变化完成，无动作执行者。例如，རྩྭ ཙོན་པོ་སྐྱེས། རྫུང་ཆེན་པོ་གཏུལ། 等这类不及物动词为谓词的句子。

③ 存在句。表示某事物在某处存在。例如，ནགས་སུ་གཅན་གཟན་ཡོད། རྫོ ན་རྒྱ་མཚོ་ཡོད། 等这类存在动词为谓词的句子。

④ 特性句。表明某物具有某种特性。例如，འབྲང་གི་ར་ཆེ ནྲ མི་ཏོག་མཛེས། 等这类形容词为谓词的句子。

⑤ 自述句。表明某事物自身的性质。例如，ང་ནི་སློབ་མ་ཡིན། ཁོ་ནི་དགེ་རྒན་རེད། 等这类判断动词为谓词的句子。

2. 复句

藏语复句是由两个或两个以上的意义上相关、结构上互不作句子成分的分句 (ཚིག་ཚན)组成的。分句是指结构上类似单句而没有完整句调的语法单位。在复句中，各分句之间一般有停顿，在英汉等书面语中用标点符号表示，但由于藏文标点符号的特殊性，在藏语书面语中用连词表示[11]。

藏语复句分为两大类，即联合复句和偏正复句。

(1) 联合复句

联合复句是指前后分句在意义上是平等的复句，分为并列、顺承、递进、解说和选择等五小类，主要由分句之间的连词来划分。表 1-13 所示为连词与各类联合复句之间的关系。

表 1-13　连词与各类联合复句之间的关系

联合复句类型	复句中所用的连词
并列复句	དང་ཞིང་ཞིང་ངེ་ཏེ་སྟེ་དེ་གལ་སོགས། ཆབས་ཅིག ལྷན་ཅིག དེ་མཚུངས། དེ་བཞིན་དུ། ཤོག་ལབར་སྟེང་། གཅིག་ན། དང་སྐབས། དང་འཇོག
顺承复句	དང་སྐུ་ཞིང་ཞིང་ངེ་ཏེ་སྟེ་དེ་ནས། དེ་ནས། དེའི་རྗེས། འཕྲོ་ནས། ཀྱིས་སུ། རིམ་གྱིས། མཐར་དེ་ རིམ་བཞིན། རྗེས་སུ། ཕྱིས་ན།
递进复句	ཆུང་པར་དུ། སྒུལ་པར་དུ། མ་ཟད། དེ་ལས་ཀྱང་། སྒོལ་ག་ཟ་ན་ལྟ་ཞིག་པར་ལྷག དང་དུ། སྟེ་ཏེ་སྟེ་སྒོལ། སྟེ་སྒྱུར་ཀྱང་ཏེ་དགོས།
解说复句	ནེ་སྐུ་ཏེ་སྟེ་དེ་ ཞིག་པ་འི། རྒྱུ་མཚན་ནི།
选择复句	གམ་སོགས། ཡང་ན།

(2) 偏正复句

偏正复句是指前后分句在意义上有主从之分的复句，分为转折、因果、假设和目的等四小类，主要由分句间的连词来划分。表 1-14 所示为连词与各类偏正复句之间的关系。

表 1-14　连词与各类偏正复句之间的关系

偏正复句的类型	复句中所用的连词
转折复句	མོད་ཚོན་ཀྱང་ ...མོད་ཚོན་ཀྱང་ ... ། རུང་ཀྱང་ཡང་འདན། ཡིན་ནའང་། ཡིན་ན་ཡང་། དེ་བཞིན་དུ། གི་སོགས།
因果复句	དང་སྐུ་ཀྱིས་སོགས། ཆེན་ཕྱིར་ སྐྱབས་ཆེན་ཀྱིས། དབང་གིས། གཉིས། འཇེན། དེར་འཇེན། དེ་ལས། དེས་ན། ཡིན་ཕྱིར། པར་བརྗེན།
假设复句	ན་སྐུ་གལ་ཏེ་ གལ་སྲིད་ གལ་ཏེ་ ...ན་ ...། གལ་ཏེ་ ...ཚེ་ ...། མ་གཏོགས།
目的复句	ཆེད་ཆེད་དུ་ སྣད་སྣད་དུ་ དོན་དུ་ ཕྱིར་དུ་ ལ་དོན་གྱི་དོན།

第 2 章 理 论 基 础

2.1 集合论基础

2.1.1 集合

集合论由德国著名数学家康托尔于 19 世纪末创立。康托尔对集合的定义是把若干确定的有区别的(具体或抽象的)事物合并起来构成一个整体，其中各个事物称为该集合的元素。研究集合的数学理论在现代数学中称为集合论[12]。

集合在大括号内列出它的元素，例如整数 1,2,3,4,5,6 的集合表示为

$$S = \{1, 2, 3, 4, 5, 6\}$$

当集合的含义清楚时，可以用集合的元素和省略号表示集合，例如所有的正奇数可以表示为

$$S = \{1, 3, 5, \cdots\}$$

更多的时候使用直接描述的方法表示集合，例如所有大于零且为偶数的元素组成的集合可以表示为

$$S = \{i \mid i > 0, i\text{为偶数}\}$$

在集合中，除去成员资格关系，无其他的结构。$x \in S$ 表示 x 是集合 S 的元素，$x \notin S$ 表示 x 不是集合 S 中的元素。

通常的集合运算包括并(union)表示为 $\cup$、交(intersection)表示为 $\cap$、差(difference)表示为 $-$ 和补(complementation)表示为 $\overline{S}$，即

$$S_1 \cup S_2 = \{x \mid x \in S_1 \text{或} x \in S_2\}$$
$$S_1 \cap S_2 = \{x \mid x \in S_1 \text{且} x \in S_2\}$$
$$S_1 - S_2 = \{x \mid x \in S_1 \text{且} x \notin S_2\}$$
$$\overline{S} = \{x \mid x \in U, x \notin S\}$$

在补运算中，U 代表全集。

没有元素的集合称为空集，表示为 $\varnothing$。根据集合的定义，显然有

$$S \cup \varnothing = S - \varnothing = S$$
$$S \cap \varnothing = \varnothing$$
$$\varnothing - S = \varnothing$$

$$\overline{\varnothing} = U$$
$$\overline{\overline{S}} = S$$

如果集合 S_1 的元素都是集合 S 的元素，那么集合 S_1 是集合 S 的子集(subset)，记为

$$S_1 \subseteq S$$

空集是任何集合的子集，即对任何集合 S ，$\varnothing \subseteq S$ 。

如果否定子集关系，可以在子集符号中画一条斜线，即 $S_1 \nsubseteq S$ ，表示 S_1 不是 S 的一个子集，因此 S_1 至少有一个元素不是 S 的元素。

需要注意的是，集合 S 还可以包含除集合 S_1 元素外的其他元素，但并不是必须如此。因此，子集关系允许任何集合是它自身的子集。

如果 $S_1 \subseteq S$ ，S 至少包含一个不是 S_1 中的元素，换句话说，如果集合 S_1 是它自身的子集这样的情况排除在外，那么 S_1 是 S 的真子集，记为

$$S_1 \subset S$$

如果 S_1 和 S_2 没有共同的元素，即 $S_1 \cap S_2 = \varnothing$ ，那么这两个集合称为不相交。

如果一个集合包含有限个元素，那么这个集合是有限的，否则就是无限的。一个有限集合 S 的大小指的是它包含的元素的个数，称为集合的势，记为 $|S|$ 。

一个给定的集合通常有很多个子集。集合 S 所有子集的集合称作集合 S 的幂积(power product)，记为 2^S 。显然，2^S 是集合的集合，$\left|2^S\right| = 2^{|S|}$ 。例如，$S = \{a, b\}$ ，那么它的幂积为

$$2^S = \left\{\varnothing, \{a\}, \{b\}, \{a, b\}\right\}$$

如果一个集合的元素是其他集合元素的有序排列，那么这个集合称为其他集合的笛卡儿积。两个集合的笛卡儿积是有序对的集合。笛卡儿积也称为直积，可以表示为

$$S = S_1 \times S_2 = \{(x, y) \mid x \in S_1, y \in S_2\}$$

笛卡儿积更通用的定义为

$$S = S_1 \times S_2 \times \cdots \times S_n = \{(x_1, x_2, \cdots, x_n) \mid x_i \in S_i\}$$

例如，$S_1 = \{1, 2\}$ ，$S_2 = \{3, 4, 5, 6\}$ ，那么它们的笛卡儿积为
$$S_1 \times S_2 = \{(1,3), (1,4), (1,5), (1,6), (2,3), (2,4), (2,5), (2,6)\}$$

据上述描述，一个集合可以是另一个集合的元素，同时又有别的集合作为其元素。这种特征使集合论成为数学和语言分析强有力的工具。

2.1.2　字符串

假定 Σ 是字符的有限集合，它的每一个元素称为字符。由 Σ 字符连接而成的

有限序列称为 Σ 上的字符串(string)，不包含任何字符的字符串称为空串(empty string)，记为 ε 。

假定 Σ 是字符的有限集合，w 和 v 是 Σ 上的字符串，w 和 v 的连接指的是把 v 添加到 w 的右端，记为 wv 。如果 $\Sigma = \{a,b\}$ ，$w = abab$ ，$v = aaabbb$ ，那么 $wv = ababaaabbb$ 。

字符串的逆指的是把字符串中的字符按照相反的顺序列出，字符串 w 的逆记为 w^R 。对于上述 w ，它的逆 w^R 为

$$w^R = baba$$

字符串的长度指的是字符串中包含的字符个数，字符串 w 的长度记为 $|w|$ 。对于上述 w ，它的长度 $|w|$ 为

$$|w| = |abab| = 4$$

对于所有的字符串 w ，都有如下关系成立，即

$$|\varepsilon| = 0$$

$$\varepsilon w = w \varepsilon = w$$

如果 w 是字符串，把 w 自身连接 $n(n \geqslant 0)$ 次得到的字符串 $v = \overbrace{ww \cdots w}^{n}$ ，称为 w 的 n 次幂，记为 w^n 。当 $n = 0$ 时，$w^n = \varepsilon$ ；当 $n \geqslant 1$ 时，$w^n = ww^{n-1}$ 。

假定 Σ 是字符的有限集合，L_1 和 L_2 是 Σ 字符串的集合，则 L_1 和 L_2 的乘积运算定义为

$$L_1 L_2 = \{wv | wL_1, vL_2\}$$

例如，设 Σ 是字符的有限集合，L_1 和 L_2 是 Σ 上字符串的集合，且 $L_1 = \{anbn|n \geqslant 0\}$ ，$L_2 = \{ambm|m \geqslant 0\}$ ，那么有

$$L_1 L_2 = \{anbnambm|n \geqslant 0, \ m \geqslant 0\}$$

字符串 $aabbaaaabbb \in L_1 L_2$ 。

假设 Σ 是字符的有限集合，L 是 Σ 上字符串的集合，则 L 的星闭包(star closure)运算定义为

$$L^* = L^0 \cup L^1 \cup L^2 \cup \cdots$$

L 的正闭包(positive closure)运算定义为

$$L^+ = L^1 \cup L^2 \cup L^3 \cup \cdots$$

星闭包与正闭包的关系为

$$L^+ = L^* - \{\varepsilon\}$$

例如，如果 $L = \{a,b\}$ ，那么根据上述定义有

$$L^* = \{\varepsilon, a, b, a, ab, bb, ba, aaa, \cdots\}$$

$$L^+ = \{a, b, aa, ab, bb, ba, aaa, \cdots\}$$

假定 Σ 是字符的有限集合，L 是 Σ 上字符串的集合，则 L 的补集定义为

$$\bar{L} = \Sigma^* - L$$

2.1.3　函数

函数是建立一个集合元素与另一个集合的唯一的一个元素对应关系的规则。如果从 S_1 到 S_2 的关系 f 是函数，那么集合 S_1 称为函数 f 的定义域，集合 S_2 称为它的值域，并且定义域中的每个元素仅与值域中的唯一元素配对，即

$$f : S_1 \to S_2$$

函数 f 的定义域是集合 S_1 的子集，值域是集合 S_2 的子集。如果函数 f 的定义域就是集合 S_1 本身，就称函数 f 是集合 S_1 上的全函数，否则就称部分函数。

例如，设集合 $S_1 = \{a, b, c\}$，$S_2 = \{1, 2, 3, 4\}$，下列从 S_1 到 S_2 的关系就是函数，即

$$A = \{(a,1), (b,2), (c,3)\}$$

$$B = \{(a,3), (b,4), (c,1)\}$$

$$C = \{(a,3), (b,2), (c,2)\}$$

而下列从 S_1 到 S_2 的关系不是函数，即

$$D = \{(a,1), (b,2)\}$$

$$E = \{(a,2), (b,3), (a,3), (c,1)\}$$

$$F = \{(a,2), (a,3), (b,4)\}$$

因为 D 中第一个元素的集合 $\{a,b\}$ 不等于集合 S_1；E 中的元素 a 与元素 2 和 3 都配对；F 中第一个元素的集合 $\{a,b\}$ 不等于集合 S_1，且元素 a 与元素 2 和 3 都配对。

2.1.4　图

一个图包括两个有限集合，顶点集合 $V = \{v_1, v_2, \cdots, v_n\}$ 和边集合 $E = \{e_1, e_2, \cdots, e_m\}$。每条边由顶点集合 V 中的一对顶点构成。例如，$e_i = (v_j, v_k)$ 是一条从顶点 v_j 到顶点 v_k 的边，边 e_i 对于 v_j 而言是输出边，对于 v_k 而言是输入边。这种构造是有向图。图的顶点和边都可以被标记，标记可以是名字或和图的部分相关联的其他信息。

图的结构通常以图表的方式表示。在图表中,顶点表示为圆圈,边表示为连接顶点的带箭头的直线或弧线。图 2-1 描述的图的结构包括顶点集合 $\{v_1, v_2, v_3\}$ 和边集合 $\{(v_1, v_3), (v_3, v_1), (v_3, v_2), (v_3, v_3)\}$。

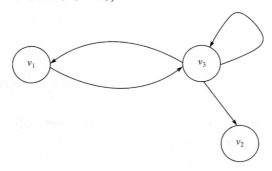

图 2-1　图的结构

一个边的序列 $(v_i, v_j), (v_j, v_k), \cdots, (v_m, v_n)$ 称为从 v_i 到 v_n 的通道。通道的长度指的是从起点到终点经过的边的数目。没有重复边的通道称为路径。没有重复顶点的路径称为简单路径。一个从顶点 v_i 出发又回到该顶点的路径称为以 v_i 为起点的回路。如果回路中除了顶点外没有重复的顶点,那么这个回路就是简单的。在图 2-1 中,(v_1, v_3) 和 (v_3, v_2) 是从 v_1 到 v_2 的简单路径。边序列 (v_1, v_3)、(v_3, v_3)、(v_3, v_1) 是回路,但不是简单回路。如果图中的边被标记。那么就可以讨论通道的标记。标记即遍历路径时经过的边的顺序标号。此外,一条从某个顶点到它自身的边称为环。在图 2-1 中,顶点 v_3 有一个环。

有时我们需要寻找两个给定的顶点间所有简单路径或以某个顶点为起点的所有简单回路的算法。如果不考虑效率,可以使用如下算法。

① 从某个顶点,如 v_i 出发,列出所有输出边 (v_i, v_k),(v_i, v_l),$\cdots$,这样就可以获得所有起点为 v_i,长度为 1 的路径。

② 对于所有 v_i 到达的顶点 $v_k, v_l, \cdots$,只要输出边的另一个顶点不是已经构造出的路径中的某个顶点,就可以列出所有输出边。这样就获得所有起点为 v_i,长度为 2 的简单路径。

③ 继续上述过程,直到不能增加新的顶点。

由于顶点的数目有限,因此我们最终可以列出所有起点为 v_i 的简单路径,并从这些路径中,选出那些已给定的另一个顶点为终点的路径。

2.2 概率论基础

2.2.1 概率

1. 随机实验

如果一个实验具有如下三个特点，那么这个实验被称为随机实验。

① 可以在相同的条件下重复地进行。

② 每次实验的可能结果不止一个，并且能事先明确实验所有可能的结果。

③ 进行一次实验之前不能确定哪一个结果会出现。

2. 样本空间

对于随机实验，每次实验之前无法预知实验的结果，但所有可能结果的集合是已知的，因此随机实验的所有可能结果的集合被称为样本空间，记为 Ω。样本空间的每个元素，即实验的每个结果，称为样本点。例如，对抛一枚银币，观察正面 H 和反面 T 出现的随机实验而言，其样本空间为 $\{H, T\}$。

3. 随机事件

满足某个条件的样本点组成的样本空间的一个子集称为随机事件,简称事件,记为 A。在每次实验中，当且仅当这一子集中的一个样本点出现时，称这一事件发生。例如，抛银币的随机实验，具有两个事件，即 $A_1 = \{H\}$，$A_2 = \{T\}$。

4. 相对频率

在某个随机实验中，进行了 n 次实验，那么在这 n 次实验中，事件 A 发生的次数 c 称为事件 A 发生的频次。$\frac{c}{n}$ 称为事件 A 发生的相对频率，并记作 $f_n(A)$。

相对频率具有如下基本性质。

① $0 \leqslant f_n(A) \leqslant 1$。

② $f_n(\Omega) = 1$。

③ 若 $A_1, A_2, \cdots, A_k$ 是两两互不相容的事件，则有

$$f_n(A_1 \cup A_2 \cup \cdots \cup A_k) = f_n(A_1) + f_n(A_2) + \cdots + f_n(A_k)$$

由于事件 A 发生的相对频率是其发生的次数与实验次数之比，比值的大小表示 A 发生的频繁程度。相对频率越大，事件 A 发生的就越频繁，这意味着事件 A

在一次实验中发生的可能性就大；反之亦然。

当重复实验的次数 n 逐渐增大时，相对频率 $f_n(A)$ 逐渐稳定于某个常数。这种相对频率稳定性就是通常说的统计规律性。因此，在实验重复次数足够多的情况下，计算相对频率 $f_n(A)$，并以它来表征事件 A 发生可能性的大小是适合的。但是，为了理论研究的需要，可以从相对频率稳定性和相对频率的性质得到启发，给出表征事件发生可能性大小的概率定义。

5. 概率

概率是从随机实验中的事件到实数域的映射函数，用于表示事件发生的可能性。如果用 $P(A)$ 表示事件 A 的概率，Ω 表示实验的样本空间，那么概率函数必需要满足如下三条公理。

公理 2.1(非负性)　对于每一个事件有 $P(A) \geqslant 0$。

公理 2.2(规范性)　对于必然事件有 $P(\Omega) = 1$。

公理 2.3(可列可加性)　对于可列无穷多个事件 $A_1, A_2, \cdots$，如果事件两两互不相容，即对于任意的 i 和 $j(i \neq j)$，事件 A_i 和 A_j 不相交($A_i \cap A_j = \varnothing$)，则有

$$P\left(\bigcup_{i=0}^{\infty} A_i\right) = \sum_{i=0}^{\infty} P(A_i) \tag{2-1}$$

其中，$\bigcup_{i=0}^{\infty} A_i$ 为可列个事件的和事件。

由上述概率的定义，可以推导出如下重要性质。

性质 2.1　$P(\varnothing) = 0$。

性质 2.2　若 $A_1, A_2, \cdots, A_n$ 是两两互不相容的事件，则有

$$P(A_1 \cup A_2 \cup \cdots \cup A_n) = P(A_1) + P(A_2) + \cdots + P(A_n) \tag{2-2}$$

式(2-2)称为概率的有限可加性。

性质 2.3　设 A, B 是两个事件，若 $A \subset B$，则有

$$P(B - A) = P(B) - P(A), \quad P(B) \geqslant P(A) \tag{2-3}$$

性质 2.4　对于任意事件 A，有

$$P(A) \leqslant 1$$

性质 2.5　对于任意两个事件 A, B，有

$$P(A, B) = P(A) + P(B) - P(AB) \tag{2-4}$$

式(2-4)称为概率的加法公式。

2.2.2　最大似然估计

根据上述相对频率的描述可知，如果一个实验的样本空间为 $\{s_1, s_2, \cdots, s_n\}$，在

相同条件下的实验次数为 N，观察样本点 $s_k(1 \leqslant k \leqslant n)$ 的频次为 $c(s_k)$，那么 s_k 的相对频率为

$$f_N(s_k) = \frac{c(s_k)}{N} \tag{2-5}$$

当 N 越来越大时，相对频率 $f_N(s_k)$ 就越来越接近 s_k 的概率 $P(s_k)$。

事实上，由于

$$\lim_{N \to \infty} f_N(s_k) = P(s_k) \tag{2-6}$$

因此，通常用相对频率作为概率的估计值。这种估计概率的方法称为最大似然估计。

2.2.3 条件概率

条件概率是自然语言处理中一个比较重要而实用的概念。其考虑的是事件 A 在已发生的条件下事件 B 发生的概率，记作 $P(B|A)$。

定义 2.1 假设 A 和 B 是样本空间 Ω 上的两个事件，且 $P(A) > 0$，那么称

$$P(B|A) = \frac{P(AB)}{P(A)} \tag{2-7}$$

式(2-7)为已知事件 A 时，事件 B 的条件概率。

不难验证，条件概率 $P(B|A)$ 符合概率定义中的三条公理。

① 非负性。$P(B|A) \geqslant 0$。

② 规范性。$P(\Omega|A) = 1$。

③ 可列可加性。如果事件 $B_1, B_2, \cdots$ 两两互不相容，则有

$$P\left(\sum_{i=1}^{\infty} B_i \mid A \right) = \sum_{i=1}^{\infty} P(B_i \mid A) \tag{2-8}$$

条件概率 $P(B|A)$ 给出了在事件 A 已发生的条件下，事件 B 的概率。一般地，$P(B|A) \neq P(B)$。根据式(2-7)，有

$$P(AB) = P(B|A)P(A) \tag{2-9}$$

式(2-9)称为乘法定理或乘法规则。

2.2.4 全概率公式与贝叶斯公式

全概率公式与贝叶斯公式是条件概率计算的重要依据。下面介绍样本空间划分的定义。

定义 2.2 假设 Ω 为实验 E 的样本空间，$B_1, B_2, \cdots, B_n$ 为 E 的一组事件。若有

① $B_i B_j = \varnothing, i \neq j, i, j \in \{1, 2, \cdots, n\}$。

② $B_1 \cup B_2 \cup \cdots \cup B_n = \Omega$。

则称 $B_1, B_2, \cdots, B_n$ 为样本空间 Ω 的一个划分。

例如,实验 E 为掷一颗骰子观察其点数,样本空间 $\Omega = \{1, 2, 3, 4, 5, 6\}$,那么 E 的一组事件 $B_1 = \{1, 2, 3\}$,$B_2 = \{4, 5\}$,$B_3 = \{6\}$ 是 Ω 的一个划分。

定理 2.1 设实验 E 的样本空间为 Ω,A 为 E 的事件,$B_1, B_2, \cdots, B_n$ 为 Ω 的一个划分,且 $P(B_i) > 0 (i = 1, 2, \cdots, n)$,则有

$$P(A) = P(A|B_1)P(B_1) + P(A|B_2)P(B_2) + \cdots + P(A|B_n)P(B_n) \qquad (2\text{-}10)$$

式(2-10)称为全概率公式。

定理 2.2 设实验 E 的样本空间为 Ω,A 为 E 的事件,$B_1, B_2, \cdots, B_n$ 为 Ω 的一个划分,且 $P(A) > 0, P(B_i) > 0 (i = 1, 2, \cdots, n)$,则有

$$P(B_i|A) = \frac{P(A|B_i)P(B_i)}{\sum_{j=1}^{n} P(A|B_j)P(B_j)}, \quad i = 1, 2, \cdots n \qquad (2\text{-}11)$$

式(2-11)称为贝叶斯(Bayes)公式。根据式(2-10),式(2-11)可以写为

$$P(B_i|A) = \frac{P(A|B_i)P(B_i)}{P(A)}, \quad i = 1, 2, \cdots n \qquad (2\text{-}12)$$

式(2-12)右边的分母可以看作普通常量,因为我们只是关心在给定事件 A 的情况下可能发生事件 B_i 的概率,$P(A)$ 的值是确定不变的。因此,式(2-12)可以写为

$$P(B_i|A) = P(A|B_i)P(B_i), \quad i = 1, 2, \cdots n \qquad (2\text{-}13)$$

例 2.1 给定一个藏语词串 $W = $ རྣམ་ ཡིག་ གཙང་ ལ་ ཚན་ ལིག།,如果该词串对应的词性标记串有 $T_1 = $ n p z n p w v u、$T_2 = $ n p z v p w v m、$T_3 = $ n p z n c v v,求已知 W 的条件下,使 $P(T|W)$ 最大的那个词性标注串 T'。

解:假设实验 E 为藏语词性标注,W 为实验 E 的事件,样本空间 Ω 为藏语词性标注集,$T_i (i = 1, 2, 3)$ 为样本空间 Ω 的一个划分,且 $P(W) > 0, P(T_i) > 0 (i = 1, 2, 3)$,那么根据式(2-7)有

$$P(T_i|W) = \frac{P(T_iW)}{P(W)}$$

根据式(2-12)有

$$P(T_i|W) = \frac{P(T_iW)}{P(W)} = \frac{P(T_i)P(W|T_i)}{P(W)}$$

由于 $P(W)$ 是词串的概率,对于所有的标记结果来说,$P(W)$ 是一样的,较 $P(T_i|W)$ 值的大小没有影响,因此 $P(W)$ 可以忽略。根据式(2-13)有

$$P(T_i|W) = \frac{P(T_iW)}{P(W)} = P(T_i)P(W|T_i)$$

如果 $P(T_i)$ 和 $P(W|T_i)$ 是已知的，即 $P(T_1)=0.86$ ， $P(T_2)=0.32$ ， $P(T_3)=0.24$ ， $P(W|T_1)=0.91$ ， $P(W|T_2)=0.43$ ， $P(W|T_3)=0.32$ ，那么 $P(T|W)$ 的最大值为

$$\operatorname{argmax} P(T_i|W) = \operatorname{argmax}(P(T_i)P(W|T_i), i=1,2,3)$$
$$= \operatorname{argmax}(0.86\times0.91, 0.32\times0.43, 0.24\times0.32)$$
$$= 0.78$$

因此，词串 W 最有可能的词性标注串为

$$T' = T_1$$

2.2.5　独立性

设 A,B 是实验 E 的两个事件，如果 $P(A)>0$ ，那么可以定义 $P(B|A)$ 。一般情况下，事件 A 的发生对事件 B 的发生概率是有影响的，这时 $P(B|A) \neq P(B)$ 。若这种影响不存在，那么有 $P(B|A)=P(B)$ ，这时根据式(2-9)，有

$$P(AB)=P(B|A)P(A)=P(A)P(B)$$

定义 2.3　设 A,B 是实验 E 的两个事件，且满足

$$P(AB)=P(A)P(B) \tag{2-14}$$

那么称事件 A,B 相互独立，简称 A,B 独立。

2.2.6　随机变量

例 2.2　一枚银币抛掷三次，观察出现正面和反面的情况，样本空间为

$$\Omega = \{HHH, HHT, HTH, THH, HTT, THT, TTH, TTT\}$$

以 X 记三次投掷得到正面 H 的总数，那么对于样本空间 $\Omega=\{s\}$ 中的每一个元素，即样本点 s ， X 都有一个数与之对应。 X 是定义在样本空间 $\Omega=\{s\}$ 上的一个实值单值函数，它的定义域是样本空间 $\Omega=\{s\}$ ，值域是实数集合 $\{0,1,2,3\}$ ，因此使用函数记号可将 X 写为

$$X = X(s) = \begin{cases} 3, & s=HHH, \\ 2, & s=HHT, HTH, THH, \\ 1, & s=HTT, THT, TTH, \\ 0, & s=TTT. \end{cases}$$

定义 2.4　设随机实验的样本空间为 $\Omega=\{s\}$ ， $X=X(s)$ 是定义在样本空间 $\Omega=\{s\}$ 上的实值单值函数，称 $X=X(s)$ 为随机变量。

简单地说，随机变量就是随机实验结果的函数，其取值随实验结果而定，而实验的各个结果出现有一定的概率，因此随机变量的取值也有一定的概率。例如，

例 2.2 中 X 取值为 2，记为 $\{X=2\}$，对应于样本点的集合 $A=\{HHT,HTH,THH\}$，这是一个事件，当且仅当事件 A 发生时有 $\{X=2\}$，那么事件 A 发生的概率 $P(A)$ $=\{X=2\}$ 的概率，即 $P(A)=P\{X=2\}=3/8$。

一般情况下，若 L 是一个实数集合，将 X 在 L 上的取值写成 $\{X\in L\}$。它表示事件 $A=\{s\,|\,X(s)\in L\}$，即 A 是由样本空间中使 $X(s)\in L$ 的所有样本点 s 组成的事件，此时有

$$P\{X\in L\}=P(A)=P\{s|X(s)\in L\} \tag{2-15}$$

有些随机变量可能取到的全部值是有限个或可列无限多个，这种随机变量称为离散型随机变量。

设离散型随机变量 X 全部可能的值为 $x_i(i=1,2,\cdots)$，则 X 取各个可能值的概率为

$$P\{X=x_i\}=p_i,\quad i=1,2,\cdots \tag{2-16}$$

由概率的定义可知，p_i 满足如下条件，即

$$p_i\geqslant 0,\quad i=1,2,\cdots$$

$$\sum_{i=1}^{\infty}p_i=1$$

称式(2-16)为离散型随机变量 X 的概率分布。

$$F(x)=P\{X\leqslant x\},\quad -\infty<x<+\infty \tag{2-17}$$

称为 X 的分布函数。

2.2.7 联合概率分布和条件概率分布

有时候需要同时处理多个随机变量。假设 E 是一个随机实验，E 的样本空间为 $\Omega=\{s\}$，并设 $X=X(s),Y=Y(s)$ 是定义在 Ω 上的两个随机变量，则它们构成的向量 (X,Y) 叫做二维随机向量或二维随机变量。

定义 2.5 如果 (X,Y) 是二维随机变量，对于任意实数 x 和 y，有

$$F(x,y)=P\{(X\leqslant x)\cap(Y\leqslant y)\}\rightarrow P\{X\leqslant x,Y\leqslant y\} \tag{2-18}$$

称为二维随机变量 (X,Y) 的分布函数，或称为随机变量 X 和 Y 的联合分布函数。

如果二维随机变量 (X,Y) 全部可能取到的值是有限对或可列无限多对，则称 (X,Y) 为离散型随机变量。设二维离散型随机变量 (X,Y) 全部可能的取值为 (x_i,y_j)，$i,j=1,2,\cdots$，记 $P(X=x_i,Y=y_j)=p_{ij}$，$i,j=1,2,\cdots$，则由概率的定义有

$$p_{ij} \geq 0, \quad \sum_{i=1}^{\infty}\sum_{j=1}^{\infty} p_{ij} = 1$$

称 $P\left(X=x_i, Y=y_j\right)=p_{ij}$, $i,j=1,2,\cdots$ 为二维离散型随机变量 (X,Y) 的分布，或随机变量 (X,Y) 的联合分布。

联合概率分布提供了两个随机变量之间关联程度的信息。如果是在一个随机实验中，还常常需要回答这样的问题：如果某个事件发生的条件下，发生另一个事件的可能性有多大。这就是条件概率分布要解决的问题。

定义 2.6　如果 (X,Y) 是二维离散型随机变量，对于固定的 j，若 $P\{Y=y_j\}>0$，则称

$$P\{X=x_i|Y=y_j\} = \frac{P\{X=x_i, Y=y_j\}}{P\{Y=y_j\}} = \frac{p_{ij}}{p_j}, \quad i=1,2,\cdots \tag{2-19}$$

式(2-19)为在 $Y=y_j$ 条件下随机变量 X 的条件分布。

同样，对于固定 i，若 $P\{X=x_i\}>0$，则称

$$P\{Y=y_j|X=x_i\} = \frac{P\{X=x_i, Y=y_j\}}{P\{X=x_i\}} = \frac{p_{ij}}{p_i}, \quad j=1,2,\cdots \tag{2-20}$$

式(2-20)为在 $X=x_i$ 条件下随机变量 Y 的条件分布。

条件概率分布也称边缘分布。根据联合概率分布计算边缘分布的过程称为随机变量 X (或 Y)的边缘化。

2.2.8　贝叶斯决策理论

贝叶斯决策理论又称贝叶斯判别理论，在自然语言处理中的词义排歧(word sense disambiguation,WSD)、文本分类等研究领域具有重要用途。

贝叶斯法则就是贝叶斯公式。假设有两个随机变量，即一个数据样本集 D 和一个模型 M，那么拟合样本数据的最优模型为

$$\begin{aligned} \arg\max_M P(M|D) &= \arg\max_M \frac{P(D|M)P(M)}{P(D)} \\ &= \arg\max_M P(D|M)P(M) \end{aligned} \tag{2-21}$$

最优模型选择有两方面的考虑：一是 $P(D|M)$ 是否能更好地解释样本数据；二是 $P(M)$ 是否是一个好的模型。

例 2.3　计算一个多义词 A 出现在给定的上下文语境 C，即在词串 $W(W=w_1,w_2,\cdots,w_n)$ 中，标注为各个义项 $s_i(i \geq 2)$ 的概率大小，即计算 $P(s_i|C)$。

解：根据式(2-20)，有

$$\operatorname*{argmax}_{A} P(s_i|C) = \operatorname*{argmax}_{A} P(C|s_i)P(s_i)$$

根据独立性假设，有

$$P(C|s_i) = \prod_{w \in C} P(w|s_i), \quad i \geqslant 2$$

因此

$$\operatorname*{argmax}_{A} P(s_i|C) = \operatorname*{argmax}_{A} P(s_i)\prod_{w \in C} P(w|s_i)$$

根据最大似然估计，对 $P(C|s_i)$ 和 $P(s_i)$ 进行估计，即

$$P(C|s_i) = \frac{\operatorname{count}(w,s_i)}{\operatorname{count}(s_i)}$$

$$P(s_i) = \frac{\operatorname{count}(s_i)}{\operatorname{count}(A)}$$

其中，$\operatorname{count}(w,s_i)$ 是训练语料中词 w 在词义 s_i 的上下文中出现的次数；$\operatorname{count}(s_i)$ 是训练语料中词义 s_i 出现的次数； $\operatorname{count}(A)$ 是多义词 A 在训练语料中出现的总次数。

通过最大似然估计值和最优模型，能够在给定的上下文语境 C 中对多义词 A 标注最有可能的义项。

2.2.9 期望和方差

先看一个例子，对某人进行英语单词拼写测试，拼写错误的单词数为 x_1 的得 0 分，拼写错误的单词数为 x_2 的得 1 分，拼写错误的单词数为 x_3 的得 2 分。拼写一次的得分数 X 是一个随机变量，其概率分布为

$$P\{X = k\} = p_k, \quad k = 0,1,2$$

现在拼写 N 次，其中得 0 分的有 a_0 次，得 1 分的有 a_1 次，得 2 分的有 a_2 次，即 $N = a_0 + a_1 + a_2$。拼写 N 次所得的总分为 $a_0 \times 0 + a_1 \times 1 + a_2 \times 2$，那么平均一次拼写的得分数为

$$\frac{a_0 \times 0 + a_1 \times 1 + a_2 \times 2}{N} = \sum_{k=0}^{2} k\frac{a_k}{N}$$

实验次数很多时，随机变量 X 的观察值的算术平均值为

$$\sum_{k=0}^{2} k\frac{a_k}{N}$$

在一定意义下接近

$$\sum_{k=0}^{2} k p_k$$

因此，称

$$\sum_{k=0}^{2} k p_k$$

为随机变量 X 的数学期望或均值。

定义 2.7　设离散型随机变量 X 的概率分布为

$$P\{X = x_k\} = p_k, \quad k = 1, 2, \cdots$$

若级数

$$\sum_{k=1}^{\infty} x_k p_k$$

绝对收敛，那么称该级数为随机变量 X 的数学期望或概率平均值，记作 $E(X)$，即

$$E(X) = \sum_{k=1}^{\infty} x_k p_k \tag{2-22}$$

数学期望 $E(X)$ 完全由随机变量 X 的概率分布确定。若 X 服从某一概率分布，也称 $E(X)$ 是这一概率分布的数学期望。

方差表示的是随机变量 X 与其数学期望 $E(X)$ 的偏离程度。

定义 2.8　设 X 是一个随机变量，若 $E\left\{\left[X - E(X)\right]^2\right\}$ 存在，则称 $E\left\{\left[X - E(X)\right]^2\right\}$ 为 X 的方差，记为 $D(X)$ 或 $\mathrm{Var}(X)$，即

$$D(X) = \mathrm{Var}(X) = E\left\{\left[X - E(X)\right]^2\right\}$$

通常在实际应用中引入量 $\sqrt{D(X)}$，记为 $\delta(X)$，称为标准方差或均方差。

按定义，随机变量 X 的方差表达了 X 的取值与其数学期望的偏离程度。若 $D(X)$ 较小，则意味着 X 的取值集中在 $E(X)$ 的附近；反之，若 $D(X)$ 较大，则表示 X 的取值较分散。因此，$D(X)$ 是刻画 X 取值分散程度的量，它是衡量 X 取值分散程度的一个尺度。

2.3　信息论基础

2.3.1　信息熵

熵这个概念最早产生于热力学领域，是科学研究者对气体从宏观角度和微观

角度得出的研究结论,是反映宏观自发过程具有不可逆性的物理量,是反映微观粒子无序程度的物理量。1948 年,香农把玻尔兹曼熵的概念引入信息论,产生信息熵的概念,并发表《通信的数学原理》这篇文章。该文奠定了信息论的基础。信息熵是信息论的基本概念。

信息源(简称信源)是产生消息(或符号)和消息序列的源。以一个最简单的离散信源 X 为例,其概率空间(信源的数学模型)为

$$\begin{bmatrix} X \\ P(X) \end{bmatrix} = \begin{bmatrix} x_1 & x_2 & \cdots & x_i & \cdots & x_n \\ p(x_1) & p(x_2) & \cdots & p(x_i) & \cdots & p(x_n) \end{bmatrix}$$

$$\sum_{i=1}^{n} p(x_i) = 1, \quad p(x_i) \geqslant 0, \quad i = 1, 2, \cdots, n$$

其中,$p(x_i)$ 是事件 x_i 发生的概率。

如果事件 x_i 已经发生,则该事件含有的信息量,即自信息为

$$I(x_i) = -\log_2 p(x_i) \tag{2-23}$$

则信源的平均信息量为

$$H(X) = -\sum_{i=1}^{n} p(x_i) \log_2 p(x_i) \tag{2-24}$$

信息量就是信息大小或多少的度量,即解除信源不确定性所需信息的度量。香农认为信息是人们对事物了解的不确定性的消除或减少,他把不确定的程度(信源的平均信息量)称为信息熵。由于式(2-24)中对数以 2 为底,因此信息熵的单位为二进制位(bit)。

例 2.4 假设 X={ᨈᩣᨶ, ᨠᩣᨬᩫ, ᩅᩮᩢ, ᨭᩩ} 在藏语语言中随机出现,每个字出现的概率分别是 1/8,1/5,1/4,1/6,那么每个字的信息熵为

$$H(X) = -\sum_{i=1}^{4} p(x_i) \log_2 p(x_i)$$

$$= -\left(\frac{1}{8} \log_2 \frac{1}{8} + \frac{1}{5} \log_2 \frac{1}{5} + \frac{1}{4} \log_2 \frac{1}{4} + \frac{1}{6} \log_2 \frac{1}{6} \right)$$

$$= 1.77 \text{bit}$$

例 2.5 对于二元符号集 $X = \{0,1\}$,如果 $P(X = 0) = p, P(X = 1) = 1 - p$,那么每个符号的信息熵为

$$H(X) = -\sum_{i=1}^{2} p(x_i) \log_2 p(x_i)$$

$$= -[p \log_2 p + (1 - p) \log_2 (1 - p)]$$

信息熵 $H(X)$ 和概率 P 的关系如图 2-2 所示。

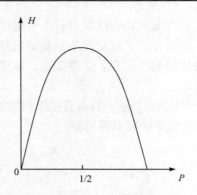

图 2-2　信息熵和概率的关系

图 2-2 称为信息熵函数图，因此 $H(X)$ 可以写成 $H(P)$。

2.3.2　信息熵的性质

1. 对称性

当概率矢量 $P=(p_1,p_2,\cdots,p_n)$ 中各分量的次序任意互换时，信息熵函数的值不变，即

$$H(p_1,p_2,\cdots,p_n)=H(p_2,p_3,\cdots,p_n)=H(p_n,p_1,\cdots,p_{n-1}) \tag{2-25}$$

这个性质说明，信息熵函数的值与随机变量的总体结构和信源的总体统计特性有关；用信息熵不能描述事件本身的主观意义，这也是定义信息熵所具有的局限性。

2. 非负性

对任意集合 $X=\{x_1,x_2,\cdots,x_n\}$，有

$$H(X)=H(p_1,p_2,\cdots,p_n)\geqslant 0 \tag{2-26}$$

其中，等号成立的充要条件是当且仅当对某个 $X=x_i, p_i=1$，其余的 $p_k=0(k\neq i)$。这表明，确定信源的信息熵最小。

3. 确定性

确定性是指信源虽然有不同的输出符号。它只有一个符号几乎是必然出现，而其他符号几乎不可能出现。这个信源是一个确定的信源，其信息熵为零，即

$$H(1,0)=H(1,0,0)=H(1,0,0,0)=H(1,0,0,0,\cdots,0)=0$$

4. 扩展性

信息熵的可扩展性表现为下面的数学特性，即

$$\lim_{\varepsilon \to 0} H(p_1, p_2, \cdots, p_n - \varepsilon, \varepsilon) = H(p_1, p_2, \cdots, p_n)$$

因为

$$\lim_{\varepsilon \to 0} \varepsilon \log \varepsilon = 0$$

所以上式成立。信源如果增加一个小概率符号，尽管给予收信者较多的信息，但从总体上看，它在信息熵中占的比例很小，不影响信息熵的大小。

5. 可加性与强可加性

若有两个不是相互独立的随机变量 X 和 Y，则二维随机变量 (X,Y) 的信息熵称为联合熵，记为 $H(X,Y)$。

(1) 可加性

$H(X,Y)$ 等于 X 的无条件熵加上当 X 已给定时 Y 的条件概率定义的熵，也就是条件熵($H(Y|X)$)的统计平均值，即

$$H(X,Y) = H(X) + H(Y|X) \tag{2-27}$$

其中

$$H(Y|X) = \sum_{i=1}^{n} p(x_i) \sum_{j=1}^{n} p(y_j \mid x_i) \log \frac{1}{p(y_j \mid x_i)} \tag{2-28}$$

(2) 强可加性

若随机变量 X 和 Y 是相互独立的，则二维随机变量 (X,Y) 的信息熵为

$$H(X,Y) = H(X) + H(Y) \tag{2-29}$$

6. 极值性

若符号集 X 中有 N 个元素，则有

$$H(p_1, p_2, \cdots, p_N) \leqslant H\left(\frac{1}{N}, \frac{1}{N}, \cdots, \frac{1}{N}\right) = \log N \tag{2-30}$$

这表明，集合 X 中各个符号等概率发生时，信息熵的值达到最大。

7. 上凸性

$H(p_1, p_2, \cdots, p_N)$ 是概率分布 $(p_1, p_2, \cdots, p_N)$ 的上凸函数，即对于 $0 < \theta < 1$，两个概率矢量 P_1 和 P_2 有如下关系式，即

$$H(\theta P_1 + (1-\theta)P_2) \geqslant \theta H(P_1) + (1-\theta)H(P_2)$$

2.3.3　联合熵和条件熵

1. 联合熵

如果 X 和 Y 是两个离散型随机变量，那么 (X,Y) 是二维随机变量。当二维随机变量 (X,Y) 的联合概率分布记为 $p(x\in X,y\in Y)$ 时，二维随机变量的信息熵称为 X 和 Y 的联合熵，即

$$H(X,Y)=-\sum_{x\in X}\sum_{y\in Y}p(x,y)\log_2 p(x,y) \qquad (2\text{-}31)$$

联合熵反映二维随机变量 (X,Y) 的取值不确定性，描述随机变量 (X,Y) 平均所需的信息量。

2. 条件熵

在随机变量 X 发生的前提下，随机变量 Y 发生所新带来的信息熵定义为 Y 的条件熵，即

$$\begin{aligned}H(Y|X)&=\sum_{x\in X}p(x)H(Y|X)\\&=\sum_{x\in X}p(x)\left[-\sum_{y\in Y}p(y|x)\log_2 p(y|x)\right]\\&=-\sum_{x\in X}\sum_{y\in Y}p(x,y)\log_2 p(y|x)\end{aligned} \qquad (2\text{-}32)$$

条件熵是衡量在已知随机变量 X 的条件下，随机变量 Y 不确定性减少的程度。式(2-32)可以写为

$$H(Y|X)=H(X,Y)-H(X) \qquad (2\text{-}33)$$

例 2.6　用随机变量 X 表示今天的天气（$x\in\{$下雨，不下雨$\}$）和随机变量 Y 表示明天的天气。通过观察过去 10 年间相邻两天的天气情况，得到的概率如表 2-1 所示，用这两个随机变量估计联合熵 $H(X,Y)$ 和条件熵 $H(Y|X)$。

表 2-1　概率表

天气	明天下雨	明天不下雨
今天下雨	0.12	0.08
今天不下雨	0.08	0.72

解：根据式(2-24)可以估计任意天下雨的信息熵，即

$$H(X) = H(Y) = -\sum_{x \in X} p(x)\log_2 p(x)$$
$$= -(0.2 \times \log_2 0.2 + 0.8 \times \log_2 0.8)$$
$$= 0.722$$

其中，0.2 和 0.8 是下雨和不下雨所在列或行求和得到的。

由于前后两天的天气情况不是相互独立的，因此其联合熵为

$$H(X,Y) = -\sum_{x \in X, y \in Y} p(x,y)\log_2 p(x,y)$$
$$= -(0.12 \times \log_2 0.12 + 0.08 \times \log_2 0.08 + 0.08 \times \log_2 0.08 + 0.72 \times \log_2 0.73)$$
$$= 1.291$$

今天天气已知的条件下，明天天气的信息熵为

$$H(Y|X) = H(X,Y) - H(X)$$
$$= 1.291 - 0.722$$
$$= 0.569$$

2.3.4 相对熵

相对熵又称互熵、交叉熵、鉴别信息、Kullback 熵、Kullback-Leibler 散度等，是衡量相同事件空间两个概率分布相对差距的测度。设 $p(x)$ 和 $q(x)$ 是 X 中取值的两个概率分布，则 p 对 q 的相对熵为

$$D(p\|q) = \sum_x p(x)\log_2 \frac{p(x)}{q(x)} \tag{2-34}$$

该式中约定 $0\log_2 \dfrac{0}{q} = 0, p\log_2 \dfrac{p}{0} = \infty$ ，表示成期望值为

$$D(p\|q) = E_{p(x)}\log_2 \frac{p(x)}{q(x)} \tag{2-35}$$

在一定程度上，相对熵可以度量两个随机变量的距离，且有 $D(p\|q) \neq D(q\|p)$ 。值得一提的是， $D(p\|q)$ 是大于等于 0 的。

2.3.5 互信息

两个随机变量 X,Y 的互信息定义为 X,Y 的联合分布和各自独立分布乘积的相对熵，即

$$I(X;Y) = \sum_{x,y} p(x,y)\log_2 \frac{p(x,y)}{p(x)p(y)} \tag{2-36}$$
$$= D(p(x,y)\| p(x)p(y))$$

互信息可以看作一个随机变量中包含的关于另一个随机变量的信息量，或者说一个随机变量由于已知另一个随机变量而减少的不确定性。互信息是非负的。

根据信息熵的连锁规则，上式可写为

$$I(X;Y) = H(X) - H(X|Y) = H(Y) - H(Y|X) \tag{2-37}$$

式(2-37)表示互信息和信息熵之间的关系如图 2-3 所示。

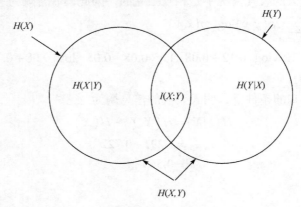

图 2-3　互信息和信息熵之间的关系图

实际上，互信息反映两个变量之间的关联程度：若 $I(X;Y) \gg 0$，则表明两个变量 X 和 Y 之间高度关联；若 $I(X;Y) = 0$，则表明两个变量 X 和 Y 是相互独立的。

如果根据 X 的信息能够完全预测 Y，那么 $p(x,y) = p(x)$，则 $I(X;Y) = H(Y)$。在这种情况下，它们的互信息包含关于 Y 的所有不确定性。

互信息在词汇聚类、藏语自动分词、词义消歧、藏文文本自动校对等研究领域有重要的用途。

2.3.6　交叉熵

如果随机变量 X 的真实概率分布为 $p(x)$，$q(x)$ 为用于近似 $p(x)$ 的概率分布，那么随机变量 X 和模型 q 之间的交叉熵定义为

$$\begin{aligned} H(X,q) &= H(X) + D(p\|q) \\ &= -\sum_x p(x)\log_2 q(x) \end{aligned} \tag{2-38}$$

交叉熵的概念用来衡量估计模型 $q(x)$ 与真实概率分布 $p(x)$ 之间的差异。

Brown 等指出，如果自然语言 $L = (X_i) \sim p(x)$ 看作平稳且各态遍历的随机过程，那么语言 L 与其模型 q 之间的交叉熵定义为

$$H(L,q) = -\lim_{n \to \infty} \frac{1}{n} \sum_{x_1^n} p(x_1^n) \log_2 q(x_1^n) \tag{2-39}$$

其中，n 为语言的长度，$x_1^n = x_1, x_2, \cdots, x_n$ 为语言 L 的语句；$p(x_1^n)$ 为语言 L 中语句 x_1^n 的概率；$q(x_1^n)$ 为模型 q 对 x_1^n 的概率估计。

交叉熵 $H(L,q)$ 是语言 L 的极限熵 H_∞ 的一个上界，它们的差正是语言 L 真实概率分布 $p(x)$ 与估计模型 $q(x)$ 之间的相对熵 $D(p(x) \| q(x))$。相对熵值代表模型 q 与真实语言 L 之间的误差，它刻画了模型 q 的精确程度。模型 q 对语言 L 逼近得越好，相对熵值就越小，计算所得的交叉熵 $H(L,q)$ 就越逼近真实的极限熵 H_∞。

2.3.7 困惑度

在自然语言处理中建立语言模型时，通常用困惑度(也叫复杂度)来评价语言模型的性能。

如果语言 L 是平稳的、各态遍历的随机过程，语言模型 P_M 是一个 n 元模型，$P_M(W_{i-n+1}^i)$ 表示语言模型 P_M 对 L 中词串 W_{i-n+1}^i 的概率估计，假设 N 为语言模型训练语料的容量，则有

$$H(P_M) \approx -\frac{1}{N}\left[\sum_{i=1}^{n-1}\log_2 P_M(W_i|W_1^{i-1}) + \sum_{n}^{N}\log_2 P_M(W_i|W_{i-n+1}^{i-1})\right]$$

$H(P_M)$ 的物理意义是，当给定一段历史信息 W_{i-n+1}^{i-1} 后，利用建立的语言模型 P_M 预测当前语言成分 W_i 出现的可能性只有 $2^{H(P_M)}$ 种，如何利用语言模型 P_M 从这 $2^{H(P_M)}$ 种选出 W_i，确实是很困难的，也是非常让人感到困惑的，这也可能是将 $2^{H(P_M)}$ 称为语言模型 P_M 困惑度的原因。困惑度记为 PP，即

$$PP = 2^{H(P_M)} \tag{2-40}$$

PP 越小，说明利用模型 P_M 预测出现 W_i 的选择范围越小，即不确定性越小，进而说明语言模型表述语言的能力越强。

2.3.8 噪声信道

香农信息论最初是为了解决通信问题而提出的。通信的根本任务是将一地点的消息有效地、可靠地传送到另一地点。通信系统的基本模型如图 2-4 所示。

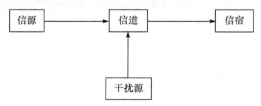

图 2-4　通信系统的基本模型

信息熵可以定量地估计信源每发送一个符号所提供的平均信息量，但对于通信系统来说，关键是信息的传输问题，即如何定量地估计从信道输出中获取多少信息量。因此，香农为了模型化信道的通信问题，在信息熵的基础上提出噪声信道模型。其目的就是优化噪声信道中信号传输的吞吐量和准确率，基本假设是一个信道的输出以一定的概率依赖输入。图 2-5 所示为噪声信道模型。

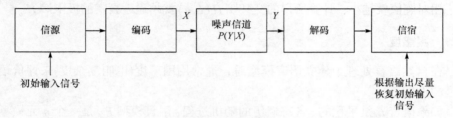

图 2-5　噪声信道模型

如果一个单维离散信道的输入为

$$\begin{bmatrix} X \\ P(x) \end{bmatrix} = \begin{bmatrix} a_1, & a_2, & \cdots & a_r \\ p_1, & p_2, & \cdots & p_r \end{bmatrix}$$

输出为

$$\begin{bmatrix} Y \\ P(y) \end{bmatrix} = \begin{bmatrix} b_1, & b_2, & \cdots & b_s \\ q_1, & q_2, & \cdots & q_s \end{bmatrix}$$

① 信道转移概率或传递概率为

$$P(y|x) = P(b_j \mid a_i)$$

$$\sum_{j=1}^{s} P(b_j \mid a_i) = 1$$

② 输入输出联合概率为

$$p(b_j, a_i) = p(a_i) p(b_j|a_i) = p(b_i) p(a_j \mid b_i)$$

其中，$p(a_i)$ 称为先验概率；$p(b_j|a_i)$ 称为前向概率；$p(b_i)$ 称为输出概率；$p(a_j \mid b_i)$ 称为后验概率。

③ 信道传输的平均互信息量为

$$I(a_i; b_j) = \log \frac{1}{p(a_i)} - \log \frac{1}{p(a_i \mid b_j)}$$

当信宿 Y 收到某一具体符号 $b_j(Y = b_j)$ 后，推测信源 X 发送符号 a_i 的概率，

已有先验概率 $p(a_i)$ 转变为后验概率 $p(a_i|b_j)$，从 b_j 中获取关于输入符号的信息量，应该是互信息量 $I(a_i;b_j)$ 在两个概率空间 X 和 Y 中的统计平均值，即

$$I(X;Y) = \sum_{i=1}^{r} p(a_i b_j) I(a_i;b_j), \qquad j = 1,2,\cdots,s$$

$$I(a_i;b_j) = \log \frac{p(a_i|b_j)}{p(a_i)}$$

由于信息在噪声信道中传输引起的信息量的减少，因此互信息量可写为

$$I(X;Y) = \sum_{i=1}^{r} \sum_{j=1}^{s} p(a_i b_j) \log \frac{p(b_j|a_i)}{p(b_j)}$$

$$= H(Y) - H(Y|X)$$

其中，$H(Y)$ 称为信宿熵，$H(Y|X)$ 称为噪声熵。

④ 离散信道的信道容量为

$$C = \max_{P(X)} \{I(X;Y)\} \tag{2-41}$$

是指信道对于一切可能的概率分布而言能够传送的最大熵概率。信道容量是确定的，不随输入信源的概率分布而变化，其大小直接反映信道质量的好坏。

2.4　齐普夫定律

1948 年，齐普夫(Zipf)完成《人类行为与最省力法则——人类生态学引论》，于 1949 年正式出版。最省力法则较好地解释了齐普夫定律的内在成因和机制，是齐普夫定律的理论基础。

在文献中，不同词汇的使用和出现频率是有一定规律的。为了发现和揭示这种规律，许多学者进行过探索。这些有关词频分布规律的研究和成果，为齐普夫定律的形成奠定了必要的基础。

早在 1898 年，德国语言学家 Kaeding 编写了频率词典《德语频率词典》。20 世纪初，美国教育学家、心理学家 Thorndike 先后编写了《教师二万词词书》和《教师三万词词书》，对英语的词汇作了大量频率统计工作。在这些频率词典中，词的出现频率与词的序号是两个最基本的数量指标。它们刻画了一个词在词典中的统计性质，因此人们着重研究词典中这两个基本数量之间的相互关系，以揭示词的频率分布规律。

1916 年，法国速记学家 Estoup 发现词出现的频率分布的定量化形式。假设在一篇包含 N（N 应该充分地大）个词的文献中，词的绝对频率为 n，并且按频率

从高到低编上序号 $r(r=1,2,\cdots,N)$，则词的绝对频率 n 与序号 r 的乘积稳定于一个常数 K，即

$$n_r \times r = K \tag{2-42}$$

1928 年，美国贝尔电话公司物理学家 Condon 在研究提高电话线路的通信能力工作中发现，以横坐标表示词的序号的对数 $\log r$，纵坐标表示词的绝对频率 $\log n_r$，描绘词频分布图形，发现 $\log r$ 和 $\log n_r$ 的分布关系接近于一条直线 AB，并且 AB 与横坐标轴的夹角为 45°，从而得出如下公式，即

$$n_r = Kr^{-1} \tag{2-43}$$

词汇总数 N 除以该式两边可得下式，即

$$\frac{n_r}{N} = \frac{K}{N}r^{-1}$$

其中，$\dfrac{n_r}{N} = f_r$；$\dfrac{K}{N}$ 是常数，且令 $\dfrac{K}{N} = C$，则有

$$f_r = Cr^{-1} \tag{2-44}$$

1935 年，齐普夫在前人研究的基础上，以大量统计数据对词频分布律进行了系统研究，大量的实验证明 C 不是一个常数，而是一个参数，它的取值区间为 $0 < C < 0.1$，对于 $r=1,2,\cdots,n$，这个参数 C 使下式成立，即

$$\sum_{r=1}^{n} p_r = 1$$

因此，式(2-44)可写为

$$f_r = p_r = Cr^{-1} \tag{2-45}$$

式(2-45)称为齐普夫定律。

1936 年，美国语言学家 Joos 对齐普夫定律进行了修正，提出双参数齐普夫定律。他发现式(2-45) 中不仅 C 为参数，而且 r 的负指数 -1 中的 1 也是一个参数 γ。若令 $\gamma = b$，则有

$$p_r = Cr^{-b} \tag{2-46}$$

其中，$b > 0$，$C > 0$，对于 $r=1,2,\cdots,n$，参数 b,C 要使

$$\sum_{r=1}^{n} p_r = 1$$

式(2-46)称为双参数齐普夫定律。

20 世纪 50 年代初期，英籍法国数学家 Mandelbrot 利用概率论和信息论方法研究词的序号分布规律，并通过严格的数学推导，从理论上提出三参数序号分布定律，其形式为

$$p_r = C(r+a)^{-b} \tag{2-47}$$

其中，$0 \le a < 1$，$b > 0$，$C > 0$，对于 $r = 1, 2, \cdots, n$，参数 a, b, C 要使

$$\sum_{r=1}^{n} p_r = 1$$

式(2-47)称为三参数齐普夫定律。

齐普夫定律已经在语言学、情报学、地理学、经济学、信息科学等领域有了广泛的应用，取得了不少可喜成果。研究词频分布定律对编制词表，制定标引规则，进行词汇分析与控制，分析作者著述特征具有一定意义。

2.5　隐马尔可夫模型

2.5.1　马尔可夫模型

1. 随机过程

随机过程又叫随机函数，是一个时间的函数，每个时刻的函数值是不确定、随机的，也就是说，每一时刻上的函数值按照一定的概率分布。

2. 马尔可夫链

如果一个系统有 N 个有限状态 $\{S_1, S_2, \cdots, S_N\}$，那么随着时间的变化，该系统从某一状态转移到另一状态。假设 q_t 表示 t 时刻随机过程所处的状态，那么系统在时间 t 处于状态 S_j 的概率取决于它在时间 $1, 2, \cdots, t-1$ 的状态，其概率为

$$P\left(q_t = S_j \middle| q_{t-1} = S_i, q_{t-2} = S_k, \cdots\right) \tag{2-48}$$

如果在特定条件下，系统在时间 t 的状态只与其在时间 $t-1$ 的状态有关，即

$$P\left(q_t = S_j \middle| q_{t-1} = S_i, q_{t-2} = S_k, \cdots\right) = P\left(q_t = S_j \middle| q_{t-1} = S_i\right) \tag{2-49}$$

那么该随机过程称为一阶马尔可夫链或一阶马尔可夫过程。

3. 马尔可夫模型

式(2-49)等号右边的随机过程是独立于时间 t 的，即马尔可夫随机过程。因此，系统从状态 S_i 到 S_j 的转移概率为

$$a_{ij} = P\left(q_t = S_j \middle| q_{t-1} = S_i\right), \quad 1 \le i, j \le N \tag{2-50}$$

其中，$a_{ij} \ge 0$，$\sum_{j=1}^{N} a_{ij} = 1$。

a_{ij} 服从概率约束，且这个马尔可夫随机过程就叫马尔可夫模型。该模型可形

式化定义为一个三元组，即

$$M = (S, A, Q) \tag{2-51}$$

其中，S 为系统所有可能的状态组成的非空状态集，可以是有限的、可列的集合或任意非空集；A 为系统的状态转移概率矩阵；Q 为系统的初始概率分布。

显然，有 N 个状态的一阶马尔可夫模型有 N^2 次状态转移。每一个转移的概率叫做状态转移概率，是从一个状态转移到另一个状态的概率。所有的 N^2 次概率可以用一个状态转移矩阵来表示。

例 2.7　假设一段时间的气象可由具有三个状态的马尔可夫模型 M 描述，其中 S_1 表示雨天，S_2 表示多云，S_3 表示晴天，它们的状态转移概率矩阵为

$$A = \begin{bmatrix} a_{ij} \end{bmatrix} = \begin{matrix} & S_1 & S_2 & S_3 \\ S_1 \\ S_2 \\ S_3 \end{matrix} \begin{bmatrix} 0.5 & 0.3 & 0.2 \\ 0.3 & 0.6 & 0.1 \\ 0.1 & 0.1 & 0.8 \end{bmatrix}$$

该矩阵第一行的意义是，如果昨天是雨天，那么今天是雨天的概率为 0.5，多云的概率为 0.3，晴天的概率为 0.2。每一行的概率之和为 1。

如果第一天为晴天，根据马尔可夫模型，今后七天中天气是 $O=$"晴雨晴雨晴云雨"的概率为

$$\begin{aligned} P(O|M) &= P(S_3, S_3, S_1, S_3, S_1, S_3, S_2, S_1|M) \\ &= P(S_3) \times P(S_3|S_3) \times P(S_1|S_3) \times P(S_3|S_1) \times P(S_1|S_3) \times P(S_3|S_1) \\ &\quad \times P(S_2|S_3) \times P(S_1|S_2) \\ &= 1 \times a_{33} \times a_{31} \times a_{13} \times a_{31} \times a_{13} \times a_{32} \times a_{21} \\ &= 0.8 \times 0.1 \times 0.3 \times 0.1 \times 0.3 \times 0.1 \times 0.2 \\ &= 1.44 \times 10^{-5} \end{aligned}$$

2.5.2　隐马尔可夫模型的基本原理

隐马尔可夫模型(hidden Markov model, HMM)是一种用参数表示的用于描述随机过程统计特性的概率模型，由马尔可夫链演变而来。HMM 是一个双重的随机过程，一个是具有一定状态数的马尔可夫链，这是基本的随机过程，描述状态的转移；另一个是显示随机函数集，描述状态和观察值之间的统计对应关系。模型的状态转移过程是不可观察(隐藏)的，可观察事件的随机过程是不可观察状态转移过程的随机函数[13]。

可以用图 2-6 说明 HMM 的基本原理。

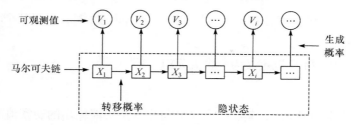

图 2-6 HMM 的基本原理

在图 2-6 中，$X_1,X_2,\cdots$ 表示隐藏的状态数，状态之间存在转移概率，$v_1,v_2,\cdots$ 表示可观测值，其中 v_i 由状态 X_i 产生。某个状态和可观测值之间存在生成概率。

下面通过一个例子进一步讲解 HMM。假设一暗室中有 N 个盒子，每个盒子装有 M 种不同颜色的球。有甲乙两人，其中甲在暗室里面，乙在暗室外面。甲根据某一概率分布随机地选取一个盒子，从中根据不同颜色球的概率分布，随机取出一个球，递给室外的乙。然后，甲根据盒子的概率分布随机选择另一个盒子，根据不同颜色的球的概率随机地取出一个球,递给室外的乙。重复进行这个实验。对于乙来说，可观察的过程只是不同颜色球的序列，而暗室内盒子的序列是不可观察的。在这个过程中，暗室中的每个盒子对应 HMM 中的状态，球的颜色对应 HMM 中的可观测值，从一个盒子转向另一个盒子对应 HMM 中的状态转移，从盒子中取出一个球对应 HMM 中从一个状态输出的观察符号。

通过上述例子可以看出，一个 HMM 由如下几个部分组成。

① 一组状态的集合 $S=\{s_1,s_2,\cdots,s_N\}$，其中 N 是状态数目(盒子的数目)，并用 q_t 表示 t 时刻的状态。

② 一组可观察符号的集合 $V=\{v_1,v_2,\cdots,v_m\}$，其中 m 是从每一个状态可能输出的不同观察符号的数目(球的颜色)。

③ 状态转移概率矩阵 $A=[a_{ij}]$(从一个盒子转换到另一个盒子的概率)，其中

$$a_{ij}=P\big(q_t=s_j|q_{t-1}=s_i\big),\quad 1\leqslant i,j\leqslant N \tag{2-52}$$

$$a_{ij}\geqslant 0$$

$$\sum_{j=1}^{N}a_{ij}=1$$

④ 可观察符号的概率分布 $B=\{b_j(k)\}$，$\{b_j(k)\}$ 表示状态 s_j 输出可观察符号 v_k 的概率(第 j 个盒子输出球的颜色 k 的概率)，有 $b_j(k)=P\big(v_k|s_j\big),1\leqslant k\leqslant m$, $1\leqslant j\leqslant N$，这个概率称为输出概率或发射概率。

⑤ 初始状态的概率分布 $\pi = \{\pi_i\}$，表示当时间 $t = 1$ 时，选择某个状态 s_i 的概率，有 $\pi_i = P(q_1 = s_i)$。

一般地，HMM 可以定义为一个五元组，即

$$\lambda = (S, V, A, B, \pi) \tag{2-53}$$

对一个确定的 HMM，其状态数 S 和每个状态可能输出的观察值的数目 V 都是确定的。因此，也可以表示成三元组的形式，即

$$\lambda = (A, B, \pi) \tag{2-54}$$

其中，A 表示状态转移概率；B 表示发射概率；π 表示初始概率。

2.5.3　隐马尔可夫模型的三个基本问题

一旦为系统建立 HMM 模型，就要解决三个基本问题。

① 估计问题。给定一个模型 $\lambda = (A, B, \pi)$，如何高效地计算某一观察序列 $O = O_1, O_2, \cdots, O_T$ 的概率 $P(O|\lambda)$？

② 序列问题。给定一个模型 $\lambda = (A, B, \pi)$ 和一个观察序列 $O = O_1, O_2, \cdots, O_T$，如何找到产生这一观察序列的概率最大的状态序列 $Q = q_1 q_2 \cdots q_T$？

③ 训练问题。给定一个模型 $\lambda = (A, B, \pi)$ 和一个观察序列 $O = O_1, O_2, \cdots, O_T$，如何调整模型的参数使产生这一序列的概率 $P(O|\lambda)$ 最大？

1. 前向(后向)算法

如果给定一个观察符号序列 $O = O_1, O_2, \cdots, O_T$ 和模型 $\lambda = (A, B, \pi)$，那么模型 λ 产生观察符号序列 O 的概率 $P(O|\lambda)$ 可采用前向算法或后向算法，使其时间复杂度降低到 $O(N^2 T)$。

为了实现前向算法，需要定义一个前向变量 $a_t(i)$。

定义 2.9　前向算法用 T 时刻以前出现的观察符号序列推算到当前时刻 t，且位于状态 s_i 时出现某个观察符号的概率，即用出现 $O_1, O_2, \cdots, O_{t-1}$ 的概率来推算出现 $O_1, O_2, \cdots, O_{t-1}, O_t$ 的概率，用前向变量 $a_t(i)$ 表示，即

$$\alpha_t(i) = P(O_1, O_2, \cdots, O_t, q_t = s_i | \lambda), \quad 1 \leqslant i \leqslant N \tag{2-55}$$

前向算法的主要思想是，如果快速地计算前向变量 $a_t(i)$，那么就可以根据前向变量 $a_t(i)$ 计算模型 λ 产生观察符号序列 O 的概率 $P(O|\lambda)$。$P(O|\lambda)$ 是在所有状态 q_T 下观察符号序列 $O_1, O_2, \cdots, O_T$ 的概率，即

$$P(O|\lambda) = \sum_{i=1}^{N} P(O_1, O_2, \cdots, O_T, q_T = s_i \mid \lambda) = \sum_{i=1}^{N} a_T(i) \tag{2-56}$$

在前向算法中，采用动态规划的方法计算前向变量 $\alpha_t(i)$。对于 HMM 动态规划问题通常采用网格的形式描述，即在网格中的每一个节点设置一个前向变量 $\alpha_t(i)$，在时刻 $t+1$ 的前向变量 $\alpha_{t+1}(j)$ 可以通过在时刻 t 的各个前向变量 $\alpha_t(1), \alpha_t(2), \cdots, \alpha_t(N)$ 来归纳计算。图 2-7 描述了前向变量的归纳关系。

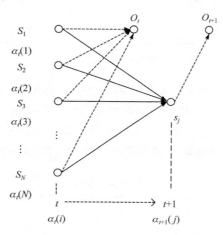

图 2-7 前向变量的归纳关系

在图 2-7 中，$\alpha_{t+1}(j)$ 存放在 $(s_j, t+1)$ 处的节点上，表示在已知观察序列 $O_1, O_2, \cdots, O_{t+1}$ 的情况下，从时间 t 到达下一个时间 $t+1$ 时状态 s_j 的概率，即

$$\alpha_{t+1}(j) = \left(\sum_{i=1}^{N} \alpha_t(i) a_{ij} \right) b_j(O_{t+1}) \tag{2-57}$$

由此可知，从初始时刻开始到 $t+1$ 时刻，HMM 到达状态 s_j，并输出观察符号序列 $O_1, O_2, \cdots, O_{t+1}$ 的过程可以分解成两个步骤。

① 从初始时刻开始到 t 时刻，HMM 到达状态 s_i，并输出观察符号序列 $O_1, O_2, \cdots, O_t$。

② 从状态 s_i 转移到状态 s_j，并在状态 s_j 输出观察符号 O_{t+1}。

因此，通过式(2-55)可以按时间顺序和状态顺序依次计算前向变量 $\alpha_t(1)$，$\alpha_t(2)$，…，$\alpha_t(N)$。由此可得如图 2-8 所示的前向算法。

1. 初始化：当 $t=1$ 时，前向变量 $\alpha_1(i)$ 表示初始时刻，生成一个观察符号 O_1，状态处于 s_i 的概率，即

$$\alpha_1(i)=P(O_1,q_1=s_i)=\pi_i b_i(O_1),\qquad 1\leqslant i\leqslant N$$

其中，π_i 表示状态 s_i 的初始概率；$b_i(O_1)$ 表示状态 s_i 生成观察符号 O_1 的输出概率。

2. 递推：

$$\alpha_{t+1}(j)=\left(\sum_{i=1}^{N}\alpha_t(i)\alpha_{ij}\right)b_j(O_{t+1}),\qquad 1\leqslant j\leqslant N,1\leqslant t\leqslant T-1$$

3. 求和终结：

$$P(O\mid\lambda)=\sum_{i=1}^{N}\alpha_T(i)$$

图 2-8　前向算法

例 2.8　假设暗室内有 3 个盒子，每个盒子中装有 10 种不同颜色的球。暗室内的甲随机地选择盒子，并从盒子中随机地取出不同颜色的球，然后递给暗室外的乙。经过 3 次取球后，乙拿到三种不同颜色的球，即红色、蓝色和紫色。表 2-2～表 2-4 分别表示初始概率矩阵、转移概率矩阵和发射(或输出)概率矩阵。

2　初始概率矩阵

盒子 1	盒子 2	盒子 3
0.63	0.17	0.20

表 2-3　转移概率矩阵

盒子	盒子 1	盒子 2	盒子 3
盒子 1	0.50	0.375	0.125
盒子 2	0.25	0.125	0.625
盒子 3	0.25	0.375	0.375

表 2-4　发射概率矩阵

盒子	红色	蓝色	紫色
盒子 1	0.50	0.35	0.15
盒子 2	0.30	0.35	0.25
盒子 3	0.10	0.43	0.47

根据前向算法，求解可观察符号序列(红色、蓝色、紫色)的概率。

解：假设模型 $\lambda=(A,B,\pi)$ 已知。这 3 个观察符号及其对应的可能的隐状态可以描述为如图 2-9 所示的网格形式。

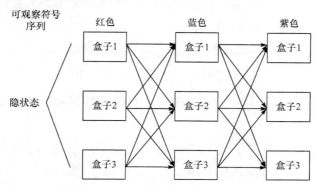

图 2-9 观察值与可能的隐状态之间的关系

图 2-9 中各个节点对应的前向变量值的计算过程如下。

① 初始化。

$$\alpha_1(盒子1)=\pi_{盒子1}b_{盒子1}(红色)=0.63\times0.5=0.315$$

$$\alpha_1(盒子2)=\pi_{盒子2}b_{盒子2}(红色)=0.17\times0.30=0.051$$

$$\alpha_1(盒子3)=\pi_{盒子3}b_{盒子3}(红色)=0.20\times0.10=0.02$$

② 递推计算。

$$\alpha_2(盒子1)=\big[\alpha_1(盒子1)a_{盒子1,盒子1}+\alpha_1(盒子2)a_{盒子2,盒子1}$$
$$+\alpha_1(盒子3)a_{盒子3,盒子1}\big]\times b_{盒子1}(红色)$$
$$=(0.315\times0.50+0.051\times0.25+0.02\times0.25)\times0.35$$
$$\approx0.06$$

$$\alpha_2(盒子2)=\big[\alpha_1(盒子1)a_{盒子1,盒子2}+\alpha_1(盒子2)a_{盒子2,盒子2}$$
$$+\alpha_1(盒子3)a_{盒子3,盒子2}\big]\times b_{盒子2}(红色)$$
$$=(0.315\times0.375+0.051\times0.125+0.02\times0.375)\times0.35$$
$$\approx0.05$$

$$\alpha_2(盒子3)=\big[\alpha_1(盒子1)a_{盒子1,盒子3}+\alpha_1(盒子2)a_{盒子2,盒子3}$$
$$+\alpha_1(盒子3)a_{盒子3,盒子3}\big]\times b_{盒子3}(红色)$$
$$=(0.315\times0.125+0.051\times0.625+0.02\times0.375)\times0.43$$
$$\approx0.034$$

$$\alpha_3(盒子1) = \big[\alpha_2(盒子1)a_{盒子1,盒子1} + \alpha_2(盒子2)a_{盒子2,盒子1}$$
$$+ \alpha_2(盒子3)a_{盒子3,盒子1}\big] \times b_{盒子1}(紫色)$$
$$= (0.06\times0.50 + 0.05\times0.25 + 0.034\times0.25)\times0.15$$
$$\approx 0.0077$$

$$\alpha_3(盒子2) = \big[\alpha_2(盒子1)a_{盒子1,盒子2} + \alpha_2(盒子2)a_{盒子2,盒子2}$$
$$+ \alpha_2(盒子3)a_{盒子3,盒子2}\big] \times b_{盒子2}(紫色)$$
$$= (0.06\times0.375 + 0.05\times0.125 + 0.034\times0.375)\times0.25$$
$$\approx 0.0104$$

$$\alpha_3(盒子3) = \big[\alpha_2(盒子1)a_{盒子1,盒子3} + \alpha_2(盒子2)a_{盒子2,盒子3}$$
$$+ \alpha_2(盒子3)a_{盒子3,盒子3}\big] \times b_{盒子3}(紫色)$$
$$= (0.06\times0.125 + 0.05\times0.625 + 0.034\times0.375)\times0.47$$
$$\approx 0.024$$

③ 求和终结。

$$P(红色,蓝色,紫色|\lambda) = \sum_{i=1}^{3}\alpha_3(i)$$
$$= \alpha_3(盒子1) + \alpha_3(盒子2) + \alpha_3(盒子3)$$
$$= 0.0077 + 0.0104 + 0.024$$
$$= 0.0421$$

对于给定的可观察符号序列 $O_1,O_2,\cdots,O_T$ 和模型 $\lambda=(A,B,\pi)$，也可以用后向算法计算模型 λ 产生观察符号序列 O 的概率 $P(O|\lambda)$。

为了实现后向算法，需要定义一个后向变量 $\beta_t(i)$。

定义 2.10　后向变量 $\beta_t(i)$ 是在给定模型 λ，并且在 t 时刻状态为 s_i 的条件下，模型 λ 产生可观察符号序列 $O_{t+1},O_{t+2},\cdots,O_T$ 的概率，即

$$\beta_t(i) = P(O_{t+1},O_{t+2},\cdots,O_T|q_t=s_i,\lambda) \tag{2-58}$$

后向变量表示在已知模型 λ 和 t 时刻位于隐藏状态 s_i 的条件下，从 $t+1$ 时刻到终止时刻的局部观察符号序列的概率。后向变量的归纳关系如图 2-10 所示。

由图 2-10 可知，在时刻 t 状态为 s_i 的条件下，HMM 输出观察符号序列 $O_{t+1},O_{t+2},\cdots,O_T$ 的过程可以分成两个步骤。

① 从 t 时刻到 $t+1$ 时刻，HMM 由状态 s_i 转换到状态 s_j，并在状态 s_j 输出观察符号 O_{t+1}。

② 在 $t+1$ 时刻状态为 s_j 的条件下，HMM 输出观察符号序列 $O_{t+2},\cdots,O_T$。

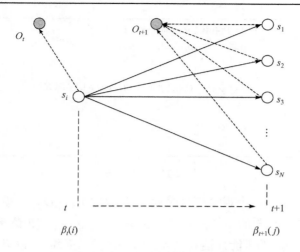

图 2-10　后向变量的归纳关系

在步骤①中, 在状态 s_j 输出观察符号 O_{t+1} 的概率为 $a_{ij}b_j(O_{t+1})$; 在步骤②中, 根据后向变量的定义, HMM 输出观察符号序列 $O_{t+2},\cdots,O_T$ 的概率就是后向变量 $\beta_{t+1}(j)$。因此, 上式(2-58)可以写为

$$\beta_t(i)=\sum_j^N a_{ij}b_j(O_{t+1})\beta_{t+1}(j) \tag{2-59}$$

式(2-59)表示后向变量的归纳关系, 可以按 T,$T-1$,$\cdots$,1 的顺序依次计算后向变量 $\beta_T(i)$,$\beta_{T-1}(i)$,$\cdots$,$\beta_1(i)$。由此可以得到如图 2-11 所示的后向算法。

由此可知, 后向算法的时间复杂度也是 $O(N^2T)$。

更一般地, 可以通过前向算法和后向算法相结合的方法计算可观察符号序列的概率, 即

$$\begin{aligned}
P(O_1\cdots O_T,q_t=s_i|\lambda)&=P(O_1\cdots O_t,q_t=s_i,O_{t+1}\cdots O_T)\\
&=P(O_1\cdots O_t,q_t=s_i)\times P(O_{t+1}\cdots O_T|O_1\cdots O_t,q_t=s_i)\\
&\approx P(O_1\cdots O_t,q_t=s_i)\times P(O_{t+1}\cdots O_T|q_t=s_i)\\
&=\alpha_t(i)\beta_t(i)
\end{aligned}$$

因此

$$P(O|\lambda)=\sum_{i=1}^N \alpha_t(i)\beta_t(i),\quad 1\leqslant t\leqslant T \tag{2-60}$$

2. 维特比算法

对于 HMM , 可观察到的某个序列 $O(O=O_1,O_2,\cdots,O_T)$ 对应的状态序列 $Q(Q=q_1q_2\cdots q_T)$ 不是唯一的, 而且不同的状态序列 Q 产生观察符号序列 O 的可

1. 初始化。当 $t = T$ 时，所有状态的后向变量为 1，即

$$\beta_T(i) = 1, \qquad 1 \leqslant i \leqslant N$$

2. 递推。

$$\beta_t(i) = \sum_{j}^{N} a_{ij} b_j(O_{t+1}) \beta_{t+1}(j), \qquad T-1 \geqslant t \geqslant 1, 1 \leqslant i \leqslant N$$

3. 求和终结。

$$P(O \mid \lambda) = \sum_{i=1}^{N} \pi_i b_i(O_1) \beta_1(i)$$

图 2-11　后向算法

能性也不一样。给定一个观察符号序列 $O(O = O_1, O_2, \cdots, O_T)$ 和模型 $\lambda = (A, B, \pi)$，如何寻找最有可能的状态序列 $Q(Q = q_1 q_2 \cdots q_T)$，使该状态序列产生 $O(O = O_1, O_2, \cdots, O_T)$ 的可能性达到最大？常用的算法是维特比(Viterbi)算法。该算法是动态规划算法的一种变形。为了实现这种算法，首先定义一个维特比变量 $\delta_t(i)$。

定义 2.11　维特比变量 $\delta_t(i)$ 表示在 t 时刻，状态 $q_t = s_i$ 的最优状态序列和前 t 个观察序列的联合概率，即

$$\delta_t(i) = \max_{q_1, q_2, \cdots, q_{t-1}} P(q_1 q_2 \cdots q_t = s_i, O_1 O_2 \cdots O_t \mid \lambda) \tag{2-61}$$

$\delta_t(i)$ 可递推得到 $t+1$ 时刻状态 $q_{t+1} = s_j$ 时的最优状态序列和前 $t+1$ 个观察序列的联合概率 $\delta_{t+1}(j)$，即

$$\delta_{t+1}(j) = \max_{j}[\delta_t(i) a_{ij}] b_j(O_{t+1}) \tag{2-62}$$

此外，还要设置一个反向指针 $\varphi_t(i)$，记录概率最大路径上当前状态的前一个状态。根据这种思路，给出如图 2-12 所示的算法。

1. 初始化：

$$\delta_1(i) = \pi_i b_i(O_1), \qquad 1 \leqslant i \leqslant N$$
$$\varphi_1(i) = 0$$

2. 递归计算：

$$\delta_{t+1}(j) = \max_{j}[\delta_t(i) a_{ij}] b_j(O_{t+1}), \qquad 1 \leqslant t \leqslant T-1.1 \leqslant i \leqslant N$$
$$\varphi_{t+1}(j) = \underset{1 \leqslant j \leqslant N}{\arg\max}[\delta_t(i) a_{ij}] b_j(O_{t+1})$$

3. 终结：

$$P^* = \max_{i}[\delta_t(i)], \qquad q_T^* = \underset{i}{\arg\max}[\delta_T(i)]$$

4. 路径回溯

$$q_t^* = \varphi_{t+1}(q_{t+1}^*), \qquad t = T-1, T-2, \cdots, 1$$

图 2-12　维特比算法

例 2.9　已知有三个状态，分别是 $S1$、$S2$ 和 $S3$，状态之间的转移概率和输出概率如图 2-13 所示。根据维特比算法计算产生观察符号序列 $O(O = A, B, A, B)$ 的最佳隐藏状态序列 Q。

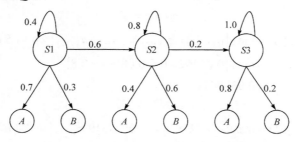

图 2-13　状态之间的转移概率和输出概率

解：由于开始时处于状态 1，因此初始概率矩阵为

$$\pi = (1, 0, 0)$$

按照图 2-12 的算法，依次递推解出 $\delta_t(j)$、$\varphi_t(j)$，以及 q_t^*。

① 当 $t = 1$ 时

$$\delta_1(S1) = \pi_{S1} \times b_{S1}(A) = 1 \times 0.7 = 0.7$$

$$\varphi_1(S1) = 0$$

② 当 $t = 2$ 时

$$\delta_2(S1) = \delta_1(S1) \times a_{S1,S1} \times b_{S1}(B) = 0.7 \times 0.4 \times 0.3 = 0.084$$

$$\varphi_2(S1) = S1$$

$$\delta_2(S2) = \delta_1(S1) \times a_{S1,S2} \times b_{S2}(B) = 0.7 \times 0.6 \times 0.6 = 0.252$$

$$\varphi_2(S2) = S1$$

③ 当 $t = 3$ 时

$$\delta_3(S1) = \delta_2(S1) \times a_{S1,S1} \times b_{S1}(A) = 0.084 \times 0.4 \times 0.7 = 0.02352$$

$$\varphi_3(S1) = S1$$

$$\delta_3(S2) = \max\{\delta_2(S1) \times a_{S1,S2}, \delta_2(S2) \times a_{S2,S2}\} \times b_{S2}(A)$$

$$= \max\{0.084 \times 0.6, 0.252 \times 0.8\} \times 0.4$$

$$= 0.08064$$

$$\varphi_3(S2) = S2$$

$$\delta_3(S3) = \delta_2(S2) \times a_{S2,S3} \times b_{S3}(A) = 0.252 \times 0.2 \times 0.8 = 0.04032$$

$$\varphi_3(S3) = S2$$

④ 当 $t = 4$ 时

$$\delta_4(S1) = \delta_3(S1) \times a_{S1,S1} \times b_{S1}(B) = 0.02352 \times 0.4 \times 0.3$$
$$= 0.0028224$$
$$\varphi_4(S1) = S1$$
$$\delta_4(2) = \max\{\delta_3(S1) \times a_{S1,S2}, \delta_3(S2) \times a_{S2,S2}\} \times b_{S2}(B)$$
$$= \max\{0.02352 \times 0.6, 0.08064 \times 0.8\} \times 0.6$$
$$= 0.0387072$$
$$\varphi_4(S2) = S2$$
$$\delta_4(3) = \max\{\delta_3(S2) \times a_{S2,S3}, \delta_3(S3) \times a_{S3,S3}\} \times b_{S3}(B)$$
$$= \max\{0.08064 \times 0.2, 0.04032 \times 1.0\} \times 0.2$$
$$= 0.008064$$
$$\varphi_4(S3) = S3$$

递推结果为

$$P^* = \max_{1 \leqslant i \leqslant 3}[\delta_4(i)]$$
$$= \max\{0.0028224, 0.0387072, 0.008064\}$$
$$= 0.0387072$$
$$q_4^* = \underset{1 \leqslant i \leqslant 3}{\operatorname{argmax}}[\delta_4(i)] = S2$$
$$q_3^* = \varphi_4(q_4^*) = \varphi_4(S2) = S2$$
$$q_2^* = \varphi_3(q_3^*) = \varphi_3(S2) = S2$$
$$q_1^* = \varphi_2(q_2^*) = \varphi_2(S2) = S1$$

从递推结果可知，产生观察符号序列 $O(O = A, B, A, B)$ 最有可能的隐藏状态序列为 $Q(Q = S1, S2, S2, S2)$。计算结果示意图如图 2-14 所示，粗箭头表示最有可能的状态序列。

维特比算法的时间复杂度与前向算法、后向算法的时间复杂度一样，也是 $O(N^2 T)$。

3. HMM 的参数估计

参数估计问题是 HMM 中的第 3 个基本问题，即给定一个观察符号序列 $O(O = O_1, O_2, \cdots, O_T)$，如何找到一个能够最好地解释这个观察符号序列的模型，

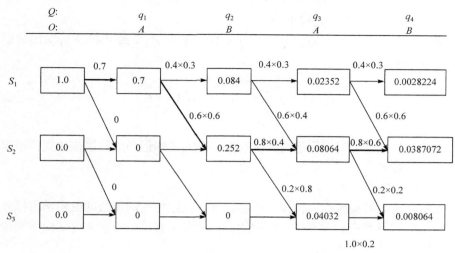

图 2-14 计算结果示意图

即如何调节模型 $\lambda = (A, B, \pi)$ 的参数，使 $P(O|\lambda)$ 最大化。

模型的参数是指构成 λ 的 $\pi_i, a_{ij}, b_j(k)$，根据训练数据的属性不同，可以分别由监督式学习方法和无监督式学习方法进行参数估计。

(1) 监督式学习方法

监督式学习是学习一种基于示例的输入-输出对，将输入映射到输出函数的机器学习任务，从包含一组训练实例的标记训练数据推断出一个函数。在监督式学习中，每个例子都是由一个输入对象(向量)和一个期望的输出值(监督信号)组成的一对。最佳方案允许算法正确地确定未见实例的类标签，这需要算法以合理的方式从训练数据推广到看不见的情况。

假设已给训练数据包含 T 个长度相同的观察符号序列和对应的状态序列 $\{(o_1, q_1), (o_2, q_2), \cdots, (o_T, q_T)\}$，那么可以利用极大似然估计法估计 HMM 的参数。

① 初始概率 π_i 的估计。

训练样本中初始时刻处于状态 q_i 的频率为初始概率，即
$$\bar{\pi}_i = p(q_1, s_i)$$

② 转移概率 a_{ij} 的估计。

设训练样本中 t 时刻的状态 q_i 转移到 $t+1$ 时刻的状态 q_j 的频数为 A_{ij}，那么状态转移概率 a_{ij} 为
$$\bar{a}_{ij} = \frac{A_{ij}}{\displaystyle\sum_{j=1}^{N} A_{ij}}, \quad 1 \leqslant i \leqslant N, 1 \leqslant j \leqslant N$$

③ 输出(发射)概率 $b_j(k)$ 的估计。

设训练样本中状态 q_j 输出观察符号 v_k 的频数为 B_{jk} ，那么状态 q_j 输出观察符号 v_k 的概率 $b_j(k)$ 为

$$\overline{b}_j(k) = \frac{B_{jk}}{\sum\limits_{k=1}^{M} B_{jk}}, \quad 1 \leqslant j \leqslant N, 1 \leqslant k \leqslant M$$

由于监督式学习需要标记的训练数据，而人工标记训练数据往往代价很高，因此用无监督式学习方法估计 HMM 的参数。

(2) 无监督式学习方法

无监督式学习是推断一种描述未标记训练数据结构的函数的机器学习任务。由于给出的学习算法的例子是未标记的，因此没有直接的方法来评估由该算法产生的训练数据结构的准确性。

假设训练数据只包含 T 个长度的观察符号序列 $\{O_1, O_2, \cdots, O_T\}$ 而没有对应的状态序列。我们将观察序列数据看作观察数据 O ，状态序列数据看作不可看见的隐变量 Q ，那么 HMM 事实上是一个含有隐变量的概率模型，其参数可以由 Baum-Welch 算法估计。

下面我们介绍这种算法。给定 $\lambda = (A, B, \pi)$ 和可观测符号序列 $\mathrm{O} = O_1, O_2, \cdots, O_T$ ，在 t 时刻处于状态 s_i 和在 $t+1$ 时刻处于状态 s_j 的概率 $\xi_t(i,j)$ ，即

$$\xi_t(i,j) = P(q_t = s_i, q_{t+1} = s_j | O, \lambda), \quad 1 \leqslant t \leqslant T, 1 \leqslant i, j \leqslant N$$

可以通过下式计算得到，即

$$\begin{aligned}
\xi_t(i,j) &= \frac{P(q_t = s_i, q_{t+1} = s_j | O, \lambda)}{P(O|\lambda)} \\
&= \frac{\alpha_t(i) a_{ij} b_j(O_{t+1}) \beta_{t+1}(j)}{P(O|\lambda)} \\
&= \frac{\alpha_t(i) a_{ij} b_j(O_{t+1}) \beta_{t+1}(j)}{\sum\limits_{i=1}^{N} \sum\limits_{j=1}^{N} \alpha_t(i) a_{ij} b_j(O_{t+1}) \beta_{t+1}(j)}
\end{aligned} \tag{2-63}$$

式(2-63)中的 $\alpha_t(i)$ 、 $\beta_{t+1}(j)$ 与概率 $\xi_t(i,j)$ 之间的关系如图 2-15 所示。

由此可知， t 时刻处于状态 s_i 的概率为

$$\begin{aligned}
\gamma_t(i) &= P(q_t = s_i | O, \lambda) = \frac{P(q_t = s_i, O|\lambda)}{P(O|\lambda)} \\
&= \frac{\alpha_t(i) \beta_{t+1}(j)}{P(O|\lambda)}
\end{aligned}$$

$$= \frac{\alpha_t(i)\beta_{t+1}(j)}{\sum_{j=1}^{N}\alpha_t(i)\beta_{t+1}(j)} \tag{2-64}$$

$$= \sum_{j=1}^{N}\xi_t(i,j)$$

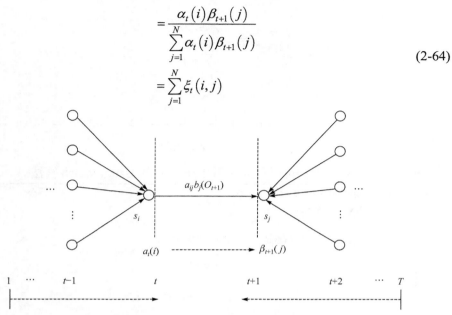

图 2-15 $\alpha_t(i)$、$\beta_{t+1}(j)$ 与概率 $\xi_t(i,j)$ 之间的关系

将式(2-64)和式(2-63)对各个时刻 t 求和，可以得到模型中隐变量取各个状态的期望值。

① 在给定模型 $\lambda = (A,B,\pi)$ 和可观测符号序列 $O = O_1,O_2,\cdots,O_T$ 的条件下，状态 s_i 出现的期望值为

$$\sum_{t=1}^{T}\gamma_t(i) \tag{2-65}$$

② 在给定模型 $\lambda = (A,B,\pi)$ 和可观测符号序列 $O = O_1,O_2,\cdots,O_T$ 的条件下，由状态 s_i 转移的期望值为

$$\sum_{t=1}^{T-1}\gamma_t(i) \tag{2-66}$$

③ 在给定模型 $\lambda = (A,B,\pi)$ 和可观测符号序列 $O = O_1,O_2,\cdots,O_T$ 的条件下，由状态 s_i 转移到状态 s_j 的期望值为

$$\sum_{t=1}^{T-1}\xi_t(i,j) \tag{2-67}$$

我们用上述期望值代替实际频数，将 $\lambda = (A,B,\pi)$ 的参数通过下式重新估计，即

$$\overline{\pi}_i = P(q_1 = s_i | O,\lambda) = \gamma_1(i) \tag{2-68}$$

$$\overline{a}_{ij} = \frac{\sum_{t=1}^{T-1} \xi_t(i,j)}{\sum_{t=1}^{T-1} \gamma_t(i)} \tag{2-69}$$

$$\overline{b}_j(k) = \frac{\sum_{t=1,o_t=v_k}^{T} \gamma_t(j)}{\sum_{t=1}^{T} \gamma_t(j)} \tag{2-70}$$

根据上述思路，我们可以得到如图 2-16 所示的 Baum-Welch 算法。

输入：观察符号序列 $O = O_1, O_2, \cdots, O_T$

输出：HMM 参数 $\pi_i, a_{ij}, b_j(k)$

1. 初始化：

随机地给参数 $\pi_i, a_{ij}, b_j(k)$ 赋值，使其满足如下约束，即

$$\sum_{i=1}^{N} \pi_i = 1$$

$$\sum_{j=1}^{N} a_{ij} = 1, \quad 1 \leqslant i \leqslant N$$

$$\sum_{k=1}^{M} b_j(k) = 1, \quad 1 \leqslant i \leqslant N$$

从而，得到初始模型 $\lambda_0 = (A_0, B_0, \pi_0)$

2. EM 计算：

① E-步骤：由初始模型 $\lambda_i (i=0)$ 根据式(2-63)和式(2-65)计算期望值 $\gamma_t(i)$ 和 $\xi_t(i,j)$。

② M-步骤：通过 E-步骤得到的期望值，根据式(2-68)~式(2-70)重新估计模型参数，得到模型 λ_{i+1}。

③ 循环计算：令 $i = i+1$，重复执行 EM 计算，直到 $\pi_i, a_{ij}, b_i(k)$ 收敛。

图 2-16　Baum-Welch 算法

2.6　最大熵模型

最大熵模型(maximum entropy models, MEMs)是基于最大熵理论的统计模型，广泛应用于模式识别和统计评估。最大熵原理最早由 Jaynes 于 1957 年提出，其中最大熵原理的基本属性为最大熵概率分布服从已知的不完整信息的约束。其主要思想是，在用有限知识预测未知时，不做任何有偏的假设。根据 2.3 节给出的熵的定义，一个随机变量的不确定性是由熵体现的，熵最大时随机变量最不确定，对其行为做准确预测最困难。最大熵原理的实质是，在已知部分知识前提下，关于未知分布最合理的推断是符合已知知识的最不确定或最随机的推断[14]。因此，最大熵原理认为，学习概率模型时，在所有可能的概率分布中，熵最大的模型是最好的模型。

学习概率模型时，通常将已知事件作为约束条件，并用它确定概率模型的集合，然后从该集合中选取熵最大化的概率分布作为正确的概率分布。本节介绍最大熵模型的约束条件、最大熵模型的原则和最大熵模型的参数训练等内容。

2.6.1　最大熵模型的约束条件

自然语言处理中的很多问题可以归结为统计分类问题，由此可以将自然语言处理任务的所有输出值构成一个类别有限集 Y，对于每个 $y \in Y$，其生成均受上下文信息 x 的影响和约束。已知与 y 有关的所有上下文信息组成的集合为 X，则模型的目标是给定上下文 $x \in X$，计算输出为 $y \in Y$ 的条件概率 $p(y|x)$。模型的输入为从人工标注的训练数据中抽取的训练样本集，即

$$T = \{(x_1, y_1), (x_2, y_2), \cdots, (x_n, y_n)\} \tag{2-71}$$

其中，(x_i, y_i) 表示在语料库中出现 y_i 时其上下文信息为 x_i。

可以从训练样本归结出随机变量 x 和 y 的联合经验概率分布，即

$$\tilde{p}(x, y) = \frac{\text{count}(x, y)}{N} \tag{2-72}$$

其中，$\text{count}(x, y)$ 为 (x, y) 在训练样本中同现的次数；N 为训练样本空间的大小。

上述训练样本集中的 (x, y) 称为模型的一个特征，一般定义 $\{0, 1\}$ 上的一个二值函数表示特征，即

$$f(x, y) = \begin{cases} 1, & (x, y) \in (X, Y), \text{且满足某种条件} \\ 0, & \text{其他} \end{cases}$$

某个特征 $f_i(x, y)$ 在训练样本中关于联合经验概率分布 $\tilde{p}(x, y)$ 的数学期望，称为经验期望，即

$$E_{\tilde{p}}(f_i) = \sum_{X, Y} \tilde{p}(x, y) f_i(x, y) \tag{2-73}$$

特征 $f_i(x, \text{y})$ 关于由模型确定的联合概率分布 $\tilde{p}(x, y)$ 的数学期望，称为模型期望，即

$$E_p(f_i) = \sum_{X, Y} p(x, y) f_i(x, y) \tag{2-74}$$

由于 $p(x, y) = p(x) p(y|x)$，且理论上建立的模型应该与训练样本中的概率分布一致，如果用 $\tilde{p}(x)$ 表示 x 在训练样本中的概率分布，那么 $p(x) = \tilde{p}(x)$，可将式(2-74)写为

$$E_p(f_i) = \sum_{X, Y} \tilde{p}(x) p(y|x) f_i(x, y) \tag{2-75}$$

其中，$\tilde{p}(x)$ 为随机变量 x 在训练样本中的经验分布，即在样本中出现的频率。

我们约束由模型得到的特征函数的数学期望等于由训练样本得到的特征函数

的经验数学期望，即

$$E_p(f_i) = E_{\tilde{p}}(f_i) \tag{2-76}$$

或

$$\sum_{X,Y} \tilde{p}(x)p(y|x)f_i(x,y) = \sum_{X,Y} \tilde{p}(x,y)f_i(x,y) \tag{2-77}$$

称为模型学习的约束等式(简称约束)。假设有 n 个特征函数 $f_i(x,y), i=1,2,\cdots,n$，那么就有 n 个约束条件。

2.6.2　最大熵模型的原则

假设有 k 个特征 $f_i(i=1,2,\cdots,k)$，它们都在建模过程中对输出有影响，那么建立的模型 p 应该属于 k 个特征约束下产生的所有模型的集合，即

$$P = \left\{ p \mid E_p(f_i) = E_{\tilde{p}}(f_i), i=1,2,\cdots,k \right\} \tag{2-78}$$

满足约束条件的模型很多。模型的目标是产生在约束集下具有最均匀分布的模型。Lagrange 乘子法可用于解决这一问题。假设 Lagrange 函数 $\Lambda(p,\lambda)$ 中的变量 λ 固定，我们可以求出无约束 Lagrange 函数 $\Lambda(p,\lambda)$ 的最大值时的 p，$p \in P$。定义 λ 固定时 Lagrange 函数 $\Lambda(p,\lambda)$ 的最大值为 $\Psi(\lambda)$，$\Lambda(p,\lambda)$ 为最大值时的 p，记为 p_λ，即

$$p_\lambda = \arg\max_{p \in P} \Lambda(p,\lambda)$$

$$\Psi(\lambda) = \Lambda(p_\lambda, \lambda)$$

可以证明，满足上述条件的最均匀分布的模型具有如下形式，即

$$p_\lambda = \frac{1}{Z_\lambda(x)} \exp\left(\sum_i \lambda_i f_i(x,y) \right) \tag{2-79}$$

其中

$$Z_\lambda(x) = \sum_y \exp(\sum_i \lambda_i f_i(x,y)) \tag{2-80}$$

式(2-79)称为最大熵模型，式(2-80)为归一化因子，使 $\sum_x p_\lambda = 1$，λ_i 为特征 f_i 的权重。

2.6.3　最大熵模型的参数训练

MEMs 的参数训练过程就是求解最大熵模型的过程。MEMs 的参数训练可以形式化为约束最优化问题。

由 $\Psi(\lambda) = \Lambda(\mathrm{p}_\lambda, \lambda)$ 和 p_λ 可知

$$\Psi(\lambda) = -\sum_x \tilde{p}(x)\log Z_\lambda(x) + \sum_i \lambda_i \tilde{p}(f_i) \tag{2-81}$$

最终的问题求解，即

$$\lambda^{*} = \underset{i \in \{1,2,\cdots,k\}}{\mathrm{argmax}}\, \Psi\left(\lambda_i\right) \tag{2-82}$$

这就是说，可以应用最优化算法求函数 $\Psi(\lambda)$ 的极大化，得到 λ^{*}，表示 $p_{\lambda}^{*} \in P$，$p_{\lambda}^{*} = p_{\lambda^{*}} = p_{\lambda^{*}}(y|x)$ 是训练到的最优模型。也就是说，MEMs 参数训练归结为函数 $\Psi(\lambda)$ 的极大化，并且可以证明函数 $\Psi(\lambda)$ 的极大化等价于 MEMs 的极大似然估计。

最大熵模型又称为对数线性模型。模型训练就是在给定的训练数据条件下对模型进行极大似然估计或正则化极大似然估计，通常通过迭代算法求解。对于模型参数 λ，常用的获取方法有通用迭代(generalized iternative scaling, GIS)算法、改进的迭代尺度(improved internative scaling, IIS)算法、梯度下降法、牛顿法等。其中，GIS 算法如图 2-17 所示。

> 输入：特征函数 $f_1, f_2, \cdots, f_n$；经验分布 $\tilde{p}(x,y)$，模型 p_{λ}
> 输出：最优权重 λ_i^{*}，最优模型 $p_{\lambda^{*}}$。
> 1. 初始化：$\lambda[1..1] = 0.1 = k+1$。
> 2. 计算 $E_{\tilde{p}}(f_i)$：根据式(2-71)计算每个特征函数 f_i 的训练样本期望值。
> 3. 循环计算：执行如下循环，迭代计算特征的模型期望值 $E_p(f_i)$。
> ① 计算概率 p_{λ}。
> ② 若满足终止条件，则结束迭代；否则，修正 λ
> $$\lambda^{n+1} = \lambda^{n} + \frac{1}{C}\ln\left(\frac{E_{\tilde{p}}(f_i)}{E_{p^{*}}(f_i)}\right),\ n\ 为迭代次数$$
> 4. 结束：确定 λ，计算每个 p_{λ}。

图 2-17　GIS 算法

从图 2-17 可知，MEMs 参数训练的任务就是选取有效的特征 f_i 及其权重 λ_i。有效选择特征的方法主要有从候选特征集中选择那些在训练数据中出现频次超过一定阈值的特征；利用互信息作为评价尺度从候选特征集中选择满足一定互信息要求的特征。

2.7　条件随机场模型

条件随机场(conditional random fields, CRFs)由 Lafferty 等于 2001 年提出，其模型思想的主要来源是最大熵模型。模型的三个基本问题的解决用到模型中提到的方法。我们可以把条件随机场看作一个无向图模型或马尔可夫随机场，是一种用来标注和切分序列化结构数据的概率化结构模型。该模型是在给定需要标记的观察序列的条件下，计算整个标记序列的联合概率，而不是在给定的当前状态条件下，定义下一个状态的分布。标记序列的分布条件属性，可以让 CRFs 很好地拟和现实数据，而在这些数据中，标记序列的条件概率信赖观察序列中非独立的、相互作用的特征，并通过赋予特征以不同的权值表示特征的重要程度。

2.7.1　条件随机场定义

CRFs 是给定随机变量 X 条件下，随机变量 Y 的马尔可夫随机场。定义在线性链上的特殊的条件随机场，称为线性链条件随机场。本节首先定义一般的 CRFs，然后定义线性链 CRFs。

定义 2.12(条件随机场)　令 $G = (V, E)$ 表示一个无向图，$Y = \{Y_v \mid v \in V\}$，Y 中的元素与无向图 G 中的顶点一一对应。在给定 X 的条件下，随机变量 Y 的条件概率分布 $P(Y|X)$ 服从图 G 的马尔可夫属性，即

$$P(Y_v|X, Y_w, w \neq v) = P(Y_v|X, Y_w, w \sim v) \tag{2-83}$$

对任意结点 v 成立，则称条件概率分布 $P(Y|X)$ 为条件随机场。$w \sim v$ 表示在无向图 G 中与结点 v 有边连接的所有结点 w，$w \neq v$ 表示结点 v 外的所有结点，Y_v 和 Y_w 为结点 v 和 w 对应的随机变量。

理论上讲，只要在标记序列中描述一定的条件独立性，图 G 的结构是任意的。对序列构造模型时，CRFs 采用最简单和最重要的一阶链式结构图，结点对应标记序列 Y 中的元素，如图 2-18 所示。

图 2-18 可以更直观地可画成图 2-19。由此可以定义线性链条件随机场。

定义 2.13(条件随机场)　设 $X = X_1, X_2, \cdots, X_n$，$Y = Y_1, Y_2, \cdots, Y_n$ 均为线性链表示的随机变量序列，若在给定随机变量序列 X 的条件下，随机变量序列 Y 的条件概率 $P(Y|X)$ 构成条件随机场，即

$$P(Y_i|X, Y_1, \cdots, Y_{i-1}, Y_{i+1}, \cdots, Y_n) = P(Y_i|X, Y_{i-1}, Y_{i+1}), \quad i = 1, 2, \cdots, n \tag{2-84}$$

则称条件概率 $P(Y|X)$ 为线性链条件随机场。

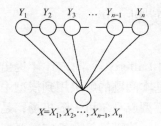

图 2-18　CRFs 的链式结构

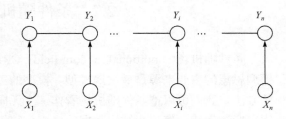

图 2-19　CRFs 的线性链结构

2.7.2 条件随机场模型形式

在给定观察序列 x 时，某个特定标记序列 y 的概率可以定义为

$$p(y|x) = \frac{1}{Z(x)} \exp\left(\sum_i \sum_k \lambda_k t_k(y_{i-1}, y_i, x, i) + \sum_i \sum_l \mu_l s_l(y_i, x, i) \right) \quad (2\text{-}85)$$

其中，$Z(x)$ 为归一化因子，即

$$Z(x) = \sum_y \exp\left(\sum_i \sum_k \lambda_k t_k(y_{i-1}, y_i, x, i) + \sum_i \sum_l \mu_l s_l(y_i, x, i) \right) \quad (2\text{-}86)$$

$t_k(y_{i-1}, y_i, x, i)$ 是定义在边上的特征函数，称为转移特征，依赖当前和前一个位置；$s_l(y_i, x, i)$ 是定义在结点上的特征函数，称为状态特征，依赖当前位置；参数 λ_k 和 μ_l 分别是 t_k 和 s_l 对应的权重，需要从训练语料中估计出来。

式(2-85)中同一特征在各个位置都有定义，可以对同一个特征在各个位置求和，将局部特征函数转化为一个全局特征函数，这样就可以将 CRFs 写成权值向量和特征向量的内积形式。为简便，首先将转移函数和状态函数及其权重用同一符号表示。设有 K_1 个转移特征，K_2 个状态特征，$K = K_1 + K_2$，记

$$f_k(y_{i-1}, y_i, x, i) = \begin{cases} t_k(y_{i-1}, y_i, x, i), & k = 1, 2, \cdots, K_1 \\ s_l(y_i, x, i), & k = K_1 + l; l = 1, 2, \cdots, K_2 \end{cases} \quad (2\text{-}87)$$

然后，对转移特征和状态特征在各个位置 i 求和，即

$$f_k(y, x) = \sum_{i=1}^{n} f_k(y_{i-1}, y_i, x, i), \quad k = 1, 2, \cdots, K \quad (2\text{-}88)$$

用 w_k 表示特征 $f_k(y, x)$ 的权重，即

$$w_k = \begin{cases} \lambda_k, & k = 1, 2, \cdots, K_1 \\ \mu_l, & k = K_1 + l; l = 1, 2, \cdots, K_2 \end{cases} \quad (2\text{-}89)$$

可表示为

$$p(y|x) = \frac{1}{Z(x)} \exp \sum_{k=1}^{K} w_k f_k(y, x) \quad (2\text{-}90)$$

其中

$$Z(x) = \sum_y \exp \sum_{k=1}^{K} w_k f_k(y, x) \quad (2\text{-}91)$$

若 w 表示权值向量，即

$$w = (w_1, w_2, \cdots, w_K)^{\mathrm{T}}$$

$F(x, y)$ 表示全局特征向量，即

$$F(x,y) = (f_1(x,y), f_2(x,y), \cdots, f_K(x,y))^{\mathrm{T}}$$

式(2-90)和式(2-91)可以写成向量 w 和 $F(x,y)$ 的内积形式，即

$$p_w(y|x) = \frac{\exp(wF(x,y))}{Z_w(x)} \tag{2-92}$$

其中

$$Z_w(x) = (wF(x,y)) \tag{2-93}$$

2.7.3 条件随机场模型的参数估计

条件随机场模型也需要解决特征的选取、参数估计和解码。其中，参数估计的实质是对概率的对数最大似然函数求最值，即运用最优化理论循环迭代，直到函数收敛或达到给定的迭代次数。

假设训练数据集 $T = \{(X_1, Y_1), (X_2, Y_2), \cdots, (X_n, Y_n)\}$，可以通过极大化训练数据的对数似然函数求解模型参数。训练数据的对数似然函数形式为

$$L(\lambda) = \log \prod_{x,y} p_\lambda(y|x)^{\tilde{p}(x,y)} = \sum_{x,y} \tilde{p}(x,y) \log p_\lambda(y|x)$$

其中，$p_\lambda(y|x)$ 为式(2-87)和式(2-88)给出的条件随机场模型时，对数似然函数为

$$L(\lambda) = \sum_{x,y} \left(\tilde{p}(x,y) \sum_k \lambda_k F_k(y,x) - \sum_x \tilde{p}(x) \log Z_\lambda(x) \right)$$

由此，参数估计问题可以用最优化方法解决，常用的方法有 IIS 算法、梯度下降法和牛顿法或拟牛顿法等。下面介绍 IIS 算法，如图 2-20 所示。

输入：特征函数 $t_1, t_2, \cdots, t_{K_1}$ ；$s_1, s_2, \cdots, s_{K_2}$ ；经验分布 $\tilde{p}(x,y)$

输出：参数 λ ，模型 p_λ

1. 对所有的 $k \in \{1,2,\cdots,K\}$，取初值 $\lambda_k = 0$。

2. 对每一个 $k \in \{1,2,\cdots,K\}$。

   第一，当 $k \in \{1,2,\cdots,K_1\}$ 时，令 δ_k 是方程

   $$E_{\tilde{p}}[t_k] = \sum_{x,y} \tilde{p}(x) p(y|x) \sum_{i=1}^{n+1} t_k(y_{i-1}, y_i, x, i) \exp(\delta_k T(x,y))$$

   的解；当 $k = K_1 + l$，$l = 1,2,\cdots,K_2$ 时，令 δ_{k+l} 是方程的解，即

   $$E_{\tilde{p}}[s_l] = \sum_{x,y} \tilde{p}(x) p(y|x) \sum_{i=1}^{n} s_l(y_i, x, i) \exp(\delta_{k+l} T(x,y))$$

   第二，更新 $\lambda_k \leftarrow \lambda_k + \delta_k$

3. 若不是所有 λ_k 都收敛，重复步骤 2。

图 2-20　IIS 算法

　　改进的迭代尺度法通过迭代方法不断优化对数似然函数改变量的下界，达到极大化对数似然函数的目的。在每步迭代过程中，改进的迭代尺度法通过计算式 (2-91)和式(2-92)，得到 $\delta = (\delta_1, \delta_2, \cdots, \delta_K)^{\mathrm{T}}$。

　　转移特征 t_k 和状态特征 s_l 的更新方程为

$$E_{\tilde{p}}[t_k] = \sum_{x,y} \tilde{p}(x) p(y|x) \sum_{i=1}^{n+1} t_k(y_{i-1}, y_i, x, i) \exp(\delta_k T(x,y)), \quad k = 1, 2, \cdots, K_1 \quad (2\text{-}94)$$

$$E_{\tilde{p}}[s_l] = \sum_{x,y} \tilde{p}(x) p(y|x) \sum_{i=1}^{n} s_l(y_i, x, i) \exp(\delta_{K_1+l} T(x,y)), \quad l = 1, 2, \cdots, K_2 \quad (2\text{-}95)$$

其中，$T(x,y)$ 是数据 $T = \{(X_1, Y_1), (X_2, Y_2), \cdots, (X_n, Y_n)\}$ 中出现的所有特征的总和，即

$$T(x,y) = \sum_k f_k(x,y) = \sum_{k=1}^{K} \sum_{i=1}^{n} f_k(y_{i-1}, y_i, x, i)$$

第 3 章　形式语言与自动机

3.1　形 式 语 言

3.1.1　形式语言概述

形式语言是用来精确描述人工语言和自然语言及其结构的手段或方法。形式语言学也称为代数语言学。形式语言理论在计算机语言的描述和编译、社会和自然现象的模拟、语法制导的模式识别等方面有广泛的应用。

形式语言的研究始于 20 世纪初。1956 年，乔姆斯基发表了用形式语言方法研究自然语言的第一篇文章。他对语言的定义方法是给定一组符号(一般是有限多个)，称为字母表，用 Σ 表示，又以 Σ^* 表示由 Σ 中字母组成的所有符号串(或称字，包括空字)的集合，那么 Σ^* 的每个子集都是 Σ 上的一个语言[15]。例如，若令 Σ 为 26 个拉丁字母加上空格和标点符号，则每个英语句子都是 Σ^* 中的一个元素，所有合法英语句子的集合是 Σ^* 的一个子集，它构成一个语言。乔姆斯基的语言定义方法为人们公认，并一直沿用下来。根据这个定义，无论哪一种语言都是句子和符号串的集合，自然语言也不例外。构成这些集合的是句子、单词和其他符号。

形式语言的界限是明确的，以无限的语言为主要研究对象。例如，所有由 n 个 0 构成的字组成一个语言 $L_0 = \{0,00,000,\cdots\}$，它就是无限的。因此，研究形式语言遇到的第一问题就是描述问题。描述的手段必须是严格的，而且必须能以有限的手段描述无限的语言。

语言的基本单位是字母表，由字母构成的有效的串成为该语言的句子。语言的描述方式如下。

① 枚举。列出语言中所有有效的句子，显然这对包含无限多个句子的语言不合适。

② 文法。给出生成语言中所有句子的方法，当且仅当能用该文法产生的句子才属于该语言。

③ 自动机。给出识别语言中句子的机械方法，使计算机识别语言成为可能。

1960 年，算法语言 ALGOL60 报告发表，次年 ALGOL60 修改报告发表。在这两个报告中，第一次使用一种称为 BNF 范式的形式方法来描述程序设计语言的语法。不久，人们发现 BNF 范式类似于形式语言理论中的上下文无关文法，从而打开形式语言广泛应用于程序设计语言的局面，并给形式语言理论的研究以极大的推动，使其发展成为理论计算机科学的一个重要分支。

3.1.2 形式文法

如上所述，对于字母表 Σ ，一个语言是 Σ^* 的子集，而形式文法是描述这个集合的一种方法，由于它与人类自然语言中的文法相似，因此称为形式文法。形式文法描述形式语言的基本思路是，从一个特殊的初始符号(起始符号)出发，不断地应用一些产生式规则，生成一个字串的集合。产生式规则指定了某些符号组合如何被另外一些符号组合替换。

乔姆斯基用变换文法(也称为推导)作为形式语言的描述手段。例如，上述语言 L_0 可用变换文法 $\{S \to 0, S \to 0S\}$ 描述。这个文法由两条变换规则组成，每一步变换都用一条变换规则的右部替换它的左部。S 是起点，代表 L_0 中任何一个可能的句子。例如，句子 00000 可以这样推导：$S \to 0S \to 00S \to 000S \to 0000S \to$ 00000 。推导共分五步，前四步用第二条规则，第五步用第一条规则。按这个办法可以生成 L_0 中的所有句子，即整个 L_0 语言。

定义 3.1 形式文法

形式文法是一个四元组，即

$$G = (V_T, \ V_N, \ S, \ P)$$

其中，V_T 为终结符的有限集合，终结符是语言的句子中实际出现的符号，相当于单词表，也称为字母表；V_N 为非终结符的有限集合，在语言的句子中不实际出现，但在推导中起着变量作用，因此也称为变量，相当于语言中的语法范畴；S 为一种特殊的非终结符，称为起始符号，代表一个句子，$S \in V_N$ ；P 为产生式规则的有限集合。

V_T、V_N 和 P 都是有限集合，$V_T \cap V_N = \varnothing$ ，V 称为总词汇表，$V = V_T \cup V_N$ 。如果令 $x \in (V_T \cup V_N)^+, y \in (V_T \cup V_N)^*$ (用+代替*表示不含空字)，但是 x 中至少应含有一个非终结符，则 P 中所有的产生式规则皆形如 $x \to y$ ，表示用 y 替换 x ，或者将 x 改写为 y 。

定义 3.2 推导

设 $G = (V_T, \ V_N, \ S, \ P)$ 是一个形式文法，推导就是利用 P 中的产生式规则不断地由产生式右边的符号串代替左边的符号串。

如果 $x \to y$ 是 P 中的一个规则，$x \in (V_T \cup V_N)^+, y \in (V_T \cup V_N)^*$ ，字符串 $w_1 = \alpha x \beta$ ，$\alpha, \ \beta \in (V_T \cup V_N)^*$ ，那么可以将产生式规则 $x \to y$ 应用到这个字符串中，用 y 替代 x ，

由此获得一个新的字符串 $w_2 = \alpha y \beta$ 。上述过程可以写为 $w_1 \Rightarrow w_2$ 。

如果 $w_1 \Rightarrow w_2 \Rightarrow \cdots \Rightarrow w_n$ ，那么就说 w_1 推导出 w_n ，并写成 $w_1 \Rightarrow w_n$ ，表示从 w_1 推导出 w_n 经过了 n 步。

如果以不同的顺序应用产生式规则，那么一个给定的形式文法可以产生很多字符串，即句子形式(句型)，其中不含非终结符句型的集合就是这个形式文法定义或生成的语言。

定义 3.3　句子

形式文法 $G = (V_T, V_N, S, P)$ 的句子形式(句型)通过如下递归方式定义。

① S 是一个句子形式。

② 如果 $\alpha x \beta$ 是一个句子形式，且 $x \to y$ 是 P 中的一个产生式规则，那么 $\alpha y \beta$ 也是一个句子形式。

对于形式文法 G ，不含非终结符的句子形式称为 G 生成的句子。

定义 3.4　形式语言

由形式文法 $G = (V_T, V_N, S, P)$ 生成的所有句子的集合称为由形式文法 G 生成的语言，记作 $L(G)$ ，即

$$L(G) = \{w \in V_T^*: S^* \Rightarrow w\}$$

例如，对形式文法，即

$$G = (V_T, V_N, S, P)$$

其中，$V_T = \{\varepsilon, a, b, c\}$ ；$V_N = \{S\}$ ；P 定义为

$$S \to aSbc$$

$$S \to \varepsilon$$

推导过程如下，即

$$S \Rightarrow aSbc \Rightarrow aaSbcbc \Rightarrow aaaSbcbcbc \Rightarrow aaabcbcbc$$

因此，$S \stackrel{*}{\Rightarrow} aaabcbcbc$ ；$aaabcbcbc$ 是形式文法 G 生成的形式语言的一个句子；而 $aaSbcbc$ 和 $aaaSbcbcbc$ 都是句型。

3.1.3　形式文法的类型

乔姆斯基体系是刻画形式文法表达能力的一个分类谱系，包括四个层次，即 0-型文法，称为无限制文法或短语结构文法；1-型文法，称为上下文相关文法；2-型文法，称为上下文无关文法；3-型文法，称为正规(正则)文法。

定义 3.5　正规文法

如果文法 $G = (V_T, V_N, S, P)$ 的产生式规则满足如下形式，即 $A \to Bz$ ，或

$A \rightarrow z$，其中 A，$B \in V_N$，是非终结符，$z \in V_T$ 是终结符号，则称文法 G 为正规文法。

在上述正规文法的定义中，产生式规则右边的非终结符出现在字符串的最左边。同样，产生式规则右边的非终结符也可以出现在字符串的最右边。当产生式规则右边的非终结符出现在字符串的最左边时，该正规文法称为左线性正规文法。当产生式规则右边的非终结符出现在字符串的最右边时，该正规文法称为右线性正规文法。正规文法规定的语言可以被有限自动机(finite automata，FA)接受，也可以通过正则表达式获得。正规语言通常用来定义检索模式或者程序设计语言中的词法结构。

定义 3.6　上下文无关文法

如果形式文法 $G = (V_T, \ V_N, \ S, \ P)$ 的产生式规则满足如下形式，即 $A \rightarrow z$，其中 $A \in V_N$ 是非终结符，$z \in (V_T \cup V_N)^*$ 是包含非终结符与终结符的字符串，则称文法 G 为上下文无关文法。

上下文无关文法规定的语言可以被下推自动机(push-down automata，PDA)接受。上下文无关文法为大多数程序设计语言的语法提供了理论基础。

定义 3.7　上下文相关文法

如果形式文法 $G = (V_T, \ V_N, \ S, \ P)$ 的产生式规则满足如下形式，即 $xAy \rightarrow xzy$，其中 $A \in V_N$ 是非终结符，$x, y, z \in (V_T \cup V_N)^*$ 是包含非终结符与终结符的字符串，且 z 至少包含一个字符，则称文法 G 为上下文相关文法。

在上下文相关文法中，字符串 xAy 中的非终结符 A 被改写成 z 时需要有上文语境 x 和下文语境 y。当 x 和 y 同时为空串时，上下文相关文法就变成上下文无关文法。上下文相关文法规定的语言可以被线性有界自动机(linear-bounded automata，CBA)接受。

定义 3.8　无限制文法

如果形式文法 $G = (V_T, \ V_N, \ S, \ P)$ 的产生式规则满足如下形式，即 $x \rightarrow y$，其中 $x \in (V_T \cup V_N)^+$ 是包含非终结符与终结符的字符串，$y \in (V_T \cup V_N)^*$ 是包含非终结符与终结符的字符串，则称文法 G 为无限制文法。

无限制文法规定的语言可以被图灵机识别。可被图灵机识别的语言是指能够使图灵机停机的字串，这类语言又被称为递归可枚举语言。递归语言是递归可枚举语言的一个真子集，是能够被一个总停机的图灵机判定的语言。

正规文法(3-型文法)包含于上下文无关文法(2-型文法)中，上下文无关文法包含于上下文相关文法(1-型文法)中，上下文相关文法包含于无限制文法(0-型文法)

中。这里的包含都是集合的真包含关系。如果用 G_0、G_1、G_2 和 G_3 分别表示 0-型文法、1-型文法、2-型文法和 3-型文法，那么有

$$L(G_3) \subseteq L(G_2) \subseteq L(G_1) \subseteq L(G_0)$$

形式文法关系示意图如图 3-1 所示。

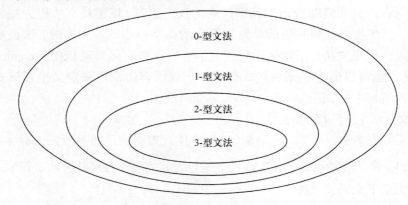

图 3-1　形式文法关系示意图

3.2　自　动　机

3.2.1　自动机概述

自动机是一种理想化的"机器"，只是抽象分析问题的理论工具，并不具有实际的物质形态。它是科学定义的演算机器，用来表达某种不需要人力干涉的机械性演算过程。根据构成和功能，自动机分为有限自动机、下推自动机、图灵机和线性有界自动机。

自动机可以用状态转移图表示。系统初始化时自动机处于开始处理输入字符串的状态 q_0，当读入 1 个字符时可以转移到下一个状态 q_1，在 q_1 状态下读入下一个字符而转移到 q_2，依此类推。为了实现对系统简洁、直观的描述，我们用顶点表示系统的状态，用带有标志的直线或弧线表示系统在某一状态下从输入字符串中读入当前字符后进入下一状态，用双圈顶点表示获得给定语言句子的状态。也就是说，系统在处理输入字符串的过程中，如果能从初始状态开始，最后到达双圈顶点表示的终止状态，我们就认为这个输入字符串是给定语言的句子；否则，这个输入字符串不是该语言的句子。

FA 分为确定型有限自动机(definite automata，DFA)和非确定型有限自动机(non-definite automata，NFA)两种。

定义 3.9　确定型有限自动机

DFA M 是一个五元组,即

$$M=(\Sigma, Q, \delta, q_0, F)$$

其中,Σ 是输入符号的有限集合;Q 是自动机状态的有限集合;$q_0 \in Q$ 是自动机的初始状态;$F \subseteq Q$ 是自动机终止状态的集合;δ 是 Q 与 Σ 的直积 $Q \times \Sigma$ 到 Q 的映射,也称状态转移函数。

映射 $\delta(q, x)=q'(q, q' \in Q, x \in \Sigma)$ 表示自动机在状态 q 时,若输入符号为 x,则自动机 M 进入状态 q'。DFA 原理示意图如图 3-2 所示。

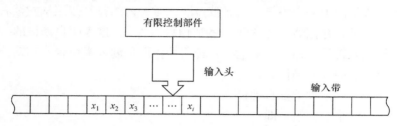

图 3-2　DFA 原理示意图

定义 3.10　非确定型有限自动机

NFA M 是一个五元组,即

$$M=(\Sigma, Q, \delta, q_0, F)$$

其中,Σ 是输入符号的有限集合;Q 是自动机状态的有限集合;$q_0 \in Q$ 是自动机的初始状态;$F \subseteq Q$ 是自动机终止状态的集合;δ 是 Q 与 Σ 的直积 $Q \times \Sigma$ 到 Q 的幂积 2^Q 的映射。

映射 $\delta(q, x)=\{q_1, q_2, \cdots, q_k\}(\{q_1, q_2, \cdots, q_k\} \in 2^Q, k \geqslant 1, q \in Q, x \in \Sigma)$ 表示自动机在状态 q 时,若输入符号为 x,则自动机 M 可以选择状态集 $\{q_1, q_2, \cdots, q_k\}$ 的任何一个状态作为下一个状态。

从上述两个定义可以看出,DFA 与 NFA 的主要区别在于:在 DFA 中 $\delta(q, x)$ 是一个状态,而在 NFA 中 $\delta(q, x)$ 是一个状态集合。事实上,DFA 与 NFA 是等价的。

PDA 有确定型下推自动机(deterministic pushdown automata,DPDA)和非确定型下推自动机(nondeterministic pushdown automata,NPDA)两种。

定义 3.11　非确定型下推自动机

NPDA 是一个七元组,即

$$M=(\Sigma, Q, \Gamma, \delta, q_0, Z_0, F)$$

其中,Σ 是输入符号的有限集合;Q 是自动机状态的有限集合;Γ 是下推存储器符号的有限集合，称为栈字母表；$q_0 \in Q$ 是自动机的初始状态；$Z_0 \in \Gamma$ 是最初出现在下推存储器顶端的开始符号，即栈的开始符；$F \subseteq Q$ 是自动机终止状态的集合；δ 是一个状态转移函数，即从 $Q \times (\Sigma \cup \{\varepsilon\}) \times \Gamma$ 到 $Q \times \Gamma^*$ 的有限子集的一个映射。

映射 $\delta(q, x, z) = \{(q_1, \gamma_1), (q_2, \gamma_2), \cdots, (q_k, \gamma_k)\}$（$q, q_1, \cdots, q_k \in Q$，$k \geqslant 1$，$x \in \Sigma$，$z \in \Gamma$，$\gamma_1, \gamma_2, \cdots, \gamma_k \in \Gamma^*$）表示当 NPDA 处于状态 q，接受输入符号 x 时，自动机进入 $q_i(i=1, 2, \cdots, k)$ 状态，并以 γ_i 替换下推存储器(栈)顶端符号 z，同时将输入头指向下一个字符。当 z 被 γ_i 取代时，γ_i 的符号按照从左至右的顺序依次从下至上推入存储器。注意到 x 的取值可以为 ε，这表明自动机的一次迁移可以不需要输入符号，称为 ε 转移。ε 转移的作用是输入头位置不移动，只用于处理下推存储器内部的操作。

定义 3.12　确定型下推自动机

DPDA 是一个七元组，即

$$M = (\Sigma, Q, \Gamma, \delta, q_0, Z_0, F)$$

其中，Σ 是输入符号的有限集合；Q 是自动机状态的有限集合；Γ 是下推存储器符号的有限集合，称为栈字母表；$q_0 \in Q$ 是自动机的初始状态；$Z_0 \in \Gamma$ 是最初出现在下推存储器顶端的开始符号，即栈的开始符；$F \subseteq Q$ 是自动机终止状态的集合；δ 是一个状态转移函数，即从 $Q \times (\Sigma \cup \{\varepsilon\}) \times \Gamma$ 到 $Q \times \Gamma^*$ 的映射。

映射 $\delta(q, x, z)$ 最多包含一个元素，表明对于任意给定的输入符号和栈顶符号，自动机最多只能执行一种迁移；如果 $\delta(q, \varepsilon, z)$ 非空，则对于每一个 $y \in \Sigma$，$\delta(q, y, z)$ 都必须为空；如果存在 ε 转移，则不能有读入输入符号的迁移。

DPDA 原理示意图如图 3-3 所示。与上述 FA 不同，DPDA 与 NPDA 不是等价的。PDA 可以看做是一个带有附加下推存储器的 FA。

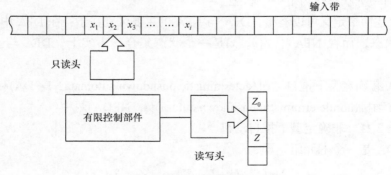

图 3-3　DPDA 原理示意图

定义 3.13　图灵机

图灵机是一个六元组，即

$$M=(\Sigma,\ Q,\ \Gamma,\ \delta,\ q_0,\ F)$$

其中，Σ 是输入符号的有穷集合，不包括空白符号 B(blank)；Q 是自动机状态的有限集合；Γ 是输入/输出带上字符的有穷集合，称为带字母表，包括空白符号 B，$\Sigma \subseteq \Gamma$；$q_0 \in Q$ 是自动机的初始状态；$F \subseteq Q$ 是自动机终止状态的集合；δ 是一个状态转移函数，即从 $Q \times \Gamma$ 到 $Q \times \Gamma \times \{R, L\}$ 子集的一个映射，R 和 L 分别表示读写头右移一格和左移一格。

一般而言，δ 是 $Q \times \Gamma$ 上的部分函数，给出了图灵机操作的规则。δ 的参数是控制部件的当前状态 q_0 和即将读入的输入/输出带符号 x_1。它的返回值是一个新的控制部件状态 q_1、一个替换旧带符号的新符号 x_2 和一个迁移符号 L 或 R。迁移符号用于表明在新的带符号被记录在带符号后，读写头的移动方向是向左或者向右，即

$$\delta(q_0,\ x_1)=(q_1,\ x_2,\ L) \text{或} \delta(q_0,\ x_1)=(q_1,\ x_2,\ R)$$

图灵机原理示意图如图 3-4 所示。开始时，输入/输出带中间有 n 个符号(x_1, x_2, $\cdots$, x_n)构成输入字符串 w，余下的无穷多个符号为空白符号 B，空白符号不是输入符号。开始时，读写头处于输入串的最左端，图灵机的状态为 q_0，读入符号 x_1；根据状态转移函数 $\delta(q_0, x_1)=(q_1, x_2, R)$，读写头将 x_1 替换成 x_2，然后向右移动。如果图灵机 M 对字符串 w 在执行过程中进入某个终止状态，称为 M 接受字符串 w；如果执行过程遇到一个格局在状态转移函数中没有定义，那么称 M 不接受字符串 w。

注意图灵机的每一部分都是有限的，但是它有一个潜在的无限长的输入/输出带，因此这种机器只是一个理想的设备。图灵认为这样的一台机器就能模拟人类所能进行的任何计算过程。

图灵机与 FA 的区别在于：图灵机可以通过其读写头改变输入/输出带上的符号，而 FA 则不能做到这一点。

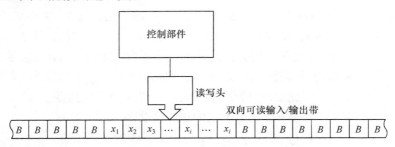

图 3-4　图灵机原理示意图

定义 3.14　线性有界自动机(linear bounded automation，LBA)

LBA 是一个六元组，即

$$M=(\Sigma, \ Q, \ \Gamma, \ \delta, \ q_0, \ F)$$

其中，Σ 是输入符号的有穷集合；Q 是自动机状态的有限集合；Γ 是输入/输出带上字符的有穷集合，$\Sigma \subseteq \Gamma$；$q_0 \in Q$ 是自动机的初始状态；$F \subseteq Q$ 是自动机终止状态的集合；δ 是一个状态转移函数，即从 $Q \times \Gamma$ 到 $Q \times \Gamma \times \{R, L\}$ 子集的一个映射，R 和 L 分别表示读写头右移一格和左移一格；Σ 中包括两个特殊符号#和 $，分别表示输入带的左端结束符和右端结束符。

LBA 的构造与图灵机完全一致，但是相对于图灵机，它有着更多的限制：输入/输出带存在一个左右边界(用两个特殊符号#和 $ 来标识)，LBA 的执行过程中读写头位置不能超出边界。LBA 是上下文有关语言的接受器。

3.2.2　正规文法与自动机

定义 3.15　设 $G=(V_T, V_N, S, P)$ 是一个正规文法，文法 G 生成的语言为 $L(G)=\{w \in V_T^*: S \overset{*}{\Rightarrow} w\}$。如果一个句子 $w(w \in L(G))$ 对于 NFA $M=(\Sigma, Q, \delta, q_0, F)$ 有 $q \in \delta^*(q_0, w)$，且 $q \in F$，那么就称句子 w 被 NFA M 接受。被 NFA M 接受的句子的全集称为被 NFA M 接受的语言，记作 $L(M)$，即

$$L(M)=\{w: q \in \delta^*(q_0, \ w) 且 q \in F\}$$

定义 3.16　设 $G=(V_T, V_N, S, P)$ 是一个正规文法，文法 G 生成的语言为 $L(G)=\{w \in V_T^*: S \overset{*}{\Rightarrow} w\}$。如果一个句子 $w(w \in L(G))$ 对于 DFA $M=(\Sigma, Q, \delta, q_0, F)$ 有 $\delta^*(q_0, w)=q$，且 $q \in F$，那么就称句子 w 被 DFA M 接受。被 DFA M 接受的句子的全集称为被 DFA M 接受的语言，记作 $L(M)$，即

$$L(M)=\{w: \delta^*(q_0, \ w) \in F\}$$

其中，δ^* 是扩展的转移函数，δ^* 的第二个参数是一个字符串，而不是一个单独的字符。

定理 3.1　如果 $G=(V_T, V_N, S, P)$ 是一个正规文法，文法 G 生成的语言为 $L(G)=\{w \in V_T^*: S \overset{*}{\Rightarrow} w\}$，则存在一个 NFA $M=(\Sigma, Q, \delta, q_0, F)$，使 $L(M)=L(G)$。

由于 DFA 与 NFA 是等价的，因此如果一个语言 $L(G)$ 是被 NFA 接受的语言，则存在一个 DFA 也能够接受语言 $L(G)$。需要强调的是，由于 DFA 在本质上是一种更加严格的 NFA，因此 DFA 接受的任何语言 NFA 也可以接受。

一般而言，可以用如下方法由给定的正规文法 G 构造 FA M。

① 令 $\Sigma=V_T$，$Q=V_N \cup \{E\}$，$q_0=S$，E 是一个新增的非终结符。

② 如果在 P 中有产生式规则 $S \to \varepsilon$，则 $F=\{S, E\}$；否则，$F=\{E\}$。

③ 如果在 P 中有产生式规则 $B \to x$，$B \in V_N$，$x \in V_T$，则 $E \in \delta(B, \ x)$。

④ 如果在 P 中有产生式规则 $B{\rightarrow}xC$，B，$C{\in}V_N$，$x{\in}V_T$，则 $C{\in}\delta(B$，$x)$。

⑤ 对于每一个 $x{\in}V_T$，有 $\delta(E$，$x){=}\phi$。

例 3.1　给定正规文法 $G{=}(V_T, V_N, S, P)$，其中 $V_T{=}\{b_1,b_2,i,u,e,o\}$，$V_N{=}\{S,B_1,B_2\}$，$P{=}\{S{\rightarrow}b_1B_1$，$B_1{\rightarrow}b_2$，$B_1{\rightarrow}b_2B_2$，$B_2{\rightarrow}i\mid u\mid e\mid o\}$。

构造与之等价的 FA $M{=}(\varSigma$，Q，δ，q_0，$F)$，其中 $\varSigma{=}V_T$，$Q{=}V_N{\bigcup}\{E\}$，$q_0{=}S$，$F{=}\{E\}$。

$$\delta：\delta(S，b_1)=\{B_1\}$$
$$\delta(B_1，b_2)=\{E\}$$
$$\delta(B_1，b_2)=\{B_2\}$$
$$\delta(B_2，i)=\{E\}$$
$$\delta(B_2，u)=\{E\}$$
$$\delta(B_2，e)=\{E\}$$
$$\delta(B_2，o)=\{E\}$$

与 G 等价的 FA M 状态转移图如图 3-5 所示。

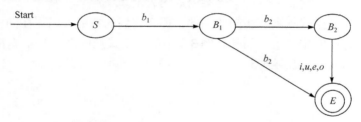

图 3-5　例 3.1 中与 G 等价的 FA M 状态转移图

例 3.2　给定正规文法 $G{=}(V_T$，V_N，S，$P)$，其中 $V_T{=}\{b_1,b_2,b_3,b_4,b_5,b_6\}$，$V_N{=}\{S,B_1,B_2,B_3\}$，$P{=}\{S{\rightarrow}b_1B_1\mid b_2B_1$，$S{\rightarrow}b_3B_2$，$B_1{\rightarrow}b_6B_3$，$B_2{\rightarrow}b_5B_3$，$B_3{\rightarrow}b_4\}$。

构造与之等价的 FA $M{=}(\varSigma$，Q，δ，q_0，$F)$，其中 $\varSigma{=}V_T$，$Q{=}V_N{\bigcup}\{E\}$，$q_0{=}S$，$F{=}\{E\}$。

$$\delta：\delta(S，b_1)=\{B_1\}$$
$$\delta(S，b_2)=\{B_1\}$$
$$\delta(S，b_3)=\{B_2\}$$
$$\delta(B_1，b_6)=\{B_3\}$$
$$\delta(B_2，b_5)=\{B_3\}$$
$$\delta(B_3，b_4)=\{E\}$$

与 G 等价的 FA M 状态转移图如图 3-6 所示。

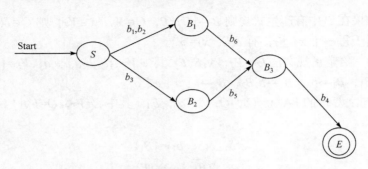

图 3-6　例 3.2 中与 G 等价的 FA M 状态转移图

　　如上所述，例 3.1 中的 FA 是 NFA，例 3.2 中的 FA 是 DFA。由于计算机处理 DFA 更方便，为了可视化地表示 FA M，我们使用状态转移图。如 3.2.4 节所述，在状态转移图中，顶点表示状态，边表示转移。顶点标示状态的名字，边标示输入符号。例如，在图 3-6 中，标有 b_3 的边(S, B_2)表示转移函数 $\delta(S, b_3)= B_2$；标有 b_6 的边(B_1, B_3)表示转移函数 $\delta(B_1, b_6)=B_3$。由一个没有起始于任何顶点的箭头指向初态，这是初态的特征。终态用双圈表示。

　　如果几个产生式规则有相同的左部，那么它们的右部可以写在同一个产生式规则的右部，中间用"｜"隔开。例 3.2 中的产生式规则 $S \rightarrow b_1B_1|\ b_2B_1$，表示产生式规则 $S \rightarrow b_1B_1$ 和 $S \rightarrow b_2B_1$。

第4章 字符编码

4.1 西文字符编码

西文的信息交换使用由美国国家标准局(American National Standard Institute, ANSI)制定的 ASCII 码。在计算机发展的早期阶段，不同的系统使用不同的字符编码体系，信息无法交互。直到 1967 年，ASCII 码出现才使计算机之间可以进行信息的交互与共享。1972 年，ASCII 码被国际标准化组织(International Organization for Standardization, ISO)确定为国际标准，称为 ISO 646 标准。

ASCII 码使用特定的 7 位或 8 位二进制数表示 $128(2^7)$ 或 $256(2^8)$ 种字符。标准 ASCII 码使用 1 个字节的低 7 位二进制数表示 128 个大小写拉丁字母、阿拉伯数字、标点符号、运算符号，以及控制字符和通信专用字符。标准 ASCII 码版本如表 4-1 所示。扩展 ASCII 码在标准 ASCII 码的基础上增加了英文外的其他西文字母和一些制表符。扩展 ASCII 码将 1 个字节的最高位(b_7)用于确定附加的 128 个字符，这些字符的 ASCII 码值都大于 127(十进制值)。

表 4-1 标准 ASCII 码的 7 位版本

二进制	0000	0001	0010	0011	0100	0101	0110	0111
0000	NUL	DLE	SP	0	@	P	`	p
0001	SOH	DC1	!	1	A	Q	a	q
0010	STX	DC2	"	2	B	R	b	r
0011	ETX	DC3	#	3	C	S	c	s
0100	EOT	DC4	MYM	4	D	T	d	t
0101	ENQ	NAD	%	5	E	U	e	u
0110	ACK	SYN	&	6	F	V	f	v
0111	BEL	ETB	'	7	G	W	g	w
1000	BS	CAN	(	8	H	X	h	x
1001	HT	EM	)	9	I	Y	i	y
1010	LF	SUB	*	:	J	Z	j	z
1011	VT	ESC	+	;	K	[	k	{
1100	FF	FS	,	<	L	\	l		
1101	CR	GS	-	=	M	]	m	}
1110	SO	RS	.	>	N	^	n	~
1111	SI	US	/	?	O	_	o	DEL

4.2　ISO/IEC 10646 与 Unicode

4.2.1　缘起

20 世纪 70 年代以来，人类社会进入信息时代。信息技术越来越广泛地深入到人类社会的各个领域。利用计算机进行文字信息处理是信息技术最广泛的应用，而文字编码是计算机处理文字信息的基础，编码字符集标准是信息产业最重要的基石。世界上不同国家和民族的语言文字大都各不相同，如果不同的语言文字系统都采用不同的文字编码标准，那么计算机文字信息处理就只能在相同的文字编码系统中进行交换，不可能在更大的范围里实现信息的共享。因此，国际社会迫切需要制定一个国际统一的信息技术通用文字编码标准体系，从而实现全球范围内多文种的信息处理，以及多文种之间无障碍的信息交互和共享。在这样的背景下，ISO/IEC 10646 孕育而生。藏文编码字符集国际标准的研究制定就是按照ISO/IEC 10646 的体系结构，设计一个国际性的文字编码体系，实现藏文的完整信息处理，以及藏文与其他文种之间的交互与共享。显然，类似 ASCII 码的单一字节编码方式，因为编码空间太小，无法满足现实需求，需要使用 2 个或多个字节编码。

如果在 ASCII 码的基础上用多字节编码，就必须避开 ASCII 码中的控制字符和通信专用字符，即每个字节的 0～32(ASCII 码的十进制值)和 127(ASCII 码的十进制值)这 34 个句柄。这种方法浪费了大量的编码空间，根据多字节扩充编码的国际标准 ISO 2022，两个 8 位的位元组只能提供最多 188 个控制字符和 35 344 个图形符号的编码空间，而事实上 16 位的编码空间高达 65 536。与此同时，计算机软硬件厂商众多且缺乏统一编码共识，造成各自编码信息无法交互共享的乱象。

为了实现全世界古往今来各种文字、图形符号、标志符号等的统一编码，国际标准化组织的成员国于 1984 年发起制定新的字符集编码的国际标准。新标准由工作小组 ISO/IEC JTC1/SC2/WG2 负责拟订，最后定案的标准被命名为通用多八位编码字符集(Universal Multiple-Octet Coded Character Set，UCS)，其标准编号为ISO/IEC 10646。开始时，WG2 也采用 ISO 2022 八位延伸编码结构，但 WG2 终于放弃原先选择的 ISO 2022 八位延伸编码结构，改而采用 Unicode 的编码方式，即字符连续编码不再避开 C0 和 C1 句柄区。

4.2.2　ISO/IEC 10646 体系结构

ISO/IEC 10646 建立了一个全新的编码体系，其正规形式为 4 个八位，简称

UCS-4。这 4 个八位从左至右命名为组八位(group-octet)、平面八位(plane-octet)、行八位(row-octet)和字位八位(cell-octet)，分别代表编码结构中的组(group)、平面(plane)、行(row)与字位(cell)，如表 4-2 所示。

表 4-2 4 个八位的序列顺序

组八位	平面八位	行八位	字位八位

ISO/IEC 10646 规定其字符编码的 b_{31} 必须为 0，因此整个编码空间分为 128 个群组，其值为 0x00～0x7F；每一个群组由 256 个平面组成，其值为 00～FF；每一个平面由 256 行组成，其值为 00～FF；每一行包含 256 个字位，其值为 0x00～0xFF。此外，ISO/IEC 10646 还规定每一个平面的最后两个编码位置 0xFFFE 和 0xFFFF 保留不用。因此，ISO/IEC 10646 整个编码空间总共有 32 768 个平面，每个平面为 65 534 个编码位置，合计 2 147 418 112 个编码位置，可以将世界上古往今来所有曾经使用和正在使用的各种文字和符号统一编码，充分满足世界上各种民族语言文字信息处理的需要。ISO/IEC 10646 的体系结构如图 4-1 所示。

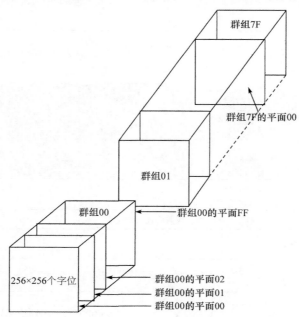

图 4-1 ISO/IEC 10646 体系结构

ISO/IEC 10646 的第 0 组第 0 平面称为基本多文种字面(basic multi-lingual plane, BMP)。由于在此平面上仅用行、字位两个八位就可以表示一个编码字符，字符编码由 4 个八位缩短为 2 个八位，简称 UCS-2。ISO/IEC 10646-1-1993 将 BMP

划分为 A-Zone(0x00～0x4D)，为拼音文字编码区；I-Zone(0x4E～0x9F)，为表意文字编码区；O-Zone(0xA0～0xDF)，是一个开放区域，未作定义，留作将来标准化用；R-Zone(0xE0～0xFF)，为限制使用区，一些兼容字符、字符的变形显现形式、特殊字符等均放在此区。在之后的版本中，ISO/IEC 10646 又在 BMP O-Zone 区中定义了一个代理区 Surrogate Zone(0xD800～0xDFFF)。BMP 概况如图 4-2 所示。ISO 于 2000 年出版的 ISO/IEC 10646 第二版正式收入藏文，并在 A-Zone 区编码(0x0F00～0x0FFF)。除此之外，在这版中新追加的与我国相关的文字编码还有 CJK 扩充集 A、康熙字典部首、CJK 部首扩充、汉字结构符等。

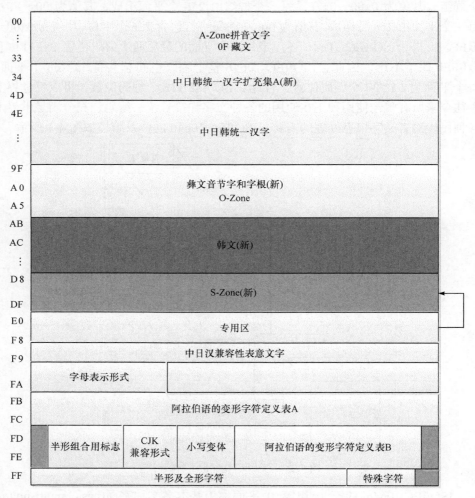

图 4-2　BMP 概况

BMP 之外的 32 767 个平面分为辅助平面和私用平面。辅助平面用以收录

WG2 陆续收集、整理和编码的世界各种文字和符号；私用平面的内容 WG2 不予规定，保留供用户自行编码 ISO 10 646 未收录的字符。私用平面共 8226 个，包括 00 组的 0F、10 和 E0～FF 共计 34 个平面，以及 60～7F 共 32 个组的 8192 个平面。除了这 8226 个私用平面，其余的 24 541 个平面都是辅助平面。

　　BMP 编码空间不足以容纳全世界的各种文字，随着信息技术的不断发展，未编码的文种要求正式编码是必然的趋势。同时，已编码的文种出于实际需要也有待扩充。为此，ISO/IEC 10646 又开放了 00 组的 16 个辅助平面，以弥补其不足。其中，01 平面作为拼音文字辅助平面，02 平面作为汉字辅助平面，E0～FF 平面作为该标准的专用平面来使用，如图 4-3 所示。

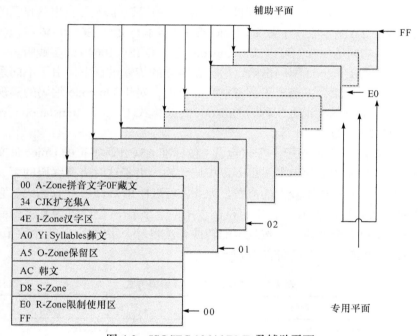

图 4-3　ISO/IEC 10646 BMP 及辅助平面

　　我国相应于 ISO/IEC 10646 的国家标准是 GB 13000.1—1993，全称《信息技术　通用多八位编码字符集(UCS)第一部分：体系结构与基本多文种平面》。此标准等同采用国际标准 ISO/IEC 10646.1-1993《信息技术　通用多八位编码字符集(UCS)第一部分：体系结构与基本多文种平面》。

4.2.3　Unicode

　　ISO/IEC 10646 草案初稿一经公布，其编码结构立即遭到美国部分计算机业者的反对。1988 年初，美国 Xerox 公司的专家就倡议以新的编码结构，另外制订世界性字符编码标准，即将计算机字符集编码的基本单位由现行的 7 或 8 位扩充为

16 位，并且充分利用 65 536 个编码位容纳全世界各种文字的字符和符号。新的字符集编码标准被命名为 Unicode。1991 年元月，IBM、DEC、Sun、Xerox、Apple、Microsoft、Novell 等公司共同出资成立 Unicode 协会，并由协会设立非营利的 Unicode 公司，推动 Unicode 成为国际标准的工作。Unicode 草案第一版于 1989 年 9 月发表，历经多次修订后，分别于 1991 年和 1992 年出版了 Unicode 标准第一版的第一册和第二册。如上所述，由于 Unicode 的工作，WG2 终于放弃原先选择的 ISO 2022 八位延伸编码结构，改而采用 Unicode 的编码方式。1991 年 10 月，历经几个月的协商之后，WG2 和 Unicode 协会达成协议，将 Unicode 并入 ISO/IEC 10646 成为第 0 字面。之后世界上各种语言文字的字符和符号的搜集、整理和编码等工作由 WG2 主导，而 Unicode 协会则积极协助 WG2，但双方仍然各自出版自己的编码标准。Unicode 2.0 版本收入了藏文。Unicode 3.0 版本与 ISO/IEC 10646 所包含的字符及其编码是相同的，我们可以认为 Unicode 是 ISO/IEC 10646 的实践版。

一个字符的 Unicode 编码是确定的。在实际的传输过程中，由于不同系统平台的设计不一定一致，以及出于节省空间的目的，对于 Unicode 编码的实现方式有所不同。Unicode 的实现方式称为 Unicode 转换格式(Unicode translation format，UTF)，如 UTF-8、UTF-16 等。

我们先来看 UTF-8。对于一个仅包含 7 位标准 ASCII 码字符的 Unicode 文件，如果每个字符均使用 2 字节的 Unicode 编码传输，由于这时字符编码的第一个字节始终为零，因此造成了较大的浪费。为此，可以使用 UTF-8 变长编码，它仍然用 7 位标准 ASCII 码表示 ASCII 字符，占用一个字节(b_7 位设置为 0)。遇到与其他 Unicode 字符混合的情况，按规定的转换算法将每个字符用 1～3 个字节编码。UCS-2～UTF-8 的编码方式如表 4-3 所示。

表 4-3　UCS-2～UTF-8 编码方式

UCS-2 编码(16 进制)	UTF-8 字节流(二进制)
0x0000～0x007F	0xxxxxxx
0x0080～0x07FF	110xxxxx 10xxxxxx
0x0800～0xFFFF	1110xxxx 10xxxxxx 10xxxxxx

例如，"汉"字的 Unicode 编码是 0x6C49。0x6C49 在 0x0800～0xFFFF 之间，所以肯定要用 3 字节模板，即 1110xxxx 10xxxxxx 10xxxxxx。将 0x6C49 写成二进制是 0110 110001 001001，依次代替模板中的 x，得到 11100110 10110001 10001001，即 0xE6B189。

我们再来看 UTF-16。ISO/IEC 10646 开放的 00 组的 16 个辅助平面的字符

(U+10000～U+10FFFF)必须用 UTF-16 进行转换,映射到 BMP。如上所述,在 BMP,0xD800～0xDFFF 编码区被定义为代理区,用于 UTF-16 编码。ISO/IEC 10646 将这个区域平分为前后两个各容纳 1024 个编码位的区域(0xD800～0xDBFF 及 0xDC00～0xDFFF),分别称作高半代理和低半代理区域。从这两个区域分别各取一个编码,分别称为高半代理键和低半代理键,由这两个 key 组合成一个 4 字节代理对表示一个编码字符。由于这两个区域并没有定义任何字符或符号,而且只有将这两个代理对结合在一起才能表示一个字符,单独使用其中的任何一个都没有意义。

UTF-16 以 16 位为单元对 UCS 编码,对于小于 0xFFFF 的 UCS 编码,UTF-16 编码等同于 UCS 编码对应的 16 位无符号整数,对于编码为 0x01000～0x10FFFF 之间的字符使用 4 字节代理对表示。假定 C 的编码大于 0xFFFF,则具体算法如下。

① C 的编码减去 0x10000,可得到 20 位长的 bit 组。

② 将得到的 20 位长的 bit 组分拆为高位 10bit 和低位 10bit 两部分。

③ 20 位长的 bit 组中的高位 10bit 加上 0xD800,得到高半代理键。

④ 20 位长的 bit 组中的低位 10bit 加上 0xDC00,得到低半代理键。

⑤ 将高半代理键与低半代理键按前后顺序组合在一起成为代理对,就得到了上述 16 个辅助平面的字符(U+10000～U+10FFFF)编码。

4.3   中文字符编码

4.3.1   汉字字符编码

汉字字符编码标准有国标码(GB 2312)、大五码(Big5)、GB 1300,下面介绍汉字字符编码和藏文字符编码。

1. 国标码

国标码即 GB 2312。为了统一计算机汉字编码,1980 年国家标准总局发布 GB 2312—1980《信息交换用汉字编码字符集基本集》,并于 1981 年 5 月 1 日实施。GB 2312 采用两个字节表示一个字符,每个字节的 ASCII 码值在 0xA1～0xFE 之间,所以编码空间有94×94＝8836 个编码位,其中收录简化汉字及符号、字母、日文假名等共 7445 个图形字符(编码范围 0xA1A1～0xF7FE),其中汉字占 6763 个(编码范围 0xB0A1～0xF7FE)。习惯上称第一个字节为高字节,第二个字节为低字节。GB 2312 的编码空间结构如图 4-4 所示。GB 2312—1980 几乎是所有中文系统和国际化软件都支持的最基本的中文编码字符集。

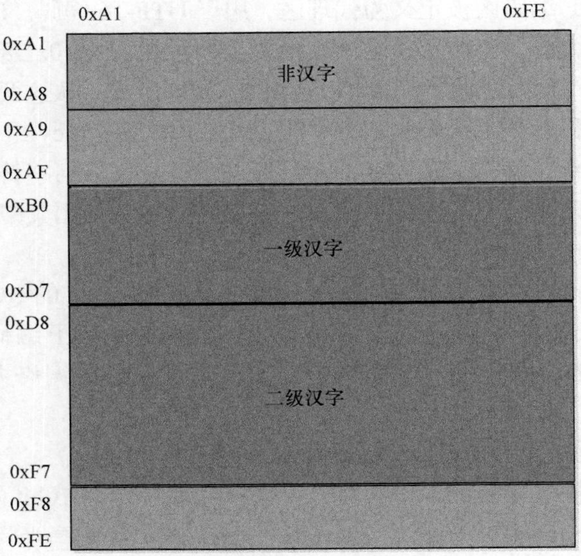

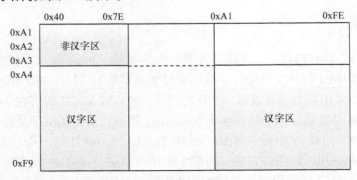

图 4-4　GB 2312 的编码空间结构图

　　GB 2312 是基于区位码设计的，整个编码空间分为 94 个区，每个区对应 94 个位，区号和位号合起来就是一个汉字的区位码。在区号和位号上分别加上 0xA0 就能得到 GB 2312 编码。GB 2312 编码空间中的编码位 0xF8A1～0xFEFE，即 88～94 区的编码位未定义。

　　2. 汉字大五码

　　汉字大五码即 Big5，用两个字节表示一个字符，第 1 字节的 ASCII 码值在 0xA1～0xF9 之间，第 2 字节的 ASCII 码值在 0x40～0x7E 及 0xA1～0xFE。Big5 的编码空间结构如图 4-5 所示。

图 4-5　Big5 的编码空间结构图

3. 汉字国标扩展码

汉字国标扩展码，即 GBK。1995 年 12 月 1 日，电子工业部与国家技术监督局联合颁布国标扩展码 GBK(全称《汉字内码扩展规范》,英文名称 Chinese Internal Code Specification)。GBK 向下与 GB 2312 完全兼容，向上支持 ISO/IEC 10646 国际标准，在 GB 2312 向 ISO/IEC 10646 过渡过程中起到了承上启下的作用。GBK 在保持 GB 2312 原貌的基础上,将其字汇扩充至与 ISO/IEC 10646 中的 CJK 等量，同时也包容 Big5 编码汉字,以上合计 20 902 个汉字。此外,还为用户保留了 1894 个编码位的自定义区。

GBK 编码空间结构如图 4-6 所示，第一字节 ASCII 码 0x81~0xFE，第二字节 ASCII 码 0x40~0xFE(0x7F 除外，即 0x40~0x7E 和 0x80~0xFE)，共 20 982 个字符，其中 20 902 个汉字。

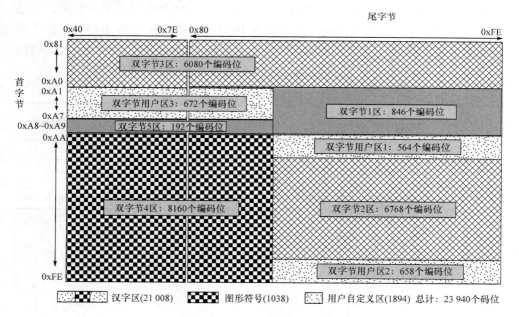

图 4-6 GBK 的编码空间结构图

GBK 具有如下特点。

① 兼容国标码。图 4-6 中的双字节 2 区对应国标码，且编码完全相同。增加的字符主要是现代汉语中不常用的汉字，还有一些汉字偏旁。

② 汉字的简体字与繁体字共存。例如，"东"字的 ASCII 码为(182，17)；"東"字的 ASCII 码为(150，12)。这样可以在一个简繁汉字对照的文本中同时使用简体汉字和繁体汉字。

4. GB 18030

GB 18030—2000 是继 GB 2312—1980 和 GB 13000—1993 后最重要的汉字编码标准，全称是 GB 18030—2000《信息技术　信息交换用汉字编码字符集　基本集的扩充》。它向下兼容 GBK 和 GB 2312 标准。目前，GB 18030 有两个版本：GB 18030—2000 和 GB 18030—2005。GB 18030—2000 是 GBK 的替代版本，其主要特点是在 GBK 的基础上增加了 ISO 10646 中 CJK 统一汉字扩充 A 的汉字。GB 18030—2005 的主要特点是在 GB 18030—2000 基础上增加了 ISO/IEC 10646 中 CJK 统一汉字扩充 B 的汉字，并增加了藏文、蒙文等少数民族文字字符。

GB 18030 采用单字节、双字节和四字节三种方式对字符编码。其码位范围分配图如表 4-4 所示。单字节部分使用 0x00～0x7F 编码位，与 ASCII 码兼容；双字节部分，首字节编码位在 0x81～0xFE，尾字节编码位在 0x40～0x7E 和 0x80～0xFE，与 GBK 编码兼容(图 4-5)；四字节部分采用 0x30～0x39 作为对双字节编码扩充的后缀，这样扩充的四字节编码，其范围为 0x81308130～0xFE39FE39，覆盖了从 0x0080 开始，除去二字节部分已经覆盖的编码字符之外的所有码位，因此在编码空间与 Unicode 标准一一对应。GB 18030 的总体结构如图 4-7 所示。

表 4-4　GB 18030 的码位范围分配图

字节数	编码空间				编码位数目
	第一字节	第二字节	第三字节	第四字节	
单字节	0x00～0x7F				128
双字节	0x81～0xFE	0x40～0x7E 0x80～0xFE			23 940
四字节	0x81～0xFE	0x30～0x39	0x81～0xFE	0x30～0x39	1 587 600

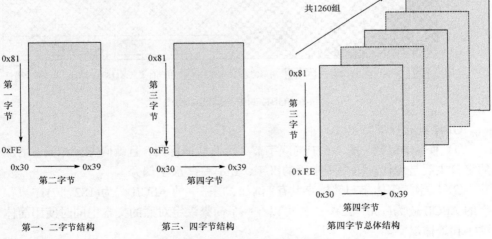

图 4-7　GB 18030 的总体结构图

GB 18030 编码空间约有 160 万编码位，但它并没有确定所有的编码字符，只是规定了编码范围，留待以后扩充。随着我国汉字研究、古籍整理等领域工作的不断深入，以及国际标准 ISO/IEC 10646 的不断发展，GB 18030 收录的字符将在新版本中不断增加。

几种主要的中文字符编码体系之间的关系如图 4-8 所示。

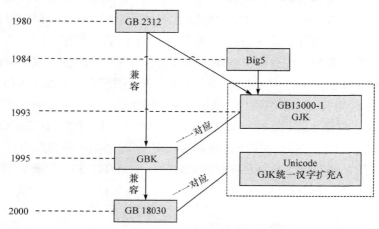

图 4-8 几种主要的中文字符编码体系之间的关系

4.3.2 藏文字符编码

1. 藏文的编码方式

编码字符集的制订是计算机处理藏语文信息的基础，也是藏文信息技术发展的基石。

藏文是一种历史悠久的拼音文字，从左至右书写、上下左右拼写，具有二维结构。可以看出，虽然藏文属于拼音文字，但它又不同于英文等只进行横向拼写，而要进行横向和纵向两个方向的拼写。藏文的拼写顺序是前加字、上加字、基字、下加字、元音、后加字、再后加字，其中上加字、基字、下加字、元音进行纵向拼写，构成所谓的纵向组合字符(vertical combing character, VCC)。因此，可以有两种藏文的编码方式，即对藏文的基本构件编码；将 VCC 作为一个处理单元进行编码。

第一种编码方式只需对藏文基本字符、组合用字符等基本构件编码。这种编码方式符合藏文作为拼音文字的特性，可以实现对几乎所有藏文的编码。但是，这种编码方式须使用复杂的字体技术，通过动态组合的方法生成藏文字。第二种编码方式少则须对 638 个现代藏文字符编码，多则须对包括梵文的藏文转写字在内的藏文 VCC 编码。这种编码方式不符合藏文作为拼音文字的属性，无法实现对所有藏文和梵文的藏文转写字的编码，即无法解决所谓的藏文"外字"问题，同时也会对藏文计算机自动排序等一系列技术问题造成困扰，但是显然这种编码方式在技术上容易实现得多。

藏文信息化发端于 20 世纪 80 年代中期，那时尚未制定藏文编码字符集标准。受限于当时的技术条件，藏文信息处理采用对 VCC 自定义编码的方式。具体的做法是，如果研发的系统只用于处理现代藏文，则占用 GB 2312 汉字编码未定义区域(0xF8～0xFE，即 88～94 区)。如上所述，现代藏文有约 638 个 VCC，而 GB 2312 未定义区则有 658 个编码位，满足基本字符编码需求。如果研发的系统需要同时处理藏文和梵文的藏文转写字，则用藏文 VCC 字形覆盖 GB 2312 的二级汉字区(0xF8A1～0xFEFE)汉字字形，或者用藏文 VCC 字型覆盖 GB 2312 生僻汉字编码位。还有一种做法，就是在字处理软件(Word、WPS 等)中用藏文字形覆盖某些汉字字体。

2. 信息交换用藏文编码字符集标准

虽然国内自 20 世纪 80 年代中期开始应用计算机处理藏文信息但是藏文编码字符集标准尚未制订这一客观现实，严重制约着藏文信息技术的进一步发展。

藏文编码国家标准和国际标准的研制工作在经过必要的准备后，于 90 年代初正式启动。1993 年，在国家技术监督局的领导下，电子工业部在继续参与完善 ISO/IEC 10646 工作的基础上，会同相关部门，组织少数民族语言文字、信息技术和标准化方面专家，相继开始民族文字的信息交换用编码字符集国家、国际标准的制订工作。

1993 年底，西藏自治区人民政府成立藏文编码字符集国际标准研制工作领导小组。西藏大学和国内其他高校、研究机构，按照以我为主的原则，跟踪了解 ISO/IEC 10646 国际标准的最新进展情况和国际藏文信息技术发展的最新动态，组织各方面技术人员深入探讨 ISO/IEC 10646 国际标准的体系结构和编码规则，具体负责藏文编码字符集国际标准的研究制定工作。

藏文编码字符集国际标准的研究制定主要涉及字汇、字序、字符名称及相关规则的制定。字汇就是确定收录字符的范围，字序就是要确定字符的编码及其位置，字符名称就是要给出每个字符标准和明确的名称，相关规则就是给出一系列用于技术实现的规则。此外，由于藏文文字的特殊性，还必须确定藏文的编码方式。当时国内一般对藏文 VCC 编码进行信息处理。我国开始起草藏文编码字符集国际标准提案时采用这种编码方式。这样，字汇的制定工作就成为第一步必须做好的工作。

从 1994 年开始，我国藏文和计算机专家就收字的范围等问题举行了多次研讨会，并确定了如下收字原则：所收字符不但要能适应一般藏文的信息处理和交换需要，而且还要能运用于处理古今任何藏文文献；不但要收入文字符号，而且要收入藏族文化涉及的有关文化符号。根据这一基本原则，确定了第一个含有 500 多个字符的藏文编码国际标准提案，同时确定了所有字符的形状及名称含义，并提交于 1994 年 5 月在土耳其召开的 ISO WG2 第 25 届会议。在此次会议上，提交藏文编码提案的还有英国、印度等国家。经过多轮讨论后，会议要求在我国提交的藏文编码字符集国际标准方案的基础上，压缩字符集，使之成为更能体现拼音文字特性的提案，并在下次会议上进一步审议。

ISO 在 ISO/IEC BMP 编码空间所差无几的情况下，将尚未收入 BMP 的文字按是否拼音文字、是否是现在正在使用的文字等标准划定 A～G 7 个等级，藏文被列入 A 等，但列入 A 等的文字所能占用的编码空间是有限的。这就意味着，只能对藏文的基本构件进行编码，这与国内通常采取的少则 600 多个，多则几千个藏文 VCC 编码的方法截然不同，也就是说必须在压缩字符集的基础上，对藏文的基本构件进行编码才能符合 ISO 的规定和要求。

1994 年，我国向第 26 届会议提交了只有 100 多个编码字符的《信息交换用藏文编码字符集》国际标准提案，获得会议一致肯定，并建议进一步完善。

1994 年，我国再次向第 27 届会议提交经过进一步完善的《信息交换用藏文编码字符集》国际标准提案。会议认为，为了使我国的方案能够满足其他使用藏文的国家和地区的需要，我国需要征求其他方的意见，形成一个各方都认可的最终提案。

1995 年 4 月，我国专家赴美参加提案研讨会。经过专家的充分讨论，最终达成共识，形成以我国提案为主的《信息交换用藏文编码字符集》提案。

1995 年 6 月，我国向第 28 届会议提交的最终提案正式通过 WG2 一级审查，进入下一届会议的 ISO/IEC JTC1/ SC2(第二分委员会)投票阶段。

1996 年 4 月，第 30 届会议决定我国的国际标准提案进入第二轮投票阶段，英国、爱尔兰等国提出的扩充方案留待以后讨论。

1997 年 6 月，第 33 届会议及 SC2 全会在希腊举行。在这次会议上，WG2 和 SC2 分别宣布：由我国提交的国际标准方案通过最后一级的投票表决，正式形成 ISO/IEC 10646 藏文编码国际标准。

　　《信息交换用藏文编码字符集》国际标准共有 192 个编码点、168 个编码字符，其中文字类字符 43 个、组合用格式字符 70 个、数码类字符 20 个、标点符号类字符 26 个、文化类字符 9 个。此外，该国际标准还给出了每个藏文编码字符规范的读音和转写名称。至此，《信息交换用藏文编码字符集》标准成为我国少数民族文字中的第一个国际标准。

　　1997 年 9 月 2 日，国家技术监督局正式发布中华人民共和国国家标准 GB 16959—1997《信息技术　信息交换用藏文编码字符集　基本集》，1998 年 1 月 1 日开始实施。该标准是根据 GB 13000.1 和 ISO/IEC 10646 编制的，在技术内容上与国际标准等同。它规定了藏文基本字符的集合及其编码表示，适用于藏文的书面形式及附加符号的表示、传输、交换、处理、存储、输入及显现。GB 16959—1997《信息技术　信息交换用藏文编码字符集　基本集》图形字符代码如图 4-9 所示。

　　需要说明的是，藏文没有基于 ANSI 体系的编码字符集标准，也就是说没有基于多字节扩充编码的国际标准 ISO 2022 的编码字符集标准。藏文编码字符集标准的制定，越过 ISO 2022 八位延伸编码结构体系，直接研究制定了《通用多八位编码字符集》体系的编码标准，这与汉字不同。

	0F0	0F1	0F2	0F3	0F4	0F5	0F6	0F7	0F8	0F9	0FA	0FB
0	000	016	032	048	064	080	096		128	144	160	
1	001	017	033	049	065	081	097	113	129	145	161	177
2	002	018	034	050	066	082	098	114	130	146	162	178
3	003	019	035	051	067	083	099	115	131	147	163	179
4	004	020	036	052	068	084	100	116	132	148	164	180
5	005	021	037	053	069	085	101	117	133	149	165	181
6	006	022	038	054	070	086	102	118	134		166	182

7	007	023	039	055	071	087	103	119	135	151	167	183
8	008	024	040	056		088	104	120	136		168	
9	009	025	041	057	073	089	105	121	137	153	169	185
A	010	026	042	058	074	090		122	138	154	170	
B	011	027	043	059	075	091		123	139	155	171	
C	012	028	044	060	076	092		124		156	172	
D	013	029	045	061	077	093		125		157	173	
E	014	030	046	062	078	094		126		158		
F	015	031	047	063	079	095		127		159		LINK

图 4-9　GB 16959—1997《信息技术　信息交换用藏文编码字符集　基本集》图形字符代码

3. 信息交换用藏文编码字符集标准应用

在 GB 16959—1997《信息技术　信息交换用藏文编码字符集　基本集》中，藏文编码字符可分为两大类，即独立字符(非组合用字符)和附加字符(组合用字符)。藏文前加字、上加字、后加字、再后加字在编码中均表示为独立字符，下加字均表示为附加字符。基字的编码分为两种情况，如果一个藏文字没有上加字，则该藏文字的基字表示独立字符；如果一个藏文字有上加字，则该藏文字的基字表示附加字符。

下面通过具体例子说明藏文字符的编码表示。

① 藏文字 སྐད 的编码为 0F66 0F90 0F51 0F0B，该字的基字为 ཀ，以附加字符 0F90 表示。

② 藏文字 ཀླུ 的编码为 0F40 0FB3 0F74 0F0B，该字的基字为 ཀ，以独立字符 0F40 表示。

③ 藏文字 བསྒྲུབས 的编码为 0F56 0F66 0F92 0FB2 0F74 0F56 0F66 0F0B，该

字的基字为 ཀ ，以附加字符 0F92 表示。

④ 藏文字 འགྲུབ་ 的编码为 0F60 0F42 0FB2 0F74 0F56 0F0B，该字的基字为 ཀ ，以独立字符 0F42 表示。

在①和②中，同样的基字 ཀ 用了不同的编码字符来表示，即分别用附加字符 0F90 和独立字符 0F40 表示。在③和④中，同样的基字 ཀ 也用了不同的编码字符来表示，即分别用附加字符 0F92 和独立字符 0F42 表示。

第 5 章　藏语语料库的建设

5.1　语料库概述

语料库(corpus)是指一个由大量的语言实际使用的信息组成的，专供语言研究、分析和描述的语言资料库。语料库是在随机采样的基础上收集人们实际使用的、有代表性的真实语言材料创建起来的。

语料库根据不同的用途、采集、加工方式等，可以有不同的区分。例如，按语种可以分为单语语料库、双语语料库和多语语料库；按习得可分为学习者语料库和母语语料库；按采样可以分为平衡语料库和随机语料库；按处理方式可以分为生语料库和熟语料库；按用途可以分为通用语料库和专用语料库；按媒体形式可以分为文本语料库、口语语料库、视频语料库和混合语料库；按地区可以分为国家语料库和国际语料库等。

语料库是语料库语言学的基础。语料库语言学是研究自然语言机读文本(电子文本)的采集、存储、标注、检索、统计等方法的一门学科，其目的是以客观存在的大规模真实语言数据为研究对象，对大量的语言事实进行系统分析，为语言研究或自然语言处理系统开发提供支持。语料库语言学研究的内容十分广泛，涉及语料库的建设和利用等多个方面，归纳起来，可以大致概括为如下几个方面的内容，即语料库的建设与编纂；语料库的加工和管理；语料库的应用，包括在语言学研究(言语、词汇、句法和语义研究等)中的应用和在自然语言处理中的应用。

语料库语言学的发展经过萌芽期(20 世纪 50 年代中期以前)、沉寂期(50～80 年代初期)和复苏与发展期(80 年代中后期以来)等三个时期[16,17]。随着计算机技术的迅速发展和普及，语料库语言学自 20 世纪 80 年代开始复苏以来，以伯明翰英语语料库为代表的一大批具有完整性、系统性、规范性和权威性的通用语料库相继建成。

5.2　语料库的类型

根据前面的介绍可知，由于存在不同的划分标准，语料库可以分为多种类型。

本节主要介绍平衡语料库、通用语料库、专用语料库、双语语料库、生语料库、熟语料库等内容。

1. 平衡语料库

平衡语料库着重考虑语料的代表性和平衡性。但是，语料库的代表性和平衡性是一个迄今都没有公认答案的复杂问题。Leech 曾指出，一个语料库具有代表性是指在该语料库上获得的分析结果可以概括为这种语言整体或指定部分的特性。张普曾经提出语料采集的七项原则，即语料的真实性、语料的可靠性、语料的科学性、语料的代表性、语料的权威性、语料的分布性和语料的流通性。语料的分布性还要考虑语料的科学领域分布、地域分布、时间分布和语体分布等。

2. 通用语料库与专用语料库

通用语料库实际上就是平衡语料库，只是从不同角度看问题而已。或者说是与专用领域相对的一个概念，覆盖政治、文化、经济、军事、法律、娱乐、新闻、科技等方面语料构成的语料库。

专用语料库是为了某种专门的目的，只采集某一特定领域、特定地区、特定时间、特定类型的语料构成的语料库，如新闻语料库、科技语料库、法律语料库等。

3. 双语语料库

双语语料库可以分为比较语料库和平行语料库两种类型。比较语料库是指同一种语言的语料上的平行，这些平行文本之间不构成翻译关系。例如，国际英语语料库共有 20 个平行的字语料库，分别来自以英语为母语或官方语言，以及主要语言的国家，如英国、美国、加拿大、澳大利亚、新西兰等，其平行性表现为语料选取的时间、对象、比例、文本数、文本长度等几乎是一致的。建库的目的是不同地区的同一种语言进行对比研究。平行语料库是由原文文本(源语言)及其平行对应的译语文本(目标语言)构成的双语(或多语)语料库，其对齐程度可有词级、句级、段级和篇级几种。平行语料库按翻译方向包括单向平行语料库、双向平行语料库和多向平行语料库。

4. 生语料库和熟语料库

生语料库是没有经过任何加工处理的原始语料数据构成的。这种语料库本身可以反映语言使用的很多特征。例如，从藏语的生语料库可以统计字符频率信息、字频信息、藏文字符信息熵、藏文(音节)字信息熵、相邻两个字之间的互信息等,可以通过不同时期的生语料库统计得到藏文(音节)字在不同时代的变迁情况等。

熟语料库是经过加工处理、标注了特定信息的语料库。由于语料加工的层次不同,这种语料库又可以分为分词语料库(汉语、日语、藏语等词与词之间没有分割标记的语言)、分词与词性标注语料库、句法树库、词义标注语料库、篇章树库、韵律标注语料库等。随着自然语言处理相关技术研究的需要和机器学习方法在该领域的广泛应用,英语和汉语等已建立了不同层次具有代表性、权威性和流通性的大规模熟语料库。

实践证明,构建大规模熟语料库是语料库语言学发展的重要基础,因此要建立一种大规模藏语熟语料库对藏语语言研究和藏语自然语言处理具有非常重要的意义。

5.3　典型语料库

1. 布朗语料库(Brown corpus)

布朗语料库是 20 世纪 60 年代由 Francis 和 Kucera 在布朗大学建立的,是世界上第一个根据系统性原则采集样本的标准语料库,规模达到 100 万词。语料库内容选自 1961 年美国人撰写出版的普通语体的文本,有 15 种题材,共 500 个样本,每个样本不少于 2000 词。

2. 朗文语料库(Longman corpus)

朗文语料库是由朗文语料库委员会在 1981 年 1 月~1990 年 11 月完成的,其设计原则如下。
① 尊重本族语言者的直觉和语料库权威。
② 向研究人员提供语料。
③ 书面语。
语料库的知识性文本占 60%,想象性文本占 40%。语料库覆盖 10 个分布广泛的领域,包括自然和纯科学、应用科学、社会科学、世界事务等。语料库规模达 2800 万词。

3. ACL/DCI 语料库

ACL/DCI 语料库由 Liberman 主持,美国计算语言学会(The Association for

Computational Linguistics, ACL)倡议发起的采用统一语言描述的语料库项目,收集语料范围非常广泛,包括华尔街日报、Collins 英语词典、Brown 语料库[1]、Pennsylvania 大学开发的树库,以及一些双语和多语文本等。

4. 宾夕法尼亚大学(UPenn)树库

UPenn 树库由美国宾夕法尼亚大学 Marcus 教授主持,1993 年完成约 300 万词次英语句子的语法结构标注。2000 年,通过语言数据联盟发布的中文句法树库由 2400 个文本文件构成,包含 4500 个句子、110 万个词、165 万个汉字。该语料库的标记树有如下形式。

句子:这座楼十八英尺。

标记树:(IP(NP-SBJ(DP(DT 这)

(CLP(M 座)))

(NP(NN 楼)))

(VP(QP-PRD(CD 十八)

(CLP(M 英尺))))

(PU。))

5. 布拉格(Prague)依存树库

Prague 依存树库(Prague depandency treebank, PDT)[2]是由捷克 Charles 大学数学物理学院形式与应用语言学研究所组织开发的语料库,目前已经建成三个语料库,即捷克语依存树库、捷克语-英语依存树库和阿拉伯语依存树库。

PDT 包含三个层次。

① 形态层。PDT 的最底层,包含全部的形态信息。

② 分析层。PDT 的中间层,主要是依存关系中的表层句法信息标注。

③ 深层语法层。PDT 的最高层,表达句子的深层句法结构。

6. 现代汉语语料库

现代汉语语料库[3]是由国家语言文字工作委员会(本书称国家语委)完成的分词与词性标注语料库。该语料库收集的语料选材类别广泛、时间跨度大,是一种大规模的平衡语料库,由 9487 个篇章构成的,包含 12 842 116 个词、19 455 328

---

① http://icame.uib.no/brown/bcm.html

② http://www.elsnet.org/nps/0040.html

③ http://www.cncorpus.org

个字符。其采用的词类标记及名称如表 5-1 所示。

表 5-1 现代汉语语料库采用的词类标记及名称

标记	名称	标记	名称	标记	名称
n	普通名词	vl	联系动词	i	习用词
nt	时间名词	vu	能原动词	j	缩略语
nd	方位名词	a	形容词	h	前接成分
nl	处所名词	f	区别词	k	后接成分
nh	人名	m	数词	g	语素字
nhf	姓	q	量词	x	非语素字
nhs	名	d	副词	w	标点符号
ns	地名	r	代词	ws	非汉字字符串
nn	族名	p	介词	wu	其他位置符号
ni	机构名	c	连词		
nz	其他专名	u	助词		
v	动词	e	叹词		
vd	趋向动词	o	拟声词		

7. 中国传媒大学媒体语言语料库

中国传媒大学媒体语言语料库①是一个开放、免费使用的语料库，由中国传媒大学、国家语言资源监测与研究有声媒体中心开发。该语料库 2003 年开始建设，2005 年上线，其后不断扩大语料规模，一直为研究者提供免费服务。为方便使用，2016 年语料库进行了第三次改版。该语料库包括 2008～2013 年的 34 039 个广播、电视节目的转写文本，总字符数为 241 316 530，200 071 896 字次。所有文本都进行了分词和词性标注，共计 135 767 884 词次。为保证语料的典型性和代表性，每年都尽可能选择那些流通度大、年度间又有一定连续性的节目文本。为便于研究者做 6 年间的历时语言调查，各年度的语料规模尽可能平衡。各年度语料规模如表 5-2 所示。

---

① http://ling.cuc.edu.cn/RawPub

表 5-2　　2008～2013 年各年度语料规模

年份	字符数	汉字数	文本数
2008	41 915 047	34 344 273	5731
2009	41 619 011	34 507 007	5781
2010	41 599 408	34 300 968	4359
2011	38 225 239	31 957 770	5509
2012	39 078 827	32 602 491	6593
2013	38 878 998	32 359 387	6066

8. BTEC 口语语料

BTEC 口语语料是由 16.2 万句的英语、日语、德语、汉语、韩语、意大利语等语言对照口语语料库。该语料是目前国际上语言种类最多的多语对照口语语料库,于 2004 年 10 月首次应用于国际语音翻译先进研究联盟(Consortium for Speech Translation Advanced Research, C-STAR[①])组织的国际口语翻译评估研讨会。中、日、韩三国在 C-STAR 国际合作的框架下,于 2004 年 3 月在韩国联合签署了 CJK 口语翻译研究合作协议,各自拥有 35 万句英、汉、日、韩四国语言对照的口语语料库。

5.4　藏语语料库建设中存在的问题

通过前面的介绍可知,语料库承载的语言知识的性质不同,不同的语料库一般适应不同的应用领域。为了不同的应用目标,语料库一般需要不同层次的加工,因此要建设好一个语料库需要考虑语料的收集问题、语料的加工问题和语料的应用问题。其中,收集语料的时候需要考虑收集语料的途径、语料的数据格式、语料的规模、语料的选取标准、语料中各类文本的比例等;加工语料的时候需要考虑分词规范、标注(词性、句法、语义和语篇)规范等。

由于藏语本身的特点和藏文信息处理研究历史的原因,藏语语料库的建设与其他语言语料库的建设相比,存在一些特殊问题[18]。这些问题在很多方面制约着藏语语料库技术的发展,相信不久的将来会诞生一个很好的藏语语料库。下面探讨藏语语料库建设中表现尤为突出的两个问题。

1. 藏文计算机编码问题

(1) 编码转换问题

目前,自定义的藏文编码向基于 Unicode 的国际标注和国家标注编码过渡,

---

① http://www.c-star.org

基本实现了统一。然而，由于历史原因，自定义编码的藏文软件在藏文出版印刷、藏文网站建设等方面的广泛应用，已经形成一批数量可观的语料库。这些已有的藏语生语料库按编码的不同可以分为北大方正语料库、华光语料库、桑布扎语料库、同元语料库、班智达语料库、藏文编码字符扩充集语料库、拉丁转写语料库、Unicode 语料库等 12 种不同编码的语料库。将以上编码的语料库统一到同一编码的语料库就是一个很大的问题。

针对这个问题，中国科学院软件研究所开发了一种藏文编码转换软件，即藏码通[①]，基本实现了各类编码之间的相互转换，但仍然存在不少问题。

(2) 同字不同码的问题

GB 16959—1997《信息技术 信息交换用藏文编码字符集 基本集》国家标注、ISO/IEC 10646《信息交换用藏文编码字符集》国际标注和 Unicode《信息交换用藏文编码字符集》等只对藏文字母、梵文字母、组合用字符和基本符号编码，藏文纵向拼写结果和梵文的藏文转写字由藏文字母、梵文字母和元音字符等动态组合生成。

使用基本集的藏文编码进行输入输出时，具有严格的声明，即本标准编码字符集中的图形字符，无论是否由多个图形组成的图形字符，应该认为是一个不可分割的整体，就如同它们在编码字符集中出现的那样，不能用其他字符编码序列编码。但是，由于使用者未按照本标准进行输入，现有的藏文电子文档中存在大量的同字不同码的藏文字，如表 5-3 所示。

表 5-3 藏文同字不同码

藏文字	编码 1	编码 2
	0F43	0F42+0FB7
	0C5C	0F5B+0FB7
	0F4D	0F4C+0FB7
	0F52	0F51+0FB7
	0F57	0F56+0FB7
	0F69	0F40+0FB5
	0F73	0F71+0F72
	0F75	0F71+0F74
	0F76	0FB2+0F80
	0F77	0F71+0FB2+0F80
	0F78	0FB3+0F80
	0F79	0F71+0FB2+0F80
	0F0E	0F0D+0F0D

① http://www.tibetannlp.cn/tip/dyncol/fileitem/3/

2. 语料库建设的规范问题

(1) 分词及标注规范问题

分词及标注规范问题是语料库建设的关键问题之一。如果没有公认、统一的分词及标注规范，那么语料库的建设和共享必然受到严重制约。目前，研究藏语自然语言处理的各大院校和机构都有各自的分词及标注规范。这个问题一直制约着藏语语料库的建设和共享。

(2) 译文规范问题

随着计算机技术的不断发展和网络的普及，国内出现近百个藏文网站，使藏语语料的收集途径由原始的人工方式转向机械方式，使各种类型的数字化语言材料比以往任何时候都更容易获得。然而，从各大网站获取的语料，尤其是新闻语料存在一个很严重的译文规范问题。统计发现，汉族人名、外国人名、商品名、科技名等的藏译没有统一标准，同一名词往往有多种结果。

总之，藏语语料库技术既是藏语自然语言处理研究的内容和相关方法实现的基础，又需要其他相关技术的支持。规范、公开、合作、合法的语料库建设方式和数据与算法同步研究的发展模式，才是藏语语料库技术快速、良性发展的必然之路。通过本书后续章节的讨论，读者将看到，基于统计的方法，在语料库的基础上可以有效地解决藏语自然语言处理研究中遇到的众多实际问题，进一步丰富和加深对语料库的认识。

第 6 章 藏文信息熵

藏文是一种辅音音素拼音文字，即一种在文字体系中以辅音为主要成分的音素拼音文字。现代藏文有 30 个辅音字母和 4 个元音字符，同时使用 5 个反写字母和 5 个并体字母等，藏文辅音字母和元音拼写构成藏文字，多个藏文字构成藏语词语，多个词语构成藏语句子。因此，研究藏文信息熵时，既要研究藏文字符的信息熵，也要研究藏文字的信息熵，还要研究藏语词语的信息熵。

6.1 概 述

国内外许多学者已经研究并估测了多种文字的信息熵。例如，印欧语系语言方面，英文的信息熵为 4.03bit，法文为 3.98bit，德文为 4.10bit，西班牙文为 4.01bit，俄文为 4.35bit 等。这些语言使用都是拼音文字，信息熵相差不大。

汉文方面，冯志伟利用逐渐扩大汉字容量的方法，并应用齐普夫定律核算，首次给出汉字的信息熵，即 9.65bit[19]；吴军等介绍了一种估测信息熵的方法，并通过对大量语料的统计，给出汉语信息熵的一个上界，即 5.17bit[20]；黄萱菁等在大规模语料的基础上，利用语言模型中稀疏事件的概率估计方法，对汉语的熵进行计算，所求的零阶熵、一阶熵和二阶熵分别为 9.62bit、6.18bit 和 4.89bit[21]；孙帆等通过两种统计方法，估计了汉字的极限熵为 5.31bit[22]。

藏文方面，江荻对 20 余万(音节)字的藏文语料进行了小规模信息熵估算，计算以字符为统计单位的藏文一阶熵、二阶熵和多余度，其值分别为 3.9913bit、1.2531bit 和 0.766bit[23]；严海林等从《大藏经》部分文献中抽取 4 千万字符作为文本数据进行了熵值计算，得出以藏文字丁(字丁数 768 个)为统计单位的零阶熵、一阶熵、二阶熵、三阶熵和冗余度等的值分别为 9.59bit、4.80bit、3.12bit、2.70bit 和 0.72bit[24]；王维兰等以藏文字丁(字丁数 521 个)为单位，将藏文音节分为四类，即单字丁音节、双字丁音节、三字丁音节和四字丁音节，并计算了各类字丁音节的熵值(相对熵值和绝对熵值)，其值分别为字丁(5.88bit 和 5.88bit)、单字丁音节(5.72bit 和 2.22bit)、双字丁音节(8.07bit 和 4.38bit)、三字丁音节(8.02bit 和 2.07bit)和四字丁音节(5.72bit 和 0.20bit)[25]。

本书通过对涵盖藏文新闻、法律、现代公文、现代文学、藏医药和部分宗教文献等共 300 多万字的大规模藏语单语语料进行统计，计算以藏文字符为统计单位和以藏文字为统计单位等的信息熵。

6.2　藏文字符的信息熵

根据 GB 16959—1997《信息技术　信息交换用藏文编码字符集　基本集》国家标准和国际标准 ISO/IEC 10646[①]，藏文字符共有 169 种。统计发现，现代藏文书面语常用的有 30 个辅音字母、5 个反写字母、5 个并体字母、5 个元音字符、1 个分字符、4 个分句符、1 对云头符、1 对括号符，以及 10 个数字符号等 64 个藏文字符[26]。为了便于计算以藏文字符为统计单位的藏文信息熵，我们对藏文字符作了定义。

藏文 30 个辅音字母和 5 个反写字母均可作基字，30 个辅音字母中的 5 个辅音字母可以作为前加字使用；10 个辅音字母可以作为后加字使用；2 个辅音字母可以作为再后加字使用；3 个辅音字母可以作为上加字使用；4 个辅音字母可以作为下加字使用。换言之，藏文中并没有独立的前加字、后加字、再后加字、上加字和下加字，它们都是从 30 个辅音字母中派生出来的。因此，在以字符为单位统计的藏文信息熵估测中，我们将前加字、后加字、再后加字、上加字和下加字等不作为独立的单位进行统计。

经过对藏语单语语料的统计和计算，可以获得各个藏文字符在统计语料中累计出现的次数和频率，如表 6-1 所示。

表 6-1　藏文字符在语料中累计出现的次数及频率

藏文字符	名称	语料中累计出现的次数	频率/%	藏文字符	名称	语料中累计出现的次数	频率/%	藏文字符	名称	语料中累计出现的次数	频率/%	藏文字符	名称	语料中累计出现的次数	频率/%
࿄	云头符	20	0.0000045	ཀ		191844	0.011			1367	0.0003	ཧ	并体字母	3	0.0000005
		20	0.0000045			18876	0.005			28226	0.007			8	0.000001
	蛇形垂符	953	0.00023	ང		191844	0.046			11941	0.003			208670	0.05
	分字符	1064960	0.26	ཅ	辅音字母	145990	0.035		辅音字母	95787	0.023		元音字符	120633	0.03
	单垂符	124013	0.0295	ཆ		26845	0.006			184518	0.044			130132	0.03

① http://www.unicode.org/charts/PDF/U0F00.pdf

续表

藏文字符	名称	语料中累计出现的次数	频率/%	藏文字符	名称	语料中累计出现的次数	频率/%	藏文字符	名称	语料中累计出现的次数	频率/%	藏文字符	名称	语料中累计出现的次数	频率/%
	双垂符	54	0.000012			29388	0.007			197680	0.047			162861	0.04
	聚宝垂符	671	0.00016			12245	0.003			103328	0.025			1485	0.0006
		204	0.000049			22061	0.005			18647	0.004				
		490	0.00012			48848	0.012			285832	0.07				
		284	0.000068			18611	0.004			4934	0.001				
		159	0.000038			227600	0.054			1293	0.0003				
	数字符号	183	0.000044			150764	0.036			85	0.00002				
		150	0.000036			129394	0.031		反写字母	0	0				
		167	0.00004			26892	0.006			95	0.00002				
		144	0.000034			177506	0.042			153	0.00004				
		137	0.000033			136491	0.033			75	0.00002				
		163	0.000039			10231	0.002			5	0.0000007				
	括号符	374	0.00009			17772	0.004		并体字母	0	0				
		374	0.00009			7782	0.002			0	0				

可以看出，藏文字符中频率最高的是分字符，对包含在一个藏文字符中熵的影响最大；藏文字符中频率较高的是 10 个后加字和 4 个元音字符，对一个藏文字符所含的平均信息量的影响比较大；藏文字符中出现频率较低的是 5 个反写字母和 5 个并体字母，对一个藏文字符所含的平均信息量的影响比较小。

如果我们把现代藏语书面语的组成符号看成上述这些字符，那么这些字符在藏语书面语中的出现是离散随机的。于是，通过式(2-32)可以计算以字符为统计单位的藏文零阶熵、一阶熵、二阶熵和三阶熵，如表 6-2 所示。

表 6-2　不同语料规模下以字符为统计单位的藏文信息熵

语料规模熵	1 个字	10M/bit	20M/bit	30M/bit	40M/bit	50M/bit
零阶熵	0	4.40	4.38	4.39	4.40	4.40
一阶熵	0	3.08	3.07	3.11	3.13	3.15
二阶熵	0	2.34	2.35	2.44	2.46	2.43
三阶熵	0	1.93	1.97	2.09	2.08	1.96

由表 6-2 可以得出以下结论。

① 随着语料规模的增大，藏文字符的零阶熵趋于稳定，等于 4.40bit，与印欧语系语言的信息熵比较接近，这就说明藏文具有拼音文字的属性。

② 随着阶数的增大，藏文字符的信息熵越来越小，这种变化差异与英语等印欧语系语言有很大的区别，这就反映了藏文字符之间具有极强的依赖性。例如，藏文字符 ང 后面接 ཀ、ཆ、ཇ、ཉ、ཏ、ད、ན、ཙ、ཚ、ཛ、ཝ、ཞ、ཤ 等藏文字符的概率等于零，而 ཀ 后面接 ག、ང、ད、ན、བ、མ、འ、ར、ལ、ཤ 等藏文字符的概率几乎等于 1。

③ 以藏文字符为离散随机变量构成的信源的冗余度为

$$E = \frac{H_{\max} - H_3}{H_{\max}}$$

$$= \frac{6 - 1.96}{6}$$

$$= 0.6733$$

显然，藏文字符信源有 67% 的冗余度。这就意味着，有 67% 的藏文字符不是用来传递信息的，而是用来保证符合藏文拼写文法规则及有关藏语语法规律的，只有 33% 的字符才是用来传递信息的。事实上，这也正是藏文音节字结构特征在文字上的反映。

由此可见，信源符号之间的依赖性越强，信息熵越小，信源的冗余度越大。

6.3　藏文字的信息熵

藏文字是由多个藏文字符按照藏文拼写文法构成的。一个藏文字最少由一个字符构成，最多由七个字符构成。为了便于计算以藏文字为统计单位的藏文信息熵，我们对藏文字作了定义，见 7.1.1 节。

经过对藏语单语语料的统计和计算，可以获得不同藏文字和不同长度的藏文字在语料中累计出现的次数和频率，如表 6-3 和表 6-4 所示(仅列出出现频率较高的部分藏文字)。

表 6-3　部分藏文字在语料中累计出现的次数和频率

藏文字符	语料中累计出现的次数	频率/%	藏文字符	语料中累计出现的次数	频率/%	藏文字符	语料中累计出现的次数	频率/%
ཀྱི	22816	0.0128	ལ	132875	0.0744	ཟ	36071	0.0202
ཀྱིས	6165	0.0035	ནས	38619	0.0216	འ	6485	0.0036
གང	7742	0.0043	སྒ	10125	0.0057	ཡང	15526	0.0087
གཞུང	6599	0.0037	ཤ	19810	0.0111	ཤ	33623	0.0188

续表

藏文字符	语料中累计出现的次数	频率/%	藏文字符	语料中累计出现的次数	频率/%	藏文字符	语料中累计出现的次数	频率/%
ཀ	9490	0.0053	ཌ	6839	0.0038	ཟླ	23043	0.0129
ཁ	8752	0.0049	ཌར	14364	0.0080	ཧྡ	9490	0.0053
ཆཆ	6058	0.0034	བ	48488	0.0272	རབ	8379	0.0047
ཆས	9179	0.0051	བཞིན	10367	0.0058	རོལ	7258	0.0041
ཅེ	22044	0.0123	བར	13530	0.0076	ནན	8078	0.0045
ཇ	10958	0.0061	ཐ	8399	0.0047	ཅནན	9584	0.0054
ཉ	11532	0.0065	ཐོ	6398	0.0036	ཁ	34541	0.0193
དག	17131	0.0096	ཏུ	19345	0.0108	ལགས	10235	0.0057
དང	51649	0.0289	ཐེར	10771	0.0060	ལྷ	7121	0.0040
ད	18668	0.0105	མ	26850	0.0150	ཤ	6262	0.0035
དེ	40909	0.0229	མི	17879	0.0100	ཤེ	10468	0.0059
དོ	7019	0.0039	མེ	18557	0.0104	ཧ	10263	0.0057
ན	21538	0.0121	མེད	15467	0.0087	ཀཤས	10661	0.0060
ནས	9502	0.0053	འཇུག	8502	0.0048			
ནི	22731	0.0127	འདི	10959	0.0061			

表 6-4　不同长度的藏文字在语料中累计出现的次数和频率

字长	字数	语料中累计出现的次数	频率/%
1	36	288670	0.1617
2	497	627467	0.3514
3	1534	492186	0.2757
4	1616	285508	0.1599
5	736	85739	0.0480
6	147	5298	0.0030
7	16	504	0.0003

从两个表中可以得出以下结论。

① 统计语料中 བ 字的出现频率最高。当然这取决于用什么语料，它对包含在一个藏文字中熵的影响最大。

② 统计语料中出现频率最高的是长度为 2 的字，覆盖统计语料的 35%，它们对包含在一个藏文字中熵的影响最大。

③ 统计语料中长度为 1、3、4 和 5 等的出现频率较高，覆盖统计语料的 64%，它们对包含在一个藏文字中熵的影响比较大；长度为 6 和 7 等的出现频率较低，覆盖统计语料的 0.3%，它们对包含在一个藏文字中熵的影响较小。

④ 藏文字的长度对包含在一个藏文字中熵的影响符合藏文拼写文法，因为构成一个藏文字的字符越多拼写文法的限制就越大，信息熵越小。例如，30 个藏文辅音字母(基字)后面可以拼写任意的后加字，而后加字后面拼写再后加字就会受到后加字的限制，基字前面拼写前加字就会受到基字的限制等。

如果把构成藏语书面语的符号看成藏文字，那么藏语书面语中出现的藏文字具有离散随机性，而且藏语书面语是由藏文字这个离散随机变量构成的离散型随机信源。因此，通过式(2-32)可以计算以字为统计单位的藏文零阶熵、一阶熵、二阶熵和三阶熵，如表 6-5 所示。

表 6-5　不同语料规模下以字为统计单位的藏文信息熵

语料规模熵	1bit	4122bit	4654bit	5376bit	5677bit	6065bit
零阶熵	0	8.28	8.21	8.49	8.63	8.74
一阶熵	0	5.04	5.22	5.62	5.70	5.86
二阶熵	0	2.83	3.22	3.47	3.58	3.65
三阶熵	0	1.57	1.88	1.95	2.06	2.05

从表 6-5 可以得出以下结论。

① 各阶熵都随着语料规模的逐渐增大而增大，但是语料规模越大，熵值增大的范围越小，有趋于稳定的趋势。

② 随着阶数的升高，得到的熵值逐渐下降。这说明，考虑上下文的影响越充分，计算结果就越逼近真正的极限熵值，即包含在一个藏文字中的真实信息量。

③ 藏文字的零阶熵比较接近同属一个语系汉语的零阶熵，但是随着阶数的升高，两种语言熵值之间的差别越来越大。这说明，藏语具有严密的构词规律和语法规律。例如，表示季节的词 དགུན་ཀ 的组合概率是 1，而 དགུན་ཁ 的组合概率是 0；人称代词 ཁོ 后面出现格助词 ཡི 或 ཡིས 的概率几乎是 1，而出现格助词 གི 或 གིས 的概率为 0。

由此可见，条件熵是语言信息结构化的体现，反映语言的结构对语言信息的制约性。极限熵的概念，科学地把语言结构的这种制约性反映在语言符号的熵值中，对于藏文信息技术的研究具有重要的意义。

6.4 藏语语言模型及其困惑度

语言模型(language model, LM)是单词序列的概率分布，可以评价藏语说话人使用某个单词序列的可能性。在统计自然语言处理中占有重要地位，构造统计语言模型是计算语言学、自然语言处理研究的核心内容，广泛地应用在基于统计模型的语音识别、文字识别、文本校对、自动分词、句法分析和机器翻译等领域[27]。

语言模型是对自然语言的近似描述，也就是表示语言基本单位(字符、字、词、词组、句子等)的分布函数。它描述该语言的基于统计的生成规则。目前，最简单有效的是 N 元文法(N-gram)模型。本节将结合藏语自然语言介绍 N 元和几种常用的数据平滑方法。

6.4.1 N 元文法模型

一般来说，任何一种自然语言的基本单位(基本单位可以为字符、字、词或词组等，为了表述方便，以后我们只用词来通指)的量都非常大，而且句法很复杂，构成的句子数目也非常巨大，要表示出所有句子的概率是不大可能的。因此，语言模型的实质就是句子的概率分解为各个词条件概率的乘积。例如，由 n 个词构成的藏语句子 $s=w_1w_2\cdots w_n$，其概率计算公式为

$$p(s) = p(w_1)p(w_2|w_1)p(w_3|w_1w_2)\cdots p(w_n|w_1w_2\cdots w_{n-1})$$
$$= \prod_{i=1}^{n} p(w_i \mid w_1\cdots w_{i-1}) \tag{6-1}$$

其中，出现第 $i(1\leqslant i\leqslant n)$ 个单词 w_i 的概率由它前面出现的第 $i-1$ 个单词 $w_1\cdots w_{i-1}$ 决定。

因此，我们把第 $i-1$ 个单词称为第 i 个单词的上下文(或历史)。

假设构成藏语语言的单词的集合为 $Y = \{w_1, w_2, \cdots, w_N\}$，所有构成上下文的单词的集合为 $X = \{w_1, w_2, \cdots\}$，则藏语语言的模型就是要给出语言中每个单词对于各种上下文组合的条件概率，即 $p(y|x)$，$x \in X$，$y \in Y$。然而，在这种计算方法中，随着集合 X 的增大，各种上下文组合的数目按指数级增长，这使我们几乎不可能从训练语料中正确地估计 $p(y|x)$。实际上，绝大多数 x 根本就不可能在训练语料中出现。因此，为了解决这个问题，1980 年提出 N-gram 模型，它采用马尔可夫假设[28]。通常情况下，N 的取值不能太大，在实际应用中 $N=3$ 的情况比较多。当 $N=1$，即出现第 i 个单词 w_i 的概率独立于上下文时，一元文法记作 Unigram；当

$N=2$，即出现第 i 个单词 w_i 的概率仅仅与它前面的一个单词 w_{i-1} 有关时，二元文法模型称为一阶马尔可夫链，记作 Bigram；当 $N=3$，即出现第 i 个单词 w_i 的概率仅与它前面的两个词 $w_{i-2}w_{i-1}$ 有关时，三元文法模型称为二阶马尔可夫链，记作 Trigram。

以二元文法模型为例，我们将式(6-1)写为

$$p(s)=\prod_{i=1}^{n}p\left(w_i|w_1w_2\cdots w_{i-1}\right)$$

$$\approx \prod_{i=1}^{2}p\left(w_i|w_{i-1}\right) \tag{6-2}$$

为了使 $p\left(w_i|w_{i-1}\right)$ 对于 $i=1$ 有意义且所有单词的概率之和 $\sum_s p(s)=1$，在句首和句尾分别加上标记<BOS>和<EOS>。例如，要计算概率 $p(ཀླུ་ས་སྐྱེད)$，可以这样计算。

① 如果以字符为语言基本单位，那么

$$p(ཀླུ་ས་སྐྱེད)=p(ཀ|<\mathrm{BOS}>)\times p(ྐ|ཀ)\times p(·|ྐ)\times p(ས|·)\times p(·|ས)$$
$$\times p(ས|·)\times p(ྐ|ས)\times p(ྱ|ྐ)\times p(ེ|ྱ)\times p(ད|ེ)$$
$$\times p(<\mathrm{EOS}>|ད)$$

② 如果以字为语言基本单位，那么

$$p(ཀླུ་ས་སྐྱེད)=p(ཀླུ|<\mathrm{BOS}>)\times p(ས|ཀླུ)\times p(སྐྱེད|ས)\times p(<\mathrm{EOS}>|སྐྱེད)$$

③ 如果以单词为语言基本单位，那么

$$p(ཀླུ་ས་སྐྱེད)=p(ཀླུ་ས|<\mathrm{BOS}>)\times p(སྐྱེད|ཀླུ་ས)\times p(<\mathrm{EOS}>|སྐྱེད)$$

$p\left(w_i|w_{i-1}\right)$ 可以用式(6-3)进行估计，即

$$p\left(w_i|w_{i-1}\right)=\frac{c(w_{i-1},w_i)}{c(w_{i-1})} \tag{6-3}$$

其中，$c\left(w_{i-1}w_i\right)$ 表示二元文法 $w_{i-1}w_i$ 在训练语料中的共现次数；$c\left(w_{i-1}\right)$ 表示单词 w_{i-1} 在训练语料中出现的总数。

为了使式(6-2)对 $n>2$ 成立，可以改写为

$$p(s)=\prod_{i=1}^{n+1}p\left(w_i|w_{i-n+1}^{i-1}\right) \tag{6-4}$$

其中，w_{i-n+1}^{i-1} 是第 i 个单词 w_i 的上下文。

估计概率 $p\left(w_i|w_{i-n+1}^{i-1}\right)$ 的方法与式(6-3)一样，可以采用最大似然估计法。

例 6.1 假设训练语料由如下 7 个句子构成，{ དབྱངས་ཅན་ གྱིས་ མེ་ཏོ་ཆེ་སྐྱེད་ ལ་ ཉན། ，དབྱངས་ཅན་ གྱིས་ དབྲུག་ཡིག་ གི་ དཔེ་ཆ་ ཉོས། ， ཚེ་རིང་ གིས་ མེ་ཏོ་ཆེ་སྐྱེད་ གི་ དཔེ་ཆ་ རྒྱ་ཡིག་ ཏུ་ བསྒྱུར། ， ཡོན་ཏན་ གྱིས་ ང་ ལ་ མེ་ཏོ་ཆེ་སྐྱེད་ བཤད། ，དབྱངས་ཅན་ གྱིས་ ཁོང་ གི་ ཀློས་འཁོར་ ཉོས་ ནས་ བཏང་། ， རྒྱན་དུ་ དཔེ་ཆ་ ལ་ བལྟ་ དགོས། ， དཔེ་ན་ ཞིག་ ཤོར། } ，则用最大似然估计的方法计算概率 $p($ དབྱངས་ཅན་ གྱིས་ མེ་ཏོ་ཆེ་སྐྱེད་ གི་ དཔེ་ཆ་ ཉོས། $)$。

解：根据式(6-3)，有

$$p(\text{དབྱངས་ཅན་}\,|<\text{BOS}>)=\frac{c(<\text{BOS}>,\text{དབྱངས་ཅན་})}{c(<\text{BOS}>)}=\frac{3}{4}=0.75$$

$$p(\text{གྱིས་}\,|\,\text{དབྱངས་ཅན་})=\frac{c(\text{དབྱངས་ཅན་},\text{གྱིས་})}{c(\text{དབྱངས་ཅན་})}=\frac{2}{3}\approx0.7$$

$$p(\text{མེ་ཏོ་ཆེ་སྐྱེད་}\,|\,\text{གྱིས་})=\frac{c(\text{གྱིས་},\text{མེ་ཏོ་ཆེ་སྐྱེད་})}{c(\text{གྱིས་})}=\frac{1}{3}\approx0.3$$

$$p(\text{གི་}\,|\,\text{མེ་ཏོ་ཆེ་སྐྱེད་})=\frac{c(\text{མེ་ཏོ་ཆེ་སྐྱེད་},\text{གི་})}{c(\text{མེ་ཏོ་ཆེ་སྐྱེད་})}=\frac{1}{3}\approx0.3$$

$$p(\text{དཔེ་ཆ་}\,|\,\text{གི་})=\frac{c(\text{གི་},\text{དཔེ་ཆ་})}{c(\text{གི་})}=\frac{2}{3}\approx0.7$$

$$p(\text{ཉོས་}\,|\,\text{དཔེ་ཆ་})=\frac{c(\text{དཔེ་ཆ་},\text{ཉོས་})}{c(\text{དཔེ་ཆ་})}=\frac{1}{3}\approx0.3$$

$$p(\text{།}\,|\,\text{ཉོས})=\frac{c(\text{ཉོས},\text{།})}{c(\text{ཉོས})}=\frac{1}{2}=0.5$$

$$p(<\text{EOS}>|\,\text{།})=\frac{c(\text{།},<\text{EOS}>)}{c(\text{།})}=\frac{7}{8}=0.87$$

因此

$$
\begin{aligned}
p(\text{དབྱངས་ཅན་ གྱིས་ མེ་ཏོ་ཆེ་སྐྱེད་ གི་ དཔེ་ཆ་ ཉོས །})&=p(\text{དབྱངས་ཅན་}|<\text{BOS}>)\times p(\text{གྱིས་}|\text{དབྱངས་ཅན་})\\
&\times p(\text{མེ་ཏོ་ཆེ་སྐྱེད་}|\text{གྱིས་})\times p(\text{གི་}|\text{མེ་ཏོ་ཆེ་སྐྱེད་})\\
&\times p(\text{དཔེ་ཆ་}|\text{གི་})\times p(\text{ཉོས་}|\text{དཔེ་ཆ་})\\
&\times p(\text{།}|\text{ཉོས})\times p(<\text{EOS}>|\text{།})\\
&=0.75\times0.7\times0.3\times0.3\times0.7\times0.3\times0.5\times0.87\\
&\approx0.0043
\end{aligned}
$$

6.4.2 困惑度

困惑度是评价一个语言模型最常用的度量。困惑度建立在交叉熵的基础上。根据式(2-39)，语言模型 P_{LM} 的交叉熵为

$$H\left(P_{\mathrm{LM}}\right)=-\frac{1}{n}\log P_{\mathrm{LM}}\left(w_1,w_2,\cdots,w_n\right)=-\frac{1}{n}\sum_{i=1}^{n}\log P_{\mathrm{LM}}\left(w_i\mid w_1,\cdots,w_{i-1}\right)$$

交叉熵是词汇概率取负对数后的平均值，它和语言模型的困惑度(PP)之间的关系为

$$\mathrm{PP}=2^{H(P_{\mathrm{LM}})} \tag{6-5}$$

表 6-6 给出了例 6.1 的基础上对训练语料中尚未出现过的句子困惑度计算的结果，其中例句为 དབངས་ཅན་ གྱིས་ མི་རོ་ཆེ་སྐྱང་ གི་ དཔེ་ཆ་ ཉོས།。语言模型为每个单词计算一个概率。词汇概率取负对数后的平均值就是交叉熵 $H\left(P_{\mathrm{LM}}\right)$，交叉熵的值代入式(6-5)就可以计算该句的困惑度。

表 6-6　　句子 དབངས་ཅན་ གྱིས་ མི་རོ་ཆེ་སྐྱང་ གི་ དཔེ་ཆ་ ཉོས།的困惑度

预测	P_{LM}	$-\log_2 P_{\mathrm{LM}}$	$\mathrm{PP}=2^{H(P_{\mathrm{LM}})}$
$p_{\mathrm{LM}}($ དབངས་ཅན་ $\mid <BOS>)$	0.75	0.41	
$p_{\mathrm{LM}}($ གྱིས་ $\mid$ དབངས་ཅན་ $)$	0.7	0.51	
$p_{\mathrm{LM}}($ མི་རོ་ཆེ་སྐྱང་ $\mid$ གྱིས་ $)$	0.3	1.73	
$p_{\mathrm{LM}}($ གི་ $\mid$ མི་རོ་ཆེ་སྐྱང་ $)$	0.3	1.73	1.95
$p_{\mathrm{LM}}($ དཔེ་ཆ་ $\mid$ གི་ $)$	0.7	0.51	
$p_{\mathrm{LM}}($ ཉོས་ $\mid$ དཔེ་ཆ་ $)$	0.3	1.73	
$p_{\mathrm{LM}}(\mid\mid$ ཉོས་ $)$	0.5	1	
$p_{\mathrm{LM}}(<\mathrm{EOS}>\mid\mid)$	0.87	0.2	
平均值	—	0.97	

评价语言模型时，困惑度关注的是对实际出现的词赋予多大概率[29,30]。一个好的藏语语言模型不会为不可能的藏语单词序列浪费任何概率量，而是为可能的词汇序列分配更多的概率，且大部分概率都会集中在出现可能性最大的序列上。

根据前面介绍的内容，我们以 300 万藏文字的语料为统计样本，建立以藏文字符为统计单位的 Unigram、Bigram、Trigram、4-gram 模型(以 C-M$_1$、C-M$_2$、C-M$_3$、C-M$_4$ 表示)和以藏文字为统计单位的 Unigram、Bigram、Trigram、4-gram 模型(以 S-M$_1$、S-M$_2$、S-M$_3$、S-M$_4$ 表示)，并应用建立的模型对藏语语言的信息熵和困惑度进行估计，得到不同藏语语言模型估算的藏语熵和困惑度，如表 6-7 所示。

表 6-7　不同藏语语言模型估算的藏语熵和困惑度

模型	C-M$_1$	C-M$_2$	C-M$_3$	C-M$_4$	S-M$_1$	S-M$_2$	S-M$_3$	S-M$_4$
藏语熵	4.40	3.15	2.43	1.96	8.74	5.86	3.64	2.05
困惑度	21.1	8.9	5.4	3.9	427.6	58.1	12.5	4.1

可以看出，在建立语言模型时，影响模型性能的因素包括建模单元和模型阶数。在建模单元相同的情况下，高阶模型的性能优于低阶模型。不同的模型对语言的近似程度或描述的精确程度是不同的，估算的熵或困惑度越小，表明模型的描述不确定性越小，约束力越强，对语言的刻画越准确。

6.4.3　数据平滑

对式(6-3)而言，如果二元文法的同现次数 $c(w_{i-1}w_i)=0$，或者 $c(w_{i-1}w_i)$ 和 $c(w_{i-1})$ 都只出现一次，那么是否意味着条件概率 $p(w_i|w_{i-1})=0$，或者 $p(w_i|w_{i-1})=1$ 呢？这就涉及统计的可靠性问题了。在实际应用中，统计语言模型的零概率问题是无法回避的，必须解决。

平滑技术就是用来解决这种零概率问题的，是语言模型中的核心问题。本节简要介绍古德-图灵(Good-Turing)估计法和 Katz 平滑方法两种。

1. 古德-图灵估计法

这种方法是 1953 年由 Good 和 Turing 提出的一种不可信的统计数据打折扣的概率估计方法。其基本原理是对于没有看见的事件，不能认为它发生的概率就是零[31]。因此，我们从概率的总量中，分配一个很小的比例给这些没有看见的事件。

假设在训练数据中出现 r 次的词有 N_r 个，训练数据的大小为 N，那么当 r 小于某个阈值时，用一个更小点的次数 d_r，即

$$d_r = (r+1)\frac{N_{r+1}}{N_r} \tag{6-6}$$

这样出现 r 次的词的概率估计为

$$p_r = \frac{d_r}{N} \tag{6-7}$$

其中，$N = \sum_r d_r N_r$。

在这个方法中，对于超过 r 的词，其概率就用式(6-3)估计，而对于小于 r 的词，它们的概率就用式(6-7)进行估计。对于未出现的词，赋予很小的概率值。这样所有词汇的概率估计都很平滑了。

例如，我们对 300 多万字的藏语单语语料进行统计后，得到 6065 个不同藏文

字。因此，理论上存在的二元文法数量为 $6065^2=36\ 784\ 225$，但在实际语料中大部分(准确数据是 $N_0=36\ 772\ 030$)都没有出现，语料中出现一次的二元文法数量为 $N_1=151\ 290$。根据式(6-6)可以得到语料中尚未出现过的二元文法的计数为

$$d_0 = (0+1)\frac{N_{0+1}}{N_0} = \frac{151290}{36772030} = 0.0041$$

这个结果与实际期望计数0.0042非常接近。其他修改后的计数也都非常接近，如表 6-8 所示。

表 6-8　调整计数 d_r、测试计数 d 和概率 p_r

出现次数 r	出现 r 次的 n 元文法数目 N_r	调整后的计数 d_r	测试计数 d	概率 p_r
0	36 772 030	0.0041	0.0042	1.28×10^{-8}
1	151 290	0.4924	0.4921	1.53×10^{-6}
2	37 251	0.8884	0.8875	2.77×10^{-6}
3	11 032	1.7150	1.7067	5.36×10^{-6}
4	4 730	2.6575	2.6354	8.31×10^{-6}
5	2 514	3.6539	3.5912	1.14×10^{-5}
6	1 531	4.0646	4.0573	1.27×10^{-5}
7	889	5.7682	5.7571	1.80×10^{-5}
8	571	6.6199	6.6236	2.07×10^{-5}
9	420	7.3571	7.2814	2.30×10^{-5}
10	309	8.2154	8.1635	2.56×10^{-5}

可以看出，古德-图灵平滑赋予了未见的 n 元文法正确的调整计数，从而对未见的 n 元文法分配给了很小的概率值，可以解决零概率问题。

需要说明的是，根据齐普夫定律，r 越大，N_r 越小。当 $N_r = 0$ 时，这种方法的平滑效果不太好。

2. Katz 平滑方法

Katz 平滑方法也叫卡茨后备(Katz backoff)平滑方法，最早由 IBM 科学家卡茨提出的，扩展了 Good-Turing 估计法[32]。

对于二元文法 $w_{i-1}w_i$ 的条件概率 $p(w_i|w_{i-1})$ 估计的时候，所有可能情况的条件概率之和等于 1，即

$$\sum_{i=1}^{N}p(w_i|w_{i-1})=1 \tag{6-8}$$

如果二元文法 $w_{i-1}w_i$ 在语料数据中共现的次数非常少，那么需要用古德-图灵估计法进行打折扣，因此估计二元文法模型概率的公式为

$$p(w_i \mid w_{i-1}) = \begin{cases} \dfrac{c(w_{i-1}, w_i)}{c(w_{i-1})}, & c(w_{i-1}w_i) \geqslant T \\[3mm] \dfrac{d_r c(w_{i-1}, w_i)}{c(w_{i-1})}, & 0 < c(w_{i-1}w_i) < T \\[3mm] Q(w_{i-1}) \cdot f(w_i), & \text{其他} \end{cases} \tag{6-9}$$

其中，T 是一个阈值，当二元文法数量大于等于这个阈值的时候，运用最大似然估计方法估计其概率值；当二元文法数量小于这个阈值的时候，所有 r 的二元文法都根据折扣率 d_r 被减值，这个减值是由 Good-Turing 估计法预测的，从非零计数中减去的计数量根据低一价的分布，被分配给计数为零的二元文法；选择合适的 $Q(w_{i-1})$，使分布中总的计数 $\sum\limits_{w_i} c_{\text{katz}}(w_{i-1}, w_i)$ 保持不变，即 $\sum\limits_{w_i} c_{\text{katz}}(w_{i-1}, w_i) = \sum\limits_{w_i} c(w_{i-1}, w_i)$。

$Q(w_{i-1})$ 的适当值为

$$Q(w_{i-1}) = \frac{1 - \sum\limits_{c(w_{i-1}w_i)>0} p(w_i \mid w_{i-1})}{\sum\limits_{c(w_{i-1}w_i)=0} f(w_i)} \tag{6-10}$$

式(6-10)可以保证式(6-8)成立。

目前，语言模型中常用的平滑技术除了上述两种，还有加法平滑、Jelinek-Mercer 平滑、Witten-Bell 平滑、绝对减值平滑、Kneser-Ney 平滑和 Church-Gale 平滑，以及修正的 Kneser-Ney 平滑等，它们的原理大同小异，这里不再赘述。

6.5　藏文输入法的数学模型

藏文输入技术是藏文信息技术的关键技术之一。评判一种输入技术的一个重要标准就是看它能否实现快速输入。提高计算机藏文输入速度，无重码输入是一条重要途径。要实现计算机藏文无重码输入，就必须设计输入法无重码键盘键位布局。

目前，国内外已有很多藏文输入法问世，如同元、华光、北大方正、班智达、桑伯扎、藏大岗杰、阳光、央金玛、Monlam、Himalaya 等输入法。但每种输入法都有一定的缺陷，例如有些输入法不支持藏文编码国家标准、国际标准，有些输入法存在重码，有些输入法使用大量的上挡键键位，有些输入法采用组合键位等。由于藏文信息处理技术发展的历史原因，这些输入法从不同的角度可以分为如下三种。

① 按字符编码的角度来看,这些输入法可以分为两种:一种是基于国家标准、国际标准的输入法,另一种是基于其他编码的输入法。

② 按输入单位来看,这些输入法也可以分为两种:一种是按字输入的输入法,另一种是按词汇输入的输入法。

③ 按开发模式来看,这些输入法可以分为三种:一种是直接在应用层面开发的输入法,另一种是挂接在现有的英汉文 Windows 下的输入法,第三种是建立 keyboard layout 文件,将键码直接映射为藏文字符的输入法。

为了弥补这些缺陷,实现一种快速输入法,我们研究并设计了一种基于国家标准、国际标准的按字输入的输入法键盘键位布局。

目前,这种输入法有两种典型的输入方式,即 Himalaya 输入方式和藏文拉丁转写输入方式。那么如何评价这两种输入法的性能呢?我们引入信息熵的概念,并通过它计算输入一个藏文字所需的平均击键数。根据 6.3 节的内容可知,藏文字的零阶熵为

$$H_0 = 8.74\text{bit}$$

有了藏文信息熵,可以计算上述两种输入方式输入一个藏文字平均需要的击键数。

① 微软 Windows 操作系统提供的 Himalaya 输入方式,通过 keyboard layout 文件将键码直接映射为藏文字符,一个藏文字符对应一个键位,无重码,但在输入过程中存在大量的冗余码,即"死键"(m 键)。经过对 300 多万字的藏语语料进行统计和计算,得"死键"用了 126 万多次。因此,这种输入方式输入一个藏文字平均需要的击键数为

$$K_1 = \left(\frac{H}{\log_2 36} + k' \right) \approx 2.1$$

其中,36 为藏文字符对应的键盘键位数(不包括 10 个数字键位);k' 为所用"死键"的平均击键数,即 $k' = \frac{126万次}{320万} \approx 0.39$ 次键,输入一个藏文字平均敲了 0.39 次"死键"。

因此,这种输入方式输入一个藏文字平均需要敲 2.1 次键,效率低、强度大。

② 藏文拉丁转写输入方式,通过威利藏文转写方案,将藏文字符转写为 26 个英文字母,采用英文键盘布局,不易记、存在重码。因此,这种输入方式输入一个藏文字平均需要的击键数为

$$K_2 = \frac{H}{\log_2 26} \approx 1.8$$

其中,26 为键盘键位数,对应 52 个藏文字符(不包括 10 个数字符号)。

因此，这个结果中还没有考虑重码的影响，而且用了大量键盘上挡键键位，大大降低了输入效率。

设计一种计算机藏文键盘键位布局时，要是能够为每一个藏文字符都安排独立的下挡键键位，当然任何一个键码序列必定唯一地对应一个藏文字，从而实现藏文的无重码快速输入。但是，通用键盘只有 47 个下挡键键位，而实际需要超过 47 个下挡键键位，这就需使几个下挡键键位分别对应两个藏文字符，而在输入过程中又不产生二义性。那么，如何设计一种计算机无重码藏文键盘键位布局呢？我们通过深入研究和分析藏文拼写文法，推导出计算机藏文键盘键位布局规则及方法。

1. 键盘键位布局规则

定义 6.1 (二义性)　在计算机键盘输入中，按照某种键盘布局和编码方式，如果存在某个键盘输入序列，可能映射输入(或解释输入)多个文字，则称该键盘输入序列具有二义性。

规则 6.1　在计算机藏文键盘输入中，如果任何藏文上加字与任意藏文基字共用键盘键位，则输入会产生二义性。

证明：(反证法)假设存在某个上加字 x 与基字 y 共用键位 k_i，且不产生输入二义性。根据第 7 章藏文拼写文法 7.15 可知，任意一个辅音字母均可作基字并与后加字拼写。如果用户连续击键序列为 $k_i k_j$，可以解释 k_i 为基字，k_j 为后加字，从而击键序列 $k_i k_j$ 解释为基字与后加字的拼写；也可以解释 k_i 为上加字，k_j 为基字，从而击键序列为 $k_i k_j$ 解释为上加字与基字的拼写。因此，产生了二义性。如果上加字与任意一个基字共用键盘键位，则输入时会产生二义性。

规则 6.2　在计算机藏文键盘输入中，如果任何藏文下加字与后加字共用键位，则输入会产生二义性。

证明：(反证法)假设存在某个下加字 x 与后加字 y 共用键位 k_j，且不会产生输入二义性。根据藏文拼写文法 7.15 可知，任意一个辅音字母均可作基字并与后加字拼写。如果用户连续击键序列为 $k_i k_j$，可以解释 k_i 为基字，k_j 为后加字，从而击键序列 $k_i k_j$ 解释为基字与后加字的拼写；也可以解释 k_i 为基字，k_j 为下加字，从而击键序列 $k_i k_j$ 解释为基字与下加字的拼写。因此，产生了二义性。上加字与任意一个基字共用键盘键位，则输入时会产生二义性。

规则 6.3　在计算机键盘输入中，如果一个藏文基字只能与元音拼写，那么这个基字与元音字符共享键位时，不会产生输入二义性。

证明：如果藏文基字 b_i 只能与元音拼写，且与任意元音字符 V_0 共用键位 k_i。如果用户连续击键序列为 $k_i k_j$，那么击键序列 $k_i k_j$ 只可能解释为基字与元音的拼写，因此不会产生输入二义性。

规则 6.4　设由藏文前加字构成的集合为 Pre，藏文基字构成的集合为 Root，任意基字 b_i 的所有前加字构成的集合为 P，且 $P \subset$ Pre；下加字 b_j 的所有基字构成的集合为 B，且 $B \subset$ Root；如果满足 $P \bigcap B = \varnothing$，则该基字 b_i 与下加字 b_j 共用键位时，不会产生输入二义性。

证明：任意基字 b_i 的所有前加字构成集合 P，且 $P \subset$ Pre；下加字 b_j 的所有基字构成集合 B，且 $B \subset$ Root；如果满足 $P \bigcap B = \varnothing$，基字 b_i 与下加字 b_j 共用键位 k_j 时，击键序列 $k_i k_j$ 只可能解释为基字与下加字的藏文字，因此不会产生输入二义性。

2. 键盘键位布局方法

根据计算机藏文无重码输入法键盘键位布局规则，可以得出如下几种计算机藏文无重码输入法键盘键位布局方法。

① 任意上加字不与任意一个基字共享键位。

② 任意下加字不与任意一个后加字共享键位。

③ 任意上加字不与任意下加字共享键位。

④ 下加字 ◌ 与基字 ཀ, ཆ, ཏ, ཟ, ◌, ◌, ◌, ◌, ◌, ◌, ◌ 中的任意一个可共享键位。

⑤ 下加字 ◌ 与基字 ◌, ◌, ◌, ◌ 中的任意一个可共享键位。

⑥ 下加字 ◌ 与基字 ◌, ◌, ◌, ◌ 中的任意一个可共享键位。

⑦ 下加字 ◌ 与基字 ཀ, ཆ, ཏ, ◌, ◌, ◌, ◌ 中的任意一个可共享键位。

⑧ 下加字 ◌ 与基字 ཀ, ཁ, ◌, ◌, ◌, ◌, ◌, ◌, ◌, ◌, ◌, ◌, ◌, ◌, ◌, ◌, ◌, ◌, ◌, ◌ 中的任意一个可共享键位。

⑨ ◌, ◌, ◌, ◌, ◌ 中的任意一个元音字符与基字 ◌, ◌, ◌ 中的任意一个可共享键位。

在此基础上，利用藏文字符的字频统计结果、德沃拉克键盘键位击键方便指数，以及为了便于记忆加以考虑的藏文字母与英文字母发音上的近似性，我们设计了一种能够实现藏文无重码快速输入的藏文键盘键位布局，如图 6-1 所示。

图 6-1 的几点说明如下。

① 根据字频统计结果，5 个反写字和 1 个分句符(双垂符)等低频字符安排在 6 个上挡键上，使得使用上挡键的次数降到最低，可以提高输入效率。

② 根据字频统计结果、德沃拉克键盘键位击键方便指数和易记忆原则，出现频率较高的 10 个后加字大部分安排在中排高频键位上，其他字符根据出现频率的高到低，依据手指使用频率从右手到左手，食指到小拇指依次降频的原则安排在上排和下排键位上，使左右手负担比率基本达到 4 : 6。

③ 根据键盘键位布局规则及方法，键盘 37 个键位上安排了 44 个藏文字符，

其中 7 个下挡键键位分别对应两个字符，并在输入过程中不会产生二义性，可以实现无 "死键"、无重码的快速输入。

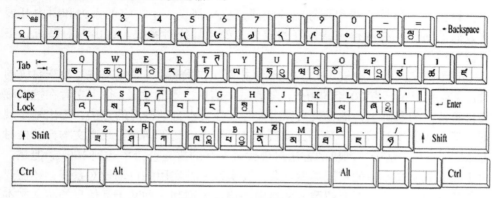

图 6-1　藏文键盘键位布局

④ 键盘键位布局与 Himalaya 键盘键位布局基本一致，不需要专门学习，易操作和记忆。

下面通过输入一个藏文字的击键数来验证键盘键位布局的合理性。由图 6-2 可知，计算机藏文输入法键盘用 37 个键位无重码地输入 44 个字符，那么每个字符可以代表 $\log_2 44 \approx 5.5 \mathrm{bit}$ 的信息，也就是说，输入一个藏文字平均需要的击键数为 $K = \dfrac{H}{\log_2 44} \approx 1.6$。由此可知，计算机藏文无重码输入法键盘键位布局输入一个藏文字的速度比 Himalaya 输入方式提高 $\left(\dfrac{K_1 - K}{K_1} \approx 0.24 = \right) 24\%$，比藏文拉丁转写输入方式提高 $\left(\dfrac{K_2 - K}{K_2} \approx 0.11 = \right) 11\%^{[33]}$。

6.6　藏文文本自动校对

文本自动校对包括自动查错和自动纠错两个内容，是自然语言处理的主要应用领域之一。早在 20 世纪 60 年代，国外就开展了英文文本的自动校对研究。IBM Watson 研究中心于 1960 年在 IBM/360 和 IBM/370 用 UNIX 实现了一个 TYPO 英文拼写检查器。1971 年，斯坦福大学的 Gorin 在 DEC-10 上实现了一个英文拼写检查程序 Spell。多年来，随着计算机技术的不断发展，英文文本自动校对的研究也不断取得进展，部分成果已经商品化，目前流行的文字处理软件(如 Word、Wordpefect 等)都嵌入了自动校对功能。互联网上也能见到 Expert Ease 公司推出的 Deal Proof，Newton 公司推出的 Proofread 等英文自动校对系统。

国内在中文文本校对方面的研究始于 20 世纪 90 年代初期，但发展速度较快。目前许多科技公司和高等院校或研究机构都投入了一定的人力和财力开展这方面的研究，并取得一些较好的成果，如黑马校对系统、金山校对系统、工智校对通等。

对于藏文文本自动校对，自 1998 年扎西次仁发表《一个藏文拼写检查系统的设计》算起至今已有 20 年的历史。随着藏文信息技术的发展，很多学者在挖掘藏文自身特点的基础上，借鉴英文和汉文等其他文本自动校对的方法，提出基于规则、基于 N 元文法模型、基于自动机、基于字表、基于词表等藏文文本自动校对方法[34]。其中，基于自动机的方法对现代藏文字的拼写查错率达到 100%。但是，由于藏文真实文本中的错误类型复杂，要实现一种实用的自动校对系统，还需要走很长的路。本节简要介绍藏文文本中的错误类型和一种基于互信息的藏文文本自动校对系统。基于自动机的藏文拼写查错率将在第 7 章详细介绍。

1. 藏文文本中的错误类型

经过对 300 多万字的藏语单语语料进行统计和分析，发现藏文文本中常见的错误类型主要有如下四种。

(1) 非字错误

非字错误是指不符合藏文拼写文法的字。例如，* གཅན 、* དགོནན 、* རེགས 等，这些错误可以概括为错别字、缺少分字符、简化字等，一般是由录入人员的粗心大意造成的。

(2) 真字错误

真字错误是指在某个上下文中虽不是想要的字，但符合藏文拼写文法的真字。例如，* གསང་བསྒགས 、* རེགས་གནས 、* དུལ་བ 等，这些错误可以概括为词语搭配错误。这种错误也叫同音字错误，或者词语错误，一般造成这种错误的原因可能是文本作者的文化水平不高或录入人员的粗心大意。

(3) 语法错误

语法错误往往是真字错误造成的。例如，* ནགས་ཀྱི་ཤིང་སྡོང 、* མདའ་འཕངས་སྟེ་ཕོག 、* ཅ་བཀོལ་བཞིན་འདུག 等这种不符合藏语语法规律而导致的错误。这种错误也叫句法语义错误。这些错误可以概括为虚词(包括格助词)接续错误、动词时态错误等。

(4) 梵文的藏文转写字错误

梵文的藏文转写字错误是指梵文转写成藏文时发生的错误字。例如，པཉྩ་ད、ཏྲ་ཛི་ལ 等，这种错误一般是由录入人员的粗心大意或误操作造成的。

2. 基于互信息的藏文文本自动校对系统

根据 2.3.6 节的内容可知，互信息反映两个变量之间的关联程度：若 $I(X;Y) \gg 0$，则表明两个变量 X 和 Y 之间有高度关联；若 $I(X;Y) = 0$，则表明两个变量 X 和 Y 是相互独立的；互信息是非负的。由此，我们经过对 300 多万字的藏语单语语料进行统计，并计算相邻两个字之间的互信息，建立了一种带有互信息的词汇表，并确定阈值 δ，最后通过如图 6-2 所示的流程图对测试文本进行自动查错。

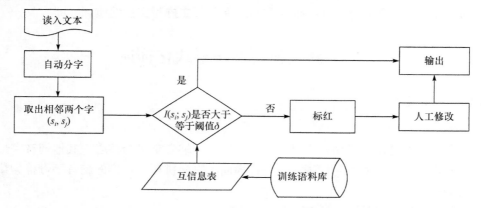

图 6-2 基于互信息的藏文文本自动校对系统的工作流程图

经测试，训练语料内容完全准确的情况下，对上述真字错误、虚词(包括格助词)接续错误的查错率达到 91.6%，但是由于训练语料的规模不大，测试文本中的有些正确的词未出现在训练语料当中的时候，也标上了错误标记。因此，需要在不断增加语料的同时进一步寻找更适合藏文文本的校对方法。

第 7 章 藏文拼写文法的形式化

为了便于藏文拼写的形式文法描述，本章首先对相关术语进行定义，然后简要介绍藏文拼写文法，并在此基础上分析和归纳藏文的基本拼写结构，最后对藏文拼写文法进行形式化描述，推导和归纳部分藏文拼写文法性质。

7.1 藏文拼写文法形式化描述

7.1.1 术语定义

定义 7.1 基字

藏文字单独由一个辅音字母构成，或以一个辅音字母为核心，其他辅音字母或元音字符按照藏文拼写规则与之进行横向、纵向拼写。这样的辅音字母称为藏文字的基字。

定义 7.2 前加字

在藏文字中，出现在基字或纵向组合字符之前并与基字拼写的特定的藏文辅音字母称为藏文字的前加字。

定义 7.3 后加字

在藏文字中，出现在基字或纵向组合字符之后并与基字拼写的特定的藏文辅音字母称为藏文字的后加字。

定义 7.4 再后加字

在藏文字中，出现在后加字之后并与基字拼写的特定的藏文辅音字母称为藏文字的再后加字。

定义 7.5 上加字

在藏文字中，位于基字上方并与基字拼写的特定的藏文辅音字母称为藏文字的上加字。

定义 7.6 下加字

在藏文字中，位于基字下方并与基字拼写的特定的藏文辅音字母称为藏文字的下加字。

定义 7.7 纵向组合字符

以基字为核心，按照藏文拼写规则，基字本身或基字与上加字拼写，或基字

与下加字拼写，或基字同时与上加字和下加字拼写，或基字与元音字符拼写，或基字与上加字和元音字符拼写，或基字与下加字和元音字符拼写，或基字同时与上加字和下加字及元音字符拼写形成的字母和符号组，以及基字与两个下加字拼写，辅音字母与辅音字母拼写，辅音字母与辅音字母和元音字符拼写形成的字母和符号组称为藏文纵向组合字符，简称藏文 VCC。VCC = 基字|上加字+基字|基字+下加字|上加字+基字+下加字|基字+元音字符|上加字+基字+元音字符|基字+下加字+元音字符|上加字+基字+下加字+元音字符|基字+下加字+下加字|辅音字母+辅音字母|辅音字母+辅音字母+元音字符|。

定义 7.8　元音字符

在藏文字中，位于藏文基字或纵向组合字符之上或之下的代表藏文 i，u，e，o，称为藏文字的元音字符。

定义 7.9　藏文字符

藏文 VCC、元音字符、标点符号、数码，以及其他符号统称为藏文字符。

定义 7.10　藏文字

按照藏文拼写规则，由前加字、上加字、基字、下加字、元音字符、后加字及再后加字进行横向和纵向拼写构成的音节，称为藏文字。作为特殊情况，基字与下加字和下加字拼写、辅音字母与辅音字母和元音字符拼写、辅音字母与辅音字母、元音字符和后加字拼写等也可构成藏文字。

7.1.2　符号映射

定义 7.11　对藏文字进行了定义，也可以简单地将藏文字归纳为由藏文辅音字母和元音字符按照一定的文法规则进行横向、纵向拼写生成的音节。

考虑排版的方便，将 30 个藏文辅音字母和 5 个反写字母分别映射到 $b_1 \sim b_{35}$ 表示符上，4 个元音字符分别映射到英文字母 i，u，e，o 上，1 个长元音字符映射到英文字母 a 上。藏文字母与英文表示符的映射关系如表 7-1 所示。

表 7-1　藏文字母与英文表示符映射关系

藏文字母	表示符	藏文字母	表示符	藏文字母	表示符
ཀ	b_1	ཟ	b_{13}	ར	b_{25}
ཁ	b_2	ཝ	b_{14}	ལ	b_{26}
ག	b_3	ཥ	b_{15}	ཤ	b_{27}
ང	b_4	ཨ	b_{16}	ས	b_{28}
ཅ	b_5	ཙ	b_{17}	ཧ	b_{29}
ཆ	b_6	ཚ	b_{18}	ཨ	b_{30}

续表

藏文字母	表示符	藏文字母	表示符	藏文字母	表示符
ཇ	b_7	ཙ	b_{19}	ར	b_{31}
ཉ	b_8	ཚ	b_{20}	ལ	b_{32}
ཏ	b_9	ཛ	b_{21}	ཤ	b_{33}
ཐ	b_{10}	ཝ	b_{22}	ས	b_{34}
ད	b_{11}	ཞ	b_{23}	ཧ	b_{35}
ན	b_{12}	ཡ	b_{24}		

7.1.3 藏文拼写文法规则

藏文有一套严谨且完备的拼写文法规则。为了更加清楚地了解藏文的文字结构，下面分别对复辅音结构中的基字与上加字和下加字拼写形成的纵向组合字结构，以及前加字、后加字和再后加字拼写结构进行详细介绍。

1. 纵向组合拼写

基字与上加字和下加字拼写形成复辅音纵向组合字。在实际书写中，部分上加字和下加字的字形要发生变化，例如上加字 ར 一般写成 ◌ ；下加字 ཡ 写成 ◌ ，下加字 ར 写成 ◌ ，下加字 ཝ 写成 ◌ 。

(1) 基字与上加字拼写形成的纵向组合字

基字与上加字拼写形成的纵向组合字共有 33 个。

① 基字与上加字 ར 拼写形成的纵向组合字共有 12 个，即 ཀ ག ང ཇ ཉ ཏ ད ན བ མ ཙ ཛ 。

② 基字与上加字 ལ 拼写形成的纵向组合字共有 10 个，即 ཀ ག ང ཅ ཇ ཏ ད པ བ ཧ 。

③ 基字与上加字 ས 拼写形成的纵向组合字共有 11 个，即 ཀ ག ང ཉ ཏ ད ན པ བ མ ཙ 。

(2) 基字与下加字拼写形成的纵向组合字

基字与下加字拼写形成的纵向组合字共 37 个。

① 基字与下加字 ཡ 拼写形成的纵向组合字 12 个，即 ཀ ཁ ག ཉ ཅ ཆ ཇ ཏ ཐ ད པ ཕ 。

② 基字与下加字 ཝ 拼写形成的纵向组合字 7 个，即 ཀ ཁ ག ཉ ཙ ཚ ཞ 。

③ 基字与下加字 ར 拼写形成的纵向组合字 12 个，即 ཀ ཁ ག ཏ ཐ ད ན པ ཕ བ མ ས 。

④ 基字与下加字 ལ 拼写形成的纵向组合字 6 个，即 ཀ ག བ ཟ ར ས 。

(3) 基字同时与上加字和下加字拼写形成的纵向组合字

基字同时与上加字和下加字拼写形成的纵向组合字共 15 个。

① 基字与上加字 ར 和下加字 ཝ 拼写形成的纵向组合字 1 个，即 ཪ 。

② 基字与上加字 ར 和下加字 ཡ 拼写形成的纵向组合字 3 个，即 ཀ ག བ 。

③ 基字与上加字 ས 和下加字 ཡ 拼写形成的纵向组合字 5 个，即 ཀ ག པ བ མ 。

④ 基字与上加字 ས 和下加字 ར 拼写形成的纵向组合字 6 个，即 ཀ ག ཏ ད ན པ 。

2. 前加字拼写

前加字既可以与单个基字，也可与纵向组合字拼写。前加字与基字或纵向组合字的拼写形式共 105 种。

① 前加字 ག 只能与基字、元音字符、后加字、再后加字拼写，不能单独与基字拼写构成字，有如下 11 种形式，即

གཅ གཉ གད གན གཕ གཙ གཞ གཟ གཡ གཤ གས

② 前加字 ད 能与基字、元音字符、后加字、再后加字拼写，但不能单独与基字拼写构成字；能与基字、下加字 ཡ、ར 拼写构成字，有如下 15 种形式，即

དཀ དག དང དཔ དཕ དབ དབྱ དཀྱ དཔྱ དཕྱ དབྱ དཀྲ དཔྲ དཕྲ དབྲ

③ 前加字 བ 能与基字和元音字符、后加字、再后加字拼写，但不能单独与基字拼写构成字；能与基字、上加字 ར、ལ、ས 和下加字 ཡ、ར、ལ 拼写构成字，有如下 45 种形式，即

བཀ བཁ བཅ བད བན བཙ བཞ བཟ བཤ བས
བཀ བཁ བཙ བཇ བཉ བད བད བན བཙ བཞ
བཥ བཥ
བཀ བཁ བཙ བཇ བཉ བཥ བཥ བཥ
བཀ བཁ
བཀ བཁ བཥ
བཀ བཁ བཙ བཥ
བཀ བཁ
བཥ བཥ
བཥ བཥ

④ 前加字 མ 能与基字、元音字符、后加字、再后加字拼写，但不能单独与基字拼写构成字；能与基字、下加字 ཡ、ར 拼写构成字，有如下 15 种形式，即

མཁ མག མང མཆ མཇ མཉ མཐ མད མན མཚ མཛ
མཁྱ མགྱ
མཁྲ མགྲ

⑤ 前加字 འ 能与基字、元音字符、后加字、再后加字拼写，但不能单独与基字拼写构成字；能与下加字 ཡ、ར 拼写构成字，有如下 19 种形式，即

འཀ འག འཆ འཇ འཐ འད འཕ འབ འཚ འཛ
འཁྱ འགྱ འཕྱ འབྱ
འཁྲ འགྲ འདྲ འཕྲ འབྲ

3. 后加字拼写

后加字可与所有基字拼写，后加字共 10 个，即

ག ང ད ན བ མ འ ར ལ ས

4. 再后加字拼写

再后加字拼写位置位于后加字之后，其中的 ད 只能与后加字 ན་ར་ལ 拼写，而 ས 只能与后加字 ག་ང་བ 拼写。现代藏文中再后加字 ད 的使用已越来越少，有逐步流失的趋势。

5. 其他

① 基字与两个下加字 ྺྻ 或 ར་ཡ 同时拼写的纵向组合字，即 ཧྨྲ 。
② 为拼写外来词而新增加的纵向组合字，即 ཧྲ 。
③ 反写字母，即 ཊ་ཋ་ཌ 。
④ 并体字母，即 ཀྵ་ཛྙ 。

7.1.4　藏文的基本拼写结构

藏文是一种拼音文字，但藏文的拼写方式不同于完全线性拼写的英语等西方拼音文字。藏文既进行横向拼写，又进行纵向拼写，具有一种独特的非线性的二维结构。藏文的拼写顺序是前加字、上加字、基字、下加字、元音、后加字、再后加字。

通过对藏文拼写文法的分析和归纳，如果将基字与两个下加字同时拼写、辅音字母与辅音字母拼写(非上加字、下加字与基字拼写)、辅音字母与辅音字母(非上加字、下加字与基字拼写)及后加字拼写、无后加字藏文字与 འི་ུ་འོ 拼写等特殊拼写情况也作为单独的拼写结构，那么藏文的基本拼写结构可归纳为 28 种。

现代藏文的 28 种基本拼写结构及其实例如图 7-1～图 7-28 所示。

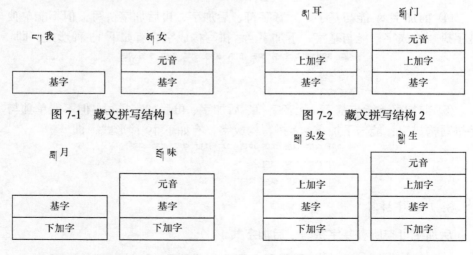

图 7-1　藏文拼写结构 1　　　　　　图 7-2　藏文拼写结构 2

图 7-3　藏文拼写结构 3　　　　　　图 7-4　藏文拼写结构 4

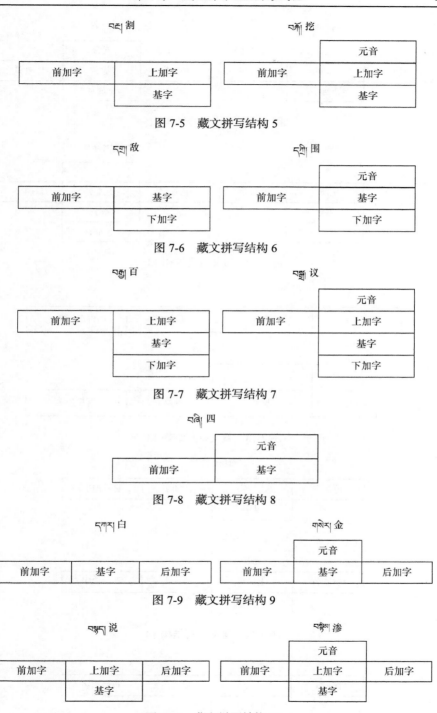

图 7-5　藏文拼写结构 5

图 7-6　藏文拼写结构 6

图 7-7　藏文拼写结构 7

图 7-8　藏文拼写结构 8

图 7-9　藏文拼写结构 9

图 7-10　藏文拼写结构 10

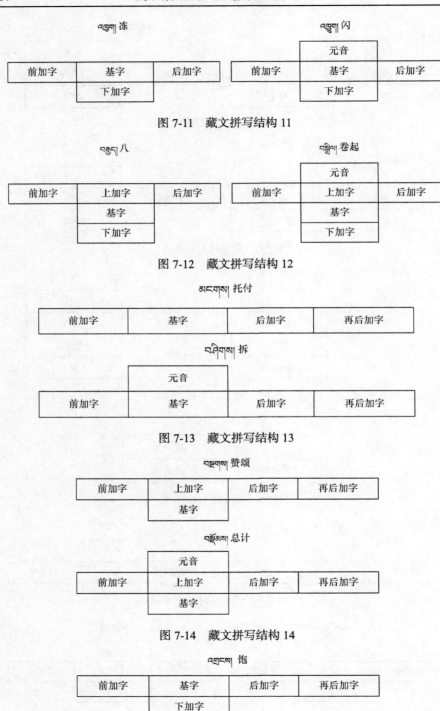

图 7-11　藏文拼写结构 11

图 7-12　藏文拼写结构 12

图 7-13　藏文拼写结构 13

图 7-14　藏文拼写结构 14

ལྦཏྱྀགས། 快

	元音		
前加字	基字	后加字	再后加字
	下加字		

图 7-15　藏文拼写结构 15

བསྐྱབས། 救

前加字	上加字	后加字	再后加字
	基字		
	下加字		

བཙྐྱགས། 歪

	元音		
前加字	上加字	后加字	再后加字
	基字		
	下加字		

图 7-16　藏文拼写结构 16

ནང་། 里、内　　　　　　　　　ཆུང་། 少、缺

基字	后加字

基字	后加字
元音	

图 7-17　藏文拼写结构 17

སྟང་། 上　　　　　　　　　ཕྲོག 反

上加字	后加字
基字	

	元音
上加字	后加字
基字	

图 7-18　藏文拼写结构 18

གྱང་། 墙　　　　　　　　　གྱོན 穿

基字	后加字
下加字	

	元音
基字	后加字
下加字	

图 7-19　藏文拼写结构 19

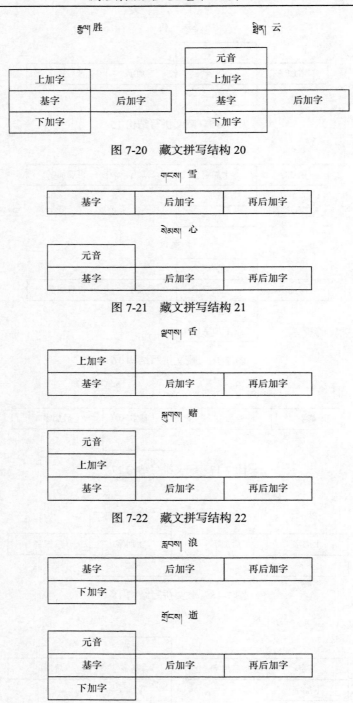

图 7-20　藏文拼写结构 20

图 7-21　藏文拼写结构 21

图 7-22　藏文拼写结构 22

图 7-23　藏文拼写结构 23

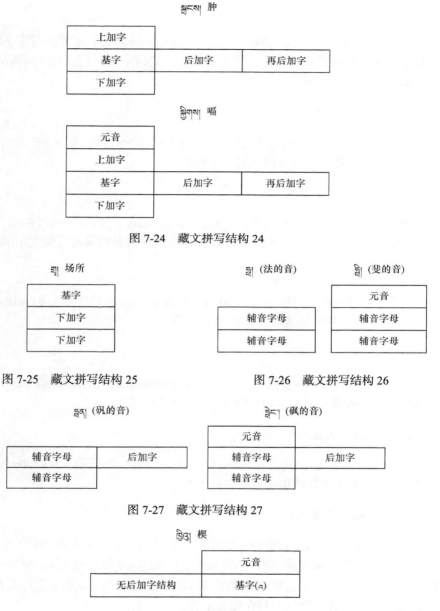

图 7-24　藏文拼写结构 24

图 7-25　藏文拼写结构 25　　　　　　　　图 7-26　藏文拼写结构 26

图 7-27　藏文拼写结构 27

图 7-28　藏文拼写结构 28

7.1.5　藏文拼写文法形式化描述

根据定义 7.1~定义 7.11 和表 7-1,利用集合论的方法进行如下藏文拼写文法的形式化描述。

1. 藏文拼写文法 7.1

集合 Root = $\{b_1,b_2,b_3,b_4,b_5,\cdots,b_{30},b_{31},b_{32},b_{33},b_{34},b_{35}\}$的元素分别对应 30 个藏文辅音字母和 5 个藏文反写字母，则对于任意 $b_i \in$ Root，$i = 1,2,\cdots,35$ 对应的藏文字符可构成藏文字的基字。

2. 藏文拼写文法 7.2

对于集合 Prefix = $\{b_3,b_{11},b_{15},b_{16},b_{23}\}$，Prefix $\subset$ Root，则任意 $b_i \in$ Prefix，$i = 3,11,15,16,23$ 对应的藏文字符可构成藏文字的前加字。

3. 藏文拼写文法 7.3

对于集合 Suffix = $\{b_3,b_4,b_{11},b_{12},b_{15},b_{16},b_{23},b_{25},b_{26},b_{28}\}$，Suffix $\subset$ Root，则任意 $b_i \in$ Suffix，$i = 3,4,11,12,15,16,23,25,26,28$ 对应的藏文字符可构成藏文字的后加字。

4. 藏文拼写文法 7.4

对于集合 Postfix = $\{b_{11},b_{28}\}$，Postfix $\subset$ Suffix $\subset$ Root，则任意 $b_i \in$ Postfix，$i = 11,28$ 对应的藏文字符可构成藏文字的再后加字。

5. 藏文拼写文法 7.5

对于集合 Superfix = $\{b_{25},b_{26},b_{28}\}$，Superfix $\subset$ Root，则任意 $b_i \in$ Superfix，$i = 25,26,28$ 对应的藏文字符可构成藏文字的上加字。

6. 藏文拼写文法 7.6

对于集合 Subfix = $\{b_{20},b_{24},b_{25},b_{26}\}$，Subfix $\subset$ Root，则任意 $b_i \in$ Subfix，$i = 20,24,25,26$ 对应的藏文字符可构成藏文字的下加字。

7. 藏文拼写文法 7.7

集合 Vowel = $\{i,u,e,o\}$中的 4 个元素分别对应 4 个藏文元音字符，$b_i \in$ Root，$i = 1,2,\cdots,35$ 对应的藏文基字可与 $v \in$ Vowel 对应的元音字符拼写；a 对应长元音字符，$b_i \in$ Root，$i = 1,2,\cdots,30$ 对应的藏文基字可与 a 拼写。u 和 a 只能写在辅音下方，其余 3 个元音字符只能写在辅音上方。

8. 藏文拼写文法 7.8

$b_j \in$ Root，$j = 1,3,4,5,7,8,9,11,12,13,15,16,17,19,29$ 对应的藏文基字与 $b_i \in$ Superfix，$i = 25,26,28$ 对应的上加字拼写时，需要满足如下文法规则。

① $b_j \in$ Root，$j = 1,3,4,7,8,9,11,12,15,16,17,19$ 只能与 $b_{25} \in$ Superfix 拼写。

② $b_j \in$ Root，$j = 1,3,4,5,7,9,11,13,15,29$ 只能与 $b_{26} \in$ Superfix 拼写。

③ $b_j \in$ Root，$j = 1,3,4,8,9,11,12,13,15,16,17$ 只能与 $b_{28} \in$ Superfix 拼写。

9. 藏文拼写文法 7.9

$b_j \in$ Root，$j = 1,2,3,8,9,10,11,13,14,15,16,18,21,22,25,26,27,28,29$ 对应的藏文基字与 $b_i \in$ Subfix，$i = 20,24,25,26$ 对应的下加字拼写时，需要满足如下文法规则。

① $b_j \in$ Root，$j = 1,2,3,8,11,18,21,22,25,26,27,29$ 只能与 $b_{20} \in$ Subfix 拼写。

② $b_j \in$ Root，$j = 1,2,3,13,14,15,16$ 只能与 $b_{24} \in$ Subfix 拼写。

③ $b_j \in$ Root，$j = 1,2,3,9,10,11,13,14,15,16,28,29$ 只能与 $b_{25} \in$ Subfix 拼写。

④ $b_j \in$ Root，$j = 1,3,15,22,25,28$ 只能与 $b_{26} \in$ Subfix 拼写。

10. 藏文拼写文法 7.10

$b_i \in$ Root，$i = 1,3,12,13,15,16,17$ 对应的藏文基字同时与 $b_j \in$ Superfix，$j = 25,28$ 对应的上加字和 $b_k \in$ Subfix，$k = 20,24,25$ 对应的下加字拼写时，需要满足如下文法规则。

① $b_1 \in$ Root 与 $b_{25} \in$ Superfix 拼写时，可同时与 $b_{24} \in$ Subfix 拼写；与 $b_{28} \in$ Superfix 拼写时，可同时与 $b_k \in$ Subfix，$k = 24,25$ 拼写。

② $b_3 \in$ Root 与 $b_{25} \in$ Superfix 拼写时，可同时与 $b_{24} \in$ Subfix 拼写；与 $b_{28} \in$ Superfix 拼写时，可同时与 $b_k \in$ Subfix，$k = 24,25$ 拼写。

③ $b_{12} \in$ Root 与 $b_{28} \in$ Superfix 拼写时，可同时与 $b_{25} \in$ Subfix 拼写。

④ $b_{13} \in$ Root 与 $b_{28} \in$ Superfix 拼写时，可同时与 $b_k \in$ Subfix，$k = 24,25$ 拼写。

⑤ $b_{15} \in$ Root 与 $b_{28} \in$ Superfix 拼写时，可同时与 $b_k \in$ Subfix，$k = 24,25$ 拼写。

⑥ $b_{16} \in$ Root 与 $b_{25} \in$ Superfix 拼写时，可同时与 $b_{24} \in$ Subfix 拼写；与 $b_{28} \in$ Superfix 拼写时，可同时与 $b_k \in$ Subfix，$k = 24,25$ 拼写。

⑦ $b_{17} \in$ Root 与 $b_{25} \in$ Superfix 拼写时，可同时与 $b_{20} \in$ Subfix 拼写。

11. 藏文拼写文法 7.11

$b_i \in$ Root，$i = 1,3,4,7,8,9,11,12,17,19$ 对应的藏文基字同时与 $b_{15} \in$ Prefix 对应的前加字和 $b_j \in$ Superfix，$j=25,26,28$ 对应的上加字拼写时，需要满足如下文法规则。

① $b_i \in$ Root，$i = 1,3,4,7,8,9,11,12,17,19$ 可与 $b_{25} \in$ Superfix 拼写。

② $b_i \in$ Root，$i = 9,11$ 可与 $b_{26} \in$ Superfix 拼写。

③ $b_i \in$ Root，$i = 1,3,4,8,9,11,12,17$ 可与 $b_{28} \in$ Superfix 拼写。

12. 藏文拼写文法 7.12

$b_i \in$ Root，$i = 1,2,3,11,13,14,15,16,22,25,28$ 对应的藏文基字同时与 $b_j \in$ Prefix，$j = 11,15,16,23$ 对应的前加字和 $b_k \in$ Subfix，$k = 20,24,25,26$ 对应的下加字拼写时，需要满足如下文法规则。

① $b_i \in$ Root，$i = 1,3,13,15,16$ 可与 $b_{11} \in$ Prefix 和 $b_{24} \in$ Subfix 拼写。

② $b_i \in$ Root，$i = 1,3,13,15$ 可与 $b_{11} \in$ Prefix 和 $b_{25} \in$ Subfix 拼写。

③ $b_i \in$ Root，$i = 1,3$ 可与 $b_{15} \in$ Prefix 和 $b_{24} \in$ Subfix 拼写。

④ $b_i \in$ Root，$i = 1,3,28$ 可与 $b_{15} \in$ Prefix 和 $b_{25} \in$ Subfix 拼写。

⑤ $b_i \in$ Root，$i = 1,22,25,28$ 可与 $b_{15} \in$ Prefix 和 $b_{26} \in$ Subfix 拼写。

⑥ $b_i \in$ Root，$i = 2,3$ 可与 $b_{16} \in$ Prefix 和 $b_k \in$ Subfix，$k = 24,25$ 拼写。

⑦ $b_i \in$ Root，$i = 2,3,14,15$ 可与 $b_{23} \in$ Prefix 和 $b_{24} \in$ Subfix 拼写。

⑧ $b_i \in$ Root，$i = 2,3,11,14,15$ 可与 $b_{23} \in$ Prefix 和 $b_{25} \in$ Subfix 拼写。

13. 藏文拼写文法 7.13

$b_i \in$ Root，$i = 1,3$ 对应的藏文基字与 $b_{15} \in$ Prefix 对应的前加字和 $b_j \in$ Superfix，$j = 25,28$ 对应的上加字及 $b_k \in$ Subfix，$k = 24,25$ 对应的下加字拼写时，需要满足如下文法规则。

① $b_i \in$ Root，$i = 1,3$ 可与 $b_{15} \in$ Prefix 和 $b_{25} \in$ Superfix 及 $b_{24} \in$ Subfix 拼写。

② $b_i \in$ Root，$i = 1,3$ 可与 $b_{15} \in$ Prefix 和 $b_{28} \in$ Superfix 及 $b_{25} \in$ Subfix 拼写。

③ $b_i \in$ Root，$i = 1,3$ 可与 $b_{15} \in$ Prefix 和 $b_{28} \in$ Superfix 及 $b_{24} \in$ Subfix 拼写。

14. 藏文拼写文法 7.14

$b_i \in$ Root，$i = 1,2,3,4,5,6,7,8,9,10,11,12,13,14,15,16,17,18,19,21,22,24,27,28$ 对应的藏文基字与 $b_j \in$ Prefix，$j = 3,11,15,16,23$ 对应的前加字拼写时，需要同时与 $v \in$ Vowel，Vowel $= \{i,u,e,o\}$ 对应的元音字符，或与 $b_k \in$ Suffix，$k = 3,4,11,12,15,16,23,25,26,28$ 对应的一个后加字拼写，需要满足如下文法规则。

① $b_i \in$ Root，$i = 5,8,9,11,12,17,21,22,24,27,28$ 仅能与 $b_3 \in$ Prefix 拼写。

② $b_i \in$ Root，$i = 1,3,4,13,15,16$ 仅能与 $b_{11} \in$ Prefix 拼写。

③ $b_i \in$ Root，$i = 1,3,5,9,11,17,21,22,27,28$ 仅能与 $b_{15} \in$ Prefix 拼写。

④ $b_i \in$ Root，$i = 2,3,4,6,7,8,10,11,12,18,19$ 仅能与 $b_{16} \in$ Prefix 拼写。

⑤ $b_i \in$ Root，$i = 2,3,6,7,10,11,14,15,18,19$ 仅能与 $b_{23} \in$ Prefix 拼写。

15. 藏文拼写文法 7.15

$b_j \in$ Root，$j = 1,2,\cdots,30$ 对应的藏文基字可以与任意 $b_i \in$ Suffix，$i = 3,4,11,12,15,$

16,23,25,26,28 对应的后加字拼写。

16. 藏文拼写文法 7.16

藏文再后加字的使用只与后加字有关。$b_i \in$ Suffix，$i = 3,4,12,15,16,25,26$ 对应的藏文后加字可与 $b_j \in$ Postfix，$j = 11,28$ 对应的再后加字拼写，需要满足如下文法规则。

① $b_{11} \in$ Postfix 仅能与 $b_i \in$ Suffix，$i = 12,25,26$ 拼写。

② $b_{28} \in$ Postfix 仅能与 $b_i \in$ Suffix，$i = 3,4,15,16$ 拼写。

17. 藏文拼写文法 7.17

$b_i \in$ Root，$i = 3,11,14$ 对应的藏文基字与 $b_j \in$ Subfix，$j = 24,25$ 对应的藏文下加字拼写时，可同时与 $b_{20} \in$ Subfix 对应的藏文下加字拼写需要满足如下文法规则。

① $b_i \in$ Root，$i = 3,1$ 与 $b_{25} \in$ Subfix 拼写时，可同时与 $b_{20} \in$ Subfix 拼写。

② $b_{14} \in$ Root 与 $b_{24} \in$ Subfix 拼写时，可同时与 $b_{20} \in$ Subfix 拼写。

18. 藏文拼写文法 7.18

$b_{29} \in$ Root 对应的藏文辅音字母可与 $b_{14} \in$ Root 对应的藏文辅音字母拼写，且 $b_{14} \in$ Root 位于 $b_{29} \in$ Root 的下方。

19. 藏文拼写文法 7.19

$b_{29} \in$ Root 对应的藏文辅音字母与 $b_{14} \in$ Root 对应的藏文辅音字母拼写时，可同时与 $b_i \in$ Suffix，$i = 3,4,11,12,15,16,23,25,26,28$ 对应的藏文后加字拼写。

20. 藏文拼写文法 7.20

无后加字的藏文字可以与 $b_{23} \in$ Root 对应的藏文辅音字母拼写，此时 $b_{23} \in$ Root 对应的藏文辅音字母须与 $v \in$ Vowel，Vowel $= \{i, u, e, o\}$ 对应的元音字符拼写。

21. 藏文拼写文法 7.21

除了文法 7.17～7.20 所述的特殊拼写，藏文字按照前加字、上加字、基字、下加字、元音字符、后加字，以及再后加字的顺序拼写。

7.1.6 藏文拼写文法性质

性质 7.1 如果藏文字的基字与前加字拼写,则该藏文字必定是由三个或三个以上的字符构成。

证明： 由藏文拼写文法 7.11～7.13 可知，构成藏文字的部分基字，与前加字拼写时，可与上加字、下加字，或同时与上加字和下加字拼写。如果某个基字与前加字拼写时，与上加字、下加字，或同时与上加字和下加字拼写，则该藏文字必定由三个或三个以上的字符构成。

如果藏文字的基字与前加字拼写，但不与上加字、下加字拼写，由藏文拼写文法 7.14 可知，该基字必须与元音字符或一个特定的后加字拼写，则该藏文字必定由三个或三个以上字符构成。

性质 7.2   在藏文字的拼写过程中，基字之前的字符数量不超过两个。

证明：由藏文拼写文法 7.21 可知，藏文字按照前加字、上加字、基字、下加字、元音、后加字，以及再后加字的顺序拼写。如果一个基字与前加字和上加字拼写，那么这个基字之前的字符数量不超过两个。

性质 7.3   根据藏文拼写文法，现代藏文 VCC 数量不超过 638 个。

证明：由藏文拼写文法 7.1 和文法 7.7 可知，现代藏文基字共 35 个，基字与元音字符和长元音拼写组成的 VCC 最多为 170 个。

由藏文拼写文法 7.8 可知，上加字与基字拼写组成的 VCC 最多为 33 个，33 个上加字与基字拼写组成的 VCC 与元音字符拼写，最多可以组成 132 个 VCC。

由藏文拼写文法 7.9 可知，基字与下加字拼写组成的 VCC 最多为 37 个，37 个基字与下加字拼写组成的 VCC 与元音字符拼写，最多可以组成 148 个 VCC。

由藏文拼写文法 7.10 可知，上加字、基字与下加字拼写组成的 VCC 最多为 15 个，15 个上加字、基字与下加字拼写组成的 VCC 与元音字符拼写，最多可以组成 60 个 VCC。

由藏文拼写文法 7.17 可知，基字、下加字与下加字拼写，最多可以组成 3 个 VCC。

由藏文拼写文法 7.18 可知，辅音字母与辅音字母拼写，最多可以组成 1 个 VCC，1 个辅音字母与辅音字母拼写组成的 VCC 与元音字符拼写，最多可以组成 4 个 VCC。

因此，现代藏文 VCC 的数量不超过 638 个。

性质 7.4   根据藏文拼写文法，在现代藏文中，任何一个指定的藏文基字的 VCC 数量最多不超过 57 个。

证明：由藏文拼写文法 7.1 和文法 7.7 可知，一个指定的基字，以及与元音字符拼写组成的 VCC 最多为 5 个。

由藏文拼写文法 7.8 可知，一个指定的基字和上加字拼写组成的 VCC 最多为 3 个，3 个指定的基字与上加字拼写组成的 VCC 与元音字符拼写，最多可以组成 12 个 VCC。

由藏文拼写文法 7.9 可知，一个指定的基字和下加字拼写组成的 VCC 最多为

4 个, 4 个指定的基字和下加字拼写组成的 VCC 与元音字符拼写, 最多可以组成 16 个 VCC。

由藏文拼写文法 7.10 可知, 一个指定的基字与上加字和下加字拼写组成的 VCC 最多为 3 个, 3 个指定的基字与上加字和下加字拼写组成的 VCC 与元音字符拼写, 最多可以组成 12 个 VCC。

由藏文拼写文法 7.17 可知, 一个指定的基字与下加字和下加字拼写组成的 VCC 最多为 1 个。

因此, 指定藏文基字 VCC 的数量最多不超过 57 个。

7.2　藏文拼写形式语言

7.2.1　藏文拼写形式语言概述

根据对形式语言的介绍, 我们可以将藏文字定义为字母表 $L(L=\{b_1,b_2,b_3,b_4,b_5,$ $b_6,b_7,b_8,b_9,b_{10},b_{11},b_{12},b_{13},b_{14},b_{15},b_{16},b_{17},b_{18},b_{19},b_{20},b_{21},b_{22},b_{23},b_{24},b_{25},b_{26},b_{27},b_{28},b_{29},b_{30},b_{31},$ $b_{32},b_{33},b_{34},b_{35},i,u,e,o,a\})$ 上的语言。严格地讲, 这个语言是 L^* 的一个子集, 语言中的一个符号串是这个语言的一个句子, 即一个藏文字。我们可以结合藏文拼写文法给出一整套相应的形式文法产生这个语言。显然, 这一套形式文法比较庞杂。为了使藏文拼写形式文法及其形式语言清晰、易于理解和使用, 我们作如下设计。

① 将 7.1.4 节归纳的藏文基本拼写结构中的第 28 种藏文拼写结构, 即无后加字藏文字与 འི·ག·འེ·འོ 的拼写结构, 再细分成 10 种无后加字的藏文拼写结构与 འི·ག·འེ·འོ 的拼写。这样藏文拼写结构就是 37 种, 藏文拼写形式文法就需描述 37 种藏文拼写结构。

② 当无后加字的藏文字与格助词 ཟིས·ཡིས·ནི, 以及虚词 འང·འམ 和 ནོ 拼写时, 按照藏文拼写文法要将 ཟིས· 和 ཡིས· 缩写成 ས·, ནུ 缩写成 ར·, 并将这些格助词和虚词与无后加字的藏文字合并书写。例如, ཚ·ཡིས·写成 ཚས·, ཚ·ནི·写成 ཚར·, ཚ·ཟ 写成 ཚས·, ཚ·འེ·写成 ཚའེ·, ཚ·འང·写成 ཚའང·。此外, 当后加字为 འ 的藏文字与格助词 ཟིས·ཡིས·ནི, 以及虚词 འང·འམ 和 ནོ 拼写时, 按照藏文拼写文法要将 ཟིས· 和 ཡིས· 缩写成 ས·, ནུ 缩写成 ར·, 并在舍弃后加字 འ 后, 将这些格助词和虚词与无后加字的藏文字合并书写。例如, དགའ·ཡིས·写成 དགས·, དགའ·ནུ·写成 དགར·, དགའ·འེ·写成 དགའེ·, དགའ·འང·写成 དགའང·。

由于无后加字的藏文字与格助词 ནི· 和虚词 ནོ 拼写时的缩写形式, 在形态上与前面描述的无后加字藏文字与 འི·ག·འེ·འོ 的拼写结构一致, 因此不再单独描述和处理。同样，由于后加字为 的藏文字与格助词 和虚词 拼写时的缩写形式，在形态上与前面描述的无后加字藏文字与 、、 的拼写结构一致，因此也不再单独描述和处理。

由于无后加字的藏文字与格助词 拼写时的缩写形式，在形态上与藏文后加字的使用一致，因此将其归并为相关后加字的使用结构，不再单独描述和处理。同样，由于后加字为 的藏文字与格助词 拼写时的缩写形式，在形态上与藏文后加字的使用一致，因此也将其归并为相关后加字的使用结构，不再单独描述和处理。

我们将无后加字的藏文字与虚词 、 拼写时的缩写形式，以及后加字为 的藏文字与虚词 、 拼写时的缩写形式归纳到拼写结构 28～37，并将藏文辅音字母 和 作为两个特殊的元音字符处理。

③ 将藏文字按照 37 种不同的拼写结构定义为字母表 $V_T(V_T \subseteq L)$ 上的 37 种语言，并给出约束这些语言的 37 种形式文法 $G_i(i=1,2,\cdots,37)$。文法 G_i 是一个四元组，即

$$G_i = (V_T, V_N, S_i, P)$$

其中，V_T 是终结符的有限集合；V_N 是非终结符的有限集合；S_i 是起始符号，$S_i \in V_N$；P 是产生式规则的有限集合。

产生式规则由 7.1.5 节介绍的藏文拼写文法形式化描述推导产生。

由于文法 $G_i = (V_T, V_N, S_i, P)$ 的产生式规则均满足如下形式，即 $A \rightarrow zB$，或 $A \rightarrow z$，其中 A，$B \in V_N$ 是非终结符，$z \in V_T$ 是终结符，因此文法 G_i 为右线性正规文法(右线性正则文法)。

④ 由文法 $G_i = (V_T, V_N, S_i, P)$ 生成的所有句子的集合就是由文法 G_i 生成的语言，即 $L(G_i) = \{w \in V_T^+ : S_i \overset{*}{\Rightarrow} w\}(i = 1,2,\cdots,37)$。该语言所有句子的集合就是文法 G_i 定义的藏文字，这里 $w \in V_T^+$，而不是 $w \in V_T^*$，排除了空字。

根据 3.2 节对正规文法及其相应自动机的介绍，可以构造 DFA $M_i(i = 1,2,\cdots,37)$，使之接受由正规文法 G_i 生成的语言 $L(G_i) = \{w \in V_T^+ : S_i \overset{*}{\Rightarrow} w\}$ $(i = 1,2,\cdots,37)$。DFA M_i 是一个五元组，即

$$M_i = (\Sigma, Q, \delta, q_0, F)$$

其中，Σ 是输入符号的有限集合，$\Sigma = V_T$；Q 是自动机状态的有限集合，$Q = V_N \cup F$；$q_0 \in Q$ 是自动机的初始状态，$q_0 = S_i(i=1,2,\cdots,37)$；$F \subseteq Q$ 是自动机终止状态的集合；δ 是 Q 与 Σ 的直积 $Q \times \Sigma$ 到 Q 的映射，即状态转移函数。

映射 $\delta(q, x) = q'(q, q' \in Q, x \in \Sigma)$ 表示自动机在状态 q 时，若输入符号为 x，则自动机进入状态 q'。

7.2.2 藏文拼写形式文法

排除一些特殊情形，藏文字均以一个辅音字母为核心，其余字母均以此为基础前后和上下拼写，组合成一个完整的藏文字。通常藏文字最少为一个辅音字母，即单独由一个基字构成，最多由 6 个辅音字母构成，元音字符则加在辅音结构的上面或下面。藏文 30 个辅音字母和 5 个反写字母均可作基字，30 个辅音字母中的 5 个辅音字母可以作为前加字使用；10 个辅音字母可以作为后加字使用；2 个辅音字母可以作为再后加字使用；3 个辅音字母可以作为上加字使用；4 个辅音字母可以作为下加字使用。换言之，藏文中并没有独立的前加字、后加字、再后加字、上加字和下加字，它们都是从 30 个辅音字母中派生的。因此，在最初的藏文拼写形式文法中，我们不用独立的字符表示藏文的前加字、后加字、再后加字、上加字和下加字，并将这种藏文拼写形式文法称为藏文拼写形式文法 1。

1. 藏文拼写结构 1

藏文拼写形式文法 G_1：藏文基字与元音字符拼写形式文法 G_1 是一个四元组 (V_T, V_N, S_1, P)。

① 终结符

$$V_T = V_B \bigcup V_o$$

其中，$V_B = \{b_1, b_2, \cdots, b_{35}\}$，其元素对应藏文辅音字符；$V_o = \{i, u, e, o, a\}$，其元素对应藏文元音字符。

② 非终结符集合

$$V_N = \{S_1, B_{1,1}, B_{1,2}\}$$

③ S_1 为 V_N 中的非终结符，且为起始符号。

④ 文法 G_1 的产生式集合

$$P = \{S_1 \rightarrow b_1 | b_2 | b_3 | b_4 | b_5 | \cdots | b_{30} | b_{31} | b_{32} | b_{33} | b_{34} | b_{35}$$

$$S_1 \rightarrow b_1 B_{1,1} | b_2 B_{1,1} | b_3 B_{1,1} | b_4 B_{1,1} | b_5 B_{1,1} | \cdots | b_{30} B_{1,1}$$

$$S_1 \rightarrow b_{31} B_{1,2} | b_{32} B_{1,2} | b_{33} B_{1,2} | b_{34} B_{1,2} | b_{35} B_{1,2}$$

$$B_{1,1} \rightarrow i | u | e | o | a$$

$$B_{1,2} \rightarrow i | u | e | o \}$$

由文法 $G_1 = (V_T, V_N, S_1, P)$ 生成的所有句子的集合就是由文法 G_1 生成的语言，即 $L(G_1) = \{w \in V_T^+ : S_1 \overset{*}{\Rightarrow} w\}$。该语言所有句子的集合就是文法 G_1 定义的藏文字，如 b_4（ཀ）、$b_{16}i$（ཐི）等。我们可以按照 3.2.2 节介绍的方法构造一个接受语言 $L(G_1)$ 的 FA，该 FA 是 NFA。接受语言 $L(G_1)$ 的 NFA M 的状态转移图如图 7-29 所示。

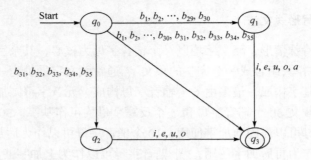

图 7-29　NFA M 的状态转移图

$$\Sigma = V_T$$
$$Q = V_N \bigcup \{q_3\}$$
$$q_0 = S_1$$
$$F = \{q_3\}$$

状态转移函数 δ 为

$$\delta(q_0, b_1) = \{q_1, q_3\}$$
$$\delta(q_0, b_2) = \{q_1, q_3\}$$
$$\delta(q_0, b_3) = \{q_1, q_3\}$$
$$\cdots$$
$$\delta(q_0, b_{30}) = \{q_1, q_3\}$$
$$\delta(q_1, i) = q_3$$
$$\delta(q_1, u) = q_3$$
$$\delta(q_1, e) = q_3$$
$$\delta(q_1, o) = q_3$$
$$\delta(q_1, a) = q_3$$
$$\delta(q_0, b_{31}) = \{q_2, q_3\}$$
$$\delta(q_0, b_{32}) = \{q_2, q_3\}$$
$$\delta(q_0, b_{33}) = \{q_2, q_3\}$$
$$\delta(q_0, b_{34}) = \{q_2, q_3\}$$
$$\delta(q_0, b_{35}) = \{q_2, q_3\}$$
$$\delta(q_2, i) = q_3$$
$$\delta(q_2, u) = q_3$$

$$\delta(q_2, e) = q_3$$

$$\delta(q_2, o) = q_3$$

根据对正规文法及其相应自动机的介绍，我们知道 DFA 与 NFA 是等价的，如果 $L(G)$ 是 NFA 接受的语言，则存在一个 DFA 也能够接受 $L(G)$。因此，我们可以通过下述方法[35]将该 NFA 转化成等价的 DFA。首先设 NFA $M_N = (\varSigma, Q_N, \delta_N, q_0, F_N)$；DFA $M_D = (\varSigma, Q_D, \delta_D, q_0, F_D)$；NFA M_N 的状态转移图为 G_N；DFA M_D 的状态转移图为 G_D。

第一步，若 G_N 的初态(顶点)为 $\{q_0\}$，则从顶点 $\{q_0\}$ 开始构造 G_D。

第二步，重复如下步骤，直到不再有新的状态加入 G_D。

① 取 G_D 的一个顶点 $\{q_i, q_j, \cdots, q_k\}$，该顶点没有标记为 $x \in \varSigma$ 的输出边。

② 在 G_N 中计算 $\delta^*(q_i, x), \delta^*(q_j, x), \cdots, \delta^*(q_k, x)$。

③ 根据这些 δ^* 的并集得到集合 $\{q_l, q_m, \cdots, q_n\}$。

④ 若 G_D 中不存在标记为 $\{q_l, q_m, \cdots, q_n\}$ 的顶点，那么在 G_D 中增加一个标记为 $\{q_l, q_m, \cdots, q_n\}$ 的顶点。

⑤ 在 G_D 中增加一条从 $\{q_i, q_j, \cdots, q_k\}$ 到 $\{q_l, q_m, \cdots, q_n\}$ 的边，并标记为 x。

第三步，对于 G_D 中的每一个标记包含 $q_f \in F_N$ 的状态，都把它作为 G_D 的终态。

① 从顶点 $\{q_0\}$ 开始构造 G_D。

取 G_D 的顶点 $\{q_0\}$，该顶点没有标记为 $b_1 \in \varSigma$ 的输出边。

在 G_N 中计算 $\delta^*(q_0, b_1)$。

根据 δ^* 的并集得到集合 $\{q_1, q_3\}$。

因为在 G_D 中不存在标记为 $\{q_1, q_3\}$ 的顶点，那么在 G_D 中增加一个标记为 $\{q_1, q_3\}$ 的顶点。

在 G_D 中增加一条从 $\{q_0\}$ 到 $\{q_1, q_3\}$ 的边，并标记为 b_1。

类似地处理输入符号 $b_i \in \varSigma (i = 2, 3, \cdots, 30)$。构造边的示意图如图 7-30 所示。

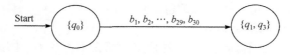

图 7-30　构造边($\{q_0\}$，$\{q_1, q_3\}$)的示意图

② 取 G_D 的顶点 $\{q_0\}$，该顶点没有标记为 $b_{31} \in \varSigma$ 的输出边。

在 G_N 中计算 $\delta^*(q_0, b_{31})$，根据 δ^* 的并集得到集合 $\{q_2, q_3\}$。因为在 G_D 中不存在标记为 $\{q_2, q_3\}$ 的顶点，那么在 G_D 中增加一个标记为 $\{q_2, q_3\}$ 的顶点。在 G_D 中增加一条从 $\{q_0\}$ 到 $\{q_2, q_3\}$ 的边，并标记为 b_{31}。类似地，处理输入符号 $b_i \in \varSigma$，$i = 32, 33, 34, 35$，如图 7-31 所示。

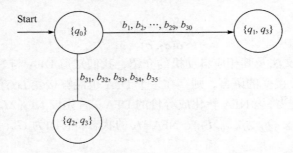

图 7-31　构造边({q_0}，{q_2,q_3})的示意图

③ 取 G_D 的顶点{q_2, q_3}，该顶点没有标记为 $i \in \Sigma$ 的输出边。

在 G_N 中计算 $\delta^*(q_2, i) = \{q_3\}$，$\delta^*(q_3, i) = \phi$。

根据 δ^* 的并集得到集合{q_3}。

如果在 G_D 中不存在标记为{q_3}的顶点，那么在 G_D 中增加一个标记为{q_3}的顶点。

在 G_D 中增加一条从{q_2, q_3}到{q_3}的边，并标记为 i。

类似地，处理输入符号 $u \in \Sigma$，$e \in \Sigma$，$o \in \Sigma$，如图 7-32 所示。

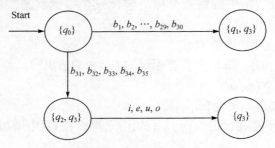

图 7-32　构造边({q_2,q_3}，{q_3})的示意图

④ 取 G_D 的顶点{q_1, q_3}，该顶点没有标记为 $i \in \Sigma$ 的输出边。

在 G_N 中计算 $\delta^*(q_1, i) = \{q_3\}$，$\delta^*(q_3, i) = \phi$。

根据 δ^* 的并集得到集合{q_3}。

如果在 G_D 中已经有标记为{q_3}的顶点，那么不再在 G_D 中增加标记为{q_3}的顶点。

在 G_D 中增加一条从{q_1, q_3}到{q_3}的边，并标记为 i。

类似地，处理输入符号 $u \in \Sigma$，$e \in \Sigma$，$o \in \Sigma$，$a \in \Sigma$，如图 7-33 所示。

⑤ 将 G_D 中的每一个标记包含 $q_f \in F_N$ 的状态{q_1, q_3}，{q_2, q_3}，{q_3}，都把它作为 G_D 的终态。

转化后的 DFA M_1 的状态转移图如图 7-34 所示。函数 $\delta(q, x) = q'$，其中 q，q'

$\in Q$，$x \in \Sigma$，表示自动机在状态 q 时，若输入符号为 x，则自动机 M_1 进入一个确定的状态 q'。

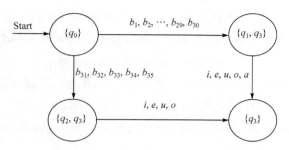

图 7-33　构造边$(\{q_1, q_3\}, \{q_3\})$的示意图

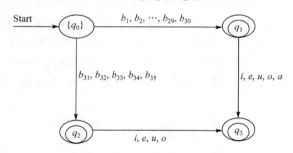

图 7-34　DFA M_1 的状态转移图

　　类似地，接受语言 $L(G_2)$、$L(G_3)$、$L(G_4)$、$L(G_5)$、$L(G_6)$、$L(G_7)$和$L(G_{26})$的 FA 是 NFA，我们可以通过上述方法将这些 NFA 转化成等价的 DFA，直接给出接受 $L(G_2)$、$L(G_3)$、$L(G_4)$、$L(G_5)$、$L(G_6)$、$L(G_7)$和$L(G_{26})$的 DFA M 状态转移图。

2. 藏文拼写结构 2

　　藏文拼写形式文法 G_2：藏文上加字、基字及元音拼写形式文法 G_2 是一个四元组(V_T, V_N, S_2, P)。

　　① 终结符

$$V_T = V_B \cup V_o$$

其中，$V_B = \{b_1, b_3, b_4, b_5, b_7, b_8, b_9, b_{11}, b_{12}, b_{13}, b_{15}, b_{16}, b_{17}, b_{19}, b_{25}, b_{26}, b_{28}, b_{29}\}$，其元素对应藏文辅音字符；$V_o = \{i, u, e, o\}$，其元素对应藏文元音字符。

　　② 非终结符集合

$$V_N = \{S_2, B_{2,1}, B_{2,2}, B_{2,3}, B_{2,4}\}$$

　　③ S_2 为 V_N 中的一个非终结符，且为起始符号。

④ 文法 G_2 的产生式集合

$$P=\{S_2 \rightarrow b_{25}B_{2,1}|b_{26}B_{2,2}|b_{28}B_{2,3},$$

$$B_{2,1} \rightarrow b_1|b_3|b_4|b_7|b_8|b_9|b_{11}|b_{12}|b_{15}|b_{16}|b_{17}|b_{19},$$

$$B_{2,1} \rightarrow b_1B_{2,4}|b_3B_{2,4}|b_4B_{2,4}|b_7B_{2,4}|b_8B_{2,4}|b_9B_{2,4}|b_{11}B_{2,4}|b_{12}B_{2,4}|b_{15}B_{2,4}|b_{16}B_{2,4}|b_{17}B_{2,4}| b_{19}B_{2,4},$$

$$B_{2,2} \rightarrow b_1|b_3|b_4|b_5|b_7|b_9|b_{11}|b_{13}|b_{15}|b_{29},$$

$$B_{2,2} \rightarrow b_1B_{2,4}|b_3B_{2,4}|b_4B_{2,4}|b_5B_{2,4}|b_7B_{2,4}|b_9B_{2,4}|b_{11}B_{2,4}|b_{13}B_{2,4}|b_{15}B_{2,4}|b_{29}B_{2,4},$$

$$B_{2,3} \rightarrow b_1|b_3|b_4|b_8|b_9|b_{11}|b_{12}|b_{13}|b_{15}|b_{16}|b_{17},$$

$$B_{2,3} \rightarrow b_1B_{2,4}|b_3B_{2,4}|b_4B_{2,4}|b_8B_{2,4}|b_9B_{2,4}|b_{11}B_{2,4}|b_{12}B_{2,4}|b_{13}B_{2,4}|b_{15}B_{2,4}|b_{16}B_{2,4}|b_{17}B_{2,4},$$

$$B_{2,4} \rightarrow i|u|e|o\}$$

由文法 $G_2=(V_T, V_N, S_2, P)$ 生成的所有句子的集合就是由文法 G_2 生成的语言，即 $L(G_2)=\{w \in V_T^+: S_2 \overset{*}{\Rightarrow} w\}$。该语言所有句子的集合就是文法 G_2 定义的藏文字，如 $b_{26}b_4$（ ꪀ ）、$b_{28}b_3o$（ ꪁ ）等。接受语言 $L(G)$ 的 FA 是 NFA $M_2=(\Sigma, Q, \delta, q_0, F)$，转化后的 DFA M_2 的状态转移图如图 7-35 所示。函数 $\delta(q, x)=q'$，其中 $q, q' \in Q$，$x \in \Sigma$，表示自动机在状态 q 时，若输入符号为 x，则自动机 M_2 进入一个确定的状态 q'。

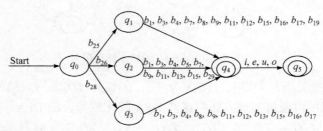

图 7-35　DFA M_2 的状态转移图

3. 藏文拼写结构 3

藏文拼写形式文法 G_3：藏文基字、下加字及元音字符拼写形式文法 G_3 是一个四元组 (V_T, V_N, S_3, P)。

① 终结符

$$V_T=V_B \cup V_o$$

其中，$V_B=\{b_1,b_2,b_3,b_8,b_9,b_{10},b_{11},b_{13},b_{14},b_{15},b_{16},b_{18},b_{20},b_{21},b_{22},b_{24},b_{25},b_{26},b_{27},b_{28},b_{29}\}$，其元素对应藏文辅音字符；$V_o=\{i,u,e,o\}$，其元素对应藏文元音字符。

② 非终结符集合

$$V_N=\{S_3,B_{3,1},B_{3,2},B_{3,3},B_{3,4},B_{3,5},B_{3,6},B_{3,7},B_{3,8},B_{3,9},B_{3,10}\}$$

③ S_3 为 V_N 中的一个非终结符，且为起始符号。

④ 文法 G_3 的产生式集合

$$P=\{S_3 \rightarrow b_1 B_{3,1}|b_3 B_{3,1},$$

$$S_3 \rightarrow b_2 B_{3,2},$$

$$S_3 \rightarrow b_{11} B_{3,3}|b_{29} B_{3,3},$$

$$S_3 \rightarrow b_8 B_{3,4}|b_{18} B_{3,4}|b_{21} B_{3,4}|b_{26} B_{3,4}|b_{27} B_{3,4},$$

$$S_3 \rightarrow b_9 B_{3,5}|b_{10} B_{3,5},$$

$$S_3 \rightarrow b_{13} B_{3,6}|b_{14} B_{3,6}|b_{16} B_{3,6},$$

$$S_3 \rightarrow b_{22} B_{3,7}|b_{25} B_{3,7},$$

$$S_3 \rightarrow b_{28} B_{3,8},$$

$$S_3 \rightarrow b_{15} B_{3,9},$$

$$B_{3,1} \rightarrow b_{20}|b_{24}|b_{25}|b_{26},$$

$$B_{3,1} \rightarrow b_{20} B_{3,10}|b_{24} B_{3,10}|b_{25} B_{3,10}|b_{26} B_{3,10},$$

$$B_{3,2} \rightarrow b_{20}|b_{24}|b_{25},$$

$$B_{3,2} \rightarrow b_{20} B_{3,10}|b_{24} B_{3,10}|b_{25} B_{3,10},$$

$$B_{3,3} \rightarrow b_{20}|b_{25},$$

$$B_{3,3} \rightarrow b_{20} B_{3,10}|b_{25} B_{3,10},$$

$$B_{3,4} \rightarrow b_{20},$$

$$B_{3,4} \rightarrow b_{20} B_{3,10},$$

$$B_{3,5} \rightarrow b_{25},$$

$$B_{3,5} \rightarrow b_{25} B_{3,10},$$

$$B_{3,6} \rightarrow b_{24}|b_{25},$$

$$B_{3,6} \rightarrow b_{24} B_{3,10}|b_{25} B_{3,10},$$

$$B_{3,7} \rightarrow b_{20}|b_{26},$$

$$B_{3,7} \rightarrow b_{20} B_{3,10}|b_{26} B_{3,10},$$

$$B_{3,8} \rightarrow b_{20}|b_{25}|b_{26},$$

$$B_{3,8} \rightarrow b_{20} B_{3,10}|b_{25} B_{3,10}|b_{26} B_{3,10},$$

$$B_{3,9} \rightarrow b_{24}|b_{25}|b_{26},$$

$$B_{3,9} \rightarrow b_{24} B_{3,10}|b_{25} B_{3,10}|b_{26} B_{3,10},$$

$$B_{3,10} \rightarrow i|u|e|o\}$$

由文法 $G_3=(V_T, V_N, S_3, P)$ 生成的所有句子的集合就是由文法 G_3 生成的语言，即 $L(G_3)=\{w \in V_T^+: S_3 \overset{*}{\Rightarrow} w\}$。该语言所有句子的集合就是文法 G_3 定义的藏文字，如 $b_3 b_{26}$（ཀྱ）、$b_{11} b_{25} i$（ཉི）等。接受语言 $L(G)$ 的 FA 是 NFA $M_3=(\Sigma, Q, \delta, q_0, F)$，转化后的 DFA M_3 的状态转移图如图 7-36 所示。函数 $\delta(q, x)=q'$，其中 $q, q' \in Q$，

$x \in \Sigma$，表示自动机在状态 q 时，若输入符号为 x，则自动机 M_3 进入确定的状态 q'。

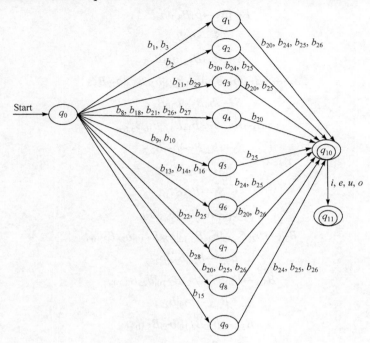

图 7-36 DFA M_3 的状态转移图

4. 藏文拼写结构 4

藏文拼写形式文法 G_4：上加字、藏文基字、下加字及元音字符拼写形式文法 G_4 是一个四元组 $(V_T,\ V_N,\ S_4,\ P)$。

① 终结符

$$V_T = V_B \cup V_o$$

其中，$V_B = \{b_1, b_3, b_{12}, b_{13}, b_{15}, b_{16}, b_{17}, b_{20}, b_{24}, b_{25}, b_{28}\}$，其元素对应藏文辅音字符；$V_o = \{i, u, e, o\}$，其元素对应藏文元音字符。

② 非终结符集合

$$V_N = \{S_4, B_{4,1}, B_{4,2}, B_{4,3}, B_{4,4}, B_{4,5}, B_{4,6}, B_{4,7}\}$$

③ S_4 为 V_N 中的一个非终结符，且为起始符号。

④ 文法 G_4 的产生式集合

$$P = \{S_4 \rightarrow b_{25}B_{4,1},$$

$$S_4 \rightarrow b_{28}B_{4,2},$$

$$B_{4,1} \rightarrow b_1 B_{4,3} | b_3 B_{4,3} | b_{16} B_{4,3},$$

$$B_{4,1} \rightarrow b_{17} B_{4,4},$$

$$B_{4,2} \rightarrow b_1 B_{4,5} | b_3 B_{4,5} | b_{13} B_{4,5} | b_{15} B_{4,5} | b_{16} B_{4,5},$$

$$B_{4,2} \rightarrow b_{12} B_{4,6},$$

$$B_{4,3} \rightarrow b_{24},$$

$$B_{4,3} \rightarrow b_{24} B_{4,7},$$

$$B_{4,4} \rightarrow b_{20},$$

$$B_{4,4} \rightarrow b_{20} B_{4,7},$$

$$B_{4,5} \rightarrow b_{24} | b_{25},$$

$$B_{4,5} \rightarrow b_{24} B_{4,7} | b_{25} B_{4,7},$$

$$B_{4,6} \rightarrow b_{25},$$

$$B_{4,6} \rightarrow b_{25} B_{4,7},$$

$$B_{4,7} \rightarrow i | u | e | o \}$$

　　由文法 $G_4 = (V_T, V_N, S_4, P)$ 生成的所有句子的集合就是由文法 G_4 生成的语言，即 $L(G_4) = \{w \in V_T^+ : S_4 \overset{*}{\Rightarrow} w\}$。该语言所有句子的集合就是文法 G_4 定义的藏文字，如 $b_{28} b_1 b_{25}$（ 몌 ）、$b_{25} b_3 b_{24} u$（ 믈 ）等。接受语言 $L(G)$ 的 FA 是 NFA $M_4 = (\Sigma, Q, \delta, q_0, F)$，转化后的 DFA M_4 的状态转移图如图 7-37 所示。函数 $\delta(q, x) = q'$，其中 $q, q' \in Q$，$x \in \Sigma$，表示自动机在状态 q 时，若输入符号为 x，则自动机 M_4 进入一个确定的状态 q'。

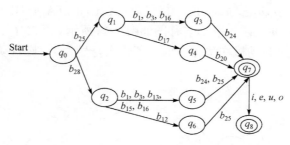

图 7-37　DFA M_4 的状态转移图

5. 藏文拼写结构 5

　　藏文拼写形式文法 G_5：藏文前加字、上加字、基字及元音字符拼写形式文法 G_5 是一个四元组 (V_T, V_N, S_5, P)。

　　(1) 终结符

$$V_T = V_B \cup V_o$$

其中，$V_B=\{b_1,b_3,b_4,b_7,b_8,b_9,b_{11},b_{12},b_{15},b_{17},b_{19},b_{25},b_{26},b_{28}\}$，其元素对应藏文辅音字符；$V_o=\{i,u,e,o\}$，其元素对应藏文元音字符。

(2) 非终结符集合

$$V_N=\{S_5,B_{5,1},B_{5,2},B_{5,3},B_{5,4},B_{5,5}\}$$

(3) S_5 为 V_N 中的一个非终结符，且为起始符号。

(4) 文法 G_5 的产生式集合

$$P=\{S_5{\rightarrow}b_{15}B_{5,1},$$

$$B_{5,1}{\rightarrow}b_{28}B_{5,2},$$

$$B_{5,1}{\rightarrow}b_{26}B_{5,3},$$

$$B_{5,1}{\rightarrow}b_{25}B_{5,4},$$

$$B_{5,2}{\rightarrow}b_1|b_3|b_4|b_8|b_9|b_{11}|b_{12}|b_{17},$$

$$B_{5,2}{\rightarrow}b_1B_{5,5}|b_3B_{5,5}|b_4B_{5,5}|b_8B_{5,5}|b_9B_{5,5}|b_{11}B_{5,5}|b_{12}B_{5,5}|b_{17}B_{5,5},$$

$$B_{5,3}{\rightarrow}b_9|b_{11},$$

$$B_{5,3}{\rightarrow}b_9B_{5,5}|b_{11}B_{5,5},$$

$$B_{5,4}{\rightarrow}b_1|b_3|b_4|b_7|b_8|b_9|b_{11}|b_{12}|b_{17}|b_{19},$$

$$B_{5,4}{\rightarrow}b_1B_{5,5}|b_3B_{5,5}|b_4B_{5,5}|b_7B_{5,5}|b_8B_{5,5}|b_9B_{5,5}|b_{11}B_{5,5}|b_{12}B_{5,5}|b_{17}B_{5,5}|b_{19}B_{5,5},$$

$$B_{5,5}{\rightarrow}i|u|e|o\}$$

由文法 $G_5=(V_T,V_N,S_5,P)$ 生成的所有句子的集合就是由文法 G_5 生成的语言，即 $L(G_5)=\{w{\in}V_T^+:S_5\overset{*}{\Rightarrow}w\}$。该语言所有句子的集合就是文法 G_5 定义的藏文字，如 $b_{15}b_{25}b_{11}$（ᄆᅕ）、$b_{15}b_{25}b_{17}i$（ᄆᅓ）等。接受语言 $L(G_5)$ 的 FA 是 NFA $M_5=(\Sigma,Q,\delta,q_0,F)$，转化后的 DFA M_5 的状态转移图如图 7-38 所示。函数 $\delta(q,x)=q'$，其中 q，$q'{\in}Q$，$x{\in}\Sigma$，表示自动机在状态 q 时，若输入符号为 x，则自动机 M_5 进入一个确定的状态 q'。

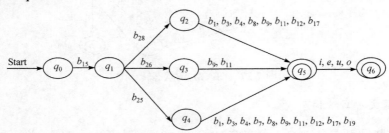

图 7-38　DFA M_5 的状态转移图

6. 藏文拼写结构 6

藏文拼写形式文法 G_6：藏文前加字、基字、下加字及元音字符拼写形式文法

G_6 是一个四元组 (V_T, V_N, S_6, P)。

① 终结符

$$V_T = V_B \cup V_o$$

其中，$V_B = \{b_1, b_2, b_3, b_{11}, b_{13}, b_{14}, b_{15}, b_{16}, b_{22}, b_{23}, b_{24}, b_{25}, b_{26}, b_{28}\}$，其元素对应藏文辅音字符；$V_o = \{i, u, e, o\}$，其元素对应藏文元音字符。

② 非终结符集合

$$V_N = \{S_6, B_{6,1}, B_{6,2}, B_{6,3}, B_{6,4}, B_{6,5}, B_{6,6}, B_{6,7}, B_{6,8}, B_{6,9}, B_{6,10}, B_{6,11}\}$$

③ S_6 为 V_N 中的一个非终结符，且为起始符号。

④ 文法 G_6 的产生式集合

$$P = \{ S_6 \rightarrow b_{11}B_{6,1} | b_{15}B_{6,2} | b_{16}B_{6,3} | b_{23}B_{6,4},$$
$$B_{6,1} \rightarrow b_{16}B_{6,5},$$
$$B_{6,1} \rightarrow b_1B_{6,9} | b_3B_{6,9} | b_{13}B_{6,9} | b_{15}B_{6,9},$$
$$B_{6,2} \rightarrow b_1B_{6,6},$$
$$B_{6,2} \rightarrow b_{22}B_{6,7} | b_{25}B_{6,7},$$
$$B_{6,2} \rightarrow b_{28}B_{6,8},$$
$$B_{6,2} \rightarrow b_3B_{6,9},$$
$$B_{6,3} \rightarrow b_2B_{6,9} | b_3B_{6,9},$$
$$B_{6,4} \rightarrow b_2B_{6,9} | b_3B_{6,9} | b_{14}B_{6,9} | b_{15}B_{6,9},$$
$$B_{6,4} \rightarrow b_{11}B_{6,10},$$
$$B_{6,5} \rightarrow b_{24},$$
$$B_{6,5} \rightarrow b_{24}B_{6,11},$$
$$B_{6,6} \rightarrow b_{24} | b_{25} | b_{26},$$
$$B_{6,6} \rightarrow b_{24}B_{6,11} | b_{25}B_{6,11} | b_{26}B_{6,11},$$
$$B_{6,7} \rightarrow b_{26},$$
$$B_{6,7} \rightarrow b_{26}B_{6,11},$$
$$B_{6,8} \rightarrow b_{25} | b_{26},$$
$$B_{6,8} \rightarrow b_{25}B_{6,11} | b_{26}B_{6,11},$$
$$B_{6,9} \rightarrow b_{24} | b_{25},$$
$$B_{6,9} \rightarrow b_{24}B_{6,11} | b_{25}B_{6,11},$$
$$B_{6,10} \rightarrow b_{25},$$
$$B_{6,10} \rightarrow b_{25}B_{6,11},$$
$$B_{6,11} \rightarrow i | u | e | o \}$$

由文法 $G_6 = (V_T, V_N, S_6, P)$ 生成的所有句子的集合就是由文法 G_6 生成的语言，即 $L(G_6) = \{w \in V_T^+ : S_6 \overset{*}{\Rightarrow} w\}$。该语言所有句子的集合就是文法 G_6 定义的藏文字，

如 $b_{15}b_1b_{25}$(ᰫ)、$b_{23}b_{11}b_{25}i$(ᰫ)等。接受语言 $L(G_6)$的 FA 是 NFA M_6=(Σ，Q，δ，q_0，F)，转化后的 DFA M_6 的状态转移图如图 7-39 所示。函数 $\delta(q, x)=q'$，其中 q，$q' \in Q$，$x \in \Sigma$，表示自动机在状态 q 时，若输入符号为 x，则自动机 M_6 进入一个确定的状态 q'。

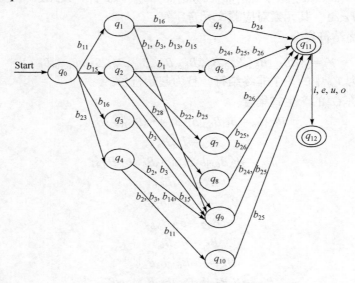

图 7-39　DFA M_6 的状态转移图

7. 藏文拼写结构 7

藏文拼写形式文法 G_7：藏文前加字、上加字、基字、下加字及元音字符拼写形式文法 G_7 是一个四元组(V_T，V_N，S_7，P)。

① 终结符

$$V_T=V_B \cup V_o$$

其中，$V_B=\{b_1,b_3,b_{15},b_{24},b_{25},b_{28}\}$，其元素对应藏文辅音字符；$V_o=\{i,u,e,o\}$，其元素对应藏文元音字符。

② 非终结符集合

$$V_N=\{S_7,B_{7,1},B_{7,2},B_{7,3},B_{7,4},B_{7,5},B_{7,6}\}$$

③ S_7 为 V_N 中的一个非终结符，且为起始符号。

④ 文法 G_7 的产生式集合

$$P=\{S_7 \rightarrow b_{15}B_{7,1},$$
$$B_{7,1} \rightarrow b_{28}B_{7,2},$$
$$B_{7,1} \rightarrow b_{25}B_{7,3},$$

$$B_{7,2} \rightarrow b_1 B_{7,4} | b_3 B_{7,4},$$
$$B_{7,3} \rightarrow b_1 B_{7,5} | b_3 B_{7,5},$$
$$B_{7,4} \rightarrow b_{24} | b_{25},$$
$$B_{7,4} \rightarrow b_{24} B_{7,6} | b_{25} B_{7,6},$$
$$B_{7,5} \rightarrow b_{24},$$
$$B_{7,5} \rightarrow b_{24} B_{7,6},$$
$$B_{7,6} \rightarrow i | u | e | o\}$$

由文法 $G_7=(V_T, V_N, S_7, P)$ 生成的所有句子的集合就是由文法 G_7 生成的语言，即 $L(G_7)=\{w \in V_T^+: S_7 \stackrel{*}{\Rightarrow} w\}$。该语言所有句子的集合就是文法 G_7 定义的藏文字，如 $b_{15}b_{25}b_3b_{24}$（ ）、$b_{15}b_{28}b_1b_{24}i$（ ）等。接受语言 $L(G_7)$ 的 FA 是 NFA $M_7=(\varSigma, Q, \delta, q_0, F)$。转化后的 DFA M_7 的状态转移图如图 7-40 所示。函数 $\delta(q, x)=q'$，其中 $q, q' \in Q, x \in \varSigma$，表示自动机在状态 q 时，若输入符号为 x，则自动机 M_7 进入一个确定的状态 q'。

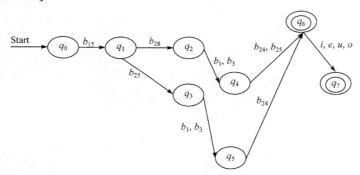

图 7-40　DFA M_7 的状态转移图

8. 藏文拼写结构 8

藏文拼写形式文法 G_8：藏文前加字、基字及元音字符拼写形式文法 G_8 是一个四元组 (V_T, V_N, S_8, P)。

① 终结符

$$V_T = V_B \cup V_o$$

其中，$V_B = \{b_1, b_2, b_3, b_4, b_5, b_6, b_7, b_8, b_9, b_{10}, b_{11}, b_{12}, b_{13}, b_{14}, b_{15}, b_{16}, b_{17}, b_{18}, b_{19}, b_{21}, b_{22}, b_{23}, b_{24}, b_{27}, b_{28}\}$，其元素对应藏文辅音字符；$V_o = \{i, u, e, o\}$，其元素对应藏文元音字符。

② 非终结符集合

$$V_N = \{S_8, B_{8,1}, B_{8,2}, B_{8,3}, B_{8,4}, B_{8,5}, B_{8,6}\}$$

③ S_8 为 V_N 中的一个非终结符，且为起始符号。

④ 文法 G_8 的产生式集合

$$P=\{S_8 \rightarrow b_3B_{8,1}|b_{11}B_{8,2}|b_{15}B_{8,3}|b_{16}B_{8,4}|b_{23}B_{8,5},$$

$$B_{8,1} \rightarrow b_5B_{8,6}|b_8B_{8,6}|b_9B_{8,6}|b_{11}B_{8,6}|b_{12}B_{8,6}|b_{17}B_{8,6}|b_{21}B_{8,6}|b_{22}B_{8,6}|b_{24}B_{8,6}|b_{27}B_{8,6}|b_{28}B_{8,6},$$

$$B_{8,2} \rightarrow b_1B_{8,6}|\ b_3B_{8,6}|b_4B_{8,6}|\ b_{13}B_{8,6}|\ b_{15}B_{8,6}|b_{16}B_{8,6},$$

$$B_{8,3} \rightarrow b_1B_{8,6}|b_3B_{8,6}|b_5B_{8,6}|b_9B_{8,6}|b_{11}B_{8,6}|b_{17}B_{8,6}|b_{21}B_{8,6}|b_{22}B_{8,6}|b_{27}B_{8,6}|b_{28}B_{8,6},$$

$$B_{8,4} \rightarrow b_2B_{8,6}|b_3B_{8,6}|b_4B_{8,6}|b_6B_{8,6}|b_7B_{8,6}|b_8B_{8,6}|b_{10}B_{8,6}|b_{11}B_{8,6}|b_{12}B_{8,6}|b_{18}B_{8,6}|b_{19}B_{8,6},$$

$$B_{8,5} \rightarrow b_2B_{8,6}|\ b_3B_{8,6}|b_6B_{8,6}|b_7B_{8,6}|b_{10}B_{8,6}|b_{11}B_{8,6}|b_{14}B_{8,6}|b_{15}B_{8,6}|b_{18}B_{8,6}|b_{19}B_{8,6},$$

$$B_{8,6} \rightarrow i|u|e|o\}$$

由文法 $G_8=(V_T,V_N,S_8,P)$ 生成的所有句子的集合就是由文法 G_8 生成的语言，即 $L(G_8)=\{w \in V_T^+: S_8 \overset{*}{\Rightarrow} w\}$。该语言所有句子的集合就是文法 G_8 定义的藏文字，如 $b_{15}b_5u$（ ）、$b_{15}b_{21}i$（ ）等。接受语言 $L(G_8)$ 的 DFA M_8 的状态转移图如图 7-41 所示。函数 $\delta(q, x)=q'$，其中 $q, q' \in Q$，$x \in \Sigma$，表示在状态 q 时，若输入符号为 x，则自动机 M_8 进入一个确定的状态 q'。

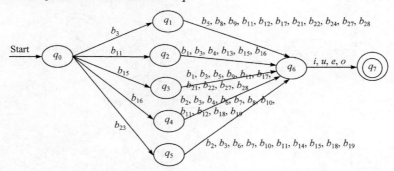

图 7-41　DFA M_8 的状态转移图

9. 藏文拼写结构 9

藏文拼写形式文法 G_9：藏文前加字、基字、元音字符及后加字拼写形式文法 G_9 是一个四元组 (V_T, V_N, S_9, P)。

① 终结符

$$V_T=V_B \cup V_o$$

其中，$V_B=\{b_1,b_2,b_3,b_4,b_5,b_6,b_7,b_8,b_9,b_{10},b_{11},b_{12},b_{13},b_{14},b_{15},b_{16},b_{17},b_{18},b_{19},b_{21},b_{22},b_{23},b_{24},b_{25},b_{26},b_{27},b_{28}\}$，其元素对应藏文辅音字符；$V_o=\{i,u,e,o\}$，其元素对应藏文元音字符。

② 非终结符集合

$$V_N=\{S_9,B_{9,1},B_{9,2},B_{9,3},B_{9,4},B_{9,5},B_{9,6},B_{9,7}\}$$

③ S_9 为 V_N 中的一个非终结符，且为起始符号。

④ 文法 G_9 的产生式集合

$$P=\{S_9 \rightarrow b_3 B_{9,1}|b_{11} B_{9,2}|b_{15} B_{9,3}|b_{16} B_{9,4}|b_{23} B_{9,5},$$

$$B_{9,1} \rightarrow b_5 B_{9,7}|b_8 B_{9,7}|b_9 B_{9,7}|b_{11} B_{9,7}|b_{12} B_{9,7}|b_{17} B_{9,7}|b_{21} B_{9,7}|b_{22} B_{9,7}|b_{24} B_{9,7}|b_{27} B_{9,7}|b_{28} B_{9,7},$$

$$B_{9,1} \rightarrow b_5 B_{9,6}|b_8 B_{9,6}|b_9 B_{9,6}|b_{11} B_{9,6}|b_{12} B_{9,6}|b_{17} B_{9,6}|b_{21} B_{9,6}|b_{22} B_{9,6}|b_{24} B_{9,6}|b_{27} B_{9,6}|b_{28} B_{9,6},$$

$$B_{9,2} \rightarrow b_1 B_{9,7}|b_3 B_{9,7}|b_4 B_{9,7}|b_{13} B_{9,7}|b_{15} B_{9,7}|b_{16} B_{9,7},$$

$$B_{9,2} \rightarrow b_1 B_{9,6}|b_3 B_{9,6}|b_4 B_{9,6}|b_{13} B_{9,6}|b_{15} B_{9,6}|b_{16} B_{9,6},$$

$$B_{9,3} \rightarrow b_1 B_{9,7}|b_3 B_{9,7}|b_5 B_{9,7}|b_9 B_{9,7}|b_{11} B_{9,7}|b_{17} B_{9,7}|b_{21} B_{9,7}|b_{22} B_{9,7}|b_{27} B_{9,7}|b_{28} B_{9,7},$$

$$B_{9,3} \rightarrow b_1 B_{9,6}|b_3 B_{9,6}|b_5 B_{9,6}|b_9 B_{9,6}|b_{11} B_{9,6}|b_{17} B_{9,6}|b_{21} B_{9,6}|b_{22} B_{9,6}|b_{27} B_{9,6}|b_{28} B_{9,6},$$

$$B_{9,4} \rightarrow b_2 B_{9,7}|b_3 B_{9,7}|b_4 B_{9,7}|b_6 B_{9,7}|b_7 B_{9,7}|b_8 B_{9,7}|b_{10} B_{9,7}|b_{11} B_{9,7}|b_{12} B_{9,7}|b_{18} B_{9,7}|b_{19} B_{9,7},$$

$$B_{9,4} \rightarrow b_2 B_{9,6}|b_3 B_{9,6}|b_4 B_{9,6}|b_6 B_{9,6}|b_7 B_{9,6}|b_8 B_{9,6}|b_{10} B_{9,6}|b_{11} B_{9,6}|b_{12} B_{9,6}|b_{18} B_{9,6}|b_{19} B_{9,6},$$

$$B_{9,5} \rightarrow b_2 B_{9,7}|b_3 B_{9,7}|b_6 B_{9,7}|b_7 B_{9,7}|b_{10} B_{9,7}|b_{11} B_{9,7}|b_{14} B_{9,7}|b_{15} B_{9,7}|b_{18} B_{9,7}|b_{19} B_{9,7},$$

$$B_{9,5} \rightarrow b_2 B_{9,6}|b_3 B_{9,6}|b_6 B_{9,6}|b_7 B_{9,6}|b_{10} B_{9,6}|b_{11} B_{9,6}|b_{14} B_{9,6}|b_{15} B_{9,6}|b_{18} B_{9,6}|b_{19} B_{9,6},$$

$$B_{9,6} \rightarrow i B_{9,7}|u B_{9,7}|e B_{9,7}|o B_{9,7},$$

$$B_{9,7} \rightarrow b_3|b_4|b_{11}|b_{12}|b_{15}|b_{16}|b_{23}|b_{25}|b_{26}|b_{28}\}$$

由文法 $G_9=(V_T, V_N, S_9, P)$ 生成的所有句子的集合就是由文法 G_9 生成的语言，即 $L(G_9)=\{w \in V_T^+: S_9 \overset{*}{\Rightarrow} w\}$。该语言所有句子的集合就是文法 G_9 定义的藏文字，如 $b_{11}b_{15}b_4$(ཝ੨ང)、$b_{11}b_3 u b_{12}$(୮ཉᐪ)等。接受语言 $L(G_9)$ 的 DFA M_9 的状态转移图如图 7-42 所示。函数 $\delta(q, x)=q'$，其中 q，$q' \in Q$，$x \in \Sigma$，表示在状态 q 时，若输入符号为 x，则自动机 M_9 进入一个确定的状态 q'。

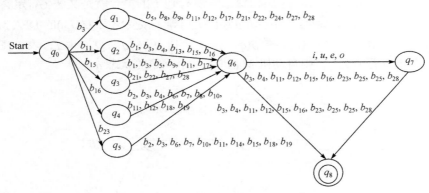

图 7-42 DFA M_9 的状态转移图

10. 藏文拼写结构 10

藏文拼写形式文法 G_{10}：藏文前加字、上加字、基字、元音字符及后加字拼写形式文法 G_{10} 是一个四元组(V_T, V_N, S_{10}, P)。

① 终结符

$$V_T=V_B\cup V_o$$

其中，$V_B=\{b_1,b_3,b_4,b_7,b_8,b_9,b_{11},b_{12},b_{15},b_{16},b_{17},b_{19},b_{23},b_{25},b_{26},b_{28}\}$，其元素对应藏文辅音字符；$V_o=\{i,u,e,o\}$，其元素对应藏文元音字符。

② 非终结符集合

$$V_N=\{S_{10},B_{10,1},B_{10,2},B_{10,3},B_{10,4},B_{10,5},B_{10,6}\}$$

③ S_{10} 为 V_N 中的一个非终结符，且为起始符号。

④ 文法 G_{10} 的产生式集合

$$P=\{S_{10}\rightarrow b_{15}B_{10,1},$$
$$B_{10,1}\rightarrow b_{28}B_{10,2}|b_{26}B_{10,3}|b_{25}B_{10,4},$$
$$B_{10,2}\rightarrow b_1B_{10,6}|b_3B_{10,6}|b_4B_{10,6}|b_8B_{10,6}|b_9B_{10,6}|b_{11}B_{10,6}|b_{12}B_{10,6}|b_{17}B_{10,6},$$
$$B_{10,2}\rightarrow b_1B_{10,5}|b_3B_{10,5}|b_4B_{10,5}|b_8B_{10,5}|b_9B_{10,5}|b_{11}B_{10,5}|b_{12}B_{10,5}|b_{17}B_{10,5},$$
$$B_{10,3}\rightarrow b_9B_{10,6}|b_{11}B_{10,6},$$
$$B_{10,3}\rightarrow b_9B_{10,5}|b_{11}B_{10,5},$$
$$B_{10,4}\rightarrow b_1B_{10,6}|b_3B_{10,6}|b_4B_{10,6}|b_7B_{10,6}|b_8B_{10,6}|b_9B_{10,6}|b_{11}B_{10,6}|b_{12}B_{10,6}|b_{17}B_{10,6}|b_{19}B_{10,6},$$
$$B_{10,4}\rightarrow b_1B_{10,5}|b_3B_{10,5}|b_4B_{10,5}|b_7B_{10,5}|b_8B_{10,5}|b_9B_{10,5}|b_{11}B_{10,5}|b_{12}B_{10,5}|b_{17}B_{10,5}|b_{19}B_{10,5},$$
$$B_{10,5}\rightarrow iB_{10,6}|uB_{10,6}|eB_{10,6}|oB_{10,6},$$
$$B_{10,6}\rightarrow b_3|b_4|b_{11}|\,b_{12}|b_{15}|b_{16}|b_{23}|b_{25}|b_{26}|b_{28}\}$$

由文法 $G_{10}=(V_T,\ V_N,\ S_{10},\ P)$ 生成的所有句子的集合就是由文法 G_{10} 生成的语言，即 $L(G_{10})=\{w\in V_T^+:\ S_{10}\overset{*}{\Rightarrow}w\}$。该语言所有句子的集合就是文法 G_{10} 定义的藏文字，如 $b_{15}b_{25}b_3b_{26}$（ གྲིགས）、$b_{15}b_{28}b_1ub_{25}$（ བགུར）等。接受语言 $L(G_{10})$ 的 DFA M_{10} 的状态转移图如图 7-43 所示。函数 $\delta(q,\ x)=q'$，其中 $q,\ q'\in Q$，$x\in \varSigma$，表示在状态 q 时，若输入符号为 x，则自动机 M_{10} 进入一个确定的状态 q'。

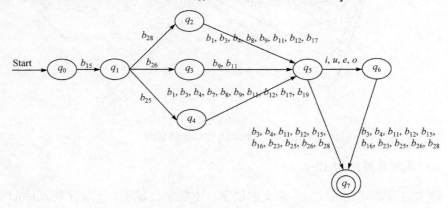

图 7-43　DFA M_{10} 的状态转移图

11. 藏文拼写结构 11

藏文拼写形式文法 G_{11}：藏文前加字、基字、下加字、元音字符及后加字拼写形式文法 G_{11} 是四元组 (V_T, V_N, S_{11}, P)。

① 终结符

$$V_T = V_B \cup V_o$$

其中，$V_B = \{b_1, b_2, b_3, b_4, b_{11}, b_{12}, b_{13}, b_{14}, b_{15}, b_{16}, b_{22}, b_{23}, b_{24}, b_{25}, b_{26}, b_{28}\}$，其元素对应藏文辅音字符；$V_o = \{i, u, e, o\}$，其元素对应藏文元音字符。

② 非终结符集合

$V_N = \{S_{11}, B_{11,1}, B_{11,2}, B_{11,3}, B_{11,4}, B_{11,5}, B_{11,6}, B_{11,7}, B_{11,8}, B_{11,9}, B_{11,10}, B_{11,11}, B_{11,12}\}$

③ S_{11} 为 V_N 中的一个非终结符，且为起始符号。

④ 文法 G_{11} 的产生式集合

$$
\begin{aligned}
P = \{ & S_{11} \rightarrow b_{11}B_{11,1} | b_{15}B_{11,2} | b_{16}B_{11,3} | b_{23}B_{11,4}, \\
& B_{11,1} \rightarrow b_{16}B_{11,5}, \\
& B_{11,1} \rightarrow b_1 B_{11,9} | b_3 B_{11,9} | b_{13}B_{11,9} | b_{15}B_{11,9}, \\
& B_{11,2} \rightarrow b_1 B_{11,6}, \\
& B_{11,2} \rightarrow b_{22}B_{11,7} | b_{25}B_{11,7}, \\
& B_{11,2} \rightarrow b_{28}B_{11,8}, \\
& B_{11,2} \rightarrow b_3 B_{11,9}, \\
& B_{11,3} \rightarrow b_2 B_{11,9} | b_3 B_{11,9}, \\
& B_{11,4} \rightarrow b_2 B_{11,9} | b_3 B_{11,9} | b_{14}B_{11,9} | b_{15}B_{11,9}, \\
& B_{11,4} \rightarrow b_{11}B_{11,10}, \\
& B_{11,5} \rightarrow b_{24}B_{12}, \\
& B_{11,5} \rightarrow b_{24}B_{11,11}, \\
& B_{11,6} \rightarrow b_{24}B_{11,12} | b_{25}B_{11,12} | b_{26}B_{11,12}, \\
& B_{11,6} \rightarrow b_{24}B_{11,11} | b_{25}B_{11,11} | b_{26}B_{11,11}, \\
& B_{11,7} \rightarrow b_{26}B_{11,12}, \\
& B_{11,7} \rightarrow b_{26}B_{11,11}, \\
& B_{11,8} \rightarrow b_{25}B_{11,12} | b_{26}B_{11,12}, \\
& B_{11,8} \rightarrow b_{25}B_{11,11} | b_{26}B_{11,11}, \\
& B_{11,9} \rightarrow b_{24}B_{11,12} | b_{25}B_{11,12}, \\
& B_{11,9} \rightarrow b_{24}B_{11,11} | b_{25}B_{11,11},
\end{aligned}
$$

$$B_{11,10} \rightarrow b_{25}B_{11,12},$$
$$B_{11,10} \rightarrow b_{25}B_{11,11},$$
$$B_{11,11} \rightarrow iB_{11,12}|uB_{11,12}|eB_{11,12}|oB_{11,12},$$
$$B_{11,12} \rightarrow b_3|b_4|b_{11}|\ b_{12}|b_{15}|b_{16}|b_{23}|b_{25}|b_{26}|b_{28})$$

由文法 $G_{11}=(V_T,\ V_N,\ S_{11},\ P)$生成的所有句子的集合就是由文法 G_{11} 生成的语言，即 $L(G_{11})=\{w\in V_T^+:\ S_{11}\overset{*}{\Rightarrow}w\}$。该语言所有句子的集合就是文法 G_{11} 定义的藏文字，如 $b_{15}b_1b_{25}b_{16}$(ཀྱགས)、$b_{23}b_{14}b_{25}ib_{12}$(འཇིན)等。接受语言 $L(G_{11})$ 的 DFA M_{11} 的自动机状态转移图如图 7-44 所示。函数 $\delta(q,\ x)=q'$，其中 $q,\ q'\in Q,\ x\in\Sigma$，表示在状态 q 时，若输入符号为 x，则自动机 M_{11} 进入一个确定的状态 q'。

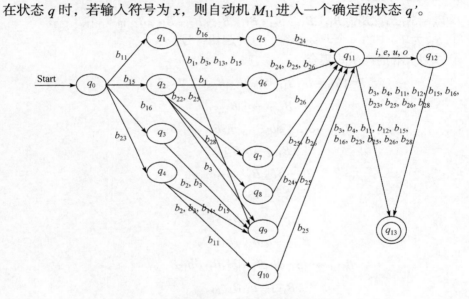

图 7-44 DFA M_{11} 的状态转移图

12. 藏文拼写结构 12

藏文拼写形式文法 G_{12}：藏文前加字、上加字、基字、下加字、元音字符及后加字拼写形式文法 G_{12} 是一个四元组 $(V_T,\ V_N,\ S_{12},\ P)$。

① 终结符

$$V_T=V_B\cup V_o$$

其中，$V_B=\{b_1,b_3,b_4,b_{11},b_{12},b_{15},b_{16},b_{23},b_{24},b_{25},b_{26},b_{28}\}$，其元素对应藏文辅音字符；$V_o=\{i,u,e,o\}$，其元素对应藏文元音字符。

② 非终结符集合

$$V_N=\{S_{12},B_{12,1},B_{12,2},B_{12,3},B_{12,4},B_{12,5},B_{12,6},B_{12,7}\}$$

③ S_{12} 为 V_N 中的一个非终结符，且为起始符号。

④ 文法 G_{12} 的产生式集合

$$P=\{S_{12}{\rightarrow}b_{15}B_{12,1},$$

$$B_{12,1}{\rightarrow}b_{28}B_{12,2},$$

$$B_{12,1}{\rightarrow}b_{25}B_{12,3},$$

$$B_{12,2}{\rightarrow}b_1B_{12,4}|b_3B_{12,4},$$

$$B_{12,3}{\rightarrow}b_1B_{12,5}|b_3B_{12,5},$$

$$B_{12,4}{\rightarrow}b_{24}B_{12,7}|b_{25}B_{12,7},$$

$$B_{12,4}{\rightarrow}b_{24}B_{12,6}|b_{25}B_{12,6},$$

$$B_{12,5}{\rightarrow}b_{24}B_{12,7},$$

$$B_{12,5}{\rightarrow}b_{24}B_{12,6},$$

$$B_{12,6}{\rightarrow}iB_{12,7}|uB_{12,7}|eB_{12,7}|oB_{12,7},$$

$$B_{12,7}{\rightarrow}b_3|b_4|b_{11}|\ b_{12}|b_{15}|b_{16}|b_{23}|b_{25}|b_{26}|b_{28}\}$$

由文法 $G_{12}=(V_T, V_N, S_{12}, P)$ 生成的所有句子的集合就是由文法 G_{12} 生成的语言，即 $L(G_{12})=\{w{\in}V_T^+: S_{12}\overset{*}{\Rightarrow}w\}$。该语言所有句子的集合就是文法 G_{12} 定义的藏文字，如 $b_{15}b_{25}b_3b_{24}b_{11}$（ ཟྒྲུབ ）、$b_{15}b_{28}b_1b_{24}eb_{11}$（ ཟྒྲུབ ）等。接受语言 $L(G_{12})$ 的 DFA M_{12} 的状态转移图如图 7-45 所示。函数 $\delta(q, x)=q'$，其中 q，$q'{\in}Q$，$x{\in}\varSigma$，表示在状态 q 时，若输入符号为 x，则自动机 M_{12} 进入一个确定的状态 q'。

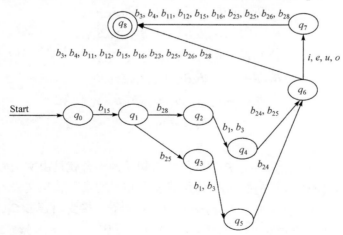

图 7-45　DFA M_{12} 的状态转移图

13. 藏文拼写结构 13

藏文拼写形式文法 G_{13}：藏文前加字、基字、元音字符、后加字及再后加字

拼写形式文法 G_{13} 是一个四元组(V_T, V_N, S_{13}, P)。

① 终结符

$$V_T=V_B\cup V_o$$

其中，$V_B=\{b_1,b_2,b_3,b_4,b_5,b_6,b_7,b_8,b_9,b_{10},b_{11},b_{12},b_{13},b_{14},b_{15},b_{16},b_{17},b_{18},b_{19},b_{21},b_{22},b_{23},b_{24},$ $b_{25},b_{26},b_{27},b_{28}\}$，其元素对应藏文辅音字符；$V_o=\{i,u,e,o\}$，其元素对应藏文元音字符。

② 非终结符集合

$$V_N=\{S_{13},B_{13,1},B_{13,2},B_{13,3},B_{13,4},B_{13,5},B_{13,6},B_{13,7},B_{13,8},B_{13,9}\}$$

③ S_{13} 为 V_N 中的非终结符，且为起始符号。

④ 文法 G_{13} 的产生式集合

$$P=\{S_{13}\rightarrow b_3B_{13,1}|b_{11}B_{13,2}|b_{15}B_{13,3}|b_{16}B_{13,4}|b_{23}B_{13,5},$$

$$B_{13,1}\rightarrow b_5B_{13,6}|b_8B_{13,6}|b_9B_{13,6}|b_{11}B_{13,6}|b_{12}B_{13,6}|b_{17}B_{13,6}|b_{21}B_{13,6}|b_{22}B_{13,6}|b_{24}B_{13,6}|$$
$$b_{27}B_{13,6}|b_{28}B_{13,6},$$

$$B_{13,2}\rightarrow b_1B_{13,6}|b_3B_{13,6}|b_4B_{13,6}|b_{13}B_{13,6}|b_{15}B_{13,6}|b_{16}B_{13,6},$$

$$B_{13,3}\rightarrow b_1B_{13,6}|b_3B_{13,6}|b_5B_{13,6}|b_9B_{13,6}|b_{11}B_{13,6}|b_{17}B_{13,6}|b_{21}B_{13,6}|b_{22}B_{13,6}|b_{27}B_{13,6}|b_{28}B_{13,6},$$

$$B_{13,4}\rightarrow b_2B_{13,6}|b_3B_{13,6}|b_4B_{13,6}|b_6B_{13,6}|b_7B_{13,6}|b_8B_{13,6}|b_{10}B_{13,6}|b_{11}B_{13,6}|$$
$$b_{12}B_{13,6}|b_{18}B_{13,6}|b_{19}B_{13,6},$$

$$B_{13,5}\rightarrow b_2B_{13,6}|b_3B_{13,6}|b_6B_{13,6}|b_7B_{13,6}|b_{10}B_{13,6}|b_{11}B_{13,6}|b_{14}B_{13,6}|b_{15}B_{13,6}|b_{18}B_{13,6}|b_{19}B_{13,6},$$

$$B_{13,6}\rightarrow iB_{13,7}|uB_{13,7}|eB_{13,7}|oB_{13,7},$$

$$B_{13,6}\rightarrow b_3B_{13,8}|b_4B_{13,8}|b_{15}B_{13,8}|b_{16}B_{13,8},$$

$$B_{13,6}\rightarrow b_{12}B_{13,9}|b_{25}B_{13,9}|b_{26}B_{13,9},$$

$$B_{13,7}\rightarrow b_3B_{13,8}|b_4B_{13,8}|b_{15}B_{13,8}|b_{16}B_{13,8},$$

$$B_{13,7}\rightarrow b_{12}B_{13,9}|b_{25}B_{13,9}|b_{26}B_{13,9},$$

$$B_{13,8}\rightarrow b_{28},$$

$$B_{13,9}\rightarrow b_{11}\}$$

由文法 $G_{13}=(V_T$, V_N, S_{13}, $P)$ 生成的所有句子的集合就是由文法 G_{13} 生成的语言，即 $L(G_{13})=\{w\in V_T^+: S_{13}\overset{*}{\Rightarrow}w\}$。该语言所有句子的集合就是文法 G_{13} 定义的藏文字，如 $b_{23}b_{11}b_{15}b_{28}$（འརངས）、$b_{15}b_{17}ub_3b_{28}$（ཤབུགས）等。接受语言 $L(G_{13})$ 的 DFA M_{13} 的状态转移图如图 7-46 所示。函数 $\delta(q$, $x)=q'$，其中 q, $q'\in Q$, $x\in \Sigma$，表示在状态 q 时，若输入符号为 x，则自动机 M_{13} 进入一个确定的状态 q'。

14. 藏文拼写结构 14

藏文拼写形式文法 G_{14}：藏文前加字、上加字、基字、元音字符、后加字及再后加字拼写形式文法 G_{14} 是一个四元组$(V_T,\ V_N,\ S_{14},\ P)$。

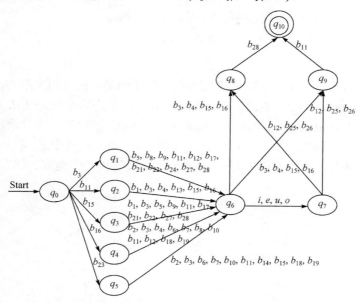

图 7-46　DFA M_{13} 的状态转移图

① 终结符

$$V_T = V_B \cup V_o$$

其中，$V_B=\{b_1,b_3,b_4,b_{11},b_{12},b_{13},b_{15},b_{16},b_{17},b_{20},b_{24},b_{25},b_{26},b_{28}\}$，其元素对应藏文辅音字符；$V_o=\{i,u,e,o\}$，其元素对应藏文元音字符。

② 非终结符集合

$$V_N=\{S_{14},B_{14,1},B_{14,2},B_{14,3},B_{14,4},B_{14,5},B_{14,6},B_{14,7},B_{14,8}\}$$

③ S_{14} 为 V_N 中的非终结符，且为起始符号。

④ 文法 G_{14} 的产生式集合

$$P=\{S_{14}\rightarrow b_{15}B_{14,1},$$

$$B_{14,1}\rightarrow b_{28}B_{14,2}|b_{26}B_{14,3}|b_{25}B_{14,4},$$

$$B_{14,2}\rightarrow b_1B_{14,5}|b_3B_{14,5}|b_4B_{14,5}|b_8B_{14,5}|b_9B_{14,5}|b_{11}B_{14,5}|b_{12}B_{14,5}|b_{17}B_{14,5},$$

$$B_{14,3}\rightarrow b_9B_{14,5}|b_{11}B_{14,5},$$

$$B_{14,4}\rightarrow b_1B_{14,5}|b_3B_{14,5}|b_4B_{14,5}|b_7B_{14,5}|b_8B_{14,5}|b_9B_{14,5}|b_{11}B_{14,5}|b_{12}B_{14,5}|b_{17}B_{14,5}|b_{19}B_{14,5},$$

$$B_{14,5}\rightarrow iB_{14,6}|uB_{14,6}|eB_{14,6}|oB_{14,6},$$

$$B_{14,5}\rightarrow b_3B_{14,7}|b_4B_{14,7}|b_{15}B_{14,7}|b_{16}B_{14,7},$$

$$B_{14,5}\rightarrow b_{12}B_{14,8}|b_{25}B_{14,8}|b_{26}B_{14,8},$$

$$B_{14,6} \rightarrow b_3 B_{14,7} | b_4 B_{14,7} | b_{15} B_{14,7} | b_{16} B_{14,7},$$

$$B_{14,6} \rightarrow b_{12} B_{14,8} | b_{25} B_{14,8} | b_{26} B_{14,8},$$

$$B_{14,7} \rightarrow b_{28},$$

$$B_{14,8} \rightarrow b_{11}\}$$

由文法 $G_{14}=(V_T, V_N, S_{14}, P)$ 生成的所有句子的集合就是由文法 G_{14} 生成的语言，即 $L(G_{14})=\{w \in V_T^+ : S_{14} \overset{*}{\Rightarrow} w\}$。该语言所有句子的集合就是文法 G_{14} 定义的藏文字，如 $b_{15} b_{25} b_{17} b_{16} b_{28}$（ བརྐངས ）、$b_{15} b_{28} b_{12} u b_{15} b_{28}$（ བསྒུབས ）等。接受语言 $L(G_{14})$ 的 DFA M_{14} 的状态转移图如图 7-47 所示。函数 $\delta(q, x)=q'$，其中 $q, q' \in Q$，$x \in \Sigma$，表示在状态 q 时，若输入符号为 x，则自动机 M_{14} 进入一个确定的状态 q'。

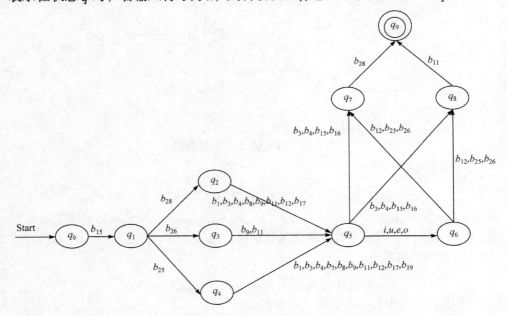

图 7-47　DFA M_{14} 的状态转移图

15. 藏文拼写结构 15

藏文拼写形式文法 G_{15}：藏文前加字、基字、下加字、元音字符、后加字及再后加字拼写形式文法 G_{15} 是一个四元组 (V_T, V_N, S_{15}, P)。

① 终结符

$$V_T = V_B \cup V_o$$

其中，$V_B=\{b_1, b_2, b_3, b_4, b_{11}, b_{12}, b_{13}, b_{14}, b_{15}, b_{16}, b_{22}, b_{23}, b_{24}, b_{25}, b_{26}, b_{28}\}$，其元素对应藏文辅音字符；$V_o=\{i, u, e, o\}$，其元素对应藏文元音字符。

② 非终结符集合

V_N={S_{15},$B_{15,1}$,$B_{15,2}$,$B_{15,3}$,$B_{15,4}$,$B_{15,5}$,$B_{15,6}$,$B_{15,7}$,$B_{15,8}$,$B_{15,9}$,$B_{15,10}$,$B_{15,11}$,$B_{15,12}$,$B_{15,13}$,$B_{15,14}$}

③ S_{15} 为 V_N 中的一个非终结符，且为起始符号。

④ 文法 G_{15} 的产生式集合

$$P=\{S_{15} \rightarrow b_{11}B_{15,1}|b_{15}B_{15,2}|b_{16}B_{15,3}|b_{23}B_{15,4},$$

$$B_{15,1} \rightarrow b_{16}B_{15,5},$$

$$B_{15,1} \rightarrow b_1B_{15,9}|b_3B_{15,9}|b_{13}B_{15,9}|b_{15}B_{15,9},$$

$$B_{15,2} \rightarrow b_1B_{15,6},$$

$$B_{15,2} \rightarrow b_{22}B_{15,7}|b_{25}B_{15,7},$$

$$B_{15,2} \rightarrow b_{28}B_{15,8},$$

$$B_{15,2} \rightarrow b_3B_{15,9},$$

$$B_{15,3} \rightarrow b_2B_{15,9}|b_3B_{15,9},$$

$$B_{15,4} \rightarrow b_2B_{15,9}|b_3B_{15,9}|b_{14}B_{15,9}|b_{15}B_{15,9},$$

$$B_{15,4} \rightarrow b_{11}B_{15,10},$$

$$B_{15,5} \rightarrow b_{24}B_{15,11},$$

$$B_{15,6} \rightarrow b_{24}B_{15,11}|b_{25}B_{15,11}|b_{26}B_{15,11},$$

$$B_{15,7} \rightarrow b_{26}B_{15,11},$$

$$B_{15,8} \rightarrow b_{25}B_{15,11}|b_{26}B_{15,11},$$

$$B_{15,9} \rightarrow b_{24}B_{15,11}|b_{25}B_{15,11},$$

$$B_{15,10} \rightarrow b_{25}B_{15,11},$$

$$B_{15,11} \rightarrow iB_{15,12}|uB_{15,12}|eB_{15,12}|oB_{15,12},$$

$$B_{15,11} \rightarrow b_3B_{15,13}|b_4B_{15,13}|b_{15}B_{15,13}|b_{16}B_{15,13},$$

$$B_{15,11} \rightarrow b_{12}B_{15,4}|b_{25}B_{15,14}|b_{26}B_{15,14},$$

$$B_{15,12} \rightarrow b_3B_{15,13}|b_4B_{15,13}|b_{15}B_{15,13}|b_{16}B_{15,13},$$

$$B_{15,12} \rightarrow b_{12}B_{15,14}|b_{25}B_{15,14}|b_{26}B_{15,14},$$

$$B_{15,13} \rightarrow b_{28},$$

$$B_{15,14} \rightarrow b_{11}\}$$

由文法 G_{15}=(V_T, V_N, S_{15}, P)生成的所有句子的集合就是由文法 G_{15} 生成的语言，即 $L(G_{15})$={$w \in V_T^+$: $S_{15} \overset{*}{\Rightarrow} w$}。该语言所有句子的集合就是文法 G_{15} 定义的藏文字，如 $b_{15}b_{15}b_{24}b_4b_{28}$(དུགས)、$b_{23}b_2b_{25}ub_4b_{28}$(འུགས)等。接受语言 $L(G_{15})$的 DFA M_{15} 的状态转移图如图 7-48 所示。函数 $\delta(q, x)=q'$，其中 q, $q' \in Q$, $x \in \Sigma$，表示在状态 q 时，若输入符号为 x，则自动机 M_{15} 进入一个确定的状态 q'。

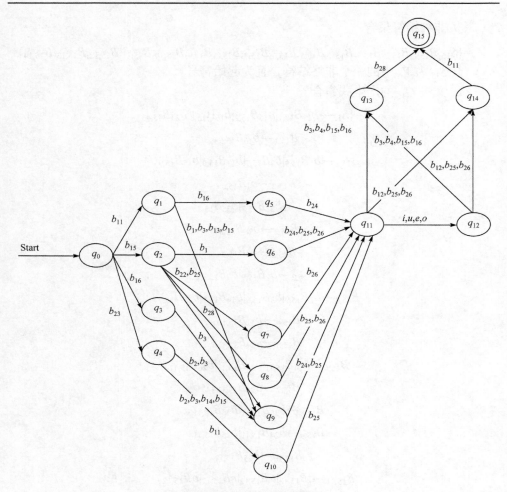

图 7-48　DFA M_{15} 的状态转移图

16. 藏文拼写结构 16

藏文拼写形式文法 G_{16}：藏文前加字、上加字、基字、下加字、元音字符、后加字及再后加字拼写构成的藏文字的文法 G_{16} 是一个四元组(V_T，V_N，S_{16}，P)。

① 终结符

$$V_T = V_B \cup V_o$$

其中，$V_B = \{b_1, b_3, b_4, b_{11}, b_{12}, b_{15}, b_{16}, b_{24}, b_{25}, b_{26}, b_{28}\}$，其元素对应藏文辅音字符；$V_o = \{i, u, e, o\}$，其元素对应藏文元音字符。

② 非终结符集合

$$V_N = \{S_{16}, B_{16,1}, B_{16,2}, B_{16,3}, B_{16,4}, B_{16,5}, B_{16,6}, B_{16,7}, B_{16,8}, B_{16,9}\}$$

③ S_{16} 为 V_N 中的非终结符，且为起始符号。

④ 文法 G_{16} 的产生式集合

$$P=\{S_{16}{\rightarrow}b_{15}B_{16,1},$$

$$B_{16,1}{\rightarrow}b_{28}B_{16,2},$$

$$B_{16,1}{\rightarrow}b_{25}B_{16,3},$$

$$B_{16,2}{\rightarrow}b_1B_{16,4}|b_3B_{16,4},$$

$$B_{16,3}{\rightarrow}b_1B_{16,5}|b_3B_{16,5},$$

$$B_{16,4}{\rightarrow}b_{24}B_{16,6}|b_{25}B_{16,6},$$

$$B_{16,5}{\rightarrow}b_{24}B_{16,6},$$

$$B_{16,6}{\rightarrow}iB_{16,7}|uB_{16,7}|eB_{16,7}|oB_{16,7},$$

$$B_{16,6}{\rightarrow}b_3B_{16,8}|b_4B_{16,8}|b_{15}B_{16,8}|b_{16}B_{16,8},$$

$$B_{16,6}{\rightarrow}b_{12}B_{16,9}|b_{25}B_{16,9}|b_{26}B_{16,9},$$

$$B_{16,7}{\rightarrow}b_3B_{16,8}|b_4B_{16,8}|b_{15}B_{16,8}|b_{16}B_{16,8},$$

$$B_{16,7}{\rightarrow}b_{12}B_{16,9}|b_{25}B_{16,9}|b_{26}B_{16,9},$$

$$B_{16,8}{\rightarrow}b_{28},$$

$$B_{16,9}{\rightarrow}b_{11}\}$$

由文法 $G_{16}=(V_T, V_N, S_{16}, P)$生成的所有句子的集合就是由文法 G_{16}生成的语言，即 $L(G_{16})=\{w{\in}V_T^+; S_{16}\overset{*}{\Rightarrow}w\}$。该语言所有句子的集合就是文法 G_{16}定义的藏文字，如 $b_{15}b_{28}b_3b_{25}b_3b_{28}$（ གྲུགས ）、$b_{15}b_{28}b_3b_{25}ub_{15}b_{28}$（ གྲུགས ）等。接受语言 $L(G_{16})$的 DFA M_{16}的状态转移图如图 7-49 所示。函数 $\delta(q, x)=q'$，其中 $q, q'{\in}Q, x{\in}\Sigma$，表示在状态 q 时，若输入符号为 x，则自动机 M_{16}进入一个确定的状态 q'。

17. 藏文拼写结构 17

藏文拼写形式文法 G_{17}：藏文基字、元音字符及后加字拼写形式文法 G_{17}是一个四元组(V_T, V_N, S_{17}, P)。

① 终结符

$$V_T=V_B{\cup}V_o。$$

其中，$V_B=\{b_1,b_2,\cdots,b_{30}\}$，其元素对应藏文辅音字符；$V_o=\{i,u,e,o\}$，其元素对应藏文元音字符。

② 非终结符集合

$$V_N=\{S_{17},B_{17,1},B_{17,2}\}$$

③ S_{17} 为 V_N 中的一个非终结符，且为起始符号。

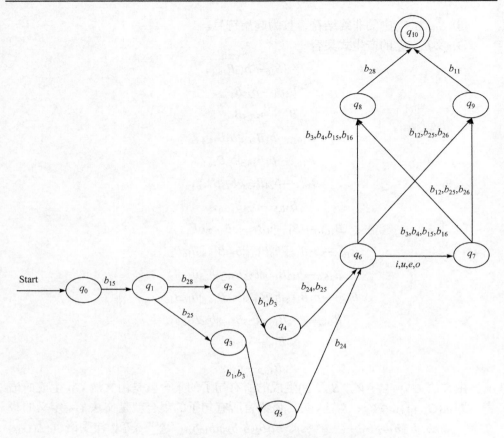

图 7-49　DFA M_{16} 的状态转移图

④ 文法 G_{17} 的产生式集合

$$P=\{S_{17}\rightarrow b_1B_{17,1}|b_2B_{17,1}|b_3B_{17,1}|b_4B_{17,1}|b_5B_{17,1}|\cdots|b_{30}B_{17,1},$$

$$S_{17}\rightarrow b_1B_{17,2}|b_2B_{17,2}|b_3B_{17,2}|b_4B_{17,2}|b_5B_{17,2}|\cdots|b_{30}B_{17,2},$$

$$B_{17,1}\rightarrow iB_{17,2}|uB_{17,2}|eB_{17,2}|oB_{17,2},$$

$$B_{17,2}\rightarrow b_3|b_4|b_{11}|\ b_{12}|b_{15}|b_{16}|b_{23}|b_{25}|b_{26}|b_{28}\}$$

由文法 $G_{17}=(V_T,\ V_N,\ S_{17},\ P)$ 生成的所有句子的集合就是由文法 G_{17} 生成的语言，即 $L(G_{17})=\{w\in V_T^+: S_{17}\overset{*}{\Rightarrow}w\}$。该语言所有句子的集合就是文法 G_{17} 定义的藏文字，如 $b_{25}b_4$（ཤཀ）、$b_{11}ub_4$（ དུ）等。接受语言 $L(G_{17})$ 的 DFA M_{17} 的状态转移图如图 7-50 所示。函数 $\delta(q,\ x)=q'$，其中 $q,\ q'\in Q$，$x\in\Sigma$，表示在状态 q 时，若输入符号为 x，则自动机 M_{17} 进入一个确定的状态 q'。

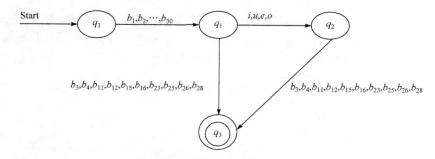

图 7-50　DFA M_{17} 的状态转移图

18. 藏文拼写结构 18

藏文拼写形式文法 G_{18}：藏文上加字、基字、元音字符及后加字拼写形式文法 G_{18} 是一个四元组(V_T，V_N，S_{18}，P)。

① 终结符

$$V_T=V_B \cup V_o$$

其中，$V_B=\{b_1,b_3,b_4,b_5,b_7,b_8,b_9,b_{11},b_{12},b_{13},b_{15},b_{16},b_{17},b_{19},b_{23},b_{25},b_{26},b_{28},b_{29}\}$，其元素对应藏文辅音字符；$V_o=\{i,u,e,o\}$，其元素对应藏文元音字符。

② 非终结符集合

$$V_N=\{S_{18},B_{18,1},B_{18,2},B_{18,3},B_{18,4},B_{18,5}\}$$

③ S_{18} 为 V_N 中的一个非终结符，且为起始符号。

④ 文法 G_{18} 的产生式集合

$$P=\{S_{18}{\rightarrow}b_{25}B_{18,1}|b_{26}B_{18,2}|b_{28}B_{18,3},$$

$$B_{18,1}{\rightarrow}b_1B_{18,5}|b_3B_{18,5}|b_4B_{18,5}|b_7B_{18,5}|b_8B_{18,5}|b_9B_{18,5}|b_{11}B_{18,5}|b_{12}B_{18,5}|$$
$$b_{15}B_{18,5}|b_{16}B_{18,5}|b_{17}B_{18,5}|b_{19}B_{18,5},$$

$$B_{18,1}{\rightarrow}b_1B_{18,4}|b_3B_{18,4}|b_4B_{18,4}|b_7B_{18,4}|b_8B_{18,4}|b_9B_{18,4}|b_{11}B_{18,4}|b_{12}B_{18,4}|$$
$$b_{15}B_{18,4}|b_{16}B_{18,4}|b_{17}B_{18,4}|b_{19}B_{18,4},$$

$$B_{18,2}{\rightarrow}b_1B_{18,5}|b_3B_{18,5}|b_4B_{18,5}|b_5B_{18,5}|b_7B_{18,5}|b_9B_{18,5}|b_{11}B_{18,5}|b_{13}B_{18,5}|b_{15}B_{18,5}|b_{29}B_{18,5},$$

$$B_{18,2}{\rightarrow}b_1B_{18,4}|b_3B_{18,4}|b_4B_{18,4}|b_5B_{18,4}|b_7B_{18,4}|b_9B_{18,4}|b_{11}B_{18,4}|b_{13}B_{18,4}|b_{15}B_{18,4}|b_{29}B_{18,4},$$

$$B_{18,3}{\rightarrow}b_1B_{18,5}|b_3B_{18,5}|b_4B_{18,5}|b_8B_{18,5}|b_9B_{18,5}|b_{11}B_{18,5}|b_{12}B_{18,5}|b_{13}B_{18,5}|b_{15}B_{18,5}|b_{16}B_{18,5}|b_{17}B_{18,5},$$

$$B_{18,3}{\rightarrow}b_1B_{18,4}|b_3B_{18,4}|b_4B_{18,4}|b_8B_{18,4}|b_9B_{18,4}|b_{11}B_{18,4}|b_{12}B_{18,4}|b_{13}B_{18,4}|b_{15}B_{18,4}|b_{16}B_{18,4}|b_{17}B_{18,4},$$

$$B_{18,4}{\rightarrow}iB_{18,5}|uB_{18,5}|eB_{18,5}|oB_{18,5},$$

$$B_{18,5}{\rightarrow}b_3|b_4|b_{11}|b_{12}|b_{15}|b_{16}|b_{23}|b_{25}|b_{26}|b_{28}\}$$

由文法 $G_{18}=(V_T,V_N,S_{18},P)$ 生成的所有句子的集合就是由文法 G_{18} 生成的语言，即 $L(G_{18})=\{w{\in}V_T^+: S_{18}\overset{*}{\Rightarrow}w\}$。该语言所有句子的集合就是文法 G_{18} 定义的藏

文字，如 $b_{25}b_1b_4$（ ཀྲ ）、$b_{28}b_{13}ob_{28}$（ ཤྲ ）等。接受语言 $L(G_{18})$ 的 DFA M_{18} 的状态转移图如图 7-51 所示。函数 $\delta(q，x)=q'$，其中 q，$q' \in Q$，$x \in \Sigma$，表示在状态 q 时，若输入符号为 x，则自动机 M_{18} 进入一个确定的状态 q'。

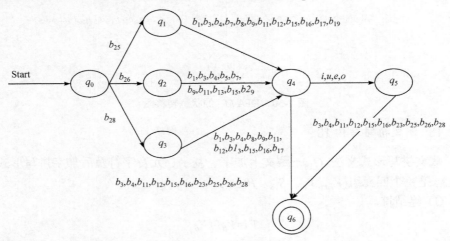

图 7-51　DFA M_{18} 的状态转移图

19. 藏文拼写结构 19

藏文拼写形式文法 G_{19}：藏文基字、下加字、元音字符及后加字拼写形式文法 G_{19} 是一个四元组 $(V_T，V_N，S_{19}，P)$。

① 终结符

$$V_T = V_B \cup V_o$$

其中，$V_B=\{b_1,b_2,b_3,b_4,b_8,b_9,b_{10},b_{11},b_{12},b_{13},b_{14},b_{15},b_{16},b_{18},b_{20},b_{21},b_{22},b_{23},b_{24},b_{25},b_{26},b_{27},b_{28},b_{29}\}$，其元素对应藏文辅音字符；$V_o=\{i,u,e,o\}$，其元素对应藏文元音字符。

② 非终结符集合

$$V_N=\{S_{19},B_{19,1},B_{19,2},B_{19,3},B_{19,4},B_{19,5},B_{19,6},B_{19,7},B_{19,8},B_{19,9},B_{19,10},B_{19,11}\}$$

③ S_{19} 为 V_N 中的一个非终结符，且为起始符号。

④ 文法 G_{19} 的产生式集合

$$P=\{S_{19} \rightarrow b_1 B_{19,1}|b_3 B_{19,1},$$
$$S_{19} \rightarrow b_2 B_{19,2},$$
$$S_{19} \rightarrow b_{11} B_{19,3}|b_{29} B_{19,3},$$
$$S_{19} \rightarrow b_8 B_{19,4}|b_{18} B_{19,4}|b_{21} B_{19,4}|b_{26} B_{19,4}|b_{27} B_{19,4},$$
$$S_{19} \rightarrow b_9 B_{19,5}|b_{10} B_{19,5},$$
$$S_{19} \rightarrow b_{13} B_{19,6}|b_{14} B_{19,6}|b_{16} B_{19,6},$$

$$S_{19} \rightarrow b_{22}B_{19,7}|b_{25}B_{19,7},$$

$$S_{19} \rightarrow b_{28}B_{19,8},$$

$$S_{19} \rightarrow b_{15}B_{19,9},$$

$$B_{19,1} \rightarrow b_{20}B_{19,11}|b_{24}B_{19,11}|b_{25}B_{19,11}|b_{26}B_{19,11},$$

$$B_{19,1} \rightarrow b_{20}B_{19,10}|b_{24}B_{19,10}|b_{25}B_{19,10}|b_{26}B_{19,10},$$

$$B_{19,2} \rightarrow b_{20}B_{19,11}|b_{24}B_{19,11}|b_{25}B_{19,11},$$

$$B_{19,2} \rightarrow b_{20}B_{19,10}|b_{24}B_{19,10}|b_{25}B_{19,10},$$

$$B_{19,3} \rightarrow b_{20}B_{19,11}|b_{25}B_{19,11},$$

$$B_{19,3} \rightarrow b_{20}B_{19,10}|b_{25}B_{19,10},$$

$$B_{19,4} \rightarrow b_{20}B_{19,11},$$

$$B_{19,4} \rightarrow b_{20}B_{19,10},$$

$$B_{19,5} \rightarrow b_{25}B_{19,11},$$

$$B_{19,5} \rightarrow b_{25}B_{19,10},$$

$$B_{19,6} \rightarrow b_{24}B_{19,11}|b_{25}B_{19,11},$$

$$B_{19,6} \rightarrow b_{24}B_{19,10}|b_{25}B_{19,10},$$

$$B_{19,7} \rightarrow b_{20}B_{19,11}|b_{26}B_{19,11},$$

$$B_{19,7} \rightarrow b_{20}B_{19,10}|b_{26}B_{19,10},$$

$$B_{19,8} \rightarrow b_{25}B_{19,11}|b_{26}B_{19,11},$$

$$B_{19,8} \rightarrow b_{25}B_{19,10}|b_{26}B_{19,10},$$

$$B_{19,9} \rightarrow b_{24}B_{19,11}|b_{25}B_{19,11}|b_{26}B_{19,11},$$

$$B_{19,9} \rightarrow b_{24}B_{19,10}|b_{25}B_{19,10}|b_{26}B_{19,10},$$

$$B_{19,10} \rightarrow iB_{19,11}|uB_{19,11}|eB_{19,11}|oB_{19,11},$$

$$B_{19,11} \rightarrow b_3|b_4|b_{11}|\ b_{12}|b_{15}|b_{16}|b_{23}|b_{25}|b_{26}|b_{28}\}$$

由文法 $G_{19}=(V_T, V_N, S_{19}, P)$ 生成的所有句子的集合就是由文法 G_{19} 生成的语言，即 $L(G_{19})=\{w \in V_T^+ : S_{19} \overset{*}{\Rightarrow} w\}$。该语言所有句子的集合就是文法 G_{19} 定义的藏文字，如 $b_3b_{25}b_4$（ ཟིང ）、$b_3b_{25}ub_{15}$（ ཟུག ）等。接受语言 $L(G_{19})$ 的 DFA M_{19} 的状态转移图如图 7-52 所示。函数 $\delta(q, x)=q'$，其中 $q, q' \in Q, x \in \Sigma$，表示在状态 q 时，若输入符号为 x，则自动机 M_{19} 进入一个确定的状态 q'。

20. 藏文拼写结构 20

藏文拼写形式文法 G_{20}：藏文上加字、基字、下加字、元音字符及后加字拼写形式文法 G_{20} 是一个四元组 (V_T, V_N, S_{20}, P)。

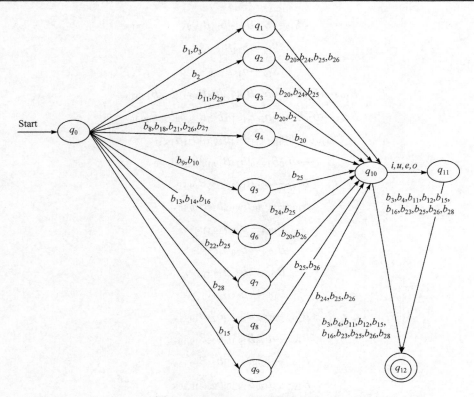

图 7-52　DFA M_{19} 的状态转移图

① 终结符

$$V_T = V_B \cup V_o$$

其中，$V_B = \{b_1, b_3, b_4, b_{11}, b_{12}, b_{13}, b_{15}, b_{16}, b_{17}, b_{20}, b_{23}, b_{24}, b_{25}, b_{26}, b_{28}\}$，其元素对应藏文辅音字符；$V_o = \{i, u, e, o\}$，其元素对应藏文元音字符。

② 非终结符集合

$$V_N = \{S_{20}, B_{20,1}, B_{20,2}, B_{20,3}, B_{20,4}, B_{20,5}, B_{20,6}, B_{20,7}, B_{20,8}\}$$

③ S_{20} 为 V_N 中的一个非终结符，且为起始符号。

④ 文法 G_{20} 的产生式集合

$$P = \{S_{20} \to b_{25} B_{20,1},$$
$$S_{20} \to b_{28} B_{20,2},$$
$$B_{20,1} \to b_1 B_{20,3} | b_3 B_{20,3} | b_{16} B_{20,3},$$
$$B_{20,1} \to b_{17} B_{20,4},$$
$$B_{20,2} \to b_1 B_{20,5} | b_3 B_{20,5} | b_{13} B_{20,5} | b_{15} B_{20,5} | b_{16} B_{20,5},$$
$$B_{20,2} \to b_{12} B_{20,6},$$

$$B_{20,3} \rightarrow b_{24}B_{20,8},$$
$$B_{20,3} \rightarrow b_{24}B_{20,7},$$
$$B_{20,4} \rightarrow b_{20}B_{20,8},$$
$$B_{20,4} \rightarrow b_{20}B_{20,7},$$
$$B_{20,5} \rightarrow b_{24}B_{20,8}|b_{25}B_{20,8},$$
$$B_{20,5} \rightarrow b_{24}B_{20,7}|b_{25}B_{20,7},$$
$$B_{20,6} \rightarrow b_{25}B_{20,8},$$
$$B_{20,6} \rightarrow b_{25}B_{20,7},$$
$$B_{20,7} \rightarrow iB_{20,8}|uB_{20,8}|eB_{20,8}|oB_{20,8},$$

$$B_{20,8} \rightarrow b_3|b_4|b_{11}|\ b_{12}|b_{15}|b_{16}|b_{23}|b_{25}|b_{26}|b_{28}\}$$

由文法 $G_{20}=(V_T,\ V_N,\ S_{20},\ P)$生成的所有句子的集合就是由文法 G_{20}生成的语言，即 $L(G_{20})=\{w\in V_T^+:\ S_{20}\overset{*}{\Rightarrow}w\}$。该语言所有句子的集合就是文法 G_{20}定义的藏文字，如 $b_{25}b_3b_{24}b_{15}$（ꧏ）、$b_{28}b_3b_{25}ub_{15}$（ꧏ）等。接受语言 $L(G_{20})$ 的 DFA M_{20} 的状态转移图如图 7-53 所示。函数 $\delta(q,\ x)=q'$，其中 $q，q'\in Q，x\in \Sigma$，表示在状态 q 时，若输入符号为 x，则自动机 M_{20} 进入一个确定的状态 q'。

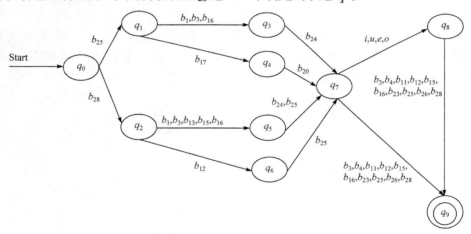

图 7-53　DFA M_{20} 的状态转移图

21. 藏文拼写结构 21

藏文拼写形式文法 G_{21}：藏文基字、元音字符、后加字及再后加字拼写形式文法 G_{21} 是一个四元组$(V_T,\ V_N,\ S_{21},\ P)$。

① 终结符

$$V_T=V_B\cup V_o$$

其中，$V_B=\{b_1,b_2,b_3,b_4,b_5,\cdots,b_{30}\}$，其元素对应藏文辅音字符；$V_o=\{i,u,e,o\}$，其元素

对应藏文元音字符。

②　非终结符集合

$$V_N=\{S_{21},B_{21,1},B_{21,2},B_{21,3},B_{21,4}\}$$

③　S_{21} 为 V_N 中的一个非终结符，且为起始符号。

④　文法 G_{21} 的产生式集合

$$P=\{\ S_{21}{\rightarrow}b_1B_{21,1}|b_2B_{21,1}|b_3B_{21,1}|b_4B_{21,1}|b_5B_{21,1}|\cdots|b_{30}B_{21,1},$$
$$B_{21,1}{\rightarrow}iB_{21,2}|uB_{21,2}|eB_{21,2}|oB_{21,2},$$
$$B_{21,1}{\rightarrow}b_{12}B_{21,3}|b_{25}B_{21,3}|b_{26}B_{21,3},$$
$$B_{21,1}{\rightarrow}b_3B_{21,4}|b_4B_{21,4}|b_{15}B_{21,4}|b_{16}B_{21,4},$$
$$B_{21,2}{\rightarrow}b_{12}B_{21,3}|b_{25}B_{21,3}|b_{26}B_{21,3},$$
$$B_{21,2}{\rightarrow}b_3B_{21,4}|b_4B_{21,4}|b_{15}B_{21,4}|b_{16}B_{21,4},$$
$$B_{21,3}{\rightarrow}b_{11},$$
$$B_{21,4}{\rightarrow}b_{28}\}$$

由文法 $G_{21}=(V_T,\ V_N,\ S_{21},\ P)$ 生成的所有句子的集合就是由文法 G_{21} 生成的语言，即 $L(G_{21})=\{w{\in}V_T^+\colon S_{21}\overset{*}{\Rightarrow}w\}$。该语言所有句子的集合就是文法 G_{21} 定义的藏文字，如 $b_3b_4b_{28}$(གནས)、$b_{26}eb_4b_{28}$(ལེགས)等。接受语言 $L(G_{21})$ 的 DFA M_{21} 的状态转移图如图 7-54 所示。函数 $\delta(q,\ x)=q'$，其中 $q,\ q'{\in}Q,\ x{\in}\Sigma$，表示在状态 q 时，若输入符号为 x，则自动机 M_{21} 进入一个确定的状态 q'。

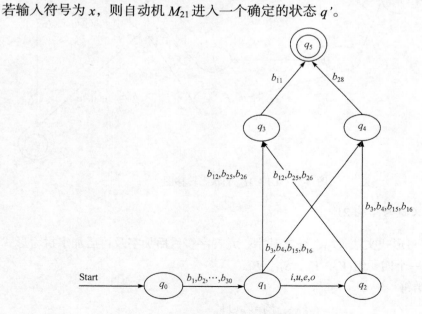

图 7-54　DFA M_{21} 的状态转移图

22. 藏文拼写结构 22

藏文拼写形式文法 G_{22}：藏文上加字、基字、元音字符、后加字及再后加字拼写形式文法 G_{22} 是一个四元组 $(V_T，V_N，S_{22}，P)$。

① 终结符

$$V_T = V_B \cup V_o$$

其中，$V_B = \{b_1,b_3,b_4,b_5,b_7,b_8,b_9,b_{11},b_{12},b_{13},b_{15},b_{16},b_{17},b_{19},b_{25},b_{26},b_{28},b_{29}\}$，其元素对应藏文辅音字符；$V_o = \{i,u,e,o\}$，其元素对应藏文元音字符。

② 非终结符集合

$$V_N = \{S_{22},B_{22,1},B_{22,2},B_{22,3},B_{22,4},B_{22,5}\}$$

③ S_{22} 为 V_N 中的非终结符，且为起始符号。

④ 文法 G_{22} 的产生式集合

$$P = \{S_{22} \rightarrow b_{25}B_{22,1} | b_{26}B_{22,2} | b_{28}B_{22,3},$$

$$B_{22,1} \rightarrow b_1B_{22,4} | b_3B_{22,4} | b_4B_{22,4} | b_7B_{22,4} | b_8B_{22,4} | b_9B_{22,4} | b_{11}B_{22,4} | b_{12}B_{22,4} | b_{15}B_{22,4} |$$
$$b_{16}B_{22,4} | b_{17}B_{22,4} | b_{19}B_{22,4},$$

$$B_{22,2} \rightarrow b_1B_{22,4} | b_3B_{22,4} | b_4B_{22,4} | b_5B_{22,4} | b_7B_{22,4} | b_9B_{22,4} | b_{11}B_{22,4} | b_{13}B_{22,4} | b_{15}B_{22,4} | b_{29}B_{22,4},$$

$$B_{22,3} \rightarrow b_1B_{22,4} | b_3B_{22,4} | b_4B_{22,4} | b_8B_{22,4} | b_9B_{22,4} | b_{11}B_{22,4} | b_{12}B_{22,4} | b_{13}B_{22,4} | b_{15}B_{22,4} | b_{16}B_{22,4} | b_{17} B_{22,4},$$

$$B_{22,4} \rightarrow iB_{22,7} | uB_{22,7} | eB_{22,7} | oB_{22,7},$$

$$B_{22,4} \rightarrow b_{12}B_{22,5} | b_{25}B_{22,5} | b_{26}B_{22,5},$$

$$B_{22,4} \rightarrow b_3B_{22,6} | b_4B_{22,6} | b_{15}B_{22,6} | b_{16}B_{22,6},$$

$$B_{22,7} \rightarrow b_{12}B_{22,5} | b_{25}B_{22,5} | b_{26}B_{22,5},$$

$$B_{22,7} \rightarrow b_3B_{22,6} | b_4B_{22,6} | b_{15}B_{22,6} | b_{16}B_{22,6},$$

$$B_{22,5} \rightarrow b_{11},$$

$$B_{22,6} \rightarrow b_{18}\}$$

由文法 $G_{22} = (V_T，V_N，S_{22}，P)$ 生成的所有句子的集合就是由文法 G_{22} 生成的语言，即 $L(G_{22}) = \{w \in V_T^+ : S_{22} \overset{*}{\Rightarrow} w\}$。该语言所有句子的集合就是文法 G_{22} 定义的藏文字，如 $b_{25}b_{12}b_{16}b_{28}$（ཀྲིགས）、$b_{28}b_9ob_{15}b_{28}$（ཤྱོལས）等。接受语言 $L(G_{22})$ 的 DFA M_{22} 的状态转移图如图 7-55 所示。函数 $\delta(q，x) = q'$，其中 $q，q' \in Q，x \in \Sigma$，表示在状态 q 时，若输入符号为 x，则自动机 M_{22} 进入一个确定的状态 q'。

23. 藏文拼写结构 23

藏文拼写形式文法 G_{23}：藏文基字、下加字、元音字符、后加字及再后加字拼写构成的藏文字的文法 G_{23} 是一个四元组 $(V_T，V_N，S_{23}，P)$。

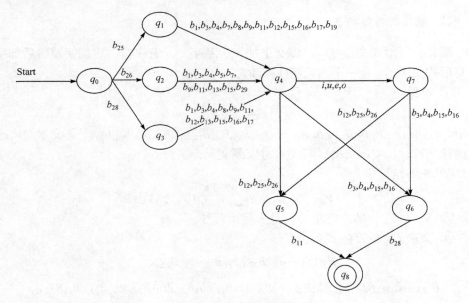

图 7-55　DFA M_{22} 的状态转移图

① 终结符

$$V_T = V_B \cup V_o$$

其中，V_B={$b_1,b_2,b_3,b_4,b_8,b_9,b_{10},b_{11},b_{12},b_{13},b_{14},b_{15},b_{16},b_{18},b_{20},b_{21},b_{22},b_{24},b_{25},b_{26},b_{27},b_{28},b_{29}$}，其元素对应藏文辅音字符；$V_o$={$i,u,e,o$}，其元素对应藏文元音字符。

② 非终结符集合

V_N={$S_{23},B_{23,1},B_{23,2},B_{23,3},B_{23,4},B_{23,5},B_{23,6},B_{23,7},B_{23,8},B_{23,9},B_{23,10},B_{23,11},B_{23,12},B_{23,13}$}

③ S_{23} 为 V_N 中的非终结符，且为起始符号。

④ 文法 G_{23} 的产生式集合

$$P = \{ S_{23} \rightarrow b_1 B_{23,1} | b_3 B_{23,1},$$

$$S_{23} \rightarrow b_2 B_{23,2},$$

$$S_{23} \rightarrow b_{11} B_{23,3} | b_{29} B_{23,3},$$

$$S_{23} \rightarrow b_8 B_{23,4} | b_{18} B_{23,4} | b_{21} B_{23,4} | b_{26} B_{23,4} | b_{27} B_{23,4},$$

$$S_{23} \rightarrow b_9 B_{23,5} | b_{10} B_{23,5},$$

$$S_{23} \rightarrow b_{13} B_{23,6} | b_{14} B_{23,6} | b_{16} B_{23,6},$$

$$S_{23} \rightarrow b_{22} B_{23,7} | b_{25} B_{23,7},$$

$$S_{23} \rightarrow b_{28} B_{23,8},$$

$$S_{23} \rightarrow b_{15} B_{23,9},$$

$$B_{23,1} \rightarrow b_{20}B_{23,10}|b_{24}B_{23,10}|b_{25}B_{23,10}|b_{26}B_{23,10},$$

$$B_{23,2} \rightarrow b_{20}B_{23,10}|b_{24}B_{23,10}|b_{25}B_{23,10},$$

$$B_{23,3} \rightarrow b_{20}B_{23,10}|b_{25}B_{23,10},$$

$$B_{23,4} \rightarrow b_{20}B_{23,10},$$

$$B_{23,5} \rightarrow b_{25}B_{23,10},$$

$$B_{23,6} \rightarrow b_{24}B_{23,10}|b_{25}B_{23,10},$$

$$B_{23,7} \rightarrow b_{20}B_{23,10}|b_{26}B_{23,10},$$

$$B_{23,8} \rightarrow b_{25}B_{23,10}|b_{26}B_{23,10},$$

$$B_{23,9} \rightarrow b_{24}B_{23,10}|b_{25}B_{23,10}|b_{26}B_{23,10},$$

$$B_{23,10} \rightarrow iB_{23,11}|uB_{23,11}|eB_{23,11}|oB_{23,11},$$

$$B_{23,10} \rightarrow b_{12}B_{23,12}|b_{25}B_{23,12}|b_{26}B_{23,12},$$

$$B_{23,10} \rightarrow b_3B_{23,13}|b_4B_{23,13}|b_{15}B_{23,13}|b_{16}B_{23,13},$$

$$B_{23,11} \rightarrow b_{12}B_{23,12}|b_{25}B_{23,12}|b_{26}B_{23,12},$$

$$B_{23,11} \rightarrow b_3B_{23,13}|b_4B_{23,13}|b_{15}B_{23,13}|b_{16}B_{23,13},$$

$$B_{23,12} \rightarrow b_{11},$$

$$B_{23,13} \rightarrow b_{18}\}$$

由文法 $G_{23}=(V_T, V_N, S_{23}, P)$ 生成的所有句子的集合就是由文法 G_{23} 生成的语言，即 $L(G_{23})=\{w \in V_T^+ : S_{23} \overset{*}{\Rightarrow} w\}$。该语言所有句子的集合就是文法 G_{23} 定义的藏文字，如 $b_{15}b_{26}b_4b_{28}$（ཨྲྐྵ）、$b_1b_{26}ob_3b_{28}$（ཀྲོག）等。接受语言 $L(G_{23})$ 的 DFA M_{23} 的状态转移图如图 7-56 所示。函数 $\delta(q, x)=q'$，其中 q，$q' \in Q$，$x \in \Sigma$，表示在状态 q 时，若输入符号为 x，则自动机 M_{23} 进入一个确定的状态 q'。

24. 藏文拼写结构 24

藏文拼写形式文法 G_{24}：藏文上加字、基字、下加字、元音字符、后加字及再后加字拼写形式文法 G_{24} 是一个四元组 (V_T, V_N, S_{24}, P)。

① 终结符

$$V_T=V_B \cup V_o$$

其中，$V_B=\{b_1,b_3, b_4,b_{11},b_{12},b_{13},b_{15},b_{16},b_{17},b_{20},b_{24},b_{25},b_{26},b_{28}\}$，其元素对应藏文辅音字符；$V_o=\{i,u,e,o\}$，其元素对应藏文元音字符。

② 非终结符集合

$$V_N=\{S_{24},B_{24,1},B_{24,2},B_{24,3},B_{24,4},B_{24,5},B_{24,6},B_{24,7},B_{24,8},B_{24,9},B_{24,10}\}$$

③ S_{24} 为 V_N 中的非终结符，且为起始符号。

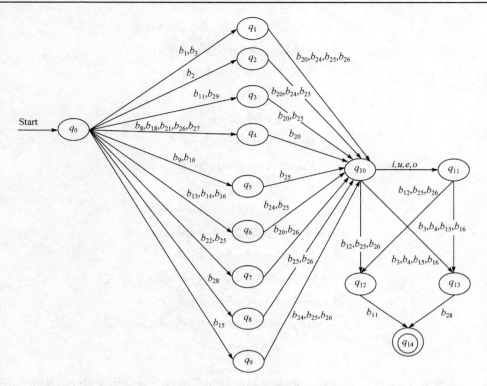

图 7-56　DFA M_{23} 的状态转移图

④ 文法 G_{24} 的产生式集合

$$P=\{S_{24}\rightarrow b_{25}B_{24,1},$$
$$S_{24}\rightarrow b_{28}B_{24,2},$$
$$B_{24,1}\rightarrow b_1B_{24,3}|b_3B_{24,3}|b_{16}B_{24,3},$$
$$B_{24,1}\rightarrow b_{17}B_{24,4},$$
$$B_{24,2}\rightarrow b_1B_{24,5}|b_3B_{24,5}|b_{13}B_{24,5}|b_{15}B_{24,5}|b_{16}B_{24,5},$$
$$B_{24,2}\rightarrow b_{12}B_{24,6},$$
$$B_{24,3}\rightarrow b_{24}B_{24,7},$$
$$B_{24,4}\rightarrow b_{20}B_{24,7},$$
$$B_{24,5}\rightarrow b_{24}B_{24,7}|b_{25}B_{24,7},$$
$$B_{24,6}\rightarrow b_{25}B_{24,7},$$
$$B_{24,7}\rightarrow iB_{24,8}|uB_{24,8}|eB_{24,8}|oB_{24,8},$$
$$B_{24,7}\rightarrow b_{12}B_{24,9}|b_{25}B_{24,9}|b_{26}B_{24,9},$$
$$B_{24,7}\rightarrow b_3B_{24,10}|b_4B_{24,10}|b_{15}B_{24,10}|b_{16}B_{24,10},$$
$$B_{24,8}\rightarrow b_{12}B_{24,9}|b_{25}B_{24,9}|b_{26}B_{24,9},$$

$$B_{24,8} \rightarrow b_3 B_{24,10} | b_4 B_{24,10} | b_{15} B_{24,10} | b_{16} B_{24,10},$$

$$B_{24,9} \rightarrow b_{11},$$

$$B_{24,10} \rightarrow b_{18}\}$$

由文法 $G_{24}=(V_T, V_N, S_{24}, P)$ 生成的所有句子的集合就是由文法 G_{24} 生成的语言，即 $L(G_{24})=\{w \in V_T^+ : S_{24} \overset{*}{\Rightarrow} w\}$。该语言所有句子的集合就是文法 G_{24} 定义的藏文字，如 $b_{28}b_{15}b_{24}b_4b_{28}$（ཧྱྲྒ）、$b_{28}b_1b_{24}ob_{15}b_{28}$（ཧྱིྲ）等。接受语言 $L(G_{24})$ 的 DFA M_{24} 的状态转移图如图 7-57 所示。函数 $\delta(q, x)=q'$，其中 $q, q' \in Q$，$x \in \Sigma$，表示在状态 q 时，若输入符号为 x，则自动机 M_{24} 进入一个确定的状态 q'。

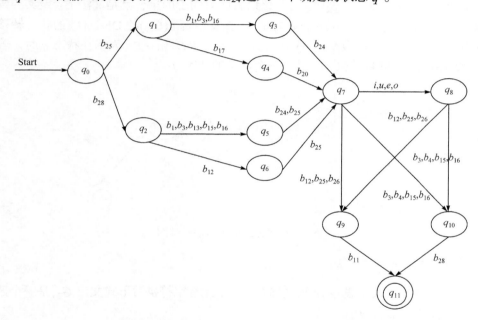

图 7-57　接受语言 $L(G_{24})$ 的 DFA M_{24} 状态转移图

25. 藏文拼写结构 25

藏文拼写形式文法 G_{25}：藏文基字、下加字拼写形式文法 G_{25} 是一个四元组 (V_T, V_N, S_{25}, P)。

① 终结符

$$V_T= \{b_3, b_{11}, b_{14}, b_{20}, b_{24}, b_{25}\}$$

其元素对应藏文辅音字符。

② 非终结符集合

$$V_N=\{S_{25}, B_{25,1}, B_{25,2}, B_{25,3}\}$$

③ S_{25} 为 V_N 中的非终结符，且为起始符号。

④ 文法 G_{25} 的产生式集合

$$P=\{S_{25}\rightarrow b_3B_{25,1}|b_{11}B_{25,1},$$
$$S_{25}\rightarrow b_{14}B_{25,2},$$
$$B_{25,1}\rightarrow b_{25}B_{25,3},$$
$$B_{25,2}\rightarrow b_{24}B_{25,3},$$
$$B_{25,3}\rightarrow b_{20}\}$$

由文法 $G_{25}=(V_T，V_N，S_{25}，P)$ 生成的所有句子的集合就是由文法 G_{25} 生成的语言，即 $L(G_{25})=\{w\in V_T^+: S_{25}\overset{*}{\Rightarrow}w\}$。该语言所有句子的集合就是文法 G_{25} 定义的藏文字，如 $b_3b_{25}b_{20}$（ ）、$b_{14}b_{24}b_{20}$（ ）等。接受语言 $L(G_{25})$ 的 DFA M_{25} 的状态转移图如图 7-58 所示。函数 $\delta(q，x)=q'$，其中 $q，q'\in Q，x\in\Sigma$，表示在状态 q 时，若输入符号为 x，则自动机 M_{25} 进入一个确定的状态 q'。

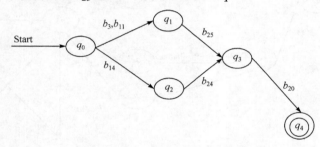

图 7-58　DFA M_{25} 的状态转移图

26. 藏文拼写结构 26

藏文拼写形式文法 G_{26}：藏文辅音字符、元音字符拼写形式文法 G_{26} 是一个四元组 $(V_T，V_N，S_{26}，P)$。

① 终结符

$$V_T=V_B\cup V_o$$

其中，$V_B=\{b_{14},b_{29}\}$，其元素对应藏文辅音字符；$V_o=\{i,u,e,o\}$，其元素对应藏文元音字符。

② 非终结符集合

$$V_N=\{S_{26},B_{26,1},B_{26,2}\}$$

③ S_{26} 为 V_N 中的非终结符，且为起始符号。

④ 文法 G_{26} 的产生式集合

$$P=\{S_{26}\rightarrow b_{29}B_{26,1},$$
$$B_{26,1}\rightarrow b_{14},$$

$$B_{26,1} \rightarrow b_{14} B_{26,2},$$

$$B_{26,2} \rightarrow i|u|e|o\}$$

由文法 $G_{26}=(V_T,\ V_N,\ S_{26},\ P)$ 生成的所有句子的集合就是由文法 G_{26} 生成的语言，即 $L(G_{26})=\{w \in V_T^+: S_{26} \overset{*}{\Rightarrow} w\}$。该语言所有句子的集合就是文法 G_{26} 定义的藏文字，如 $b_{29}b_{14}(\,\text{辋}\,)$、$b_{29}b_{14}i(\,\text{辋}\,)$等。接受语言 $L(G_{26})$ 的 FA 是 NFA $M_{26}=(\Sigma,\ Q,\ \delta,\ q_0,\ F)$，转化后的 DFA M_{26} 的状态转移图如图 7-59 所示。函数 $\delta(q,x)=q'$，其中 q，$q' \in Q$，$x \in \Sigma$，表示自动机在状态 q 时，若输入符号为 x，则自动机 M_{26} 进入一个确定的状态 q'。

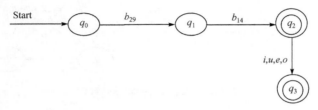

图 7-59　DFA M_{26} 的状态转移图

27. 藏文拼写结构 27

藏文拼写形式文法 G_{27}：藏文辅音字符、元音字符、后加字拼写形式文法 G_{27} 是一个四元组$(V_T,\ V_N,\ S_{27},\ P)$。

① 终结符

$$V_T=V_B \cup V_o$$

其中，$V_B=\{b_3,b_4,b_{11},b_{12},b_{14},b_{15},b_{16},b_{23},b_{25},b_{26},b_{28},b_{29}\}$，其元素对应藏文辅音字符；$V_o=\{i,u,e,o\}$，其元素对应藏文元音字符。

② 非终结符集合

$$V_N=\{S_{27},B_{27,1},B_{27,2},B_{27,3}\}$$

③ S_{27} 为 V_N 中的非终结符，且为起始符号。

④ 文法 G_{27} 的产生式集合

$$P=\{S_{27} \rightarrow b_{29} B_{27,1},$$

$$B_{27,1} \rightarrow b_{14} B_{27,3},$$

$$B_{27,1} \rightarrow b_{14} B_{27,2},$$

$$B_{27,2} \rightarrow iB_{27,3}|uB_{27,3}|eB_{27,3}|oB_{27,3},$$

$$B_{27,3} \rightarrow b_3|b_4|b_{11}|\ b_{12}|b_{15}|b_{16}|b_{23}|b_{25}|b_{26}|b_{28}\}$$

由文法 $G_{27}=(V_T,\ V_N,\ S_{27},\ P)$ 生成的所有句子的集合就是由文法 G_{27} 生成的语言，即 $L(G_{27})=\{w \in V_T^+: S_{27} \overset{*}{\Rightarrow} w\}$。该语言所有句子的集合就是文法 G_{27} 定义的藏

文字，如 $b_{29}b_{14}b_4$(ཟྲ)、$b_{29}b_{14}ib_{12}$(ཟྲི)等。接受语言 $L(G_{27})$ 的 DFA M_{27} 的状态转移图如图 7-60 所示。函数 $\delta(q, x)=q'$，其中 q，$q'\in Q$，$x\in\Sigma$，表示在状态 q 时，若输入符号为 x，则自动机 M_{27} 进入一个确定的状态 q'。

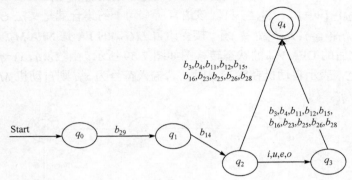

图 7-60　DFA M_{27} 的状态转移图

28. 藏文拼写结构 28

藏文拼写形式文法 G_{28}：藏文基字和元音字符，以及藏文基字和元音字符同时拼写形式文法 G_{28} 是一个四元组(V_T, V_N, S_{28}, P)。

① 终结符

$$V_T=V_B\cup V_o$$

其中，$V_B=\{b_1,b_2,b_3,b_4,b_5,\cdots,b_{30}\}$，其元素对应藏文辅音字符；$V_o=\{i,u,e,o\}$，其元素对应藏文元音字符。

② 非终结符集合

$$V_N=\{S_{28},B_{28,1},B_{28,2},B_{28,3}\}$$

③ S_{28} 为 V_N 中的非终结符，且为起始符号。

④ 文法 G_{28} 的产生式集合

$$P=\{S_{28}\rightarrow b_1B_{28,1}|b_2B_{28,1}|b_3B_{28,1}|b_4B_{28,1}|b_5B_{28,1}|\cdots|b_{30}B_{28,1},$$
$$B_{28,1}\rightarrow iB_{28,2}|uB_{28,2}|eB_{28,2}|oB_{28,2},$$
$$B_{28,1}\rightarrow b_{23}B_{28,3},$$
$$B_{28,2}\rightarrow b_{23}B_{28,3},$$
$$B_{28,3}\rightarrow i|u|e|o,$$
$$B_{28,3}\rightarrow b_4|b_{16}\}$$

由文法 $G_{28}=(V_T, V_N, S_{28}, P)$ 生成的所有句子的集合就是由文法 G_{28} 生成的语言，即 $L(G_{28})=\{w\in V_T^+: S_{28}\overset{*}{\Rightarrow}w\}$。该语言所有句子的集合就是文法 G_{28} 定义的藏文字，如 $b_4b_{23}i$(ལྲ)、$b_{28}eb_{23}u$(ཧྲུ)等。接受语言 $L(G_{28})$ 的 DFA M_{28} 的状态转移图

如图 7-61 所示。函数 $\delta(q，x)=q'$，其中 q，$q'\in Q$，$x\in\Sigma$，表示在状态 q 时，若输入符号为 x，则自动机 M_{28} 进入一个确定的状态 q'。

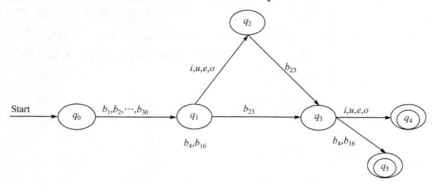

图 7-61　DFA M_{28} 的状态转移图

29. 藏文拼写结构 29

藏文拼写形式文法 G_{29}：藏文上加字、基字和元音，以及基字和元音字符同时，拼写形式文法 G_{29} 是一个四元组 $(V_T，V_N，S_{29}，P)$。

① 终结符

$$V_T=V_B\cup V_o$$

其中，$V_B=\{b_1,b_3,b_4,b_5,b_7,b_8,b_9,b_{11},b_{12},b_{13},b_{15},b_{16},b_{17},b_{19},b_{23},b_{25},b_{26},b_{28},b_{29}\}$，其元素对应藏文辅音字符；$V_o=\{i,u,e,o\}$，其元素对应藏文元音字符。

② 非终结符集合

$$V_N=\{S_{29},B_{29,1},B_{29,2},B_{29,3},B_{29,4},B_{29,5},B_{29,6}\}$$

③ S_{29} 为 V_N 中的非终结符，且为起始符号。

④ 文法 G_{29} 的产生式集合

$$P=\{S_{29}\to b_{25}B_{29,1}|b_{26}B_{29,2}|b_{28}B_{29,3},$$

$$B_{29,1}\to b_1B_{29,4}|b_3B_{29,4}|b_4B_{29,4}|b_7B_{29,4}|b_8B_{29,4}|b_9B_{29,4}|b_{11}B_{29,4}|b_{12}B_{29,4}|b_{15}B_{29,4}|$$
$$b_{16}B_{29,4}|b_{17}B_{29,4}|b_{19}B_{29,4},$$

$$B_{29,2}\to b_1B_{29,4}|b_3B_{29,4}|b_4B_{29,4}|b_5B_{29,4}|b_7B_{29,4}|b_9B_{29,4}|b_{11}B_{29,4}|b_{13}B_{29,4}|b_{15}B_{29,4}|b_{29}B_{29,4},$$

$$B_{29,3}\to b_1B_{29,4}|b_3B_{29,4}|b_4B_{29,4}|b_8B_{29,4}|b_9B_{29,4}|b_{11}B_{29,4}|b_{12}B_{29,4}|b_{13}B_{29,4}|b_{15}B_{29,4}|b_{16}B_{29,4}|b_{17}\ B_{29,4},$$

$$B_{29,4}\to iB_{29,5}|uB_{29,5}|eB_{29,5}|oB_{29,5},$$

$$B_{29,4}\to b_{23}B_{29,6},$$

$$B_{29,5}\to b_{23}B_{29,6},$$

$$B_{29,6}\to i|u|e|o,$$

$$B_{29,6}\to b_4|b_{16},$$

$$B_{29,6} \rightarrow i|u|e|o\}$$

由文法 $G_{29}=(V_T, V_N, S_{29}, P)$ 生成的所有句子的集合就是由文法 G_{29} 生成的语言，即 $L(G_{29})=\{w \in V_T^+: S_{29} \overset{*}{\Rightarrow} w\}$。该语言所有句子的集合就是文法 G_{29} 定义的藏文字，如 $b_{25}b_9b_{23}u$(ཧྲུག)等。接受语言 $L(G_{29})$ 的 DFA M_{29} 的状态转移图如图 7-62 所示。函数 $\delta(q, x)=q'$，其中 $q, q' \in Q, x \in \Sigma$，表示在状态 q 时，若输入符号为 x，则自动机 M_{29} 进入一个确定的状态 q'。

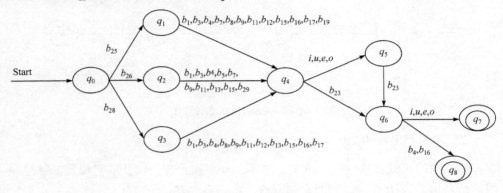

图 7-62　DFA M_{29} 的状态转移图

30. 藏文拼写结构 30

藏文拼写形式文法 G_{30}：藏文基字、下加字和元音字符，以及基字和元音字符同时拼写形式文法 G_{30} 是一个四元组 (V_T, V_N, S_{30}, P)。

① 终结符

$$V_T = V_B \cup V_o$$

其中，$V_B=\{b_1,b_2,b_3,b_8,b_9,b_{10},b_{11},b_{13},b_{14},b_{15},b_{16},b_{18},b_{20},b_{21},b_{22},b_{23},b_{24},b_{25},b_{26},b_{27},b_{28},b_{29}\}$，其元素对应藏文辅音字符；$V_o=\{i,u,e,o\}$，其元素对应藏文元音字符。

② 非终结符集合

$$V_N=\{S_{30},B_{30,1},B_{30,2},B_{30,3},B_{30,4},B_{30,5},B_{30,6},B_{30,7},B_{30,8},B_{30,9},B_{30,10},B_{30,11},B_{30,12}\}$$

③ S_{30} 为 V_N 中的非终结符，且为起始符号。

④ 文法 G_{30} 的产生式集合

$$P=\{S_{30} \rightarrow b_1B_{30,1}|b_3B_{30,1},$$
$$S_{30} \rightarrow b_2B_{30,2},$$
$$S_{30} \rightarrow b_{11}B_{30,3}|b_{29}B_{30,3},$$
$$S_{30} \rightarrow b_8B_{30,4}|b_{18}B_{30,4}|b_{21}B_{30,4}|b_{26}B_{30,4}|b_{27}B_{30,4},$$
$$S_{30} \rightarrow b_9B_{30,5}|b_{10}B_{30,5},$$

$$S_{30} \rightarrow b_{13}B_{30,6}|b_{14}B_{30,6}|b_{16}B_{30,6},$$

$$S_{30} \rightarrow b_{22}B_{30,7}|b_{25}B_{30,7},$$

$$S_{30} \rightarrow b_{28}B_{30,8},$$

$$S_{30} \rightarrow b_{15}B_{30,9},$$

$$B_{30,1} \rightarrow b_{20}B_{30,10}|b_{24}B_{30,10}|b_{25}B_{30,10}|b_{26}B_{30,10},$$

$$B_{30,2} \rightarrow b_{20}B_{30,10}|b_{24}B_{30,10}|b_{25}B_{30,10},$$

$$B_{30,3} \rightarrow b_{20}B_{30,10}|b_{25}B_{30,10},$$

$$B_{30,4} \rightarrow b_{20}B_{30,10},$$

$$B_{30,5} \rightarrow b_{25}B_{30,10},$$

$$B_{30,6} \rightarrow b_{24}B_{30,10}|b_{25}B_{30,10},$$

$$B_{30,7} \rightarrow b_{20}B_{30,10}|b_{26}B_{30,10},$$

$$B_{30,8} \rightarrow b_{25}B_{30,10}|b_{26}B_{30,10},$$

$$B_{30,9} \rightarrow b_{24}B_{30,10}|b_{25}B_{30,10}|b_{26}B_{30,10},$$

$$B_{30,10} \rightarrow iB_{30,11}|uB_{30,11}|eB_{30,11}|oB_{30,11},$$

$$B_{30,10} \rightarrow b_{23}B_{30,12},$$

$$B_{30,11} \rightarrow b_{23}B_{30,12},$$

$$B_{30,12} \rightarrow i|u|e|o,$$

$$B_{30,12} \rightarrow b_4|b_{16}\}$$

由文法 $G_{30}=(V_T, V_N, S_{30}, P)$ 生成的所有句子的集合就是由文法 G_{30} 生成的语言，即 $L(G_{30})=\{w \in V_T^+: S_{30} \overset{*}{\Rightarrow} w\}$。该语言所有句子的集合就是文法 G_{30} 定义的藏文字，如 $b_{28}b_{26}b_{23}o$（ཨོད）、$b_{11}b_{25}eb_{23}u$（ཞེའུ）等。接受语言 $L(G_{30})$ 的 DFA M_{30} 的状态转移图如图 7-63 所示。函数 $\delta(q, x)=q'$，$(q, q' \in Q, x \in \Sigma)$ 表示在状态 q 时，若输入符号为 x，则自动机 M_{30} 进入一个确定的状态 q'。

31. 藏文拼写结构 31

藏文拼写形式文法 G_{31}：上加字、藏文基字、下加字和元音字符，以及基字和元音字符同时拼写形式文法 G_{31} 是一个四元组 (V_T, V_N, S_{31}, P)。

① 终结符

$$V_T=V_B \cup V_o$$

其中，$V_B=\{b_1,b_3,b_{12},b_{13},b_{15},b_{16},b_{17},b_{20},b_{23},b_{24},b_{25},b_{28}\}$，其元素对应藏文辅音字符；$V_o=\{i,u,e,o\}$，其元素对应藏文元音字符。

② 非终结符集合

$$V_N=\{S_{31},B_{31,1},B_{31,2},B_{31,3},B_{31,4},B_{31,5},B_{31,6},B_{31,7},B_{31,8},B_{31,9}\}$$

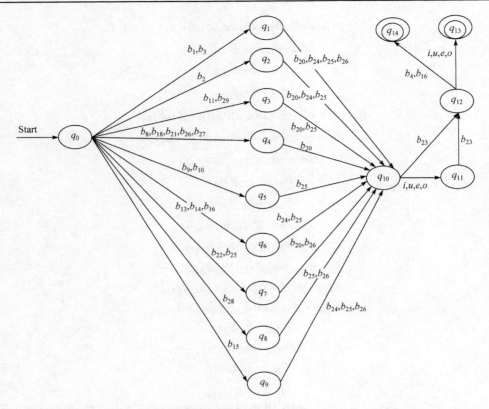

图 7-63　DFA M_{30} 的状态转移图

③ S_{31} 为 V_N 中的一个非终结符，且为起始符号。

④ 文法 G_{31} 的产生式集合

$$P=\{S_{31}{\rightarrow}b_{25}B_{31,1},$$
$$S_{31}{\rightarrow}b_{28}B_{31,2},$$
$$B_{31,1}{\rightarrow}b_1B_{31,3}|b_3B_{31,3}|b_{16}B_{31,3},$$
$$B_{31,1}{\rightarrow}b_{17}B_{31,4},$$
$$B_{31,2}{\rightarrow}b_1B_{31,5}|b_3B_{31,5}|b_{13}B_{31,5}|b_{15}B_{31,5}|b_{16}B_{31,5},$$
$$B_{31,2}{\rightarrow}b_{12}B_{31,6},$$
$$B_{31,3}{\rightarrow}b_{24}B_{31,7},$$
$$B_{31,4}{\rightarrow}b_{20}B_{31,7},$$
$$B_{31,5}{\rightarrow}b_{24}B_{31,7}|b_{25}B_{31,7},$$
$$B_{31,6}{\rightarrow}b_{25}B_{31,7},$$
$$B_{31,7}{\rightarrow}iB_{31,8}|uB_{31,8}|eB_{31,8}|oB_{31,8},$$
$$B_{31,7}{\rightarrow}b_{23}B_{31,9},$$

$$B_{31,8} \rightarrow b_{23}B_{31,9},$$
$$B_{31,9} \rightarrow i|u|e|o,$$
$$B_{31,9} \rightarrow b_4|b_{16}\}$$

由文法 $G_{31}=(V_T, V_N, S_{31}, P)$ 生成的所有句子的集合就是由文法 G_{31} 生成的语言，即 $L(G_{31})=\{w \in V_T^+ : S_{31} \overset{*}{\Rightarrow} w\}$。该语言所有句子的集合就是文法 G_{31} 定义的藏文字，如 $b_{28}b_1b_{25}b_{23}o$(ৠ৲）、$b_{28}b_{13}b_{25}eb_{23}u$(৽৲）等。接受语言 $L(G_{31})$ 的 DFA M_{31} 的状态转移图如图 7-64 所示。函数 $\delta(q, x)=q'$，其中 $q, q' \in Q$, $x \in \Sigma$，表示在状态 q 时，若输入符号为 x，则自动机 M_{31} 进入一个确定的状态 q'。

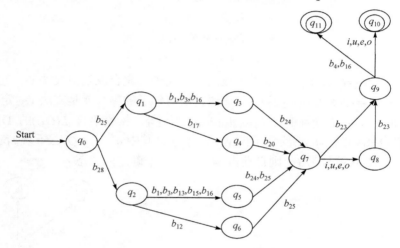

图 7-64　DFA M_{31} 的状态转移图

32. 藏文拼写结构 32

藏文拼写形式文法 G_{32}：藏文前加字、上加字、基字和元音字符，以及基字和元音字符同时拼写形式文法 G_{32} 是一个四元组 (V_T, V_N, S_{32}, P)。

① 终结符

$$V_T = V_B \cup V_o$$

其中，$V_B=\{b_1,b_3,b_4,b_7,b_8,b_9,b_{11},b_{12},b_{15},b_{17},b_{19},b_{23},b_{25},b_{26},b_{28}\}$，其元素对应藏文辅音字符；$V_o=\{i,u,e,o\}$，其元素对应藏文元音字符。

② 非终结符集合

$$V_N=\{S_{32}, B_{32,1}, B_{32,2}, B_{32,3}, B_{32,4}, B_{32,5}, B_{32,6}, B_{32,7}\}$$

③ S_{32} 为 V_N 中的一个非终结符，且为起始符号。

④ 文法 G_{32} 的产生式集合

$$P=\{S_{32} \rightarrow b_{15}B_{32,1},$$

$$B_{32,1} \rightarrow b_{28}B_{32,2},$$

$$B_{32,1} \rightarrow b_{26}B_{32,3},$$

$$B_{32,1} \rightarrow b_{25}B_{32,4},$$

$$B_{32,2} \rightarrow b_1B_{32,5}|b_3B_{32,5}|b_4B_{32,5}|b_8B_{32,5}|b_9B_{32,5}|b_{11}B_{32,5}|b_{12}B_{32,5}|b_{17}B_{32,5},$$

$$B_{32,3} \rightarrow b_9B_{32,5}|b_{11}B_{32,5},$$

$$B_{32,4} \rightarrow b_1B_{32,5}|b_3B_{32,5}|b_4B_{32,5}|b_7B_{32,5}|b_8B_{32,5}|b_9B_{32,5}|b_{11}B_{32,5}|b_{12}B_{32,5}|b_{17}B_{32,5}|b_{19}B_{32,5},$$

$$B_{32,5} \rightarrow iB_{32,6}|uB_{32,6}|eB_{32,6}|oB_{32,6},$$

$$B_{32,5} \rightarrow b_{23}B_{32,7},$$

$$B_{32,6} \rightarrow b_{23}B_{32,7},$$

$$B_{32,7} \rightarrow i|u|e|o,$$

$$B_{32,7} \rightarrow b_4|b_{16}\}$$

由文法 $G_{32}=(V_T, V_N, S_{32}, P)$ 生成的所有句子的集合就是由文法 G_{32} 生成的语言，即 $L(G_{32})=\{w \in V_T^+ : S_{32} \overset{*}{\Rightarrow} w\}$。该语言所有句子的集合就是文法 G_{32} 定义的藏文字，如 $b_{15}b_{25}b_{11}b_{23}i$（ཁྲིག）、$b_{15}b_{28}b_4ob_{23}i$（ཁྱོགི）等。接受语言 $L(G_{32})$ 的 DFA M_{32} 的状态转移图如图 7-65 所示。函数 $\delta(q, x)=q'$，其中 q，$q' \in Q$，$x \in \Sigma$，表示在状态 q 时，若输入符号为 x，则自动机 M_{32} 进入一个确定的状态 q'。

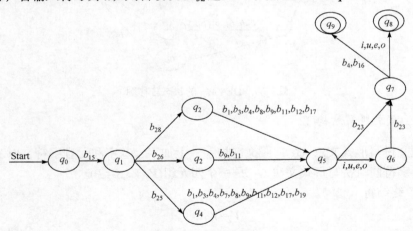

图 7-65　DFA M_{32} 的状态转移图

33. 藏文拼写结构 33

藏文拼写形式文法 G_{33}：藏文前加字、基字、下加字和元音字符，以及基字和元音字符同时拼写形式文法 G_{33} 是一个四元组 (V_T, V_N, S_{33}, P)。

① 终结符

$$V_T=V_B \cup V_o$$

其中，$V_B=\{b_1,b_2,b_3,b_{11},b_{13},b_{14},b_{15},b_{16},b_{22},b_{23},b_{24},b_{25},b_{26},b_{28}\}$，其元素对应藏文辅音字符；$V_o=\{i,u,e,o\}$，其元素对应藏文元音字符。

② 非终结符集合

$V_N=\{S_{33},B_{33,1},B_{33,2},B_{33,3},B_{33,4},B_{33,5},B_{33,6},B_{33,7},B_{33,8},B_{33,9},B_{33,10},B_{33,11},B_{33,12},B_{33,13}\}$

③ S_{33} 为 V_N 中的一个非终结符，且为起始符号。

④ 文法 G_{33} 的产生式集合

$$P=\{S_{33}\rightarrow b_{11}B_{33,1}|b_{15}B_{33,2}|b_{16}B_{33,3}|b_{23}B_{33,4},$$
$$B_{33,1}\rightarrow b_{16}B_{33,5},$$
$$B_{33,1}\rightarrow b_1B_{33,9}|b_3B_{33,9}|b_{13}B_{33,9}|b_{15}B_{33,9},$$
$$B_{33,2}\rightarrow b_1B_{33,6},$$
$$B_{33,2}\rightarrow b_{22}B_{33,7}|b_{25}B_{33,7},$$
$$B_{33,2}\rightarrow b_{28}B_{33,8},$$
$$B_{33,2}\rightarrow b_3B_{33,9},$$
$$B_{33,3}\rightarrow b_2B_{33,9}|b_3B_{33,9},$$
$$B_{33,4}\rightarrow b_2B_{33,9}|b_3B_{33,9}|b_{14}B_{33,9}|b_{15}B_{33,9},$$
$$B_{33,4}\rightarrow b_{11}B_{33,10},$$
$$B_{33,5}\rightarrow b_{24}B_{33,11},$$
$$B_{33,6}\rightarrow b_{24}B_{33,11}|b_{25}B_{33,11}|b_{26}B_{33,11},$$
$$B_{33,7}\rightarrow b_{26}B_{33,11},$$
$$B_{33,8}\rightarrow b_{25}B_{33,11}|b_{26}B_{33,11},$$
$$B_{33,9}\rightarrow b_{24}B_{33,11}|b_{25}B_{33,11},$$
$$B_{33,10}\rightarrow b_{25}B_{33,11},$$
$$B_{33,11}\rightarrow iB_{33,12}|uB_{33,12}|eB_{33,12}|oB_{33,12},$$
$$B_{33,11}\rightarrow b_{23}B_{33,13},$$
$$B_{33,12}\rightarrow b_{23}B_{33,13},$$
$$B_{33,13}\rightarrow i|u|e|o,$$
$$B_{33,13}\rightarrow b_4|b_{16}\}$$

由文法 $G_{33}=(V_T,\ V_N,\ S_{33},\ P)$ 生成的所有句子的集合就是由文法 G_{33} 生成的语言，即 $L(G_{33})=\{w\in V_T^+:\ S_{33}\overset{*}{\Rightarrow}w\}$。该语言所有句子的集合就是文法 G_{33} 定义的藏文字，如 $b_{15}b_{25}b_{26}b_{23}o$（ༀ）、$b_{15}b_3b_{24}ib_{23}o$（ༀ）等。接受语言 $L(G_{33})$ 的 DFA M_{33} 的状态转移图如图 7-66 所示。函数 $\delta(q,\ x)=q'$，其中 q，$q'\in Q$，$x\in \Sigma$，表示在状态 q 时，若输入符号为 x，则自动机 M_{33} 进入一个确定的状态 q'。

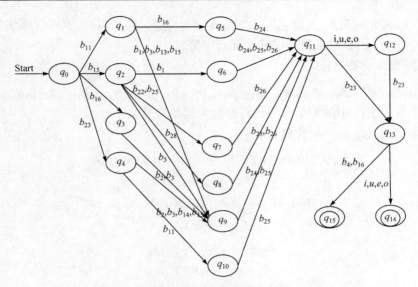

图 7-66　DFA M_{33} 的状态转移图

34. 藏文拼写结构 34

藏文拼写形式文法 G_{34}：藏文前加字、上加字、基字、下加字和元音字符，以及基字和元音字符同时拼写形式文法 G_{34} 是一个四元组$(V_T,\ V_N,\ S_{34},\ P)$。

① 终结符

$$V_T = V_B \cup V_o$$

其中，$V_B=\{b_1,b_3,b_{15},b_{23},b_{24},b_{25},b_{28}\}$，其元素对应藏文辅音字符；$V_o=\{i,u,e,o\}$，其元素对应藏文元音字符。

② 非终结符集合

$$V_N=\{S_{34},B_{34,1},B_{34,2},B_{34,3},B_{34,4},B_{34,5},B_{34,6},B_{34,7},B_{34,8}\}$$

③ S_{34} 为 V_N 中的一个非终结符，且为起始符号。

④ 文法 G_{34} 的产生式集合

$$P=\{S_{34}\to b_{15}B_{34,1},$$
$$B_{34,1}\to b_{28}B_{34,2},$$
$$B_{34,1}\to b_{25}B_{34,3},$$
$$B_{34,2}\to b_1B_{34,4}|b_3B_{34,4},$$
$$B_{34,3}\to b_1B_{34,5}|b_3B_{34,5},$$
$$B_{34,4}\to b_{24}B_{34,6}|b_{25}B_{34,6},$$
$$B_{34,5}\to b_{24}B_{34,6},$$
$$B_{34,6}\to iB_{34,7}|uB_{34,7}|eB_{34,7}|oB_{34,7},$$

$$B_{34,6}{\rightarrow}b_{23}B_{34,8},$$
$$B_{34,7}{\rightarrow}b_{23}B_{34,8},$$
$$B_{34,8}{\rightarrow}i|u|e|o,$$

$$B_{34,8}{\rightarrow}b_4|b_{16}\}$$

由文法 $G_{34}=(V_T,V_N,S_{34},P)$ 生成的所有句子的集合就是由文法 G_{34} 生成的语言，即 $L(G_{34})=\{w{\in}V_T^+:S_{34}\overset{*}{\Rightarrow}w\}$。该语言所有句子的集合就是文法 G_{34} 定义的藏文字，如 $b_{15}b_{25}b_3b_{24}b_{23}o$（ གྱུརཏོ ）、$b_{15}b_{28}b_1b_{24}ib_{23}o$（ བསྒྱིརཏོ ）等。接受语言 $L(G_{34})$ 的 DFA M_{34} 的状态转移图如图 7-67 所示。函数 $\delta(q,x)=q'$，其中 $q,q'{\in}Q$，$x{\in}\Sigma$，表示在状态 q 时，若输入符号为 x，则自动机 M_{34} 进入一个确定的状态 q'。

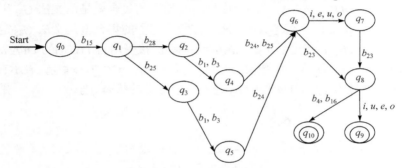

图 7-67　DFA M_{34} 的状态转移图

35. 藏文拼写结构 35

藏文拼写形式文法 G_{35}：藏文前加字、基字和元音字符，以及基字和元音字符同时拼写形式文法 G_{35} 是一个四元组 (V_T,V_N,S_{35},P)。

① 终结符

$$V_T=V_B{\cup}V_o$$

其中，$V_B=\{b_1,b_2,b_3,b_4,b_5,b_6,b_7,b_8,b_9,b_{10},b_{11},b_{12},b_{13},b_{14},b_{15},b_{16},b_{17},b_{18},b_{19},b_{21},b_{22},b_{23},b_{24},$ $b_{27},b_{28}\}$，其元素对应藏文辅音字符；$V_o=\{i,u,e,o\}$，其元素对应藏文元音字符。

② 非终结符集合

$$V_N=\{S_{35},B_{35,1},B_{35,2},B_{35,3},B_{35,4},B_{35,5},B_{35,6},B_{35,7},B_{35,8}\}$$

③ S_{35} 为 V_N 中的一个非终结符，且为起始符号。

④ 文法 G_{35} 的产生式集合

$$P=\{S_{35}{\rightarrow}b_3B_{35,1}|b_{11}B_{35,2}|b_{15}B_{35,3}|b_{16}B_{35,4}|b_{23}B_{35,5},$$

$$B_{35,1}{\rightarrow}b_5B_{35,6}|b_8B_{35,6}|b_9B_{35,6}|b_{11}B_{35,6}|b_{12}B_{35,6}|b_{17}B_{35,6}|b_{21}B_{35,6}|b_{22}B_{35,6}|b_{24}B_{35,6}|$$
$$b_{27}B_{35,6}|b_{28}B_{35,6},$$

$$B_{35,2} \rightarrow b_1 B_{35,6} | b_3 B_{35,6} | b_4 B_{35,6} | b_{13} B_{35,6} | b_{15} B_{35,6} | b_{16} B_{35,6},$$

$$B_{35,3} \rightarrow b_1 B_{35,6} | b_3 B_{35,6} | b_5 B_{35,6} | b_9 B_{35,6} | b_{11} B_{35,6} | b_{17} B_{35,6} | b_{21} B_{35,6} | b_{22} B_{35,6} | b_{27} B_{35,6} | b_{28} B_{35,6},$$

$$B_{35,4} \rightarrow b_2 B_{35,6} | b_3 B_{35,6} | b_4 B_{35,6} | b_6 B_{35,6} | b_7 B_{35,6} | b_8 B_{35,6} | b_{10} B_{35,6} | b_{11} B_{35,6} | b_{12} B_{35,6} | b_{18} B_{35,6} | b_{19} B_{35,6},$$

$$B_{35,5} \rightarrow b_2 B_{35,6} | b_3 B_{35,6} | b_6 B_{35,6} | b_7 B_{35,6} | b_{10} B_{35,6} | b_{11} B_{35,6} | b_{14} B_{35,6} | b_{15} B_{35,6} | b_{18} B_{35,6} | b_{19} B_{35,6},$$

$$B_{35,6} \rightarrow i B_{35,7} | u B_{35,7} | e B_{35,7} | o B_{35,7},$$

$$B_{35,6} \rightarrow b_{23} B_{35,8},$$

$$B_{35,7} \rightarrow b_{23} B_{35,8},$$

$$B_{35,8} \rightarrow i | u | e | o,$$

$$B_{35,8} \rightarrow b_4 | b_{16}\}$$

由文法 $G_{35}=(V_T, V_N, S_{35}, P)$ 生成的所有句子的集合就是由文法 G_{35} 生成的语言，即 $L(G_{35})=\{w \in V_T^+ : S_{35} \overset{*}{\Rightarrow} w\}$。该语言所有句子的集合就是文法 G_{35} 定义的藏文字，如 $b_{16}b_{11}eb_{23}u$(ཨེབྱུ)、$b_{11}b_{13}ob_{23}i$(དབྲི)等。接受语言 $L(G_{35})$ 的 DFA M_{35} 的状态转移图如图 7-68 所示。函数 $\delta(q, x)=q'$，其中 $q, q' \in Q$，$x \in \Sigma$，表示在状态 q 时，若输入符号为 x，则自动机 M_{35} 进入一个确定的状态 q'。

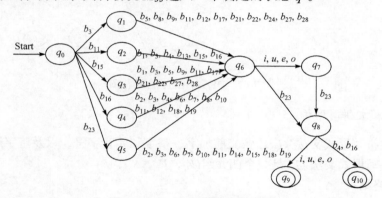

图 7-68　DFA M_{35} 的状态转移图

36. 藏文拼写结构 36

藏文拼写形式文法 G_{36}：藏文基字、下加字和下加字，以及基字和元音字符同时拼写形式文法 G_{36} 是一个四元组 (V_T, V_N, S_{36}, P)。

① 终结符

$$V_T = V_B \cup V_o$$

其中，$V_B=\{b_3, b_{11}, b_{14}, b_{20}, b_{23}, b_{24}, b_{25}\}$，其元素对应藏文辅音字符；$V_o=\{i, u, e, o\}$，其元素对应藏文元音字符。

② 非终结符集合

$$V_N=\{S_{36}, B_{36,1}, B_{36,2}, B_{36,3}, B_{36,4}, B_{36,5}\}$$

③ S_{36} 为 V_N 中的非终结符，且为起始符号。

④ 文法 G_{36} 的产生式集合

$$P=\{S_{36}{\rightarrow}b_3B_{36,1}|b_{11}B_{36,1},$$
$$S_{36}{\rightarrow}b_{14}B_{36,2},$$
$$B_{36,1}{\rightarrow}b_{25}B_{36,3},$$
$$B_{36,2}{\rightarrow}b_{24}B_{36,3},$$
$$B_{36,3}{\rightarrow}b_{20}B_{36,4},$$
$$B_{36,4}{\rightarrow}b_{23}B_{36,5},$$
$$B_{36,4}{\rightarrow}b_{25}|b_{28},$$
$$B_{36,5}{\rightarrow}i|u|e|o,$$
$$B_{36,5}{\rightarrow}b_4|b_{16}\}$$

由文法 $G_{36}=(V_T，V_N，S_{36}，P)$生成的所有句子的集合就是由文法 G_{36} 生成的语言，即 $L(G_{36})=\{w\in V_T^+：S_{36}\overset{*}{\Rightarrow}w\}$。该语言所有句子的集合就是文法 G_{36} 定义的藏文字，如 $b_3b_{25}b_{20}b_{23}i$（ 　 ）、$b_{14}b_{24}b_{20}b_{23}i$（ 　 ）等。接受语言 $L(G_{36})$ 的 DFA M_{36} 的状态转移图如图 7-69 所示。函数 $\delta(q，x)=q'$，$(q，q'\in Q，x\in\Sigma)$表示在状态 q 时，若输入符号为 x，则自动机 M_{36} 进入一个确定的状态 q'。

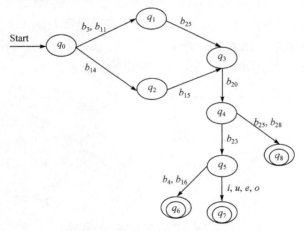

图 7-69　DFA M_{36} 的状态转移图

37. 藏文拼写结构 37

藏文拼写形式文法 G_{37}：藏文辅音字符、辅音字符和元音字符，以及基字和元音字符同时拼写形式文法 G_{37} 是一个四元组$(V_T，V_N，S_{37}，P)$。

① 终结符

$$V_T=V_B\cup V_o$$

其中，$V_B=\{b_{14},b_{23},b_{29}\}$，其元素对应藏文辅音字符；$V_o=\{i,u,e,o\}$，其元素对应藏文元音字符。

② 非终结符集合

$$V_N=\{S_{37},B_{37,1},B_{37,2},B_{37,3},B_{37,4}\}$$

③ S_{37} 为 V_N 中的非终结符，且为起始符号。

④ 文法 G_{37} 的产生式集合

$$P=\{S_{37}\rightarrow b_{29}B_{37,1},$$

$$B_{37,1}\rightarrow b_{14}B_{37,2},$$

$$B_{37,2}\rightarrow iB_{37,3}|uB_{37,3}|eB_{37,3}|oB_{37,3},$$

$$B_{37,2}\rightarrow b_{23}B_{37,4},$$

$$B_{37,3}\rightarrow b_{23}B_{37,4},$$

$$B_{37,4}\rightarrow i|u|e|o,$$

$$B_{37,4}\rightarrow b_4|b_{16}\}$$

由文法 $G_{37}=(V_T,\ V_N,\ S_{37},\ P)$ 生成的所有句子的集合就是由文法 G_{37} 生成的语言，即 $L(G_{37})=\{w\in V_T^+:\ S_{37}\overset{*}{\Rightarrow}w\}$。该语言所有句子的集合就是文法 G_{37} 定义的藏文字，如 $b_{29}b_{14}b_{23}u$（ཧྲུབ）、$b_{29}b_{14}eb_{23}o$（ཧེབ）等。接受语言 $L(G_{37})$ 的 DFA M_{37} 的状态转移图如图 7-70 所示。函数 $\delta(q,\ x)=q'$，其中 $q,\ q'\in Q,\ x\in\Sigma$，表示在状态 q 时，若输入符号为 x，则自动机 M_{37} 进入一个确定的状态 q'。

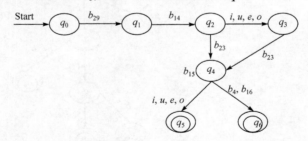

图 7-70　DFA M_{37} 的状态转移图

7.3　藏文字组成成分识别

7.3.1　藏文字组成成分的识别概述

识别藏文字的组成成分是实现计算机藏文自动排序等技术的关键。由于藏文编码体系设计的需要，没有为藏文的基字、上加字等独立编码，因此不能通过藏文字符编码直接识别出藏文字的组成成分。有效识别一个藏文字的各组成成分需要从藏文字的结构和相应的拼写形式文法入手。7.1.4 节给出了藏文的基本拼写结构，除了一些特殊的用法，绝大多数藏文字的结构都可以归纳为这些结构。7.2.2 节又给出了对应于藏文的基本拼写结构的拼写形式文法，我们只要能够确定某个藏文字所属的拼写形式文法，就可以方便地识别该藏文字的各组成成分。基字的识别是其中的关键。下面通过具体例子从理论上加以说明。

例 7.1　识别藏文字སྐ各个组成成分。

① 利用藏文拼写文法 $G_1 \sim G_{24}$ 对藏文字སྐ进行识别。为了简单，我们只描述利用文法 G_{18} 和 G_{19} 对སྐ进行识别的过程。

② 利用文法 G_{18} 对སྐ进行识别。这时，ས为上加字，ཀ为基字，ག为后加字，这样就有文法归纳，即

$$<=b_{28}b_{26}ob_{15}$$

归纳出错。根据藏文拼写文法，当 b_{28} 为上加字时，b_{26} 不能为基字。因此，可以判定སྐ不是藏文拼写文法 G_{18} 描述的藏文字。

③ 利用文法 G_{19} 对སྐ进行识别。这时，ས为基字，ཀ为下加字，ག为后加字，这样就有文法归纳，即

$$<=b_{28}b_{26}ob_{15}$$

$$<= S_{19}$$

归纳结束。因此，可以判定སྐ是藏文拼写文法 G_{19} 描述的藏文字，从而识别出构成该藏文字的各个组成成分。

例 7.2　识别藏文字གགས各个组成成分。

① 利用藏文拼写文法 $G_1 \sim G_{24}$ 对藏文字གགས进行识别。为了简单，我们只描述利用文法 G_9 和 G_{21} 对གགས进行识别的过程。

② 利用文法 G_9 对གགས进行识别。这时，第一个ག为前加字，第二个ག为基字，ས为后加字，这样就有文法归纳，即

$$<=b_{15}b_{15}b_{28}$$

归纳出错。根据藏文拼写文法，当 b_{15} 为前加字时，b_{15} 不能为基字。因此，可以判定གགས不是藏文拼写文法 G_9 描述的藏文字。

③ 利用文法 G_{21} 对གགས进行识别。这时，第一个ག为基字，第二个ག为后加字，ས为再后加字，这样就有文法归纳，即

$$<=b_{15}b_{15}b_{28}$$

$$<= S_{21}$$

归纳结束。因此，可以判定གགས是藏文拼写文法 G_{21} 描述的藏文字，从而识别出构成该藏文字的各个组成成分。

例 7.3　识别藏文字ᠭᠠᠩᠰ各个组成成分。

① 利用藏文拼写文法 $G_1 \sim G_{24}$ 对藏文字ᠭᠠᠩᠰ进行识别。为了简单，我们只描述利用文法 G_9 和 G_{21} 对ᠭᠠᠩᠰ进行识别的过程。

② 利用文法 G_9 对ᠭᠠᠩᠰ进行识别。这时，ᠭ为前加字，ᠠ为基字，ᠰ为后加字，这样就有文法归纳，即

$$<=b_3b_4b_{28}$$

归纳出错。根据藏文拼写文法，当 b_3 为前加字时，b_4 不能为基字。因此，可以判定ᠭᠠᠩᠰ不是藏文拼写文法 G_9 描述的藏文字。

③ 利用文法 G_{21} 对ᠭᠠᠩᠰ进行识别。这时，ᠭ为基字，ᠠ为后加字，ᠰ为再后加字，这样就有文法归纳，即

$$<=b_3b_4b_{28}$$
$$<= S_{21}$$

归纳结束。因此，可以判定ᠭᠠᠩᠰ是藏文拼写文法 G_{21} 描述的藏文字，从而识别出构成该藏文字的各个组成成分。

例 7.4　识别藏文字ᠪᠱᠠᠩᠰ各个组成成分。

① 利用藏文拼写文法 $G_1 \sim G_{24}$ 对藏文字ᠪᠱᠠᠩᠰ进行识别。为了简单，我们只描述利用文法 G_{14} 和 G_{15} 对ᠪᠱᠠᠩᠰ进行识别的过程。

② 利用文法 G_{14} 对ᠪᠱᠠᠩᠰ进行识别。这时，第一个ᠪ为前加字，ᠱ为上加字，ᠠ为基字，第二个ᠪ为后加字，第二个ᠰ为再后加字，这样就有文法归纳，即

$$<= b_{15}b_{28}b_{26}eb_{15}b_{28}$$

归纳出错。根据藏文拼写文法，当 b_{15} 为前加字，b_{28} 为上加字时，b_{26} 不能为基字。因此，可以判定ᠪᠱᠠᠩᠰ不是藏文拼写文法 G_{14} 描述的藏文字。

③ 利用文法 G_{15} 对ᠪᠱᠠᠩᠰ进行扫描。这时，第一个ᠪ为前加字，ᠱ为基字，ᠠ为下加字，第二个ᠪ为后加字，第二个ᠰ为再后加字，这样就有文法归纳，即

$$<= b_{15}b_{28}b_{26}eb_{15}b_{28}$$
$$<= S_{15}$$

归纳结束。因此，可以判定ᠪᠱᠠᠩᠰ是藏文拼写文法 G_{15} 描述的藏文字，从而识别出构成该音节的各个组成成分。

7.3.2　藏文拼写形式文法使用中的二义性问题

藏文拼写形式文法的一个重要应用是识别藏文字的组成成分。如果在藏文拼写形式文法的使用过程中出现二义性，那么就无法正确识别一个藏文字的各个组成成分，因此对藏文拼写形式文法的使用作如下说明。

我们知道，藏文的 5 个前加字、10 个后加字和 2 个再后加字均派生于 30 个

辅音字母,而 30 个辅音字母又都可以做基字。同时,根据藏文拼写文法,$b_j \in$ Root,$j=1,2,\cdots,30$ 对应的藏文基字可以与任意 $b_i \in$ Suffix,$i=3,4,11,12,15,16,23,25,26,28$ 对应的后加字拼写。藏文再后加字的使用只与后加字有关,$b_i \in$ Suffix,$i=3,4,12,15,16,25,26$ 对应的藏文后加字可与 $b_j \in$ Postfix,$j=11,28$ 对应的再后加字拼写,并有如下文法规则。

① $b_{11} \in$ Postfix 仅能与 $b_i \in$ Suffix,$i=12,25,26$ 拼写。

② $b_{28} \in$ Postfix 仅能与 $b_i \in$ Suffix,$i=3,4,15,16$ 拼写。

因此,作为相对特殊的情况,藏文字 གགས་、དགས་、བགས་、མགས་、འགས་、གངས་、དངས་、བངས་、མངས་、འངས་、གབས་、དབས་、བབས་、མབས་、འབས་、གམས་、དམས་、བམས་、མམས་、འམས་在形态上对藏文拼写形式文法 G_9 和 G_{21} 来讲都是正确的。也就是说,这些藏文字的结构既可以理解为前加字与基字和后加字的拼写,也可以理解为基字与后加字和再后加字的拼写。根据藏文拼写文法,当上述藏文字的第一个辅音字母作基字时,གགས་、བགས་、གངས་、བངས་、མངས་、བབས་有实际意义,当第一个辅音字母作前加字时,དགས་、འགས་、དབས་、འབས་、དམས་有实际意义,当第一个辅音字母无论是作基字,还是作前加字时,མགས་、དངས་、འངས་、གབས་、མབས་、གམས་、བམས་、མམས་、འམས་都无实际意义。为了消除藏文拼写形式文法使用中的二义性,根据藏文字的实际意义,我们明确藏文字 གགས་、བགས་、གངས་、བངས་、མངས་、བབས་只适用于藏文拼写形式文法 G_{21},藏文字 དགས་、འགས་、དབས་、འབས་、དམས་只适用于藏文拼写形式文法 G_9,同时规定藏文字 མགས་、དངས་、འངས་、གབས་、མབས་、གམས་、བམས་、མམས་、འམས་只适用于藏文拼写形式文法 G_{21}。

类此地,藏文字 གནད་、དནད་、བནད་、མནད་、འནད་、གརད་、དརད་、བརད་、མརད་、འརད་、གལད་、དལད་、བལད་、མལད་、འལད་在形态上对于藏文拼写形式文法 G_9 和 G_{21} 来讲都是正确的。也就是说,这些藏文字的结构既可以理解为前加字与基字和后加字的拼写,也可以理解为基字与后加字和再后加字的拼写。根据藏文拼写文法,当上述藏文字的第一个辅音字母作基字时,གནད་、དནད་、བནད་、མནད་、འནད་、གརད་、དརད་、བརད་、མརད་、འརད་、གལད་、དལད་、བལད་、མལད་、འལད་都有实际意义,但是在现代藏文中,再后加字 ད 几乎不使用了。当第一个辅音字母作前加字时,只有藏文字 གནད་ 有实际意义,这样就产生了矛盾,藏文字 གནད་ 的结构到底应该理解为前加字与基字和后加字的拼写,还是基字与后加字和再后加字的拼写。如上所述,由于当 ག 作基字时,藏文字 གནད་ 的再后加字 ད 几乎不使用,因此我们规定藏文字 གནད་ 只适用于藏文拼写形式文法 G_9,并明确藏文字 དནད་、བནད་、མནད་、འནད་、གརད་、དརད་、བརད་、མརད་、འརད་、གལད་、དལད་、བལད་、མལད་、འལད་只适用于藏文拼写形式文法 G_{21}。

第 8 章　藏语自动分词及词性和语义标注

藏文虽然是属于拼音文字，但藏文文本不像英文文本等，词与词之间没有任何空格之类的显示标志指示词的边界。藏语自动分词是藏语自然语言处理的基础，是诸多应用系统不可或缺的一个重要环节。自 1999 年以来，国内众多学者在这一领域做了大量的研究工作，取得了一定的研究成果，但从实用化的角度来看，仍存在不少问题[36]。

本章首先介绍藏语自动分词中的几个关键问题和近年来取得的最新进展，然后介绍藏语自动分词技术方法，最后介绍藏语词性和词义标注问题及其相关研究。

8.1　藏语自动分词中的几个关键问题

从处理过程来看，藏语自动分词就是让计算机在藏语文本词与词之间自动加上空格或斜杠"/"等其他边界标记的过程。从应用需求来看，藏语自动分词的主要目的是为藏语自然语言处理确定基本分析单位，为进一步开展句法分析等后期的研究做好前期准备工作。藏语自动分词技术研究基础比较薄弱，大多以汉语自动分词技术为参照，通过改进已有的技术方案使之适应于藏语自动分词。对前人的研究总结归纳起来，藏语自动分词中存在紧缩词的识别、歧义切分和未登录词的识别等关键问题。

8.1.1　紧缩词问题

紧缩格是藏文拼写时的一种缩写形式，最早由陈玉忠等提出，才智杰称之为紧缩词，康才畯称之为黏写形式。无论怎样称呼，藏语自动分词都需要切分处理，而且是比较棘手的问题。

下面从紧缩词的定义、缩写形式和识别等三个方面进行讨论。

1. 紧缩词

以 སྐྱོན་གྱུ་ད་འདུག 和 རབ་དགའ་བྱིས་ཐུ་འཐུང 这两句为例，前句中位格助词 ད 前的 གྱུ 是无后加字的词，后句中主格助词 བྱིས 前的 དགའ 是具有后加字 འ 的词，书写时为了简化可以缩写成 སྐྱོན་གྱུར་འདུག 和 རབ་དགས་ཐུ་འཐུང 。于是，藏文中无后加字或有后加字 འ

的单音节或多音节词后出现 ཟེས་、ཡིས་、ར་、རུ་、འི་、འང་、འམ་ 和 ན་等虚词时，根据 འ་དང་མཐའ་མེད་ཟེས་དང་ཡིག་ན་དང་མཐའ་མེད་ར་དང་རུ། 的添接法。该词和虚词可以缩写成一个音节字，缩写时要省略 ཟེས་、ཡིས་ 和 རུ་中的 ཟ、ཡ 和 ཝ，其余的不变。因此，这种缩写现象中的 འི་、འང་、འམ་、ན་、ས་ 和 ར་等被称为紧缩词[37]。

2. 紧缩词的缩写形式

通过对藏语真实文本的统计，我们发现藏语书面语中的缩写有三种形式。

① 紧缩词的前面部分为符合拼写文法且有实际意义的词的形式，例如དགའི་、གནའམ་和 ངས་ 等缩写中，紧缩词 འི་、འམ་ 和 ས་ 前面的部分 དག་、གན་ 和 ང་为符合拼写文法，并有实际意义的词。

② 紧缩词的前面部分为符合拼写文法而无意义的词的形式，例如 གནར་、མཁའི་ 和 འགས་ 等中，紧缩词 ར་、འི་ 和 ས་ 前面的部分 གན་、མཁ་ 和 འག་ 为符合拼写文法而无意义的词。

③ 同一音节中的 ས་ 或 ར་ 在不同的语境中既可以作紧缩词，也可以作后加字的形式。以 ཞིང་འགས་མཁན། 和 མི་འགས་ལུག་འཚོ་བཞིན་ཡོད། 这两句中的 འགས་ 为例，ཞིང་འགས་མཁན། 中的 འགས་ 是动词，ས་ 为后加字；མི་འགས་ལུག་འཚོ་བཞིན་ཡོད། 中的 འགས་ 是 འགས་ཡིས་ 的缩写形式，ས་ 为紧缩词。

3. 紧缩词的识别

紧缩词的识别对藏语自动分词的准确率有很大的影响，目前已有两种识别方法，即基于规则的识别方法和基于统计的识别方法。

才智杰提出紧缩词的识别方法，即还原法[38]。其基本思想是在一个字串中含有某个紧缩词时，判断去掉该紧缩词的字串是否在词库中存在，若存在则分词成功。此时，切分结果为去除紧缩词的字串和紧缩词；否则，去掉紧缩词并添加 འ 后在词库中查找，切分结果是原字串加 འ 后的词和紧缩词。这种方法基本上能正确地识别紧缩词。但是，分词过程遇到如下三种情况时，该方法无法正确识别。

① 紧缩词的前面部分为有意词(词库中存在的词)，而且需要添加 འ 的情况。例如，གནའི་གཏམ་རྒྱུད 进行分词时 གནའི་ 中 འི 为紧缩词，其前面部分 གན 为有意词(词库中存在的词)，但分词时，གན 后需要添加 འ，即 གནའ་ / འི / གཏམ་རྒྱུད /，而还原法把此类紧缩词的前面部分为有意词直接切分，即 གན / འི / གཏམ་རྒྱུད /。显然，这个结果是错误的。对于这个问题，可以通过藏文文法后加字 འ 的添加法，即 འ་མཐའ་རྒྱུད་འཕུལ་རྣམས་ལ་དགོས། མགོ་འདོགས་དབྱངས་སྟེན་རྣམས་ལ་སྤངས། (意思是后加字 འ 只能添加在单字后面，而不能添加在叠加字后面)判断紧缩词的前面是否为单字进行还原。

② 词库中不存在有再后加字 ས 的情况，若 བཟབས 为词库中不存在的词，而 བཟབ 为词库中存在的词，则还原法把 བཟབས 中的再后加字 ས 识别成紧缩词。对于这个问题，可以通过藏文文法中再后加字 ས 的添接法 ས་ནི་ག་ང་བ་མར་འོ། (再后加字 ས 只会出现在后加字 ག 或 ང་、 བ་、 མ 后面)排除这种错误。

③ ས 或 ར 在不同的语境中既可以作紧缩词，也可以作后加字的情况。以 ཆུས་ཞིང་བཙས། 和 ཆུ་ཆུས་ཤིག ，གནས་ཀ་བཟར་འོངས། 和 ཤ་ལས་སྐྲ་འཛུད་མིག་བཟར་ན་ཟ་ཟ་ཡིག 这四个句子中的 ཆུས 和 བཟར 为例。第一句中的 ཆུས 是 ཆུ 和 ཡིས 的缩写，其中 ས 是紧缩词。第二句中的 ཆུས 是动词 འཆུ 的命令式，其中 ས 是后加字。第三句中的 བཟར 是 བཟ 和 ར 的缩写，其中 ར 是紧缩词。第四句中的 བཟར 是动词 བཟུར 的过去时，其中 ར 是后加字。ཆུ 和 བཟ 都是有意词，还原法切分的结果为 ཆུ/ས 和 བཟ/ར，显然这对第二句和第四句而言是错误的，因此为了有效地解决此类问题，应该从藏文文法理论着手。

紧缩词 ས 是主格助词的缩写，句中起表示施事主语或表示工具、方法、方式和原因等的作用，而紧缩词 ར 是位格助词的缩写，句中起业格、为格、位格和同体等的作用，所以及物动词充当谓语的主谓句中必须用主格助词表示动作的执行者。以 ཤོས་རེ་ཚོ་ཐིག 为例，其中 ཤ 是主语，表能事，ར་ཚོ 是宾语，表所事，ཐིག 是及物动词充当谓语，ས 是主格助词用来表示动作的执行者，如果没有它，即 ཤོ་རེ་ཚོ་ཐིག 中无能所事关系，因此而无法表示动作的执行者。

若不及物动词充当谓语，则谓语前必须要用 ར 表示动作所支配、所关涉的对象。以 སྐྲོ་གར་སོང་། 为例，其中主语省略了，སྐྲོ་ར 是宾语，སོང 是不及物动词充当谓语，ར 表示去了什么地方，如果没有它，即 སྐྲོ་ག་སོང་། 中无宾语，整个句子的意思就会发生变化。

格助词的用法明确规定，句中不能出现格助词重叠现象和格助词与虚词连用的现象。以 བཟར 和 ཤོས 为例，其中的 ར 和 ས 在不同的语境中既可以是后加字，也可以是紧缩词，如 མ་མོ་ངལ་ལུ་གུ་བཟར་ནས་འཚོ་དགོས།，ཆུལ་བོའི་བཟར་ཉན་དགོས། ，སུད་ཚ་རེ་ཤོས་བཟད་པ་རེད།， ཤོད་ཀྱིས་ཏོ་ཤོས་ཤིག །。在第一句中，བཟར 的下一个词是从属格助词 ནས ，由此可以确定 ར 是后加字。在第二句中，བཟར 的下一个词是及物动词 ཉན ，由此可以确定 ར 是紧缩词。在第三句中，ཤོས 的下一个词是及物动词 བཟད ，由此可以确定 ས 是紧缩词。在第四句中， ཤོས 的下一个词是祈使助词 ཤིག ，由此可以确定 ས 是后加字。由此可以总结如下三条规律。

① 以 ས 为结尾的词(无法判断 ས 为紧缩词还是后加字的词)的后面如果有及物动词，那么 ས 为紧缩词。

② 以 ར 为结尾的词(无法判断 ར 为紧缩词还是后加字的词)的后面如果有不及物动词，那么 ར 为紧缩词。

③ 以 ས 或 ར 为结尾的词(无法判断 ས 或 ར 为紧缩词还是后加字的词)的下

一个词如果是格助词、接续连词、集饰连词、和聂连词、提聂连词、总聂连词、祈使助词、时态助词和助动词等,那么 ཉ 或 ར 肯定是后加字,可以排除不考虑。

　　综上所述,藏语紧缩词的识别问题比较复杂,处理藏语紧缩词识别问题不能单靠几条规则,需要对句子进行句法分析,甚至是复杂的上下文语义分析。

8.1.2　歧义切分问题

　　歧义是自然语言中普遍存在的,藏语言中也不例外。它不但是藏语自动分词的难点,而且是影响藏语自动分词准确率的主要因素之一。目前研究这个问题的文献比较少,与汉语歧义问题的研究相比很落后。歧义的定义和检测方法与汉语完全相同,这里不再赘述。

　　藏语自动分词中的歧义类型同样分为两类,即交集型歧义和组合型歧义。

　　1. 交集型歧义

　　例如,对 བཀྲ་ཤིས་ཀྱིས་འཕོར་ལོ་སྐོར་བཞིན་ཡོད། 进行切分时,正向最大匹配切分的结果为 བཀྲ་ཤིས་/ ཀྱིས་/ འཕོར་ལོ་/ སྐོར་/ བཞིན་/ ཡོད་/ ། ,而逆向最大匹配切分的结果为 བཀྲ་ཤིས་/ ཀྱིས་/ འཕོར་/ ལོ་སྐོར་/ བཞིན་/ ཡོད་/ ། 。通过两种结果进行比较,可以发现该句 འཕོར་ལོ་སྐོར་ 为歧义字段。

　　藏文字串 ABC 中,若 $AB \in W$,并且 $BC \in W$,则称 ABC 为交集型歧义字段,简称交集型歧义。其中,A、B、C 分别为藏文字串,W 为词表。

　　2. 组合型歧义

　　例如, ཞིང་ལས་ལོ་ཏོག་སྐྱེས། 这句话中 ཞིང་ལས 是歧义字段,既可以切分为 ཞིང་/ལས ,又可以切分为 ཞིང་ལས་/ 。

　　在藏文字串 AB 中,若 $A \in W$、$B \in W$,并且 $AB \in W$,则称 AB 为组合型歧义字段,简称组合型歧义。其中,A、B 分别为藏文字串,W 为词表。

　　3. 消歧方法

　　据统计,藏语中交集型歧义占歧义问题的 90%以上,因此如何解决好交集型歧义字段的切分问题,对于藏语歧义字段的切分具有重要意义。交集型歧义切分方法一般有两种:一种是通过藏语句法结构找出最佳的切分结果;另一种是通过词频信息进行切分。

　　完么扎西等通过分析和研究藏语句法结构,给出一种基于规则的消歧方法,即词性规则法[37]。其基本方法是,首先通过双向匹配法来检测具有歧义的字段,然后通过该字段中各词的词性来判断该字段属于哪一类,最后用如下七个规则进行消歧。

规则 8.1　既可以切分为"名词+动词"，又可以切分为"动词+名词"时，取"名词+动词"的切分结果。例如，歧义字段 འབོར་ལོ་སྐྱེར 既可以切分为 འབོར་ལོ / སྐྱེར(名词+动词)，又可以切分为 འབོར / ལོ་སྐྱེར (动词+名词)，取 འབོར་ལོ / སྐྱེར 作为消歧切分的结果。

规则 8.2　既可以切分为"名词+形名词"，又可以切分为"动词+名词性短语"时，取"名词+形名词"的切分结果。例如，歧义字段 ཞེན་ཏུ་དགའ་པོ 既可以切分为 ཞེན་ཏུ/དགའ་པོ(名词+形名词)，又可以切分为 ཞེན/ཏུ་དགའ་པོ(动词+名词性短语)，取 ཞེན་ཏུ/དགའ་པོ 作为消歧切分的结果。

规则 8.3　既可以切分为"名词+反义词"，又可以切分为"名词+名词"时，取"名词+反义词"的切分结果。例如，歧义字段 ཟླ་སྒྲོང་སྨད 既可以切分为 ཟླ/སྒྲོང་སྨད (名词+反义词)，也可以切分为 ཟླ་སྒྲོང/སྨད(名词+名词)，取 ཟླ/སྒྲོང་སྨད 作为消歧切分的结果。

规则 8.4　既可以切分为"名词+数词"，又可以切分为"动词+名词"，还可以切分为"名词"时，取"名词+数词"或"名词"的切分结果。例如，歧义字段 འཇིག་ཧེན་གསུམ 既可以切分为 འཇིག་ཧེན/གསུམ (名词+数词)，又可以切分为 འཇིག/ཧེན་གསུམ (动词+名词)，还可以切分为 འཇིག་ཧེན་གསུམ/(名词)，取 འཇིག་ཧེན/གསུམ 或 འཇིག་ཧེན་གསུམ/作为消歧切分的结果。此外，这类规则同样用在"量词+数词"构成的歧义中。

规则 8.5　既可以切分为"形容词+形容词"，又可以切分为"形容词+名词+形容词"，还可以切分为"形容词"时，取"形容词+形容词"或"形容词"的切分结果。例如，歧义字段 དཀར་དཀར་ཟྲིཟྲི 既可以切分成 དཀར་དཀར/ཟྲིཟྲི (形容词+形容词)，又可以切分成 དཀར/ དཀར་ཟྲི /ཟྲི/ (形容词+名词+形容词)，还可以切分成 དཀར་དཀར་ཟྲིཟྲི/(形容词)，取 དཀར་དཀར/ཟྲིཟྲི 或 དཀར་དཀར་ཟྲིཟྲི/作为消歧切分的结果。

规则 8.6　既可以切分为"名词+动词"，又可以切分为"动词+名词"时，取"名词+动词"的切分结果。例如，歧义字段 གསོ་སྐྱོང་ཟྲིད 既可以切分为 གསོ་སྐྱོང/ཟྲིད(名词+动词)，也可以切分为 གསོ/སྐྱོང་ཟྲིད (动词+名词)，取 གསོ་སྐྱོང/ཟྲིད 作为消歧切分的结果。

规则 8.7　既可以切分为"名词+名词"，又可以切分为"动词+名词+名词"时，取"名词+名词"的切分结果。例如，歧义字段 སློ་སྒྲོང་ཟྲིད་ཟབས 既可以切分为 སློ་སྒྲོང་ཟྲིད/ཟབས(名词+名词)，也可以切分为 སློ/སྒྲོང་ཟྲིད/ཟབས (动词+名词+名词)，取 སློ་སྒྲོང་ཟྲིད/ཟབས 作为消歧切分的结果。

刘汇丹等提出一种基于最大概率分词算法的消歧方法[39]。其基本思想是通过一种消歧能力函数，即

$$F(W) = \begin{cases} 0, & W \notin G \\ 1, & W \in G \text{ 且 } \mathrm{freq}(W) = 0 \\ 2 + \log(\mathrm{freq}(W)), & W \in G \text{ 且 } \mathrm{freq}(W) > 0 \end{cases}$$

其中，G 为词典；W 为词条；$\mathrm{freq}(W)$ 为 W 的词频。

对歧义字段的每个候选切分结果来说，整个词串的消歧能力是其每个词 W_i 的消歧能力累加 $F = \sum F(W_i)$，并取使 F 最大的切分结果作为消歧结果。

8.1.3　未登录词问题

未登录词又称为生词(unknown word)，根据分词方法的不同，有两种解释，即分词词典中未收录的词和已有的训练语料中未曾出现的词[40,41]。

未登录词的情况比较复杂，可以粗略地划分为新出现的普通词汇、专业术语；专有名词，包括人名、地名和组织机构名等。

未登录词是影响藏语分词准确率的主要因素，对分词精度的影响远超歧义切分。因此，要从根本上解决藏语分词效率，解决未登录词问题尤为重要。根据藏文自身的特点，以上两类未登录词又存在两种情况：一种是未登录词符合藏文拼写文法的藏文字构成的词，具有一定的构词规则；另一种是未登录词不符合藏文拼写文法的藏文字构成的词。本节主要探讨藏语构词规则和藏语数词构造规则。

1. 藏语构词规则

在藏语言中，存在大量具有一定构词规则的词。藏文文法《字性组织法》中的总构词方法分为音的构词法和意的构词法两种。其中音的构词法又分为同性原则、同音原则和方便原则三种。

同性原则是指后接成分与前一音节的后加字字性一致，即阳性后接成分与阳性后加字组合(ཕོ་ཡིས་ཕོ་ཡི་མིང་མཐའ་དང་།)，如 དབྱིད་ཀ、བག་ཅ、ལག་ཏུ 等。阴性后接成分与阴性后加字组合(མོ་ཡིས་མོ་ཡི་མིང་མཐའ་དང་།)，如 གདམ་ག、གདུང་ s、བཞང་བ 等。中性后接成分与中性后加字组合(མ་ནིང་གིས་ནི་མ་ནིང་ཕོ་།)，如 དགུན་ཀ、དར་ཚ、མཚོ་ཆ 等。

同音原则是指不论字性一致与否，后接成分的基字与前一音节的后加字是同一个字，或者后接成分的基字与前一音节的基字是同一个字，或者发音完全相同的进行组合，如 སྐྱག་ག、ཅུང་ད、སྒོབ་བུ 等。

方便原则是指按约定俗成的习惯添接法添接的，如 ཁང་པ、དར་བ、དགུ་ཚ等。

根据以上三种原则，པ、ཕ、བ、པོ、མ、མོ、ཀ、ཁ、ག、ཆ、པུ、ད、 s、ಣ、 ಣ、ཉིད、ཤུང、སྲང、ཆག、ལུགས 和 ཕོག等后接成分可以与单音节或多音节的名词或形容词、动词等进行组合而构成新词。以 དབྱར་ཁ为例，其中 ཁ 为后接成分，属基字，字性为中性；དབྱར 中的 ར 为后加字，字性为中性。因此，这类词可以用同性原则进行组合。以 གནས་ལུགས། 为例，其中 གནས 的后加字为 ས，字性为阳性，ལུགས 的基字为 ལ，字性为阴性，对这种既不属于字性一致，又不是同音的在藏文文法中使用方便原则。我们认为，这类词除了使用方便原则，还可以用词性进行组合。例如，གནས 为存在动词，ལུགས 为名词，根据藏文文法，藏语中一般不存在 "动词+名词" 的句法结构。因此，这类单音节动词后出现名词时可以进行组合构成新词，并且根据中心词确定组合词的词性为名词。以 དིར་དིར 和 ཐུག་གུ 为例，前者是拟声词，两个词的基字 ད 完全相同，而后者是名词，后接成分 གུ 的基字和 ཐུག 的后加字都是 ག 。因此，这类词可以用同音原则进行组合。

2. 藏语数词的构造规则

藏语中的数词分为位数词、基数词、序数词、总数词、倍数词、分数词和概数词等[42]。

位数词：གཅིག、བཅུ、བརྒྱ、སྟོང、ཁྲི、འབུམ、ས་ཡ、བྱེ་བ、དུང་ཕྱུར、ཐེར་འབུམ、ཐེར་འབུམ་ཆེན་པོ、… 等表示位的词。

基数词： གཅིག、གཉིས、གསུམ、བཞི、ལྔ、དྲུག、བདུན、བརྒྱད、དགུ、བཅུ、བཅུ་གཅིག、… 等可以数数的词。其中，གཅིག、གཉིས、གསུམ 有两种写法，即 གཅིག|ཅིག 、གཉིས|ཉིས 、གསུམ|སུམ 。若 གཅིག、གཉིས、གསུམ 用在 བཅུ、སྟོང、ཁྲི、འབུམ 等位数词前面，则改写为 ཅིག、ཉིས、སུམ 。数字 བཅུ 既是位数词，又是基数词，当用基数词时有四种写法，即 བཅུ、བཅུ་ཐམ་པ、ཅུ 和 བཅོ 等。其中，有后加字的数词后用 ཅུ ，没有后加字的用 བཅུ ，整数数字十要用 བཅུ་ཐམ་པ ，十五和十八的十用 བཅོ ；数字二十用 ཉི་ཤུ ；二十至一百以内的数中有两种数字连接词，一种是 ཞེར、སོ、ཞེ、ང、རེ、དོན、གྱ 和 གོ 等按顺序用在数字二十至九十以内，另一种是数字二十至九十以内一律用 ཅུ ；百位以上的数字间用 དང 进行连接，空位用 མེད 。藏语的数词用法不像汉语，没有 སུམ་ཅུ་གཅིག、དགུ་བཅུ་བཅུ 等的写法，必须用数词连接词进行连接，如 ཧ་བཅུ་ང་གཅིག 或 ཧ་བཅུ་ཚ་གཅིག 。

序数词：由基数词加 པ 或 བ 构成，例如 གཉིས་པ། གསུམ་པ། 等。

总数词：由序数词加 ཚ 或 ཐ 构成，例如 བདུན་པོ། དགུ་པོ། 等。

倍数词：由 ལྡབ 加基数词，或基数词加 སྐོར 或 འགྱུར 等构成，例如 ལྡབ་བཞི། ཉིས་སྐོར། 等。

分数词： 由基数词加 ཆའི 或 ཆའི(或 དང་བགོས་ཆུང)再加基数词构成，例如 གཉིས་ཆོག་གཅིག བརྒྱ་ཆའི་ལྔ། བཞི་དང་བགོས་ཆུང་ལྔ། 等。

概数词：一般由基数词加 ལས་མས 或 སྐྱ、ཚམ 等构成的，但也有一些专门表示概数的词，例如 འགའ、ཁ་ཤས、དུ་མ 等。

通过上述数词的构造规则很容易构造各类数词。例如，基数词 བཞི་བཅུ་ཞེ་གཅིག 根据上述规则可以构造出 ལྔབ་བཞི་བཅུ་ཞེ་གཅིག 、བཞི་བཅུ་ཞེ་གཅིག་པ 、བཞི་བཅུ་ཞེ་གཅིག་པོ

བཞི་བརྒྱ་ཞེ་གཉིས་ལྔག 、 བཞི་བརྒྱ་ཞེ་གཉིས་ཅའི་ཕ 等。

　　总之，通过上述理论构建一种语言知识库，能有效地处理部分未登录词。但这种构词规则库对人名、地名和机构名等没有起到很好的识别作用。因此，对于人名等的识别方法将在 8.3 节详细讨论。

8.2　藏语自动分词方法

　　自 1999 年扎西次仁提出藏语自动分词以来，许多学者在藏语自动分词方面提出很多有效的技术方案。这些方案大体可以分为两种：第一种是基于藏文特有的语言学知识的规则方法；第二种是基于统计的机器学习方法。本节重点介绍基于最大匹配法的分词方法和基于条件随机场的分词方法。

8.2.1　基于规则的分词方法

　　规则的方法认为自动分词的过程是通过搜索词典作出词语切分的决策，并利用语言知识库来消除不正确的切分。

　　陈玉忠等从藏文的字切分特征、词切分特征和句切分特征等三个方面深入研究藏文特有语法接续规则，提出基于格助词和接续特征的藏语分词方法[43,44]。基于此方案实现的分词系统在 500 句测试集上的初步测试结果表明，系统分词正确率在 97% 以上，且有不受领域限制、通用性强的特点。

　　祁坤钰分别用格切分、边界符判定和模式匹配算法实现了对藏文的三级切分[45]。

　　才智杰首先使用四个属格助词和四个作格(又称具格)助词的特殊格助词对藏文进行分块处理，然后采用最大匹配方法进行分词，并采用还原法识别藏文中的紧缩词。

　　孙媛等在格助词分块的基础上，引入词频信息改进了藏语分词准确率[46]。该系统采用双向扫描的方法检测交集型歧义字段，并利用词频信息进行消歧。

　　刘汇丹等重点研究藏语分词中的格助词分块、临界词识别、词频统计、交集型歧义检测和消歧等现有分词方法的问题，设计实现了一个藏文分词系统 SegT。该系统在包含 78 421 句，近 90 万词的藏语语料上进行实验，实验结果表明系统正确率最高达到 96.9875%，召回率最高达到 96.912%，F 值最高达到 96.949%[39]。

　　总之，基于规则的藏语自动分词方法通常需要一个规模足够大的分词词典，采用最大匹配算法，即在分词词典中查到的最长的词条作为句子的切分，算法实现简单、效率较高。但是，这种方法不能很好地处理歧义切分问题、未登录词问题[47]。这类分词方法的基本工作流程图如图 8-1 所示。

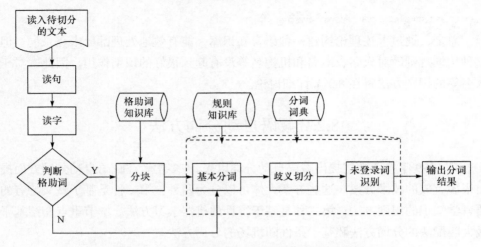

图 8-1　基于规则的藏语自动分词基本工作流程图

在图 8-1 中，用藏语格助词的信息首先将待分词的句子进行分块，然后用最大匹配算法对分块进行自动分词，最后用规则知识库识别紧缩词和歧义切分。最大匹配算法如下图 8-2 所示。

---

1. 初始化：待切分字串 $S1$，输出词串 $S2=$ "" ，最大词长 MaxLen。
2. 匹配：
　　① 从 $S1$ 左边开始，取出候选字串 W，W 的长度不大于 MaxLen；
　　② 查 W 是否在词典中，若在，则 W 加到 $S2$ 中，$S1=S1-W$；否则，执行③；
　　③ 去掉 W 最后一个字，看 W 是否为单字，若是，则 W 加到 $S2$ 中；否则，执行②；
　　④ 循环②和③直至 $S1$ 为空，输出 $S2$。

图 8-2　最大匹配算法

8.2.2　基于统计的分词方法

统计的方法认为分词的过程是对切分词串计算概率的过程。这种方法的重点可以解决自动分词的歧义切分问题，即在统计意义上从各种可能的方案中选择一个最佳可能。

史晓东等实现了"央金藏文分词系统"。该系统把一个基于隐马尔可夫模型的汉语分词系统 Segtag 移植到藏文分词中，取得了 91%的准确率。这是一个与藏语本身相对无关的较为成功的基于统计方法的藏语自动分词系统[48]。

江涛实验了基于条件随机场的藏文分词方法。该方法是利用条件随机场进行藏文分词的初步实验，把藏文按照音节进行切分，采用条件随机场的机器学习方法进行标注，但是该实验没有考虑紧缩词问题[49]。

Liu 等研究了基于音节标注的藏文分词方法。该方法采用条件随机场的机器学习方法，研究基于藏文音节标注的系统，取得了很好的效果。

康才畯提出基于词位的藏语自动分词方法，将藏语分词问题转化为序列标注问题，实现了基于条件随机场模型的藏语自动分词系统。该系统用了 100 余万字的训练语料，分别在 4 万余字语料上进行封闭测试和 2 万余字语料上进行开放测试，系统准确率分别达到 98.20% 和 91.27%[50]。

孙萌等提出一种基于判别式模型的藏文分词方法，重点研究了最小构词粒度和分词结果重排序对藏语分词效果的影响。该方法在基于音节的分词系统上加入基于词图的重排序模块，在感知机上融合词典信息。该系统采用 12 442 句为训练语料，在 500 句测试语料上进行实验，系统正确率达到 95.7%[51]。

李亚超等采用条件随机场模型实现了一种音节标注的藏语分词系统 TIP-LAS，同时采用最大熵模型，并融合音节特征，实现了藏语词性标注系统。该系统采用包含 128 万词的藏语语料，并按照 3:7 的比例分为测试语料和训练语料。实验得到 95.32% 的分词准确率[52]。

总之，基于统计的机器学习方法通常需要规模较大的分词语料，采用隐马尔可夫模型、最大熵模型和条件随机场模型等。由于藏语语料资源的限制，这类统计机器学习方法最近几年才逐渐受到重视。其中，采用基于条件随机场模型的音节标注方法把分词看成判断音节在词中位置的过程，并取得了很好的效果，是藏语自动分词研究的最新成果。下面重点介绍基于条件随机场模型的藏语分词方法。

8.2.3　基于条件随机场模型的藏语分词方法

基于条件随机场模型的藏语分词方法简便易行，而且可以获得较好的性能，因此受到很多学者的青睐，已被广泛应用于藏语自动分词。本节将基于条件随机场模型的藏语分词方法所采用的标记集、训练数据、特征模板，以及分词过程等做详细介绍。

1. 标记集

基于条件随机场模型的分词方法又称基于字标注的分词方法(或称基于词位标注的分词方法)。其思想是将分词过程看作字的分类问题，认为每个字在构造一个特定的词语时都占据着一个确定的构词位置(即词位)。这里所说的"字"不仅限于藏文音节字，也可以指标点符号、外文字母、注音符号和阿拉伯数字等可能出现在藏文文本中的文字符号，所有这些字符都是由字构词的基本单元。根据每个藏文音节字在词中出现的位置，李亚超等制定了 4 标记集，即 B,M,E,S，标记及实例如表 8-1 所示。其中，B 代表词的左边界，M 代表词的中间部分，超过三个字的词中间部分都标记为 M，E 代表词的右边界，S 代表单音节词。康才畯制定了 6 标记集，即 B,M,E,E',S,S'，标记及实例如表 8-2 所示。其中，B,M,E,S 代表的含义与表 8-1 相同，E' 代表带黏写形式(紧缩词)的词尾，S' 代表带黏写形式的单字词。

表 8-1　4 标记及实例

音节数	藏语词汇	标记实例
1	ང	ང/s
2	སྐོར་མ	སྐོར/B མ/E
3	གསར་འགོད་པ	གསར/B འགོད/M པ/E
4	རྒྱུན་ལས་ཀྱུའི་ཞི	རྒྱུན/B ལས/M ཀྱུ/M ཞི/E

表 8-2　6 标记及实例

序号	词位标签	释义	标记实例
1	B	词首	དགེ/B རྒན/E
2	M	词中	གསར/B འགོད/M པ/E
3	E	词尾	དགེ/B རྒན/E
4	E'	带紧缩词词尾	སྐོར/B མཛར/E'
5	S	单字词	ང/s
6	S'	带紧缩词的单字词	དེར/s'

6 标记集考虑藏语紧缩词的问题，反映了藏文文本的真实性，可以体现藏文拼写过程中的缩写现象，这为分词后的处理创造了有利的条件。

2. 训练数据格式

对于统计的方法，训练数据是最关键的。基于条件随机场模型的分词方法是基于学习字进行状态分析的。对于一个字来说，它有 6 个状态，分别是词头(B)、词中(M)、词尾(E)、单字词(S)、带紧缩词的词尾(E')和带紧缩词的单字词(S')。供模型训练的数据中每个字需添加其状态信息，其训练数据格式如图 8-3 所示。

图 8-3 中，第一列为藏文字，第二列中符号"_"前的符号为字的状态，即词位标记，之后为该字的字性。需要注意的是，字与标记之间的分隔符为制表符"\t"，否则会导致错误。

ཀ།	B_ng
བཟང	M_ng
ཞེ	M_ng
ཚོག	E_ng
ནེ	S_cc
འདི	B_ng
྄གང	E_ng
ཕྱ	S_ps
མ	B_ng
ཚོག	E_ng
དང	S_cl
ལག	B_ng
ཉིས	M_ng
འབེ	E'_ng
མ	B_ng
ཚོག	E_ng
ཅིག	S_mc
རེད	S_vs
།	S_ww

图 8-3　训练数据格式

3. 特征模板

特征模板一般采用当前位置的前后 $n(n \geq 1)$ 个位置上的字及其标记表示，即以当前位置前后 n 个位置范围内的字串及其标记作为观察窗口(又称上下文窗口) $(\cdots w_{-n} / tag_{-n}, \cdots, w_{-1} / tag_{-1} w_0 / tag_0, w_1 / tag_1, \cdots, w_n / tag_n, \cdots)$。考虑算法的执行效率，以及涵盖的信息量，一般情况下将 n 值取为 2~3，即以当前位置前后 2~3 个位置上的字串及其标记作为构成特征模型的符号。

根据藏文字为单元的语言模型(6.5 节)，n 值取为 2。表示和描述上下文信息时，假设 w_n 表示字信息，n 表示该字离当前字前后的距离。如果当前字用 w_0 表示，那么当前字的前一个字用 w_{-1} 表示，而后一个字用 w_1 表示。下面以具体实例说明。

例如，在句子 ཞེང་ལག་ཀྱིས་ཕྱ་རེས་ནགས་ཚོ་ཞེང་ཚོང་བཅད། 中，第三个字 ཀྱིས 的上下文信息表示如下。

① 当前字为 ཀྱིས，表示为 w_0 = ཀྱིས。
② 当前字的前一个字为 ལག，表示为 w_{-1} = ལག。
③ 当前字的前前一个字为 ཞེང，表示为 w_{-2} = ཞེང。
④ 当前字的后一个字为 ཕྱ，表示为 w_1 = ཕྱ。
⑤ 当前字的后后一个字为 རེས，表示为 w_2 = རེས。

在模型中，通过特征模板定义上下文依赖关系。目前，基于条件随机场模型模型的藏语分词训练与测试中使用的是 CRF++工具包[①]，该工具包的特征模板如图 8-4 所示。

序号	格式	特征模版
1.	U00:%x[-2,0]	W_{-2}
2.	U01:%x[-1,0]	W_{-1}
3.	U02:%x[0,0]	W_0
4.	U03:%x[1,0]	W_1
5.	U04:%x[2,0]	W_2
6.	U05:%x[-2,0]/%x[-1,0]	$W_{-2}W_{-1}$
7.	U06:%x[-1,0]/%x[0,0]	$W_{-1}W_0$
8.	U07:%x[0,0]/%x[1,0]	W_0W_1
9.	U08:%x[-1,0]/%x[-1,0]	$W_{-1}W_1$
10.	U09:%x[1,0]/%x[2,0]	W_1W_2

图 8-4　CRF++的特征模板

在图 8-4 中，U01～U09 指的是特征序号，%x[0,0]指的是当前字的一元特征，%x[-1,0]/%x[1,0]指的是当前字的前后第一个字组成的二元特征，依此类推。

下面举例说明条件随机场模型的特征模板。例如，ཀྱི་དབའི་ཀྲི་ཤུ་གྲགས་ར་ཤེ 中的第三个字 ཀྲི་ 为当前字，则它的上下文特征信息如表 8-3 所示。

表 8-3　ཀྲི་ 为当前字的上下文特征信息

序号	特征模板	举例描述
1	W_{-2}	当前面第二个字为 ཀྱི 时，当前字的标记为 B
2	W_{-1}	当前面第一个字为 དབའི 时，当前字的标记为 B
3	W_0	当前字为 ཀྲི 时，当前字的标记为 B
4	W_1	当后面第一个字为 ཤུ 时，当前字的标记为 B
5	W_2	当后面第二个字为 གྲགས 时，当前字的标记为 B
6	$W_{-2}W_{-1}$	当前面连续两个字为 ཀྱི་དབའི 时，当前字的标记为 B
7	$W_{-1}W_0$	当前面第一个字和当前字为 དབའི་ཀྲི 时，当前字的标记为 B
8	W_0W_1	当前字和后面第一个字为 ཀྲི་ཤུ 时，当前字的标记为 B
9	$W_{-1}W_1$	当前后第一个字为 དབའི་ཤུ 时，当前字的标记为 B
10	W_1W_2	当后面连续两个字为 ཤུ་གྲགས 时，当前字的标记为 B

在基于条件随机场模型的分词训练数据中,可用的上下文信息局限于当前字,以及前后字的词位信息。特征选取的关键是在词位信息当中提取最有效的上下文相邻特征,因此特征模板选择的好坏直接影响分词的准确率。

4. 分词过程

有了上述标记集、训练数据和特征模板,接下来的工作就是训练模型参数,然后对测试文本进行词位标注,最后输出分词结果。基于条件随机场模型的分词流程如图 8-5 所示。

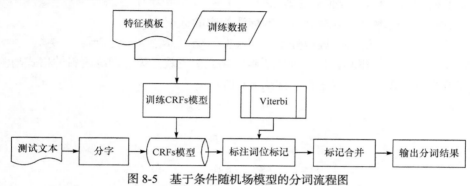

图 8-5　基于条件随机场模型的分词流程图

下面通过举例来说明分词过程,假设已有训练数据的情况下,对句子 མཚོ་སྔོན་མི་རིགས་དཔེ་སྐྲུན་ཁང་ནས་དཔར། 进行分词的步骤如下。

第一步:特征学习,即计算概率的过程,包括如下四个内容。

① 词频统计,即统计每个字在训练数据中出现的次数。假设 མཚོ 在训练语料中共出现 250 次, སྔོན 在训练语料中出现 200 次, ནས 在训练语料中出现 1089 次等。

② 统计每个字出现在词头(B)、词中(M)、词尾(E)、带紧缩词的词尾(E')、单字词(S)和带紧缩词的单字词(S')等的次数,并计算其概率,即

$$P(y_i \mid x) = \frac{x字的标记为y_i(y_i = B, M, E, E', S, S')的次数}{x字在训练语料中出现的次数}$$

假设 མཚོ 出现在词头的次数为 240 次,即该字出现在词头的概率为(240/250=)0.96;出现在词中的次数为 0,即该字出现在词中的概率为(0/250=)0;出现在词尾的次数为 3,即该字出现在词尾的概率为(3/250=)0.012。

③ 状态转移概率,就是计算某个字处于某个状态的时候,它转移到下一个状态的概率,即

$$P(y_{i-1}, y_i | x) = \frac{a_{i-1}^T(y_{i-1} \mid x) M_i(y_{i-1}, y_i \mid x) \beta_i(y_i \mid x)}{Z(x)}, \quad 1 \leqslant i \leqslant 6$$

其中, $a_{i-1}^T(y_{i-1}|x)$ 和 $\beta_i(y_i|x)$ 分别表示前向变量和后向变量; $M_i(y_{i-1}, y_i \mid x)$ 表示给

定 y_{i-1} 时，从 y_{i-1} 转移到 y_i 的非规范化概率(不强制要求所有状态的概率和为 1)。

例如，མཚོ的状态为 B 的时候，它转移到下一个状态为 B 或 M、E、E'、S、S' 等的概率，这个概率称状态转移概率，会形成一个 6×6 的矩阵。

④ 统计特征，即统计每个字在 6 种状态下的上下文关系，并计算其概率。这个概率是根据定义好的特征模板来计算。例如，假设状态为 B 的མཚོ，后面出现的第一个字为 སྔོན 的概率为 89.3%；状态为 S 的མཚོ，前面出现的第一个字为ང的概率为 28.6%，后面出现的第一个字为ལ的概率为 65.8%，前面出现的第二个字为 ১ 的概率为 5.3%，后面出现第二个字为 བ৯的概率为 16.7%等。

根据这些概率值可以对测试文本标注相应的标记。

第二步：对测试文本进行分字，即 མཚོ、སྔོན、མེ、རིགས、དབེ、སྐྱེན、ཁང、ནས、དཔར、 ｜，并将其转化为训练语料的格式。也就是说，训练语料的格式与测试文本的格式必须要保持一致，如图 8-6 所示。

མཚོ	S_ng
སྔོན	E_ng
མེ	M_ng
རིགས	E_ng
དབེ	S_cc
སྐྱེན	B_ng
ཁང	E_ng
ནས	S_ps
དཔར	B_ng
｜	E_ng

图 8-6　测试语料格式

在图 8-6 中，符号"_"前后的状态和词性的标记都是不正确的。通过第三步和第四步将标注正确的状态标记(目前尚未考虑词性标注问题)。

第三步：标注标记，即确定每个字的状态。根据第一步中计算的每个字的概率值，计算每个字处于哪个状态的概率值。例如，མེ的状态为 B 的值为

$$R[\text{མེ}][B] = \max\left(P[B][B] \times R[\text{སྔོན}][B], P[M][B] \times R[\text{སྔོན}][M], P[E][B]\right.$$
$$\left. \times R[\text{སྔོན}][E], P[S][B] \times R[\text{སྔོན}][S]\right) + W_{\text{前}}\left[\text{སྔོན}\_B\right][\text{མེ}]$$
$$+ W_{\text{后}}\left[\text{རིགས}\_B\right][\text{མེ}] + W_{\text{前前}}\left[\text{མཚོ}\_B\right][\text{མེ}] + W_{\text{后后}}\left[\text{དབེ}\_B\right][\text{མེ}] + T[B]$$

同样的方法可以计算 $R[\text{མེ}][M], R[\text{མེ}][E], R[\text{མེ}][E'], R[\text{མེ}][S], R[\text{མེ}][S']$ 等，依此类推，可以计算每个字处于哪个状态的所有值。因为མཚོ为首字，所以不存在其他状态转移到其状态的概率。因此，有

$$R[\text{མཚོ}][B] = W_{\text{前}}[\_B][\text{མཚོ}] + W_{\text{后}}[\text{སྔོན}\_B][\text{མཚོ}] + W_{\text{前前}}[\_B][\text{མཚོ}]$$
$$+ W_{\text{后后}}[\text{མེ}\_B][\text{མཚོ}] + T[B]$$

依次计算 མཚོ· 的 $R[\text{མཚོ}][M],R[\text{མཚོ}][E],R[\text{མཚོ}][E'],R[\text{མཚོ}][S],R[\text{མཚོ}][S']$ 等其他状态值。

给每一个字确定状态以后，将得出如表 8-4 所示的状态概率值。

表 8-4　每个字的状态概率值

状态	B	M	E	E'	S	S'
མཚོ·	2.37	0.26	0.53	0.00	0.37	0.00
སྒྱེན·	1.76	0.57	2.12	0.00	0.03	0.00
ཞི·	1.13	1.73	0.39	0.00	1.25	0.00
རིགས·	1.23	1.36	1.03	0.00	0.56	0.00
དེ·	1.33	1.35	0.76	0.00	0.21	0.00
སྐྱེན·	0.23	1.41	1.38	0.00	0.06	0.00
ཁད·	0.37	0.18	2.15	0.00	0.03	0.00
ནས·	0.27	0.12	0.03	0.00	2.54	0.00
དཔར·	0.01	0.26	0.02	0.21	2.01	0.05
།	1.02	0.00	0.00	0.00	2.76	0.00

第四步：解码。在这个问题中，给定 CRF 的条件概率 $P(y\,|\,x)$ 和一个观测序列 x ，要求出满足 $P(y\,|\,x)$ 最大的序列 y 。这个解码算法常用的是和 HMM 解码类似的 Viterbi 算法。算法流程如图 8-7 所示。

输入：模型的 K 个特征函数和对应的 k 个权重。观测序列 $x=(x_1,x_2,\cdots,x_n)$ ，可能的标记个数 m

输出：最优标记序列 $y^*=(y_1^*,y_2^*,\cdots,y_n^*)$

① 初始化

$$\delta_1(l)=\sum_{k=1}^{K}\omega_k f_k(y_0=\text{start},y_1=l,x,i), \quad l=1,2,\cdots,m$$

$$\Psi_1(l)=\text{start}, \quad l=1,2,\cdots,m$$

② 对于 $i=1,2,\cdots,n-1$ ，计算

$$\delta_{i+1}(l)=\max_{1\leqslant j\leqslant m}\left\{\delta_i(j)+\sum_{k=1}^{K}\omega_k f_k(y_i=j,y_{i+1}=l,x,i),\right\} \quad l=1,2,\cdots,m$$

$$\Psi_{i+1}(l)=\underset{1\leqslant j\leqslant m}{\text{argmax}}\left\{\delta_i(j)+\sum_{k=1}^{K}\omega_k f_k(y_i=j,y_{i+1}=l,x,i),\right\} \quad l=1,2,\cdots,m$$

③ 终止

$$y_n^*=\underset{1\leqslant j\leqslant m}{\text{argmax}}\,\delta_n(j)$$

④ 回溯

$$y_i^*=\Psi_{i+1}(y_{i+1}^*), \quad i=n-1,n-2,\cdots,1$$

图 8-7　Viterbi 算法

根据 Viterbi 算法，我们可以从表 8-4 中选择最优的路径，如表 8-5 所示。

表 8-5　Viterbi 算法得到的最优路径

	B	M	E	E'	S	S'
མཚོ་	2.37	0.26	0.53	0.00	0.37	0.00
སྔོན་	1.76	2.57	2.12	0.00	0.03	0.00
མི་	1.13	1.73	0.39	0.00	1.25	0.00
རིགས་	1.23	1.36	1.03	0.00	0.56	0.00
དཔེ་	1.33	1.35	0.76	0.00	0.21	0.00
སྐྲུན་	0.23	1.41	1.38	0.00	0.06	0.00
ཁང་	0.37	0.18	2.15	0.00	0.03	0.00
ནས་	0.27	0.12	0.03	0.00	2.54	0.00
དཔར་	0.01	0.26	0.02	0.21	2.01	0.05
།	1.02	0.00	0.00	0.00	2.76	0.00

根据表 8-5 对测试文本标注相应的标记，测试结果如表 8-6 所示。

表 8-6　测试结果

待测试的藏语句子	测试前的标注	测试后的标注
མཚོ་	S_ng	B_nt
སྔོན་	E_ng	M_nt
མི་	M_ng	M_nt
རིགས་	E_ng	M_nt
དཔེ་	S_cc	M_nt
སྐྲུན་	B_ng	M_nt
ཁང་	E_ng	E_nt
ནས་	S_ps	S_pc
དཔར་	B_ng	S_vt
།	E_ng	S_ww

第五步：合并标记，即构词，并输出结果，即

མཚོ་སྔོན་མི་རིགས་དཔེ་སྐྲུན་ཁང་ནས་དཔར། །

8.3　命名实体识别

8.3.1　概述

1996 年，第六届信息理解会议首次提出命名实体(named entity)的概念，除了

包括人名、地名和组织机构名，还包括时间和数字表达(日期、时刻、时段、数量值、百分比、序数、货币数量等)，并且地名被进一步细化为城市名、州(省)名和国家名称等。后来也有人将人名进一步细分为政治家、科学家和艺人等类。

在这次会议中，由于当时关注的焦点是信息抽取问题，即从非结构化文本中抽取关于公司活动和国防相关活动的结构化信息，而人名、地名、组织机构名、时间和数字表达是结构化信息的关键内容，因此会议组织的一项评测任务就是从文本中识别这些实体指称及其类别，即命名实体识别和分类(named entity recognition and classification，NERC)任务。

命名实体识别的研究已有近三十年，已经成为自然语言处理领域的一项关键技术。就命名实体识别的研究结果而言，时间表达式和数字表达式的识别相对简单，其规则的设计、数据的统计训练等也比较容易。对于实体中的人名、地名、组织机构名，因为其具有开放性和发展性的特点，而且构成规律有很大的随意性，所以其识别就成了自然语言处理的一项关键技术。本节主要介绍人名、地名、组织机构名等专有名词的识别方法。

8.3.2　命名实体识别方法

与大多数自然语言处理技术一样，命名实体识别的方法主要分为基于规则的方法和基于统计的方法。

早期的命名实体方法大多采用手工构造有限状态机的方法，以模式和字符串相匹配。典型的系统有用于英语命名实体识别的谢菲尔德大学的 LaSIE-Ⅱ系统，爱丁堡大学的 LTG 系统。但是，基于规则的系统实现代价较高，而且可移植性受到一定的限制，因此进入 21 世纪，基于大规模语料库的统计方法逐渐成为自然语言处理的主流，一大批机器学习方法被成功地应用于自然语言处理的各个方面。根据机器学习方法的不同，我们可以粗略地将基于统计的命名实体识别方法划分为有监督的学习方法、半监督的学习方法、无监督的学习方法和混合方法。其中，有监督的学习方法采用隐马尔可夫模型或语言模型、最大熵模型、条件随机场模型、支持向量机和决策树等；半监督的学习方法利用标注的小数据集(种子数据)自举学习；无监督的学习方法利用词汇资源(如 WordNet)等进行上下文聚类；混合方法采用几种模型相结合或统计方法和人工总结的知识库。

藏语命名实体识别的研究刚刚起步，研究人员借鉴英语和汉语等其他自然语言的命名实体识别方法对藏文人名识别进行了诸多研究。罗智勇等在大规模藏族人名实例和语料库调查的基础上，统计分析了藏族人名的用字(串)特征，并构建了藏族人名属性特征库，通过藏族人名的命名规则及属性特征将藏族人名形式化表示，实现了藏族人名汉译名自动识别系统，真实语料库开放测试 F 值达到 87.12%。加羊吉等在分析藏文人名构成规律和特点的基础上，提出一种最大熵和

CRFs 融合的藏文人名识别方法。经测试，该方法在封闭测试集上的 F 值达到 93.08%。华却才让等通过对命名实体构词规律及分词歧义进行分析，提出基于音节特征感知机训练模型的藏文命名实体识别方案，重点研究了利用藏文紧缩格识别音节的方法，命名实体内部和边界音节的模型训练特征模板、训练模型，以及命名实体分类识别方法。康才畯通过分析藏文人名的结构及特点，建立了藏文人名知识库和附加成分标记特征规则表，提出基于 CRFs 模型的藏文人名识别方法。珠杰等在重点探讨藏文人名的内部结构特征和上下文特征的基础上，首先给出基于 CRFs 模型(字和字位信息)的人名识别方法，其次研究了触发词、虚词、人名词典和指人名词后缀等不同特征的组合与优化，并细化了不同虚词对人名识别的作用。

　　基于 CRFs 模型的命名实体识别与基于 CRFs 模型分词方法的原理一样，就是把命名实体识别过程看作一个序列标注问题。在模型训练的过程中，需要将语料转化成用于命名实体序列标注的标记(目前还没有统一的藏语命名实体序列标注集)。借鉴英语等其他自然语言的命名实体序列标注集，我们制定的藏语命名实体序列标注集如表 8-7 所示。

表 8-7　藏语命名实体序列标注集

实体名	标记	意义	实例
人名	B-PER	人名起始名	ཀྱ/B-PER དཀར/M-PER ཚ/M-PER ཆ
	M-PER	人名中间名	/E-PER
	E-PER	人名结尾名	
	S-PER	单字人名	མཚམས/S-PER
地名	B-LOC	地名起始名	ན/B-LOC ས/E-LOC
	M-LOC	地名中间名	གནས/B-LOC ཀ/M-LOC ཉེ/E-LOC
	E-LOC	地名结尾名	
	S-LOC	单字地名	ཆོང/S-LOC
机构名	B-ORG	机构起始名	བད/B-ORG ཆོངས/M-ORG ཆོ
	M-ORG	机构中间名	/M-ORG ཤུ/M-ORG ཆེ/M-ORG ཆ
	E-ORG	机构结尾名	/E-ORG
	S-ORG	单字机构名	
非实体名	OUT	不属于某个实体	ང/OUT

　　有了可以用于命名实体识别的训练语料后，需要确定特征模板。由于不同的命名实体一般出现在不同的上下文语境中，因此对不同的命名实体识别采用不同

的特征模板。例如，在识别藏语中的人名识别时，需要考虑如下方面。

① 传统上，藏族人名具有一定的宗教文化内涵，因此名字中含有与此相关的字串可以作为特征。

② 藏族人名的内部组织结构及用字具有一定的规律可循。例如，三字串的藏文人名中，第三个字基本上是 མཚོ 、 སྐྱིད 、 རྒྱལ 、 ཐར 、 བྱམས 、 འཛིན 等，因此人名用字规律也可以作为特征。

③ 出现人名左右两边的字串对于确定人名的边界有一定的帮助作用。例如，某些称谓、格助词等，因此出现在人名左右的字串也可以作为特征。

④ 人名在一个句子中的位置基本上是固定的，因此人名在句子中的位置也可以作为特征。

在此基础上，如果上下文窗口取 2，那么对于藏文人名识别来说，特征模板如下。

w_0：当前字是否为宗教文化相关的字，若是，则 $w_0 =$ true；否则，$w_0 =$ false。

w_0：当前字是否为 མཚོ 、 སྐྱིད 、 རྒྱལ 、 ཐར 、 བྱམས 、 འཛིན 等，若是，则 $w_0 =$ true；否则，$w_0 =$ false。

w_0：当前字左右两边第 i 个词是否为称谓或格助词等，若是，则 $w_0 =$ true；否则，$w_0 =$ false，其中 $i \in (1,2)$。

w_0：当前字是否处在主语或宾语的位置，若是，则 $w_0 =$ true；否则，$w_0 =$ false。

当然，这些特征可以组合。于是，可以得到如下特征函数，即

$$f(w_0, t) = \begin{cases} 1, & w_0 = \text{true}, 并且 t = B - \text{PER} \\ 0, & 其他 \end{cases}$$

然后，根据确定的特征模板，对模型进行参数训练。最后，通过训练后的模型对测试语料进行测试。

8.4　词　性　标　注

8.4.1　概述

词性是词汇的基本语法属性，通常也称为词类。词性标注(part-of-speech tagging, POS Tagging)就是在给定句子中判定每个词的语法范畴，确定其词性并加以标注的过程。词性标注是计算语言学中一项非常重要的基础性工作，被广泛应用于机器翻译、语音识别、信息检索等领域。

藏语词性标注的研究比英语、汉语等起步晚，研究基础比较薄弱，目前的藏语词性标注还处在研究阶段，没有可实用的词性标注工具。相关研究归纳起来主

要有如下两个方面。

1. 藏语词类及标记规范

陈玉忠首次提出一种信息处理用现代藏语词语分类方案，并从分类目的、分类标准、分类体系、兼类及其处理策略等方面进行了论证。该方案将藏语词语划分为11 个大类、21 个基本类和 5 个语言成分，给出了相应的词类标记集[60]。

才让加等提出并制定了《信息处理用藏语词类标记规范》(讨论稿)。该规范规定了信息处理中藏语词类 17 个大类、21 个一级类和 60 多个二级词类，给出了相应的词类标记集[61,62]。

扎西加等结合《语门文法概要》、《词论》和《新编藏语文法》等藏语词语分类，探讨了藏语自然语言处理中的词类划分，提出并制定《信息处理用藏文词类及标记集规范》(征求意见稿)。该规范把藏语词语划分为 26 个基本类和 9 个特殊类，给出相应的词类标记集[63]。

2015 年，教育部语言文字信息管理司组织编制并出版《信息处理用现代藏语词类标记集规范》(草案)。

2. 词性词典和标注语料库建设

才藏太在《藏汉大辞典》等 5 种各具特色的藏文词典中筛选、构建了藏文切分词典[64]。该词典共收录基础词汇 53 000 余词条。

苏俊峰建立藏语词性词表库，源于一个已经加了词频统计和词性的藏语词汇库，共有 5 万多条词，涵盖《藏汉大辞典》、《格西曲札词典》、《安多口语词典》、《拉萨口语词典》、《藏语词汇频率词典》、《藏语常用词词典》(藏汉双语)等多部词典中的词汇。同时，收集了稍具代表性的文化、民俗、小说三个方面藏语语料进行手动标注，构建了规模为 20 兆的标注语料[65]。

才智杰等通过对 85 万字节原始藏语语料的统计及切分实验，构建班智达藏文自动标注词典库[66]。该词典库收录 95 970 条词。

华却才让等 1900 构建了 2.2 万句标注语料，同时建立 12.36 万多条词性词典。该词典包括 1900 条地名词语和 1.6 万条人名词语[67]。

康才畯构建了共计 12 000 句，约 20 万词的人工标注语料，语料选自拉萨口语读本、曲艺小品集、拉萨口语会话手册、五省区统编中小学教材中的第 2～4 册、新闻网页材料和一部分词典例句[50]。

李亚超等[52]构建了规模为 212 万词的标注语料。语料选自中国西藏网和青海藏语广播网，内容包含政治、经济、法律、新闻和社会等[68]。

总之，与藏语自动分词一样，藏语词性标注同样面临许多棘手的问题，其主要难点可以归纳为如下四点。

① 藏语词的形态屈折变化主要表现在动词的时态上，即三时一式；名词与汉语相同，没有单、复数之分，没有黏着现象，也不具有屈折变化；形容词没有程度级的变化，级由程度副词来限制；藏语有六种形式逻辑格，有丰富的格助词。因此，形态不能作为藏语词类划分的最佳标准。

② 藏语中词语兼类现象比较严重，尤其是常用词具有不同的用法。根据华却才让对人工标注的 1.1 万句语料(13.3 万个词)的统计，发现兼类词占 2.7%(1043 个兼类词)，但是兼类词的词次占 24.2%(32 077 个词次的兼类词)。兼类类别包括两类、三类和四类等兼类，其中两类兼类包括动词和名词、数词和名词、数词和疑问词、属格和后缀、名词和终结词、代词和接续词、于格和名词、从格和名词、人名和一般名词、地名和一般名词、方位词和名词、语素和名词等兼类，因此藏语文本词类歧义排除的任务重，成为词性标注的首要任务。

③ 藏语词类划分在目的、标准等问题上存在分歧。藏语还没有一个统一的、被广泛认可的划分标准，词类划分的粒度和标记符号不统一。例如，青海师范大学的藏语分类标记集共有 66 个标记；西藏大学藏语词类标记集共有 26 个基本类和 9 个特殊类；西北民族大学藏语词类标记集共有 49 个标记。因此，给标注语料的共享和信息处理带来一定的困难。

④ 缺乏可共享的标注语料。

8.4.2　词类标记集的确定

我们通过深入研究现代藏语句法结构，借鉴英语和汉语等其他自然语言的词类标记方法，对目前现有的各类词类标记集进行分析、探讨和比较，归纳它们共有的大类及小类，参考《藏汉大辞典》、《新编藏文字典》、《木兰大辞典》、《藏语句法研究》、《现代藏文语法通论》和《藏语语法四种结构明细》等有代表性的词典及现代藏语语法，修改并确定了现代藏语词语的语法功能分类体系及标记集，如表 8-8 所示。

表 8-8　现代藏语词语的语法功能分类体系及标记集

大类	藏语名称	标记	小类	藏语名称	标记	实例	语法功能特征
名词	ཁྱད་གཞི་ འཛིན་པའི་ མིང་	n	抽象名	སྤྱི་མཚན་ མིང་	ng	སྐྱོན་པོ། དཀྲ། བསམ་བློ། འདུ་ཤེས།	1、一般出现在主语、宾语、定语和中心语 1 等位置 2、可带形容词、数词、数量词、代词、格助词和虚词等
			人名	མིའི་མིང་	nr	པ་ཀྲ་ཞིན། ཚེ་རིང་། ལྷ་མོ།	
			地名	མཆི་མིང་	ns	ལྷ་ས། མཚོ་སྔོན། མི་ཉག	
			国名	རྒྱལ་ཁབ་ཀྱི་མིང་	nc	ཀྲུང་གོ། འཛམ་པ། རྒྱ་གར།	
			族名	རིགས་ཀྱི་མིང་	nn	བོད། རྒྱ། བོ་གར། བཙེ་གར།	
			团体机构名	ལས་ཁུངས་དང་ཚོགས་ པའི་མིང་	nt	སློབ་གྲྭ། སྐུ་ལ། རིག་གནས།	

续表

大类	藏语名称	标记	小类	藏语名称	标记	实例	语法功能特征
名词	ཁྱད་གཞིའི་མིང་	n	其他专有名词	ཆེད་གྲངས་ཀྱི་མིང་གཞན	nz	དྲག་གཞུང༌། ཟླ་བཞིའི་ལས་འཆར།	3、前面不能加副词 4、无时态变化和重叠现象
			辞藻	མངོན་བརྗོད	nm	འཇིག་ཏེན་མིག་རྒྱ་བའི་མ།	
			成语	དཔེ་ཚིག	in	ཀུན་ཤེས་གཏིགས། སྤོ་འཛིན་པ་བ།	
			习语	རྒྱུན་འཆང་གི་མིང	yn	ཅི་བརྣམས་སྐྱེ་འགྱོར་ པ་ཉེས་དེ་བེ་མིག	
			时间词	དུས་སྟོན་མིང	tn	དུག་ དཔྱིད་ སྟོན་ དགུན།	
			处所词	གནས་སྟོན་མིང	kn	ཚོས་སྒོ་ག བར་སྐྱ་ སོ།	
			方位词	ཕྱོགས་སྟོན་མིང	fn	ཤར་ སྒོ་ དབུ་ གཡས་ གཡོ།	
			专职词	བདག་སྒྲ	nh	ད་ པ་ ཟ་འོ་ ཡོད་ ཅུ་ཅན།	
数词	གྲངས་ཀའི་མིང	m	基数词	འབྲུ་གྲངས	mc	གཅིག༌ ཉི༌ བཞི༌ སུམ་ ཙོ་ སོ།	1、带主格时可做主语 2、带位格时可做宾语 3、带属格时可做定语 4、加在名词后面做定语 5、可带量词 6、之前不能加副词,无时态变化
			离数词	དགོ་གྲངས	ml	བཞི་བ་པོ་ ལྔ་ཀ་པ་ མི་ བཅུ་ཁམས་པ་པོ།	
			序数词	རིམ་གྲངས	mo	དང་པོ་ གཉིས་པ་ དྲུག་པ།	
			总数词	སྤྱི་གྲངས	mt	བརྒྱད་པོ་ ཉི་རྒྱལ་པོ་ དགུ།	
			倍数词	ལྡབ་གྲངས	mi	ཉིས་སྐོར་ བཞི་འགྱུར་ སྐོར་པ།	
			概数词	ཚོད་གྲངས	ma	བཅུ་ལས་མས་ དགུ་ སྐོར་ འགའ།	
			分数词	ཆ་གྲངས	mf	གསུམ་ཆའི་ཆེ་གཅིག་ བཞི་ཆའི་ཆེ།	
动词	བྱ་བ་བརྗོད་པའི་མིང	v	及物动词	བྱ་ཆེད་བ་དངད་པ	vt	སྐྱལ་ གཏད་ ཟས་ བཀད།	1、一般出现在谓语和述语、中心语2等位置 2、可带宾语; 3、后面可带ལ་等字 4、前面可加副词 5、后面可加助词 6、可以重叠 7、部分有形态变化 8、及物动词可带使助词,而不及物动词不能
			不及物动词	བྱ་ཆེད་མི་དངད་པ	vi	འཆར་ འགྲོ་ འཁྲུགས་ འབར་ འམ།	
			助动词	བྱ་སྨད་བྱ་མིང	vu	སྒྲུག་ ལ་ སྒྱོ་ འཚོལ་ འདུག་ ཤག	
			存在动词	བཞིན་གནས་བྱ་མིང	vs	ཡོད་ ཚང་མ་ གནད་ གནས་ འདུག	
			判断动词	ཚེམ་གཅོད་བྱ་མིང	ve	ཡིན་ མིན་ རེད་ རེད།	

续表

大类	藏语名称	标记	小类	藏语名称	标记	实例	语法功能特征
形容词	ཁྱད་ཚོས་བརྗོད་པའི་མིང་	a	性质形容词	རང་བཞིན་མཚོན་པའི་མིང་	aq	བཟང༌། ཞིམ༌། ཚ༌ རྙིང༌། རྒྱགས༌།	1、一般出现在谓语和中心语等的位置 2、后面可带དྲག等字 3、前面可以加副词 4、可以重叠
			颜色形容词	ཁ་དོག་མཚོན་པའི་མིང་	ac	དཀར༌ དམར༌ སེར༌ སྔོ༌ ལྗང༌།	
			形状形容词	དབྱིབས་མཚོན་པའི་མིང་	as	རིང༌ འཁྱོགས༌ ནར་ནར༌ འདྲེར༌།	
			限定形容词	ཚོད་མཚོན་པའི་མིང་	ax	ཆེ༌ ཆུང༌ རིང༌ དམན༌ མང༌།	
			面积形容词	རྒྱ་ཁྱོན་མཚོན་པའི་མིང་	ar	ཆབས་ལྗག༌ རྒྱ་མེད༌ ཐང་བརྒྱངས་ཀྱག༌	
代词	ཚེས་བརྗོད་ཀྱི་མིང་	r	人称代词	མི་ཚེས་བརྗོད་ཀྱི་མིང་	rp	ང༌ ཁྱེད༌ ཁྱོད༌ ཅག༌ ཁོ༌ མོ༌ རང༌ ཉིད༌།	1、一般出现在主语、宾语和定语等位置 2、前面不能加副词 3、无时态变化
			疑问代词	བྲི་ཚེས༌།	rq	གང༌ ཅི༌ ཅི་ཞིག༌ ནས༌ ག༌ གང་ཞིག༌ ཅི་ཙམ༌།	
			计量代词	ཚོད་ཚེས་བརྗོད་ཀྱི་མིང་	re	ཇི་སྙེད༌ ཇིག༌ གང་ལ་ཡོང་ཚོགས༌ གངས་ཐོང༌།	
			叙述代词	འཇུག་བཅོས་ཚེས་བརྗོད་ཀྱི་མིང་	rd	ཇི་སྲིད༌ ཇི་བཞིན༌ ཇི་ལྟར༌།	
			不定代词	ཚེས་མེད་ཚེས་བརྗོད་ཀྱི་	rn	ལ་ལ༌ སོ་སོ༌ རེ་རེ༌ འགའ་ ལག་ལག༌ དུ་མ༌།	
			指示代词	དེ་ཚེས་འདེའི་མིང་	ri	དེ༌ འདི༌ དེ་དག༌ དེ་ཚོ༌ འདི་དག༌ འདི་ཚོ༌།	
副词	གྲོགས་འཇུག་པའི་མིང་	d	程度副词	དགོས་ཚོད་སྒྲུབ་པའི་འཇུག་ཀྱི་མིང་	dx	ཤུགས་པར༌ ཞེ་དྲག༌ རབ་ཏུ༌ ཧ་ཅང༌།	1、一般用在动词和形容词之前充当状语 2、不能独立使用 3、无时态变化
			时频副词	དུས་ཚོད་དགོས་འཇུག་ཀྱི་མིང་	dh	ནམ་ཡང༌ རྒྱུན༌ ད༌ ལམ་སེང༌ སྐབས༌།	
			范围副词	ཁྱབ་ཚོད་དགོས་འཇུག་ཀྱི་མིང་	dr	ཚང༌ ཐམས་ཅད༌ འབའ་ཞིག༌ ཁོ་ན༌།	
			情态副词	སེམས་མཚོར་དགོས་འཇུག་ཀྱི་མིང་	dm	ཆོས༌ ཡང་དག་པར༌ ལེགས་སོ༌ ཅི་ནས༌།	
			否定副词	དགག་སྒྲ༌།	dn	མ༌ མིན༌ མི༌ མེད༌།	
状态词	གནད་ཚོས་སྟོན་པའི་མིང་	s	性质状态词	རང་གཞིའི་ཚོས་སྒྲུབ་ཀྱི་མིང་	sq	ར་ལ་ལག༌ ཧ་ར་དཀྲོག༌ ཀྲུ་སྒྱ༌ རྒྱ༌།	1、除性质状态词以外,其他都可以出现在谓语的位置 2、性质状态词可以出现在宾语和定语等位置
			体态状态词	གཟུགས་ཚོས་ཀྱི་གནད་ཚོས་ཀྱི་མིང་	sp	ཐུ་ལུ་ལུ༌ ཆེམ་མེ་མ༌ འཆིར་འཆིར༌ འདར་ར་ར༌	
			声态状态词	སྒྲ་ཚོས་དང་འབྲེལ་གྱི་མིང་	so	དིར་རི་རི༌ ཉིལ་ལི་ལི༌ སི་ལི་ལི༌ ཐབ་ཀི་རི༌	
			动态状态词	འགུལ་ཚོས་དང་འབྲེལ་གྱི་མིང་	sd	རྒྱལ་ལ་ལག༌ ཁྲེམས་སེ་སེ༌ ཞིག་གེ༌ ལྷིང་ངེ༌	
格助词	རྣམ་དབྱེའི་ཕྲད༌	p	主格助词	བྱེད་སྒྲ༌།	pz	གིས༌ ཀྱིས༌ གྱིས༌ ཡིས༌ ཡིས༌	1、一般跟在名词和代词后面 2、具有区分主谓、述宾,以及能所等语法功能
			位格助词	ལ་དོན་གྱི་ཕྲད༌	pw	སུ༌ ར༌ ན༌ ལ༌ ན༌ དུ༌	
			属格助词	འབྲེལ་སྒྲ༌།	ps	གི༌ ཀྱི༌ གྱི༌ ཡི༌ ཡི༌	
			从格助词	འབྱུང་ཁུངས་ཀྱི་ཕྲད༌	pc	ནས༌ ལས༌	

续表

大类	藏语名称	标记	小类	藏语名称	标记	实例	语法功能特征
量词	ཚིག	q	长量词	རིང་ཚད་འཇལ་བྱེད	ql	（藏文实例）	单独没有量词的功能，跟数词一起修饰名词或代词
			重量词	ལྗིད་ཚད་འཇལ་བྱེད	qh	（藏文实例）	
			状量词	དབྱིབས་ཚད་འཇལ་བྱེད	qs	（藏文实例）	
			集量词	ཚོགས་ཀྱི་འཇལ་བྱེད	qg	（藏文实例）	
			器量词	སྣོད་འཇལ་བྱེད	qc	（藏文实例）	
			动量词	ལས་ཚད་འཇལ་བྱེད	qm	（藏文实例）	
连词	ཚིག་ཕྲད	c	饰集词	རྒྱན་སྡུད་ཀྱི་ཕྲད	cs	（藏文实例）	1、一般用在词与词、短语与短语和分句与分句之间表示并列、递进、转折等 2、ཞ具有提示主题的功能
			接续词	སྐྱར་བཤད་ཀྱི་ཕྲད	cx	（藏文实例）	
			和摄词	མཉམ་སྡོམ་ཀྱི་ཕྲད	ch	（藏文实例）	
			提摄词	འཛིན་སྡུད་ཀྱི་ཕྲད	ce	（藏文实例）	
			总摄词	འཛིན་སྡུ	cy	（藏文实例）	
			离合词	དང་སྡུ	cl	དང	
			陈述词	ནི	cc	ནི	
			并列连词	མཉམ་སྒྲིག་ཀྱི་ཕྲད	cb	（藏文实例）	
			递进连词	གོང་འཕེལ་ཀྱི་ཕྲད	cj	（藏文实例）	
			转折连词	འགལ་ཟློག་ཀྱི་ཕྲད	cz	（藏文实例）	
			条件连词	མཐའ་བཟུང་ཀྱི་ཕྲད	ci	（藏文实例）	
叹词	འབོད་ཕྲད	e			ee	（藏文实例）	一般用在称呼人的名词前面
拟声词	སྒྲ་རྣམ་མཚོན་པའི་ཕྲད	o			oo	（藏文实例）	一般用在名词后面，具有修饰的功能
助词	གསལ་བྱེད་ཀྱི་ཕྲད	u	时态助词	དུས་གསལ་ཀྱི་ཕྲད	ut	（藏文实例）	除原因助词和目的助词外，都可以用在动词后面做补语
			语气助词	བརྗོད་གཤིས་ཀྱི་ཕྲད	un	（藏文实例）	
			祈使助词	སྐུལ་སློང་ཀྱི་ཕྲད	up	（藏文实例）	
			比喻助词	མཚོན་གསལ་ཀྱི་ཕྲད	ui	（藏文实例）	
			原因助词	རྒྱུ་གསལ་ཀྱི་ཕྲད	uc	（藏文实例）	
			目的助词	དམིགས་གསལ་ཀྱི་ཕྲད	ue	（藏文实例）	
			终结助词	མཚམས་འཇོག	uf	（藏文实例）	

　　所谓词性自动标注,主要就是解决如何判定兼类词在具体语境中词性的问题。例如, ཁོ་རང་ནི་དགེ་ཁན་ཞིག་རེད། 对应多种可能的标记串, 即

　　　　ཁོ་རང་/rp ནི་/cc དགེ་ཁན་ /ng ཞིག་ /mc-up-vt རེད་ /vs l/ww

　　为了解决兼类词的词性问题,人们从 20 世纪 60 年代开始探索计算机自动词性标注方法,归纳起来主要有基于规则的方法、基于统计的方法和基于规则与统计相结合的方法等,下面介绍这三种方法。

8.4.3　基于规则的词性标注方法

　　英语、汉语等语言的词性标注研究较为成熟,标注准确度基本可以达到实用的程度。1971 年,美国布朗大学的格林和鲁宾建立了 TAGGIF 系统。该系统采用基于规则的方法,有 86 种词类标记,利用 3300 条上下文框架规则对 100 万词次的 Brown 语料进行词类标注,其正确率达到 77%[69]。

　　1992 年,Brill 提出一种基于转换的错误驱动的机器学习方法从大规模语料中自动获取规则的思想,为实现基于规则的词性标注方法提供了极大的便利。

　　2010 年,才智杰等结合班智达藏文自动标注词典库,开发了基于规则的班智达藏语词性标注系统,在封闭语料上测试,取得了较好的效果[38]。

　　2014 年,完么扎西归纳了 16 种藏语词语兼类情况,提出兼类词的标注原则,并根据词语搭配关系构建了兼类词的识别规则库[71]。

　　实现基于规则的词性标注方法时,建立一种查询效率较高的词典结构和覆盖面较广的语法规则库是关键的问题。我们借鉴英语等其他语言的词典结构,构建了如下形式的藏语词性标注词典, 即

　　　　　　　　word%tag1%tag2%···%tag$n$

　　在词典中,每个单词及相应的词性都以上述格式单独存放在一行,其中 word 表示一个单词或标点符号;%表示分割符;tag1, tag2, ···, tag$n$ 表示对应于 word 的所有词性,tag1 是该单词的最大可能的词性。例如,对于 རེ་ཚ་ 、 ཞིག་ 和 l , 有

　　　　　　　　རེ་ཚ་ %ng

　　　　　　　　ཞིག་ %mc%up%vt

　　　　　　　　l %ww

　　目前,词典共收录 13 万多条词,涵盖《藏汉大辞典》、《格西曲札词典》、《新编藏文字典》、《安多口语词典》、《拉萨口语词典》、《藏语词汇频率词典》、《藏语常用词词典》(藏汉双语)等多部词典中的词汇。

　　我们根据本书相关藏语语法、短语结构及句法结构,构建了一种覆盖面较广

的藏语语法规则库。该规则库包含两种规则，即词汇信息规则和上下文规则。前者用于未登录词的词性标注，后者用于兼类词的词性标注。词汇信息规则共有 13 条，规则都是根据藏语构词规律制定的，其形式为

IF T$_{-1}$=v and W$_0$= ༦ | ༦ | ཆ | མཁན | ཆུལ | ཐབས | སྐྱོལ …THEN W=W$_{-1}$+W$_0$ and T=n

IF T$_{-1}$=n and W$_0$= པ | ༦ | བ | བ | མ | ༦ | ཅན | ཤུན THEN W=W$_{-1}$+W$_0$ and T=n

IF T$_{-1}$=v and T$_0$=v THEN W=W$_{-1}$+W$_0$ and T=a

其中，T$_{-1}$ 表示当前词的前一个词的词性；W$_0$ 表示当前词，其意思是当前词为 ༦、༦、ཆ、མཁན、ཆུལ、ཐབས、སྐྱོལ 等时，如果前一个词的词性为动词(v)，那么这两个词可以进行组合，并且该词的词性可定为名词(n)。

上下文规则共有 126 条，规则都是根据藏语语法规则制定的，其规则形式为

IF codition THEN T$_{old}$ change T$_{new}$

规则的含义是指，如果满足 codition 条件，那么将当前词的词性 T$_{old}$ 转换成 T$_{new}$。例如，对句子 ཤེན་ཞིག 第一次标注的结果为 ཤེན /vt ཞིག /mc，然后根据上下文规则：IF T$_{-1}$=v THEN mc change up，将兼类词 ཞིག 的词性换成祈使助词 up。我们将使用同一类词性的规则进行归类，最终得到 16 种规则。例如，对名词(n)兼类动词(v)或形容词的情况有如下规则，即

IF T$_{-1}$=dn or T$_1$=ut THEN n change v

IF T$_{-1}$=dx THEN n change a

其中，T$_1$ 表示当前词的下一个词的词性。

基于上述内容，我们设计并实现了一种基于规则的藏语词性标注器。其基本工作流程图如图 8-8 所示。

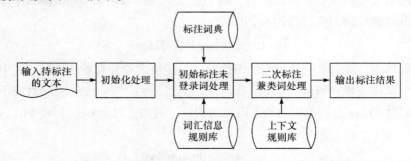

图 8-8　基于规则的藏语词性标注器的基本工作流程图

由此可见，基于规则方法的基本思想是按照兼类词搭配关系和上下文语境构建词类消歧规则。随着标注语料规模的增大，以人工方式提取规则的方法会耗费大量的人力、物力，并且词性标注系统在不同领域、不同语言之间的可移植性较弱，这是基于规则词性标注方法的主要不足之处。

8.4.4　基于统计模型的词性标注方法

1983 年，Marshall 建立的语料库词性标注系统 CLAWS(constituent likelihood automatic word-tagging system)是基于统计模型的词性标注方法的典型代表[72]。该系统通过对 n 元语法概率的统计优化，实现了 133 个词类标记的合理标注。其中，利用 100 万词的布朗标准英语语料测试，CLAWS 系统早期版本的标注正确率已经超过了 96%，CLAWS4 系统完成了对 1 亿词汇规模的大不列颠国家语料库(British national corpus，BNC)标注工作。

目前，基于统计的藏语词性标注方法有如下相关工作。

苏俊峰等从人工标注的语料统计词和词性频率，以及训练得到二元语法的 HMM 参数，运用 Viterbi 算法完成基于统计方法的词性标注[65]。

于洪志等提出一种融合音节特征的最大熵模型的藏语词性标注方法，经测试获得 90.94%的标注准确率[73]。

华却才让等提出一种感知机训练模型的判别式藏语词性标注方法，在人工标注的测试集上获得 98.26%的词性标注准确率[67]。

康才畯等提出一种基于最大熵结合条件随机场模型的藏语词性标注方法，在开放测试中获得 89.12%的标注准确率[57]。

龙从军等利用藏文字性和构词规律，提出一种基于藏语字性标注的词性预测方法，获得 91.6%的标注准确率[74]。

实现基于 MEMs 的词性标注方法时，有效选择特征和模型的参数估计是其中的关键问题。特征的刻画一般通过特征模板来实现，因此在基于 MEMs 的藏语词性标注方法中，我们采用两种特征模板：一种是词的内部结构特征模板，如表 8-9 所示；另一种是词的上下文特征模板，如表 8-10 所示。

表 8-9　词的内部结构特征模板

模板	特征模板表征的意义
w	当前词
$t_{\text{first-syllable}(w)}$	当前词的第一个音节字的字性
$t_{\text{second-syllable}(w)}$	当前词的第二个音节字的字性
$t_{\text{end-syllable}(w)}$	当前词的最后一个音节字的字性
Prefix(w)	当前词(单音节字)的前加字
Suffix(w)	当前词(单音节字)的后加字
Postfix(w)	当前词(单音节字)的再后加字

表 8-8 是根据藏语构词规律制定的。由于双音节词和三音节词在藏语真实文本中出现的频率最高，因此目前只考虑小于等于三音节词的内部结构特征。词的内部结构特征对于判断一个词的词性起着重要的作用，在一定程度上能够解决未登录词的词性问题。

表 8-10　词的上下文特征模板

模板	特征模板表征的意义
w_{-2}	当前词的前面第二个词
w_{-1}	当前词的前一个词
w_0	当前词
w_1	当前词的后一个词
w_2	当前词的后面第二个词
t_{-1}	当前词的前一个词的词性
$t_{-2}t_{-1}$	相邻两个词的词性转移

　　表 8-9 是根据藏语语法规律制定的。一个词的上下文信息对于判断一个词的词性也起着非常重要的作用。一个词的上下文特征能够解决兼类词的词性问题。

　　根据 2.5 节的介绍,在模型训练过程中,首先通过基于频数阈值的特征选择,保留那些频数较大的特征, 建立有效特征集。然后, 利用最大熵模型工具包[①](MaxEnt)进行训练,计算熵最大的权重 λ_i。模型训练过程一般采用的算法有通用迭代算法(generalized iterative scaling,GIS)、改进的迭代尺度法(improved iterative scaling,IIS)和随机梯度下降法(stochastic gradient descent,SGD)等。IIS 算法描述如图 8-9 所示。

步骤 1:初始化参数,令 $\lambda_i = 0$;

步骤 2:执行一次迭代, 对参数作一次刷新

　　　FOR $i = 1, 2, \cdots, n$　DO

　　　　　{

　　　　　　　(1) 求解方程:

$$\sum_{x,y} p(x)p(y\,|\,x)f_i(x,y)e^{\Delta\lambda_i \sum_{i=1}^{n} f_i(x,y)} = \tilde{p}(f_i)$$

　　　　　得到 $\Delta\lambda_i$。

　　　　　　　(2) 令 $\lambda_i := \lambda_i + \Delta\lambda_i$

　　　　　}

步骤 3:检查收敛条件, 若达到收敛条件, 则算法结束;否则, 转至步骤 2。

图 8-9　IIS 算法描述

---

① OpenNLP(Java 版)工具包:http://incubator.apache.org/opennlp/;张乐的(C++版)工具包:http://homepages.inf.ed.ac.uk/lzhang10/maxent_toolkit.html;MALLET(Java 版)工具包:http://mallet.cs.umass.edu/;NLTK(Python 版)工具包:http://nltk.org/

假设 $W = w_1 w_2 w_3 \cdots w_n$ 表示待标注词性的词串，$T = t_1 t_2 t_3 \cdots t_n$ 表示该词串对应的词性序列，那么词性标注的过程就是利用已训练好的模型求解使条件概率 $P(T \mid W)$ 最大的 T，即

$$\hat{T} = \arg\max_T P(T \mid W) = \arg\max_T \prod_{i=1}^{n} p(t_i \mid w_i)$$

其中，$p(t_i \mid w_i)$ 是每个词可能词性的概率，在训练模型的过程中进行估计。

8.4.5　基于规则与统计相结合的词性标注方法

基于规则的方法和基于统计的方法相结合的技术一直是自然语言处理领域不断研究和探索的问题，对藏语词性标注问题也不例外。

2012 年，羊毛卓么等提出一种基于规则与统计相结合的藏语词性标注方法。该方法首先通过标注词典及词的搭配规则对待标注的词串进行词性标注；然后通过 HHM 对兼类词重新标注最有可能的词性。经测试，在开放测试中获得 89.56% 和封闭测试中获得 95.09% 的标注准确率[75]。

2014 年，完么扎西等通过研究和分析藏语构词规律、句法结构、词的兼类情况，在藏语语法规律的基础上，建立了构词规则库和语法规则库，并提出一种基于规则和统计相结合的分词标注一体化方法[76]。其基本思想是，首先待分词和标注的字串进行分词，同时根据标注词典和规则库对该词进行词性标注，若该词为兼类词，且无法用规则库确定该词的正确词性，则标注原始的词性，并打上记号，否则继续分词和标注，直到结束。然后，将第一次标注过的词串作为 HMM 测试文本，对打上记号的词重新标注最可能的词性。最后，用 Viterbi 算法找出概率最大的词性序列。

实现基于规则与 HMM 相结合的词性标注方法，规则库的建立和模型的参数估计是其中最关键的问题。规则库其实就是语言知识库，通过构词规律、上下文关系、句法结构、语法规律等来建立的。下面主要介绍 HMM 的参数估计问题。

根据 2.6 节的介绍，HMM 的参数主要有初始状态概率 π、状态转移概率 A 和生成概率 B。初始化 HMM 的参数时，通常利用词典信息约束模型参数。如果某个词对应的"词-词性"对没有包含在词典中，那么该词的生成概率为 0。这种现象被称为统计语料的数据稀疏问题，解决的策略主要有古德-图灵平滑方法、线性插值平滑方法、Katz 平滑方法等。

初始化完成后，HMM 的参数可以通过前向后向算法进行训练。给定训练语料 C，N 为不同词性的个数，即状态个数。模型中 $\lambda = (A, B, \pi)$ 的参数估计如下，即

$$\pi_i = \frac{\text{在语料}C\text{中，在时刻}t=1\text{时处于状态}s_i\text{的次数的期望值}}{\sum\limits_{j=1}^{N}\text{在语料}C\text{中，在时刻}t=1\text{时处于状态}s_j\text{的次数的期望值}}$$

$$a_{ij} = \frac{\text{在语料}C\text{中，从状态}s_i\text{转移到状态}s_j\text{的次数的期望值}}{\sum\limits_{j=1}^{N}\text{在语料}C\text{中，从状态}s_i\text{转移出去的次数的期望值}}$$

$$b_j(k) = \frac{\text{在语料}C\text{中，处于状态}s_j\text{并输出观察值}w_k\text{的次数的期望值}}{\text{在语料}C\text{中，处于状态}s_j\text{的次数的期望值}}$$

建立好规则库和 HMM 后，通过如下实例说明词性标注的过程。例如，待标注词性的字串为 གཐུགས་ཀྱི་ཕུང་པོ་ཕོ་གཐུགས，其中的 གཐུགས 和 ཀྱི 都是兼类词，即 གཐུགས /ng-vt 和 ཀྱི /ps-cx。首先，切分 གཐུགས，根据该词后一个词的语法特征，可以断定该词的词性为名词，即 གཐུགས /ng，再切分 ཀྱི。同时，根据该词的上下文关系，可以断定该词的词性为属格助词，即 ཀྱི /ps。依此类推，直到切分最后一个词 གཐུགས。此时无法用规则来确定该词的词性，只能标注词典中对应的第一个词性，即名词，这样第一次标注的结果为 གཐུགས /ng ཀྱི /ps ཕུང་པོ /ng ཕོ་པོ /ng གཐུགས /ng ｜ /ww。然后，此结果作为 HHM 的测试文本，因为除了最后一个词 གཐུགས，其他词的词性都是确定的，所以其他词的生成概率都是唯一的词性分布如图 8-10 所示。

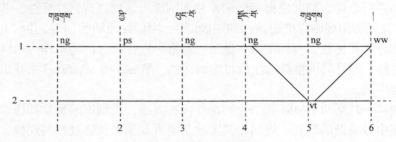

图 8-10　词性分布图

最后，用 Viterbi 算法计算图中位置 5 上两个词性的概率，即

$$\delta_5(1) = \text{Viterbi}[\text{ng, ཕོ་པོ}] \times p(\text{ng}|\text{ng}) \times p(\text{གཐུགས}|\text{ng})$$

$$\delta_5(2) = \text{Viterbi}[\text{ng, ཕོ་པོ}] \times p(\text{vt}|\text{ng}) \times p(\text{གཐུགས}|\text{vt})$$

用一个变量记录上面两个概率中最大概率的词性位置，即

$$\Delta_5(2) = \max(\delta_5(1), \delta_5(2))$$

根据历史记录，顺次取每个词的最佳词性标记，即

ng ps ng ng vt ww

因此，得到的最佳标注结果为

གཐུགས་/ ng ཀྱི / ps ཕུང་པོ་/ ng ཕོ་པོ་/ ng གཐུགས / vt ｜ / ww

8.5　词义标注

8.5.1　概述

词义是指词的含义，在任何一种自然语言中一词多义的现象都非常普遍。例如，英语中的单词 book 的含义可以是"书"，也可以是"预订"；汉语中的"打"字除了用作介词和量词，用作动词时就有 25 个不同的含义；藏语中的单词 ཀྱེན་ལོག的含义可以是"造反"，也可以是"抗命"，还可以是"逆行"等。因此，词义标注也叫词义消歧(word sense disambiguation，WSD)，主要任务就是确定一个多义词在给定的上下文语境中的具体含义[13]。

多义词是指一个词具有多个含义，可以分为两种不同情况。一种情况是，一个词的不同含义可以通过词性信息表现出来。例如，གསུང和ཕྱགས都是兼动词(v)、名词(n)两类，从意义上说，作动词时，分别是"说、讲"和"打扫"的意思；作名词时，分别是"所说的话"和"鞋"的意思。对于这类多义词的词义标注其实就是词性标注，也就是说，这类多义词的词性确定了，就等于是词义确定了。另一种情况是，一个词的不同含义之间的差别并不反映在词性兼类上。例如，གཙུག་ལག 可以指"顶髻"，也可以指"发辫的末梢"，还可以指"大自在天的异名"等，但词性是名词，这种同一个词性的词具有不同的含义在藏语中还有很多。显然，这类多义词的词义标注无法以词性标注来解决。

同其他自然语言处理方法的研究一样,早期的词义消歧方法都是基于规则的。自20世纪80年代以来,随着基于大规模语料库的统计机器学习方法的不断发展,机器学习方法也被用于词义消歧，从而有了有监督的词义消歧方法和无监督的词义消歧方法。在有监督的歧义消歧方法中，训练数据是已标注词义的，其实质是通过建立分类器，用划分多义词的上下文类别的方法区分多义词的词义，代表性的方法有基于互信息的词义消歧方法和基于贝叶斯判别的词义消歧方法。在无监督的词义消歧方法中，训练数据是未经标注的，严格地讲，利用完全无监督的词义消歧方法进行词义标注是不可能的。此外，由于语言学家提供的各类词典是获取词义消解知识的一个重要来源，因此人们也常把基于词典的词义消歧方法作为一种专门的词义消歧方法而加以研究[77]。本节基于互信息的词义消歧方法、基于贝叶斯判别的词义消歧方法和基于词典的词义消歧方法等进行简要的介绍。

8.5.2　基于互信息的词义消歧方法

基于互信息的词义消歧方法是 Brown 等在 1991 年进行法英机器翻译研究期间提出的一种词义消歧方法[78]。其基本思路是，寻找可靠的能够指示每个多义词在具体语境下的上下文特征，并通过该特征确定每个多义词在具体语境中的词义。多义词的上下文特征如表 8-11 所示。

表 8-11　多义词的上下文特征

多义词(藏语)	上下文特征	译词	实例(上下文特征的具体取值)
བརྒྱན་	当前词的前一个词	穿	当 བརྒྱན་ 的前一个词是 ནོར་ 时
	当前词的前一个词	装饰、打扮	当 བརྒྱན་ 的前一个词是 ཤིང་སྡོང་ 时
གཅོད་	当前词的宾语	砍	当 གཅོད་ 的宾语为 ཤིང་ 时
	当前词的宾语	杀	当 གཅོད་ 的宾语为 སྲོག་ 时
	当前词的宾语	处置	当 གཅོད་ 的宾语为 ཁྲིམས་ 时
	当前词的宾语	寻找	当 གཅོད་ 的宾语为 ལམ་ 时
	当前词的宾语	戒	当 གཅོད་ 的宾语为 ཟ་མ་ 时
	当前词的宾语	确定	当 གཅོད་ 的宾语为 ཐག་པ་ 时
འཆད་	当前词的及物性	解说	当 འཆད་ 为及物动词时
	当前词的及物性	断、绝	当 འཆད་ 为不及物动词时

由此可见，如果有了上下文特征，就可以确定多义词在具体语境中出现时的词义了。那么，问题是如何得到多义词的上下文特征及特征值？Brown 等利用 Flip-Flop 算法解决了这个问题。

假设 $T_1,T_2,\cdots,T_m$ 是一个多义藏语词的汉语译词，对于一个多义词，其上下文特征可能的取值为 $V_1,V_2,\cdots,V_n$，那么可将 Flip-Flop 算法简要描述如图 8-11 所示。

> 步骤 1：随机地将 $T_1,T_2,\cdots,T_m$ 分为两类，可记作 $R=\{R_1,R_2\}$。
> 步骤 2：执行如下循环：
> ① 寻找 $V_1,V_2,\cdots,V_n$ 的一个分类 $Q=\{Q_1,Q_2\}$，使其与 R 之间的互信息 $I(R;Q)$ 最大；
> ② 不断调整 Q 的分类，直到 $I(R;Q)$ 的值不能再提高(或变化甚微)。

图 8-11　Flip-Flop 算法

根据互信息定义，即

$$I(R;Q)=\sum_{T_i\in T}\sum_{V_j\in V}p(T_i,V_j)\log\frac{p(T_i,V_i)}{p(T_i)p(V_j)},\quad 1\leqslant i\leqslant m,1\leqslant j\leqslant n$$

如果一个多义词有多个候选的上下文特征，就可以用这个算法对所有上下文特征进行计算，从中选择互信息最高的作为该多义词的上下文特征。例如，对于

多义词 རྒྱུད ，通过计算可以发现"及物性"是最佳的上下文特征。

确定了一个多义词的上下文特征及其特征值，词义消歧就可以通过如下两个简单的步骤完成。

① 对于出现的多义词确定其特征值 V_i 。

② 如果 $V_i \in Q_1$ ，则该多义词的词义为词义 1；如果 $V_i \in Q_2$ ，那么该多义词的词义为词义 2。

Brown 等的实验显示，这种方法有助于提高统计机器翻译系统性能，但是这种方法仅适用于只有两个含义的词义消歧。

8.5.3　基于贝叶斯判别的词义消歧方法

基于贝叶斯判别的词义消歧方法是 Gale 等在 1992 年提出的一种词义消歧方法[79]。其基本思想是，在双语语料库中，一种语言中的一个多义词在另一种语言中的译词取决于该多义词所处的上下文语境 C ($w_1, w_2, \cdots, w_n$ ，记作 w)，如果某个多义词 A 有多个译词 $s_i(i \geqslant 2)$ 。例如，藏语 འཁོར 在汉语中有如下译词(图 8-12)，那么可以通过计算 $p(s_i | C)$ 确定多义词 A 的正确词义。

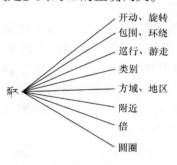

图 8-12　藏语 འཁོར 的汉译

根据贝叶斯公式，有

$$p(s_i|C) = \frac{p(C | s_i) p(s_i)}{p(C)}$$

对于所有的 $p(s_i | C)$ ， $p(C)$ 都是一样，因此 $p(C)$ 可以忽略。根据独立性假设，可以假定 C 中各个 w (w 也可以理解为词典中所有的词)之间相互独立，因此上式可简化为

$$p(C|s_i) = \prod_{w \in C} p(w | s_i)$$

因此

$$\hat{s}_i = \arg\max_{s_i} [p(s_i) \prod_{w \in C} p(w | s_i)]$$

其中，$p(w|s_i)$ 和 $p(s_i)$ 都可以通过最大似然估计求得，即

$$p(s_i) = \frac{\text{count}(s_i)}{\text{count}(A)}$$

$$p(w|s_i) = \frac{\text{count}(w, s_i)}{\text{count}(s_i)}$$

式中，$\text{count}(s_i)$ 是训练语料中词义 s_i 出现的次数；$\text{count}(A)$ 是多义词 A 在训练语料中出现的总次数；$\text{count}(w, s_i)$ 是训练语料中词 w 在词义 s_i 的上下文语境中出现的次数，即 w 和 s_i 共现的次数。

基于互信息的词义消歧方法和基于贝叶斯判别的词义消歧方法都需要借助双语语料库，利用另外一种自然语言提供的信息达到本自然语言的词义消歧目的，因此这类方法又称为利用外部信息的词义消歧方法。

8.5.4　基于词典的词义消歧方法

基于词典的词义消歧方法又分为基于词典释义的消歧方法、基于义类词典的消歧方法、基于双语词典的消歧方法和基于判定表的消歧方法等。本节只介绍基于词典释义的词义消歧方法。

基于词典释义的词义消歧方法是 Lesk 于 1986 年提出的一种词义消歧方法[80]，他认为词典中词条本身的释义可以作为判断词条词义的一个很好的条件。例如，藏语中的单词 ཟང་སྐྱ 在词典中的释义 1 是指"地名"，释义 2 是指"白杨树"。假如文中 ཤིང་ཟོང 或者 ས་ཆགས་ཡུལ 与 ཟང་སྐྱ 出现在相同的上下文中，那么单词 ཟང་སྐྱ 的词义就确定了，ཤིང་ཟོང 对应着释义 2，ས་ཆགས་ཡུལ 对应着释义 1。

上述这种方法可以简要描述如下。

① 假设一个多义词 A 有若干的义项：$s_1, s_2, \cdots, s_k$，在词典中对应的释义分别为 $D_1, D_2, \cdots, D_k$，每个释义 D_i 实际代表一组出现在该释义中的词 $\{a_1, a_2, \cdots\}$。

② 多义词 A 出现在一个具体文本 C 中时，选取它的上下文词 $w_1, w_2, \cdots$ 作为判断该多义词语义的特征词 w_j，每个特征词 w_j 在词典中对应的释义分别为 $E_1, E_2, \cdots$，每个释义 E_{w_j} 实际代表一组出现在该释义中的词 $\{b_1, b_2, \cdots\}$。

③ 对于多义词 A 给定的上下文 C，可以通过下面的公式计算多义词 A 的每个义项的得分，即

$$\text{score}(s_i) = D_i \bigcap (\bigcup_{w_j \in C} E_{w_j})$$

④ 得分最高的那个义项即多义词 A 在给定上下文 C 中的具体含义。

词典中词条的释义是语言学家通过归纳、总结后，概括出来的。这些描述有时与真实文本中的复杂情况不能完全吻合，因此这种基于词典释义的词义消歧方法不是很理想。Lesk 的实验显示，词义消歧准确率只有 50%~70%。

第9章 现代藏语短语结构及其形式化描述

9.1 概　　述

短语是实词和实词或实词与虚词，按照一定的方式组织起来的。短语可以独立成句，如 ཡི་གེ་ཐིས，也可以作组成句子的一部分，如 དགེ་རྒན་གྱིས་ཡི་གེ་ཐིས 中的 ཡི་གེ་ཐིས。短语的组成成分之间有一定的语法关系，但在句子中的功能相当于一个词。

语法体系不同于语法理论。语法体系在很大程度上是指语法事实和语法规律的表述系统，而语法理论才是揭示语法构造的本质和规律[81]。作为语法事实和语法规律的表述系统，不同的语法体系可以选择不同的语法单位作为表述的基础，这样会导致语法体系整体面貌的不同，以及简洁程度、解释效力上的差异。归根结底，一个语法体系的目标应该是很明确的，就是要清晰地说明一个语言中的小单位是如何组成大单位的(反之亦然，即说明大单位是如何分解成小单位的)，就是必须回答这样一系列问题：篇章是如何组成的? 句子是如何组成的? 短语是如何组成的? 词是如何组成的? 在探索这些问题答案的过程中,审慎的态度应该是,在任何时候都以最根本的理论目标为本,尽量去发掘有效的范畴来说明语言现象的规律。

9.1.1 藏语短语的句法知识理论

如果基于上述观点来审视《现代藏文语法通论》的内容[82]，就可以把这本书的要旨概括为两点。

① 这一体系在句法语义层面比传统语法更加详细而系统地阐述了藏语构词规律、词组的组织机制和句子的组织机制等。

② 这本书认为在相当程度上藏语词组的组织机制能基本反映藏语句子的组织机制。

所谓藏语词组的组织机制，实际上包含两个方面内容，一是藏语词组的构成模式，如主谓结构、定中结构、述宾结构等；二是词组的构成条件，即什么语言成分跟什么语言成分能组合成主谓结构，什么语言成分能跟什么语言成分组成定中结构等。

我们认为，藏语词组的组织机制能进一步揭示更多的藏语语法规律。因此，本章的重点是发掘藏语词组的组织机制，对句子的组织机制仅作为背景来考虑。

建立句法范畴最鲜明地表现在藏语的词类划分上。《现代藏文语法通论》中有 7 节内容讨论藏语词类问题，主要以功能特征为标准，建立藏语的词类体系。这样分出来的类，目的也非常明确，就是要能反过来根据一个词的词性判定其可能出现的句法结构位置。

9.1.2　藏语短语的句法功能分类

跟词的句法功能分类一样，我们完全可以按照类似的思路对藏语的短语结构进行功能分类。在对藏语语法深入研究和分析的基础上，通过不同的组成成分之间的语法关系，我们把现代藏语短语的结构类型分为联合结构、定中结构、主谓结构、述宾结构、述补结构、状中结构 6 个基本结构类型[83]。表 9-1 给出了现代藏语短语的基本结构类型、所用虚词和相应的实例。

表 9-1　现代藏语短语的基本结构类型、所用虚词和相应的实例

序号	结构名称	藏文名称	结构分类	实例	所用虚词
1	联合结构	འདུ་ལ་ཚན་སྐྲིག་གཞི།	名词联合	དགེ་ཉེན་སློ་བཟང་། ང་ཚོ་ཚང་མ། གནས་ཚང་མཚོན་སྤུ་ས། ས་ཆུ་མེ་རླུང་།	
				གསེར་དང་དངུལ། རྒྱན་ཆ།	དང་། སྐྱ། གས་སོགས།
			形容词联合	སྐྱོ་མེར་དཀར་དམར།	
				རྒྱན་ཞིང་འརྗེབས། ཟུར་གསུམ་དང་རྒྱུ་བཞི། མཐར་ཚོ་གས་སྐྲ་སོ།	དང་། སྐྱ། གས་སོགས། ཅིང་སོགས།
			动词联合	འཆད་ཚོ་ཚོམ་བཞིན་གཅོ་གཏོང་།	
				བཀག་ཅིང་དགག་ད་དཔད་དང་བཞུགས། འགྲོ་དང་འདུག	དང་། སྐྱ། གས་སོགས། ཅིང་སོགས།
			数词联合	བརྒྱ་སྟོང་ཁྲི་འབུམ། དང་པོ་གཉིས་པ། དགུ་འམ་བཅུ།	
			代词联合	ཁྱོད་དང་ང་། མོའམ་ཁོ་མོ། དེར་འདི།	དང་། སྐྱ། གས་སོགས།
			代名联合	ཁྱོད་དང་སྐྱེ་མོ། ང་པོ་ཆགས་འདི།	
			数量联合	རྒྱ་མ་ཁྲལ་ཟུང་སྲང་ཕྱ། མོ་གཉིས་དང་ཆ། སྐྱ་མོ་གཉིས།	
2	定中结构	གཞི་ཚོ་སྐྲིག་གཞི།	中心1+定语	མེ་ཏོག་དང་པོ། ལུ་སྐྱ་ཐ་བ། ཁྱུང་གནང་ལྕ་སྤུ།	
			定语+ps+中心1	ནགས་ཀྱི་གཙང་གཟུགས། མཚོ་འདི་ལྷུ། བྱོལ་ད་ཤ་བ།	ཀྱི་གྱི་གི་ཞ་ཡ
3	主谓结构	བྱེད་སྐྲིག་གཞི།	主语+pz+谓语	བདག་ཞིག་ཀྱི་ར་ཚོ། སྐྱབ་པ་སྐོས་གནས་ཀྱི་བརྒྱ།	གིས་ཀྱིས་ཀྱི་ཞིས་ཡིས
			主语+cc+谓语	ང་ནི་སློ་མ་ཨ་ཡིན། མ་ཆུ་དཔར་ཞིག་ད་དཱ།	ད
			主语+谓语	མེ་ཏོག་ཞིན་ད་མཛེས། སྐྱ་སྐྲི།	

序号	结构名称	藏文名称	结构分类	实例	所用虚词
4	述宾结构	༺藏文༻	宾语+pw+述语	༺藏文实例༻	༺藏文虚词༻
			宾语+pc+述语	༺藏文实例༻	༺藏文虚词༻
			宾语+述语	༺藏文实例༻	
5	述补结构	༺藏文༻	述语+cx+补语	༺藏文实例༻	༺藏文虚词༻
			述语+cs+补语	༺藏文实例༻	༺藏文虚词༻
			述语+补语	༺藏文实例༻	
			补语+pw+述语	༺藏文实例༻	༺藏文虚词༻
6	状中结构	༺藏文༻	状语+中心 2	༺藏文实例༻	

这里需要说明如下四点。

① 动词联合结构和述补结构的第一种从形式上看有些相似,但它俩之间有很大的区别:述补结构中的虚词 ༺藏文༻ 、༺藏文༻ 和 ༺藏文༻ 可以用虚词 ༺藏文༻、༺藏文༻ 和 ༺藏文༻ 替代,而联合结构不能。

② 属于同一种结构类型的短语,从语法功能上讲,可以有不同情况。例如,༺藏文༻ 和 ༺藏文༻ 都属于联合结构,但语法功能不同,前者是名词性短语,而后者是动词性短语。

③ 述补结构中最后一种结构的补语由名词、代词或形名词(带 ༺藏文༻ 等的形容词)充当,表示动作行为变化的结果。这种结构在藏语传统语法中称为同体,这点与同属一个语系的汉语有很大的区别,这也是藏语语法的一个特点。

④ 藏语短语结构类型中的结构关系主要通过虚词的有无表示。例如,༺藏文༻ 和 ༺藏文༻ 两个短语中,前者属于述宾结构,后者属于主谓结构。因此,在藏语中,虚词的正确使用显得非常重要。

为了对藏语短语的语法功能进行分类,我们以上述结构类型为基础,先看看藏语词语的语法功能分类体系及典型功能描述,如表 9-2 所示。

表 9-2　现代藏语词语的功能分类体系及典型功能描述

序号	标记	功能类名称	主要功能										说明
			A	B	C	D	E	F	G	H	I	J	
1	n	名词	+			+	+				+	+	A：主语 B：谓语 C：述语 D：宾语 E：中心语1 F：定语 G：中心语2 H：状语 I：补语 J：联合结构的前后项
2	v	动词		+	+				+		+	+	
3	a	形容词		+				+	+				
4	d	副词								+		+	
5	m	数词				+		+				+	
6	q	量词					+						
7	r	代词	+			+	+	+			+	+	
8	s	状态词		+									
9	t	时间词	+			+	+					+	
10	f	方位词	+			+	+					+	
11	k	处所词	+			+	+					+	
12	u	助词		+							+	+	
13	o	拟声词											

可以看出，藏语词语的功能分类体系只是给出了关于现代藏语词语的功能分类的一个粗体系。表中对各类功能属性的刻画("+"或无标记)，应该理解为一个大致的描述，而不是精确的定义。

以上述短语结构类型和词的语法功能分类体系为基础，表 9-3 初步确定了一个现代藏语短语的语法功能分类体系及典型功能描述(A～J 同表 9-2)。

表 9-3　现代藏语短语的功能分类体系及典型功能描述

序号	标记	功能类名称	主要功能									
			A	B	C	D	E	F	G	H	I	J
1	NP	名词性短语	+			+	+				+	+
2	VP	动词性短语		+	+				+		+	+
3	AP	形容词性短语		+				+			+	+
4	DP	副词性短语								+		
5	MP	数词性短语				+						+
6	MCP	数量短语				+		+				+

这里需要说明如下三点。

① 短语的功能分类结果与词的功能分类结果并不要求一一对应。例如，词类中有代词、拟声词、状态词、助词等类别，短语中则没有相应的分类。在我们看来，代词形成的短语的语法功能跟名词性的基本一致，助词和状态词等形成的短语功能跟动词(单音节)性的基本一致，所以将这些类分别归入名词性短语和动词性短语中。

② 在上述短语结构类型中，除了定中结构、名词联合、代词联合、代词和名词联合、数词联合、量词联合等结构以外，其他结构后面都可以带 པ་བ 等后缀。例如，形容词联合带 པ་བ 等后缀：སྐྱེན་ཞིང་འཇེབས+པ 、主谓结构带 པ་བ 等后缀：བཀྲ་ཤིས་ཀྱིས་བགད+པ 、述宾结构带 པ་བ 等后缀： མགྲོན་པོ་ལ་མེ་བཏང+པ 等。带 པ་བ 等后缀这类结构可以出现在主语的位置，例如 བཀག་ཤིས་ཀྱིས་བགད་པ་ནི་ཀྱུ་སྐད་རེད། 和 ས་ཞིང་མཉོགས་པ་ནི་རོང་རང་བཞིན་ནོ།；也可以出现在宾语的位置，例如 སྐད་ཆ་འདི་ནི་བཀྲ་ཤིས་ཀྱིས་བགད་པ་རེད། 和 མཆུ་ནི་དགར་ཞིང་གུག་པའོ།；还可以出现在定中结构的定义位置，例如 དགེ་རྒན་ཀྱིས་ཤེས་པའི་ཡི་གེ 和 མཚོ་ཞིང་འཇེང་པའི་པོ་ཐང་པོ་ད་ལ 等。

③ 跟词的功能分类体系一样，短语功能分类体系也只是一个粗体系，仅反映一个短语主要的句法功能特征。

9.1.3　藏语短语规则的形式表达

综上所述，既然短语功能分类并不能反映一个短语的全部句法功能特征，那么为了达到描述一个具体短语的全部句法功能特征，我们采用"特征结构和合一运算的短语结构语法"的形式化表达方式刻画一个具体短语丰富的句法功能特性[17]。

特征结构(feature structure，FS)是由特征名(或属性)和特征值(值)组成的对，可以表示为[特征名：特征值]或[属性：值]的形式，整体称为一个特征结构。图 9-1 给出了一个简单特征结构示例。

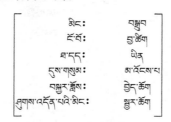

图 9-1　简单特征结构示例

除了上述简单特征结构，一个特征结构还可以取另一个特征结构为其特征值。具有这种特征值的特征结构称为复杂特征结构。图 9-2 给出了一个名词性短语 མཛེས་ཞིང་ལྟ་ན་སྡུག་པའི་གནས་མཚལ་ལྷ་ས 的复杂特征结构示例。

合一运算是对两个结构特征进行运算的方法。它与集合中的求并运算非常相似，但并不完全相同。合一运算要考虑两个集合元素是否相容，若相容，则合一；否则，

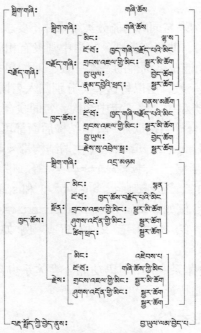

图 9-2　复杂特征结构示例

合一失败(结果为空,用 $\varnothing$ 表示)。下面通过举例来说明合一运算(用符号 $\bar{\cup}$ 表示合一)。

令

$$A = \begin{bmatrix} \text{བྱེད་པ་པོ}: & C \\ \text{བྱ་བ}: & \text{བྱས} \end{bmatrix} \qquad B = \begin{bmatrix} \text{མིང}: & \text{དོན་འགྱུབ} \\ \text{ངོ་བོ}: & \text{བྱད་གཞི་བརྗོད་པའི་མིང} \\ \text{ཚིག་མིང}: & \text{སྦྱར་ཚིག} \\ \text{གནས་འགྱལ་གྱི་མིང}: & \text{སྦྱར་མི་ཚིག} \\ \text{རྣམ་དབྱེའི་ཕྱད}: & \text{སྦྱར་ཚིག} \\ \text{རིགས}: & \text{ཤེཤས་ཅན} \end{bmatrix}$$

$$C = \begin{bmatrix} \text{རིགས}: & \text{ཤེཤས་ཅན} \end{bmatrix}$$

则

$$A \bar{\cup} B \bar{\cup} C = \begin{bmatrix} & \begin{bmatrix} \text{མིང}: & \text{དོན་འགྱུབ} \\ \text{ངོ་བོ}: & \text{བྱད་གཞི་བརྗོད་པའི་མིང} \\ \text{ཚིག་མིང}: & \text{སྦྱར་ཚིག} \\ \text{གནས་འགྱལ་གྱི་མིང}: & \text{སྦྱར་མི་ཚིག} \\ \text{རྣམ་དབྱེའི་ཕྱད}: & \text{སྦྱར་ཚིག} \\ \text{རིགས}: & \text{ཤེཤས་ཅན} \end{bmatrix} \\ \text{བྱ་བ}: & \text{བྱས} \end{bmatrix}$$

由此可知, 合一运算有两个基本作用, 即检查两个特征结构的相容性和增加信息。

短语结构语法是由乔姆斯基提出的形式语言理论, 在第 3 章和第 10 章做了详细的介绍, 这里不再赘述。

短语规则所用的形式化表达方式主要有两部分内容, 一部分是上下文无关文法产生式, 用来描述短语的内部组成模式; 另一部分是特征结构与合一运算, 用来对一个短语进行详细的说明。下面是分析名词性短语 NP སྐད་ཡིག་འཛིན་པའི་སློབ་མ། 的规则。

NP→NP ps ! NP :: $.内部结构=定中, $. 定语=%NP, $. 格=属格,
$. 中心语=%%NP
$.zhuyu=是, $. binyu=是, $. dinyu=是, …
%NP. 内部结构=单词|联合|定中, %ps. 原形= གི།གྱི།གྱི།ཡི། ,
%%NP. 内部结构=单词|联合
IF %NP. 内部结构=定中, %ps. 原形= གི།གྱི།གྱི།ཡི།
THEN %%NP. 内部结构=单词 ENDIF

其中, ::是分隔符, 后面开始是合一等式; $ 表示 → 左边的根节点 NP ; .表示对特征的应用; % 表示 → 右边符号的顺序, 例如 %ps 表示 → 右边出现的第一个属格助词; %%NP 表示 → 右边的第二个名词性短语 NP ; !表示它所标记的 NP 是这个短语的中心语。

在上述短语功能分类体系中, 短语都可以由词直接实现得到, 这种单词直接实现得到的短语, 可以通过内部结构属性来区分跟其他同一功能类短语。例如, NP → n 的内部结构属性将被赋值为单词。

根据上述形式化表达方式, 下面介绍名词性短语、动词性短语和形容词性短语的整体性质说明, 以及这些短语对内部组成成分的条件约束。整体性质是指这种短语的内部结构是什么、能否出现在主语、谓语、定语、宾语、状语、补语、中心语 1、中心语 2、联合结构的前后项等的位置。条件约束有两种: 一种是绝对条件, 指一个语言成分不需要参照它的搭配成分的情况, 自身必需要满足的条件, 例如 "%VP.时态=过" 这个合一等式要求 → 右边第一个出现的动词的时态必须是过去时; 另一种是相对条件, 指参照组成成分的情况进行判断, 例如 IF %NP.内部结构=定中, %ps.原形= གི།གྱི།གྱི།ཡི། THEN %%NP.内部结构=单词 ENDIF。

9.2　名词性短语结构及其形式化描述

9.2.1　概述

名词性短语由定中结构和联合结构等构成的, 不能独立成句, 一般在句子中

承担主语、宾语、定语和中心语 1[84]。也就是说，名词性短语能够出现在主语、宾语、定语和中心语 1 等位置。现代藏语名词性短语内部组成情况如表 9-4 所示。

表 9-4　现代藏语名词性短语内部组合模式

序号	内部结构	组合模式	实例
1	定中结构	NP→AP ps !NP	མཚོ་ཞིང་འཁྲིད་པའི་རི་བོ། མཚོས་པའི་ཕ་ཡུལ།
		NP→VP ps !NP	བཀད་པའི་སྐད་ཆ། ཐིས་པའི་རི་བོ།
		…	…
2	联合结构	NP→NP c NP	ཐུ་དང་བོ་དག། མཐས་ཁ། དེ་དང་ཕྱམ་པ།
		…	…

上表归纳了现代藏语名词性短语的 2 种典型的组合模式，但实际真实语料中可能不止这两种情况。例如，对 བཀ་ཞེས་ཀྱིས་བཤད་པ 这个带 པ 的短语而言，在《现代藏文语法通论》中归类到动词性短语，但在实际语料中它可以出现在主语、宾语、定语和中心语 1 等位置，即

བཀ་ཞེས་ཀྱིས་བཤད་པ་ནི་རྒྱ་སྐད་རེད།　　　　　（作主语）

བདེ་སྐྱིད་ཀྱིས་བཀ་ཞེས་ཀྱིས་བཤད་པ་ལ་དགག་པ་བརྒྱབ།　（作宾语）

བཀ་ཞེས་ཀྱིས་བཤད་པའི་སྐད་ཆ　　　　　（作定语）

བཀ་ཞེས་ཀྱིས་བཤད་པ་མང་ཆེ་བ་ཞིག་སྟོབ་གསོ་དང་འབྲེལ་བ་ཡོད།　（作中心语）

因此，从语法功能来讲，这种带 པ་བ 等的短语基本上都有 NP 的语法功能，可以出现在主语、宾语、定语和中心语等位置，但是很难找到一种具有说服力的理论依据使它成为名词性短语，因此这类带 པ་བ 等的结构能否归纳到 NP 中还有待继续研究。

藏语中的名词性短语基本上不能出现在谓语、状语、述语等位置上，即它的规则中都有赋值合一等式$.weiyu=否、$.zhuangyu=否、$.shuyu=否，也就是说，像 weiyu、zhuangyu 和 shuyu 这类短语句法功能范畴，默认值都是"否"。

现代藏语名词性短语可以由词直接得到实现，即存在 NP→n、NP→r、NP→k、NP→f 和 NP→t 等，其中 n、r、k、f 和 t 分别表示名词、代词、处所名词、方位名词和时间名词等。这种由词直接实现得到的短语，可以用内部结构属性与其他名词性短语进行区分。

下面对表 9-4 中的每种结构及其组合模式进行探讨和分析。

9.2.2　定中结构的 NP

定中结构 NP 的内部具体结构及组合模式如表 9-5 所示。

表 9-5　定中结构 NP 的内部具体结构及组合模式

序号	具体结构	具体组合	实例
1	形+格+名	NP→AP ps !NP	མཛོ་ཞིང་བཀྲེང་པའི་རི་བོ། མཚོ་མ་པའི་ཐུག །
2	动+格+名	NP→VP ps !NP	བཞད་པའི་སྐད། ཐུབ་པའི་ར་ཚ།
3	名+格+名	NP→NP ps !NP	ངའི་ལག་པ། ཚེ་རིང་གི་ཕྱག །
4	名+名	NP→NP !NP	དགེ་ཉན་རྡོ་བཅང་། ཀྱ་ཞབས་གོང་འགྲུལ།
5	名+形	NP→!NP AP	ཀླུ་སྟེན་ཞིང་འཛིབས་པ། མི་གོང་དཀར་པོ།
6	名+数	NP→!NP MCP	ལུག་ལུས་བ་གསུམ། མི་རིགས་ང་ལྔ།
7	名+数	NP→!NP MP	ངའི་ཚར་པོ་གསུམ། དུ་ཀར་གསུམ།

　　上表归纳了定中结构 NP 的 7 种具体组合模式。藏语的中心成分所处位置与汉语有很大的区别。传统藏语的中心成分在前，修饰成分在后，但是由于受其他语言的影响，在现代藏语中也存在中心成分在后，修饰成分在前的情况。在表 9-5 中，1～4 的中心成分在后，5 和 6 的中心成分在前。下面探讨和分析每种组合模式的规则。

　　1. NP→AP ps !NP

　　(1) 整体性质

　　① 这类 NP 的内部结构的属性值为定中，即$.内部结构=定中、$.定语=%AP、$.格=%ps、$.中心语=%NP。

　　② 这类 NP 可以出现在主语、宾语、定语和中心语等位置上。例如

　　　　　　གསལ་ལ་སྐྱམ་པའི་རླུ་བ་ཤར།　　　　　　　　　　　(作主语)

　　　　　　མཛོ་ཞིང་བཀྲེང་པའི་རི་བོར་འཛེགས།　　　　　　　(作宾语)

　　　　　　རོ་ལྱུང་ལྱུང་གི་རྒྱ་ཐང་།　　　　　　　　　　　　(作定语)

　　　　　　སྐྱན་པའི་རྒྱུ་ཞིག　　　　　　　　　　　　　　(作中心语)

即它的规则中都有赋值合一等式$.zhuyu=是、$.binyu=是、$.dinyu=是、$.zhxyu1=是。

　　③ 这类 NP 可以出现在联合结构的前向或后项位置。例如

　　　　　　བཀྲ་ཞིང་པའི་རྒྱ་དང་ཚ་ཞིང་བཤེགས་པའི་མེ　　　(作前后项)

　　　　　　མཛོ་ཞིང་བཀྲེང་པའི་རི་འང་ཡངས་ཞིང་ཆེ་བའི་རྒྱ་ཐང་།　(作前后项)

规则中都有赋值合一等式$.lhqx=是、$.lhhx=是。

　　(2) 这类 NP 对其内部组成成分的条件约束

　　在这类 NP 中，定语为形容词性短语%AP，但并不是所有的形容词性短语都

能修饰名词性短语%NP 构成这类定中式 NP，因此对这类 NP 的内部成分的限制，绝对条件为

%AP.内部结构=形带 པ་བ 等结构|重叠，%ps.原形= གི།ཀྱི།གྱི།ཡི།འི ，%NP.内部结构=单词

形容词性短语有 སྔན་ཞིང་འཇེབས， བཟང 等这种不带 པ་བ 等的结构和 འཇིགས་ཞིང་སྐྱག་པ、 མཛེས་པ 等这种带 པ་བ 的结构。前者可作谓语，不能构成这类定中式 NP；后者只能作修饰语，修饰其后的名词性短语时，修饰语和名词性短语之间必须用属格助词，但由于属格助词的添接规则，只能用属格 འི，不能用其他属格助词。

藏语形容词跟汉语一样，也有重叠形式，AA 表示单音节形容词的重叠；AABB、ABB、AB 等表示双音节形容词的重叠。

2. NP→VP ps !NP

(1) 整体性质

① 这类 NP 的内部结构为定中，即$.内部结构=定中、$.定语=%VP、$.格=%ps、$.中心语=%NP。

② 这类 NP 可以出现在主语、宾语、定语和中心语等位置。例如

བརྩིགས་པའི་གྱང་ལྷོག་སོང་། (作主语)

ཁྲིན་པའི་རི་མོ་ལ་བལྟས། (作宾语)

ཁྲིད་པའི་སློབ་ཚན་གྱི་ནང་དོན། (作定语)

བརྩམས་པའི་དཔེ་ཆ་བརྒྱ་ལྷག (作中心语)

规则中都有赋值合一等式$.zhuyu=是、$.binyu=是、$.dinyu=是、$.zhxyu1=是。

③ 这类 NP 可以出现在联合结构的前项或后项等位置。例如，

བཟོད་པའི་སྐྱིད་ཆ་དང་བསྒྲལས་པའི་བྱ་བ (作前后项)

ཁྲིན་པའི་རྒྱ་ཚོར་རས་བཀུལ་པའི་རྒྱ་ཚོར (作前后项)

规则中都有赋值合一等式$.lhqx=是、$.lhhx=是。

(2) NP 对其内部成分的条件约束

并不是所有的动词性短语都能修饰名词性短语%NP 构成这类 NP，同时并不是所有的属格助词都能用在%VP 和%NP 之间，因此对这类 NP 的内部成分的限制，绝对条件为

%VP.内部结构=动带 པ་བ 等，%ps.原形= འི ，%NP.内部结构=单词|联合

动词性短语有 ཡི་གེ་ཁྲི། 、 བཤབས 等这种不带 པ་བ 的结构和 སྐྱག་གིས་དང་སྐད་སྐྲོག་པ 、

པཔས་པ་ 等这种带 པ་བ 的结构两种。前者可作谓语,不能构成这类定中式 NP;后者可以作修饰语,修饰其后的名词性短语时,修饰语和名词性短语之间必须要用属格助词,但由于属格助词的添接规则,只能用属格 འ,不能用其他属格助词。

在这类 NP 中,如果%NP.内部结构=联合,即 VP ps NP c NP,那么可以硬性规定成[VP]ps[NP c NP],即它的相对条件为

IF %NP.连词.原形= དང་གམ་ཡོངས THEN%NP.内部结构=联合 ENDIF

这条规则是为了避免像* [བོས་བཏོན་པའི་བམས་འཆར]དང་[འཆར་གཞི] 和 * [བོས་ཐིས་པའི་རི་མོ་འབར་ཡི་གེ] 这种不正确的切分。正确的切分应该是 [བོས་བཏོན་པ]འི་[བམས་འཆར་དང་འཆར་གཞི] 和 [བོས་ཐིས་པ]འི་[རི་མོ་འབར་ཡི་གེ]。

3. NP→NP ps !NP

(1) 整体性质

① 这类 NP 的内部结构为定中,即$.内部结构=定中、$.定语=%NP、$.格=%ps、$.中心语=%%NP。

② 这类 NP 可以出现在主语、宾语、定语和中心语等位置。例如

ངའི་ཨེག་གིས་རྒྱང་ལ་བལྟས། (作主语)

ཁུ་མོས་ངའི་ལག་པ་ལ་འཇུས། (作宾语)

ངའི་བམས་པའི་བརྗེ་དུང་གི་ཇིབས་ཟེབས་ཆོས་སུ (作定语)

ལག་པའི་མཛུབ་མོ་ཕྲ་བོ (作中心语)

规则中都有赋值合一等式$.zhuyu=是、$.binyu=是、$.dinyu=是、$.zhxyu1=是。

③ 这类 NP 可以出现在联合结构的前项或后项等位置。例如

ངའི་ལག་པ་དང་ཁོའི་རྐང་པ (作前后项)

ངཏྲེན་ཡིག་གི་དཔའི་ཆའམ་རྒྱ་ཡིག་གི་དཔེ་ཁ (作前后项)

规则中都有赋值合一等式$.lhqx=是、$.lhhx=是。

(2) NP 对其内部成分的条件约束

在这类 NP 中,%NP 的内部结构可以是单词、联合结构和定中结构等。例如

ངའི་དགེ་རྒན། (单词)

ཁབ་དང་དེ་ཟིང་གི་ཚོ་ཀྲུས། (联合)

ང་ཚོའི་སློབ་གྲུའི་གནས་ཚུལ (定中)

%%NP 的内部结构可以是单词、联合结构和定中结构等。例如

སློབ་གྲུའི་ཁོར་ཡུག (单词)

བོ་རང་གི་ཨ་ཕ་དང་ཨ་མ (联合)

　　　　　　　　　　ཁོ་མོའི་སྐྱེན་པའི་གྲུ་སྐད　　　　　　　　　　　　（定中）

即它的绝对条件为

　　%NP.内部结构=单词|联合|定中，%ps.原形=གི།ཀྱི།གྱི།འི།ཡི，%%NP.内部结构=
单词|联合|定中

　　在这类 NP 中，如果%NP.内部结构=联合，即 NP c NP ps NP，那么这种结构
存在歧义，既可以切分成[NP] c [NP ps NP]，如 [དགེ་རྒན]དང་[སློབ་མའི་ཁྲིམ་བདག]，又可
以切分成[NP c NP] ps [NP]，如 [ཤུས་རྩུ་བ་དང་ཏགས་འཐུག]གི་[འཁྱིལ་བ]。对于这种情况，我
们尚未找到合理的约束条件，有待进一步研究。

　　在这类 NP 中，如果%%NP.内部结构=定中，%%NP.定语.cpcat[①]=AP，即 NP ps
AP ps NP，那么我们可以硬性规定为[NP] ps [AP ps NP]，即它的相对条件为

　　IF %%NP.定语.内部结构=形带 པ་བ 等 THEN %%NP.内部结构=定中 ENDIF

　　这条规则是为了避免 *[བའི་མཆོས་པ]འི་[ཁ་ཡུག] 这种不正确的切分，正确的切分应该
是 [བ]འི་[མཆོས་པའི་ཁ་ཡུག]。

　　在这类 NP 中，如果%%NP.内部结构=联合，即 NP ps NP c NP，那么，我们
可以硬性规定为[NP]ps[NP c NP]，即它的相对条件为

　　　IF %%NP.连词.原形= དང།གས་སོགས THEN %%NP.内部结构=联合 ENDIF

　　这条规则是为了避免 *[བའི་བུ]དང་[བུ་མོ]这种不正确的切分，正确的切分应该是
[བ]འི་[བུ་དང་བུ་མོ]。

　　在真实语料中，这类 NP 有形如 NP ps NP ps NP … NP 的结构。我们可以硬
性规定为[NP ps NP ps NP …] ps [NP]，即它的相对条件为

　　IF %NP.内部结构=定中，%ps.原形=གི།ཀྱི།གྱི།འི།ཡི THEN %%NP.内部结构=单
词 ENDIF

　　这条规则是为了避免 *[བ]འི་[སྲིང་མའི་ནུ་མོ] 这种不正确的切分，正确的切分应该
为[བའི་སྲིང་མོ]འི་[ནུ་མོ]。

　　4. NP→NP !NP

　　（1）整体性质

　　① 这类 NP 的内部结构为定中，即$.内部结构=定中、$.定语=%NP、$.中心
语=%%NP。

　　② 这类 NP 可以出现在主语、宾语、定语和中心语等位置。例如

　　　　　　སྐྲ་པ་རྡོག་འཁྱུབ་ཀྱིས་ནད་པ་ལ་ལྟ་བཞིན་ཡོད　　　　　　　　　（作主语）

　　　　　　ང་ཚོ་ཆང་མ་གནས་མཆོག་ལྷ་སར་ཡོད　　　　　　　　　　　（作宾语）

---

　　① cpcat 表示一个短语的功能类属性

ཕྱུགས་པོ་སྐལ་བཟང་གི་མི་ཚེ　　　　　　　　　　　　　　（作定语）

བུད་ལ་མཁས་པའི་དཔོན་པོ་བློ་བཟང༌།　　　　　　　　　　（作中心语）

规则中都有赋值合一等式$.zhuyu＝是、$.binyu＝是、$.dinyu＝是、$.zhxyu1＝是。

③ 这类 NP 可以出现在联合结构的前项或后项位置。例如

བུ་མོ་གཡུ་སྒྲོན་དང་ཕྱུགས་པོ་ཚེ་རིང༌།　　　　　　　（作前后项）

མག་གསར་པ་བཟང་སེམས་མག་རོགས་མགོན་པོ།　　　　（作前后项）

即它的规则中都有赋值合一等式$.lhqx＝是、$.lhhx＝是。

(2) NP 对其内部成分的条件约束

在这类 NP 中，%NP 和%%NP 的内部结构都为单词，即%NP.内部结构＝单词，%%NP.内部结构＝单词。

藏语中并不是所有的名词性短语都能构成这类定中式 NP。一般来说，同属一个语义类的%NP 和%%NP 才能构成这类 NP。藏语中语义类为 "人" 或 "区域" 的名词能组成这类定中式 NP，即

IF %NP.语义类＝%%NP.语义类＝人|区域　THEN $.内部结构＝定中　ENDIF

这条规则限制了 *དབེ་ཆ་ལོ་རང་ 、 *སྐྲབས་འགྲོན་རྒྱ་མཚོ、 * ཚོགས་པ་པོ་པེ་ཉིང་ 、 * དགེ་རྒན་ལྷས་ 等不属于同一个语义类的两个名词性短语不能构成这类 NP。

在这类 NP 中，如果%NP 的语义类是人，%%NP 的语义类也是人，且%%NP 的内部结构为 "名词+指人后缀 ཅན་ 或 པན་、 མཁན་、 མ "，那么如下这类句子在结构上存在歧义[85]，即

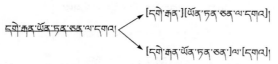

但是,两种切分结果都有实际的意义,因此我们未找到消除这种歧义的约束条件,有待继续研究。

5. NP→!NP AP

(1) 整体性质

① 这类 NP 的内部结构为定中，即$.内部结构＝定中、$.定语＝%AP、$.中心语＝%NP。

② 这类 NP 可以出现在主语、宾语、定语和中心语等位置。例如

མི་ཚོག་དཀར་པོ་མཇེས།　　　　　　　　　　（作主语）

སྐུ་སྐྱན་ཞིང་འཇེབས་པ་ཞིག་སྣང༌།　　　　　　（作宾语）

རི་འཛེང་འཆིང་གི་ཉིང༌།　　　　　　　　　（作定语）

དཔེ་ཆ་རྙིང་པ་སྐམ་གང་། （作中心语）

规则中都有赋值合一等式$.zhuyu=是、$.binyu=是、$.dinyu=是、$.zhxyu1=是。

③ 这类 NP 可以出现在联合结构的前项或后项位置。例如

མི་ཕྱུག་པོ་དང་མི་ཡོན་ཏན་ཅན （作前后项）

རྒྱ་དོན་ཚོའམ་རྒྱ་གར་ཚོ （作前后项）

规则中都有赋值合一等式$.lhqx=是、$.lhhx=是。

(2) NP 对其内部成分的条件约束

在这类 NP 中，%NP 的内部结构是单词，即%NP.内部结构=单词，可以出现在主语、宾语、定语和中心语等位置，%AP 的内部结构可以是带 པ་བ 等结构，也可以重叠，即%AP.内部结构=形带 པ་བ 等重叠。

由于不带 པ་བ 等的单音节形容词跟在名词性短语后面直接可以构成句子，这类不带 པ་བ 等的单音节形容词具有动词的语法功能，不能构成定中式的 NP。

6. NP→!NP MCP

(1) 整体性质

① 这类 NP 的内部结构为定中，即$.内部结构=定中、$.定语=%MCP、$.中心语=%NP。

② 这类 NP 可以出现在主语、宾语、定语和中心语等位置。例如

ཡབ་ཡུམ་གཉིས་ཀྱིས་ཁོ་ལ་སྦྱོར་གསོ་བཏང་། （作主语）

སྦྱོབ་མ་གསུམ་ལ་བྱ་དགའ་ཐོབ། （作宾语）

བྱ་མོ་གསུམ་གྱི་གཏམ་རྒྱུད （作定语）

གནས་གཤིས་བཟང་བའི་ཉིན་འཁོར （作中心语）

规则中都有赋值合一等式$.zhuyu=是、$.binyu=是、$.dinyu=是、$.zhxyu1=是。

③ 这类 NP 可以出现在联合结构的前项或后项位置。例如

ལོ་གཅིག་དང་ཟླ་བ་བཅུ་གཉིས （作前后项）

ལོ་གཅིག་གམ་ཟླ་བ་གཉིས （作前后项）

规则中都有赋值合一等式$.lhqx=是、$.lhhx=是。

(2) 这类 NP 对其内部组成成分的条件约束

在这类 NP 中，%NP 的内部结构可以是单词、联合或定中，即%NP.内部结构=单词|定中|联合。例如

སྦོར་མོ་སྦོང་གཅིག （单词）

རྟ་ནོར་ལུག་གསུམ　　　　　　　　　　　　　　　　　　　　　（联合）

སློབ་མ་གསར་པ་བཅུ་གཉིས　　　　　　　　　　　　　　　　　　（定中）

%NP 必须是能直接受数词修饰的名词性短语，即%NP.数名=是。

%MCP 的内部结构可以是单词或联合，即%MCP.内部结构=单词|联合。例如

སློབ་མ་བཅུད་པོ　　　　　　　　　　　　　　　　　　　　　（单词）

སྦྲང་འབུས་ཚང་དང་པོ་དང་གཉིས་པ　　　　　　　　　　　　　　（联合）

藏语中有一种比较特殊的数词，即ཅིག、ཞིག 和 ཤིག 等。这类词表示一个或说明未知数的数词。因此，在这类 NP 中，如果%MCP 的内部结构为单词，并且该单词的原形为ཅིག、ཞིག、ཤིག，那么一般情况下可以修饰任意的名词。

7. NP→!NP MP

(1) 整体性质

① 这类 NP 的内部结构为定中，即$.内部结构=定中、$.定语=%MP、$.中心语=%NP。

② 这类 NP 可以出现在主语、宾语、定语和中心语等位置。例如

གཟེར་སྣང་དྲག་གིས་མཇུབ་དཀྲིས་ཤིག་བཏངས།　　　　　　　　　（作主语）

གཞུང་བཀའ་པོད་ལྔ་པོ་ལ་སྤྱངས།　　　　　　　　　　　　　（作宾语）

སུན་ཆ་གཅིག་གི་རིན་གོང་།　　　　　　　　　　　　　　　　（作定语）

ཀྱུ་ལ་བསྐུར་བའི་མེ་ཏོག་ཆུན་པོ་ཞིག　　　　　　　　　　　　（作中心语）

即它的规则中都有赋值合一等式$.zhuyu=是、$.binyu=是、$.dinyu=是、$.zhxyu1=是。

③ 这类 NP 可以出现在联合结构的前项或后项位置。例如

སློ་ཉེ་རྒྱ་མ་གཉིས་དང་འབུས་རྒྱ་མ་གསུམ　　　　　　　　　（作前后项）

ཐ་མལ་སྒམ་གཅིག་གམ་ཆང་ཞིག་དར་གང་།　　　　　　　　　（作前后项）

即它的规则中都有赋值合一等式$.lhqx=是、$.lhhx=是。

(2) NP 对其内部成分的条件约束

在这类 NP 中，%NP 的内部结构可以是单词或联合，即%NP.内部结构=单词|联合。例如

ཀུ་ཤུ་དང་དང་ལག་རྒྱ་མ་དྲུག　　　　　　　　　　　　　（联合）

ཞིང་དུས་ཐ་གསུམ　　　　　　　　　　　　　　　　　（单词）

%NP 必须是受量词修饰的名词性短语，即%NP.数量名=是。

%MP 的内部结构可以是数量，即%MP.内部结构=数量(量词+数词)。例如，

སློབ་མ་སྣོར་གཞིག

གསེར་ཆུ་རྒྱ་མ་གང་དང་སྦང་རོ

藏语中有些名词既是数名词，又是数量名词。例如，ལུག 既可以用数词修饰，也可以用数量词修饰，即 ལུག་གཅིག 和 ལུག་ཁྱུ་གཅིག。这类名词还有 མེ、སློབ་མ、ཏ、དགེ་རྐན、བྱ、ཆབས་འཁོར 等，这类名词后面用量词修饰的时候，只能用 ཁྱུ、སྐོར、ཚོགས 等表示集体的量词；有些名词只能用数量词修饰，即 ཆུ་ཤེལ་དམ་གང 或 ཆུ་རྐྱུ་མ་བཞི，不能说* ཆུ་གཅིག，这类名词还有 རྫས、འོ་མ、མར、ཆང、རྒྱལ་བ、བྱི、ནས等，后面只能用 ཤེལ་དམ、སྒྱེ、བྱི、རྒྱ་མ等表示容器或重量的量词等。因此，对这类 NP 有如下相对条件，即

IF %MP.量词子类=Q THEN %NP.Q=%MP.原形 ENDIF

这条规则表示%MP 中的量词要跟%NP 对量词的选择要求一致，其中 Q 表示量词子类。《现代藏文语法通论》中藏语的量词子类分为长量词、重量词、状量词、器量词、集量词和动量词等。

这条规则可以判断 ལག་ཤབག་ཕྱེ་ལེ་དྲུག་བརྒྱ、ག་རྐྱུ་ལྷ་བརྒྱ 等正确，也可以判断* ཚོགས་འདུ་ཁྱུ་གཅིག、* ཆང་སྙེ་བ་གཉིས 等不正确。

9.2.3 联合结构的 NP

联合结构 NP 的内部具体结构及组合模式如表 9-6 所示。

表 9-6 联合结构 NP 的内部具体结构及组合模式

序号	内部结构	组合模式	实例
1	有标记联合	NP→NP c NP	དཔེར་ཆ་དང་འཕྲི་དེབ、ཤེ་ཤོ་མ་ལུམ་ དེ་དང་འདི
2	无标记联合	NP→NP NP	ཏ་ནོར་ལུག、ས་རྐྱུ་མེ་རླུང

无标记联合结构与有标记联合结构的整体性质及对其内部成分的条件约束等基本一致，并且在实际语料中无标记联合结构与数词组成定中式的形式出现。一般情况下，分词的时候按整体进行切分。因此，下面主要探讨第一种组合模式的整体性质及对其内部成分的条件约束。

(1) 整体性质

① 这类 NP 的内部结构为联合，即$.内部结构=联合、$.前项=%NP、$.虚词=连词、$.后项=%%NP。

② 这类 NP 可以出现在主语、宾语、定语和中心语等位置。例如

རྒྱ་སྤྱེར་རམ་ནེ་ཚོ་ནེ་འདབ་ཆགས་སོ (作主语)

དེ་ཆང་ལ་ནོར་སྲུམས་རྒྱ་དང་ལུག་བརྒྱ་ལྷག་ཡོད (作宾语)

དགེ་རྐན་དང་སློབ་མའི་འབྲེལ་བ (作定语)

ཁོ་མོའི་བཤས་སློ་དང་ཀུན་སློང་ (作中心语)

规则中有赋值合一等式$.zhuyu=是、$.binyu=是、$.dinyu=是、$.zhxyu1=是。

(2) NP 对其内部成分的条件约束

在这类 NP 中，%NP 和%%NP 都可以出现在主语、宾语、定语或中心语等位置。其内部结构可以是单词或定中，虚词%c 的原形为 དང་|གམ་སོགས་，即它的绝对条件为%NP.内部结构=单词|定中，%c.原形= དང་|གམ་སོགས་；%%NP.内部结构=单词|定中。

在这类 NP 中，%NP 和%%NP 的属性特征取值必须要保持一致，这些属性特征取值主要有语义类和词性，即

　　　　　IF %NP.语义类=R THEN %%NP.R=%NP.原形 ENDIF

　　　　　 IF %NP.词性=S THEN %%NP.S=%NP.原形 ENDIF

其中，R 表示语义类；S 表示词类。

这个规则限制了 རོགས་དང་འགྲོགས་ 、དག་དང་འཐས་ 等这类前后项语义类或词性不一致的不能构成联合式 NP。

这类 NP 存在多项成分并列的联合结构，即 NP c NP c NP c …NP。由于这种结构有多种分析结果，如 ས་དང་ཆུ་དང་མེ་དང་ རླུང་དང་ནམ་མཁའ་བཅས་ནི་འབྱུང་བ་ལྔའོ།，可以切成 [[ས་དང་ཆུ་]དང་[མེ་དང་ རླུང་]]བཅས་ནི་འབྱུང་བ་ལྔའོ། 、 [[ས་དང་ཆུ་དང་མེ་]དང་ རླུང་]]བཅས་ནི་འབྱུང་བ་ལྔའོ། 、 [[ས་]དང་[ཆུ་དང་མེ་དང་ རླུང་]]བཅས་ནི་འབྱུང་བ་ལྔའོ། 等，因此对联合结构 NP 的内部组成成分的限制条件，目前还难以做到准确描述。

9.3　动词性短语结构及其形式化描述

9.3.1　概述

动词性短语由主谓结构、述宾结构、述补结构、动词联合结构等构成的，可以独立成句[86]。现代藏语动词性短语的内部组合模式如表 9-7 所示。

表 9-7　现代藏语动词性短语的内部组合模式

序号	内部结构	组合模式	实例
1	主谓结构	VP→NP pz VP	རྟ་བསད་ཅན། གནའ་ཕྱིས་གྱིས་བཀད། སློབ་བཤད།
		…	…
2	述宾结构	VP→NP pw VP	གཡས་སུ་སོང་། ནད་དུ་འོང་། ཇ་ཇ་འཐོན།
		…	…

续表

序号	内部结构	组合模式	实例
3	述补结构	VP→VP cx VP	བརྟགས་ཤེ་ (藏文实例)
		…	…
4	动词联合	VP→VP c VP	བརྟགས་ (藏文实例)
		…	…
5	状中结构	VP→DP VP	ཁ་ (藏文实例)
		…	…

　　表 9-7 归纳了现代藏语动词性短语的 5 种典型结构及其组合模式。由于单音节比喻助词和单音节形容词的语法功能与单音节动词的语法功能完全一样，因此我们把单音节助词和单音节形容词归到动词性短语中一起讨论。

　　动词性短语在句子中能充当谓语和补语，一般不能充当主语、宾语、定语和状语等句法功能。短语结构可以出现在状中结构的中心语(zhxyu2)、述补结构的述语(shuyu2)、述宾结构的述语(shuyu1)和动词联合的前后项等位置，而不能出现在中心语 1、名词联合的前后项等位置。因此，它的规则中都有赋值合一等式 $.weiyu = 是、$.buyu = 是、$.zhxyu2 = 是、$.shuyu1 = 是、$.shuyu2 = 是、$.zhuyu = 否、$.binyu = 否、$.dingyu = 否、$.zhxyu1 = 否。也就是说，这类短语句法功能的默认值都是"是"，而像 zhuyu、binyu、dinyu 和 zhxyu1 等这类短语句法功能的默认值都是"否"。

　　动词性短语后面带后缀 པ་བ 等可以出现在主语、宾语、定语和定中结构的中心语等位置。这种情况在 9.2 节中做了说明。

　　动词性短语中也有重叠式的结构类型，如 སྒུག་སྒུག 、འབབ་འབབ 等。在句子中，如果这类重叠词后面没有出现接续词，那么该重叠词的词性将转化为形容词，如 ཏ་སྒུག་སྒུག 、ཆར་འབབ་འབབ 等可以修饰前面的名词。因此，对这类结构有 IF %%VP.next = 非接续词 THEN $.cpcat.词性 = 形容词 ENDIF。

　　动词联合中有一种无标记的联合结构类型，如 འཁད་ཆོད་ཆོམ 、བཞིག་གཅོད་གཏོར 等。这种结构在实际文本中使用的时候，一般都跟数词或后缀 པ་བ 等联合使用，如 འཁད་ཆོད་ཆོམས་གསུམ 、བཞིག་གཅོད་གཏོར་བ 等。

　　下面对表 9-7 中的结构及其组合模式进行分析和探讨。

9.3.2　主谓结构的 VP

　　主谓结构 VP 的内部具体结构及组合模式如表 9-8 所示。

表 9-8　主谓结构 VP 的内部具体结构及组合模式

序号	内部结构	组合模式	实例
1	主语 1+pz+谓语	VP→NP pz VP	ཁྱོད་བདག ངས་ཞིང་ཁ་རྒྱ་དང༌། སྐྱོན་མས་བཤབས་ནས་ཤིག ངལ་བརྒྱབ་ཟིན།
	主语 1+pz+主语 2+pz+谓语		ཁྱོད་སྐུ་གྱོས་ད་མོ་ཟེར། སྐྱོ་ལ་མས་མེ་མདས་ཀྱིས་དོན་ན་བརྒྱབས། ད་མོ་ཚོ་ཨེ་གི་གི་ད་ར་བཀུམ།
2	主语+谓语	VP→NP VP	ཏེ་མ་ནས། རྒྱ་ན་སྐྱོ་ཡར་མོང། ད་སོ་ད་ཚུ། རྐྱ་འཚོལ་ན་ནས་འོང།
3	主语+cc+谓语	VP→NP cc VP	ཟོང་ནི་བ་ད་ རེད། མེ་ཏེ་ཞིང་ ཤ་བརྒྱ་ལགས། ཨེ་གི་ཀྱང་ ལས་ སྐོན་ན་བཟེན།

1. VP→NP pz VP

(1) VP 的整体性质

① 这类 VP 的内部结构为主谓结构，即$.内部结构 ＝ 主谓、$.主语 ＝ %NP、$.格 ＝ 主格、$.谓语 ＝ %VP。

② 这类 VP 可以出现在谓语、述宾结构的述语和联合结构的前后项等位置。例如

ཞིང་མཁན་གྱིས་ལག་པས་རྒྱ་རེ་བརྫང་།　　　　　　　(作谓语)

དག་ལ་མདུང་གིས་བསྣུན།　　　　　　　(作述语)

ཞི་བས་བཏུལ་དང་བཙན་གྱིས་བཏུལ།　　　　　　　(前后项)

③ 这类 VP 不能出现在状中结构的中心语、述补结构的述语和补语等位置上，即它的规则中都有合一等式$.buyu ＝ 否、$.shuyu2 ＝ 否、$.zhxyu2 ＝ 否。

(2) VP 对内部成分的条件约束

绝对条件：%NP.内部结构 ＝ 单词|定中|联合，%pz.原形 ＝ གིས|ཀྱིས|གྱིས|ཡིས|ཡིས，%VP.内部结构＝单词|主谓|述宾|述补|状中，%VP.cpcat.词性=vt|vi，%VP.cpcat.时态 ＝ 过去|现在|将来。

这类 VP 可以用多个主格助词，从而可以构成 NP pz NP pz…pz VP 这种嵌套结构。当只有两个主格助词的时候，主语 1 是动作的执行者，一般由动物类的名词充当；主语 2 是动作执行者所用的工具、方式、方法等，一般由物质类或意识类的名词充当。

在这类 VP 中，%VP 的词性一般由及物动词充当，但表示动作行为发生的原因时也可以用不及物动词。例如，ནད་ཀྱིས་གི、སྐྱག་པས་ཐོན། 和 གཏོང་གྱིས་སྐྱོ། 等。

当这类 VP 带 པ་བ 等，并在句中作定语的时候，就会存在歧义现象[85]。例如，སྐྱོམ་དགར་གྱིས་ཐིས་པའི་ཡི་གེ་བསྐུར། 存在如下两种分析结果，即

[(སྐྱོམ་དགར་གྱིས་ཐིས་པ)འི་(ཡི་གེ)][བསྐུར།]　　　　　　　(述宾结构)

[སྐྱོམ་དགར་]གྱིས་[(ཐིས་པའི་ཡི་གེ)(བསྐུར།)]　　　　　　　(主谓结构)

对于这种情况，我们将 པ་བ 等作为名物化的句缀来处理的，使该短语转化为

名词性短语，从而可以解决这种歧义现象。

2. VP→NP VP

(1) VP 的整体性质

① 这类 VP 的内部结构为主谓结构，即$.内部结构 ＝ 主谓、$.主语 ＝ %NP、$.谓语 ＝ %VP。

② 这类 VP 可以出现在谓语、补语、述补结构的述语、述宾结构的述语和状中结构的中心语等位置。例如

　　　　　　　　 བློག་གིས་འཕུལ་འབོར་འབོར། 　　　　　　　　　　　(作谓语)

　　　　　　　　རྒྱུ་སྐྱེས་ནས་མེ་ཏོག་བཞད། 　　　　　　　　　　　(作补语)

　　　　　　　　རྒྱང་གཡུགས་ཤིང་ཁ་བ་འབབ། 　　　　　　　　　　(作述语)

　　　　　　　　ཀ་ཉེ་རྒྱ་བཞད། 　　　　　　　　　　　　　　　(作述语)

　　　　　　　　ནས་རྒྱུན་ཆར་བ་འབབ། 　　　　　　　　　　　　(作中心语)

③ 这类 VP 不能出现在联合结构的前后项位置，即它的规则中都有合一等式 $.lhqx ＝ 否、$.lhhx ＝ 否。

(2) VP 对内部成分的条件约束

在这类 VP 中，%VP 的词性可以为不及物动词、形容词和比喻助词等。因此，当%VP 的词性为不及物动词时，其绝对条件为

%NP.内部结构 ＝ 单词|定中，%VP.内部结构 ＝ 单词|主谓|述宾|述补|状中，%VP.cpcat.词性 ＝ vi

当%VP 的词性为形容词时，其绝对条件为

%NP.内部结构 ＝ 单词|定中，%VP.内部结构 ＝ 单词|状中，%VP.cpcat.词性 ＝ a

当%VP 的词性为比喻助词时，其绝对条件为

%NP.内部结构 ＝ 单词|定中，%VP.内部结构 ＝ 单词，%VP.cpcat.词性 ＝ ui

9.3.3　述宾结构的 VP

述宾结构 VP 的内部具体结构及其组合模式如表 9-9 所示。

表 9-9　述宾结构 VP 的内部具体结构及组合模式

序号	内部结构	组合模式	实例
1	宾语+述语	VP→NP VP	སྐྱོང་པོ་བརྒྱགས། ལི་གེ་ཐིས།
2	宾语+ལ格+述语	VP→NP pw VP	ཤར་ཕྱོགས་སུ་བུ་སོང་། གདོང་ལ་བལྟགས།
	宾语+ལ格+宾语+述语		ནམས་སུ་སྐྱོ་བོ་བཞགས།
	宾语+ལ格+宾语+ལ格+述语		ཡི་ཆེན་ལ་སྐུ་སྐོར་དུ་སོང་།

续表

序号	内部结构	组合模式	实例
3	宾语+从格+述语	VP→NP pc VP	ཏུ་ལས་སྐྱུང་། བ་ལས་ཟིན།
	宾语+从格+宾语+述语		གངས་རི་ལས་རྒྱ་བཞར།

1. VP→NP VP

(1) VP 的整体性质

① 这类 VP 的内部结构为述宾，即$.内部结构=述宾、$.述语=%VP、$.宾语 = %NP。

② 这类 VP 可以出现在谓语、述宾结构的述语、状中结构的中心语和联合结构的前后项等位置。例如

$$\text{སྐྱོལ་མས་གནན་གཏམ་བ བང་།} \qquad \text{(作谓语)}$$

$$\text{ནགས་སུ་སྐྲོང་བོ་བཙུགས།} \qquad \text{(作述语)}$$

$$\text{རྒྱུན་པར་བསམ་སྐྲོ་བ ཏང་།} \qquad \text{(作中心语)}$$

$$\text{ཤ་ཟའ ་ཆོ་འ ུང་།} \qquad \text{(作前后项)}$$

③ 这类 VP 不能出现在补语、述补结构的述语等位置上，即它的规则中都有合一等式$.buyu = 否、$.shuyu2 = 否。

(2) VP 对内部成分的条件约束

绝对条件：%NP.内部结构 = 单词|定中|联合，%VP.内部结构 = 单词|述补。

并不是所有的 NP 和 VP 都能构成这类述宾式 VP，当%VP 的词性为及物动词时才能构成这类 VP，即

IF %VP.cpcat.词性 = 及物 THEN $.内部结构 = 述宾 ENDIF

2. VP→NP pw VP

(1) VP 的整体性质

① 这类 VP 的内部结构为述宾，即$.内部结构 = 述宾、$.述语 = %VP、$.格助词 = ལ 格、$.宾语 = %NP。

② 这类 VP 可以出现在谓语、述宾结构的述语、状中结构的中心语和联合结构的前后项等位置。例如

$$\text{ངས་ཁྱོད་ལ་སྐུག} \qquad \text{(作谓语)}$$

$$\text{ཁྱིས་པར་སྐྲབ་སྐྲང་ཐེད་ད་བཏག} \qquad \text{(作述语)}$$

$$\text{སྐུར་ད་ཏུ་ལ་ཆོན་ནས་སོང་།} \qquad \text{(作中心语)}$$

$$\text{གཏན་ད་འཕལ་དང་སྐུག་ལ་སྐུག} \qquad \text{(作前后项)}$$

③ 这类 VP 不能出现在补语位置上，即它的规则中都有合一等式$.buyu = 否。

(2) VP 对内部成分的条件约束

绝对条件：%NP.内部结构=单词|定中|联合，%pw.原形=ཀྱི་རི་ཀྱི་ཏུ་ན་ལ་ཏུ，%VP.内部结构 = 单词|主谓|述宾|述补。

从语义上讲，这类 VP 可以表示业格、为格、位格、时间和同体五种句法语义。因此，当表示同体时，不能构成这类述宾式 VP，例如 ཡི་གེ་བྲིས、བོད་ཡིག་ཏུ་བསྒྱུར、གནད་དུ་འདང 等中的 NP 都不是受动作影响的对象，而是补充说明动作发生的结果，所以表示同体时，这种结构将转化为述补结构；当表示位格时，%VP 一般由 ཡོད、འདུག、ཤང 等表示存在的动词充当，像英语中的 there be 句型。

3. VP→NP pc VP

(1) VP 的整体性质

① 这类 VP 的内部结构为述宾，即$.内部结构 = 述宾、$.述语 = %VP、$.格 = 从格、$.宾语 = %NP。

② 这类 VP 可以出现在谓语、联合结构的前后项和，即

$$ཁུ་མོ་ཏུ་ལས་ཤྱུང།$$ (作谓语)

$$ས་འོག་ནས་ཤྱུང་དང་གནམ་ནང་ནས་བབས།$$ (作前后项)

③ 这类 VP 不能出现在补语、状中结构的中心语等位置上，即它的规则中都有合一等式$.buyu = 否、$.zhxyu2 = 否。

(2) VP 对内部成分的条件约束

绝对条件：%NP.内部结构 = 单词|定中，%pc.原形 = ནས|ལས，%VP.内部结构 = 单词|主谓|述宾|述补。

从语义上讲，这类 VP 可以表示来源、原因、比较和转折等句法语义[87]。因此，当表示比较时，%VP 一般由形容词来充当，例如 ཤེང་གི་ནན་ནས་ཚན་དན་བཟང、ངན་པ་ལས་བཟང་པོ་ཤྱུང 等。

9.3.4　述补结构的 VP

述补结构 VP 的内部具体结构及其组合模式如表 9-10 所示。

表 9-10　述补结构 VP 的内部具体结构及组合模式

序号	内部结构	组合模式	实例
1	述语+接续词+补语	VP→VP cx VP	མདའ་འཕངས་ཏེ་ཕོག་བསྒྱུར་ཏེ་བཀག
2	述语+饰集词+补语	VP→VP cs VP	དགོས་ཀྱང་དགོས་ཤྱུང་ཡང་ཤྱུང
3	述语+助动词	VP→VP VP	འཆི་དགོས་ཤོར་སྲོང

续表

序号	内部结构	组合模式	实例
4	述语+时间助词	VP→VP tu	ཁྲིམས་ཚོགས་བསྐྱངས་ཟིན།
5	补语+ལ格+述语	VP→NP pw VP	བོད་དུ་འཚོར་བོད་ཡིག་ཏུ་བསྒྱུར།
		VP→AP pw VP	གཙང་མར་བགྲས་ཏེ་བརྩེ་དུ་བཏང་།
		VP→VP pw VP	བསྐྱབ་པར་སྐྱི་འགྲུལ་པར་འབད།

1. VP→VP cx VP

(1) VP 的整体性质

① 这类 VP 的内部结构为述补，即$.内部结构 = 述补、$.述语 = %VP、$.虚词 = 接续词、$.补语 = %%VP。

② 这类 VP 可以出现在谓语和述宾结构的述语等位置。例如

ཉི་མ་ཕར་ནས་ཤུབ།　　　　　　　　　　　　(作谓语)

ཡོན་ཏན་སྐྱངས་ཏེ་ཤེས།　　　　　　　　　　(作述语)

ས་ལ་བསྐྱད་དེ་བགད།　　　　　　　　　　　(作述语)

③ 这类 VP 不能出现在补语、述补结构的述语和状中结构的中心语等位置上，即它的规则中都有合一等式$.buyu = 否、$.shuyu2 = 否、$.zhxyu2 = 否。

(2) VP 对内部成分的条件约束

绝对条件：%VP.内部结构=单词、%cx.原形= དེ། ཏེ། སྟེ། ནས 、%%VP.内部结构=单词、%%VP.buyu =是。

在这类 VP 中，%VP 和%%VP 必须为过去时，因此有如下规则，即

IF %VP.时态 = 过去，%cx.原形 = དེ། ཏེ། སྟེ། ནས ，%%VP.时态 = 过去 THEN $.内部结构 = 述补　ENDIF

2. VP→VP cs VP

(1) VP 的整体性质

① 这类 VP 的内部结构为述补，即$.内部结构 = 述补、$.述语 = %VP、$.虚词 = 饰集词、$.补语 = %%VP。

② 这类 VP 可以出现在谓语、述宾结构的述语和联合结构的前后项等位置。例如

མེ་ཏོག་མཛེས་ཀྱང་མཛེས།　　　　　　　　(作谓语)

བྱ་བ་བསྐྱབ་ཀྱང་བསྐྱབ།　　　　　　　　　(作述语)

གསལ་ཡང་གསལ་ལ་རྙེས་ཡང་རྙེས།　　　　(作前后项)

③ 这类 VP 不能出现在述补结构的述语和补语, 以及状中结构的中心语等位置, 即它的规则中都有合一等式$.shuyu2 = 否、$.buyu = 否、$.zhxyu2 = 否。

(2) VP 对内部成分的条件约束

绝对条件: %VP.内部结构 = 单词, %cs.原形 = གུང་│ཤང་│འང་ 、%%VP.内部结构 = 单词、%%VP.buyu = 是。

在这类 VP 中, %VP 和%%VP 的词性必须要保持一致, 因此有如下规则, 即

IF %VP.cpcat = %%VP.cpcat,%cs.原形 = གུང་│ཤང་│འང་ THEN $.内部结构 = 述补 ENDIF

3. VP→VP VP

(1) VP 的整体性质

① 这类 VP 的内部结构为述补, 即$.内部结构 = 述补、$.述语 = %VP、$.补语 = %%VP。

② 这类 VP 可以出现在谓语、述宾结构的述语和状中结构的中心语等位置。例如

$$ཚོ་རིང་གིས་བཏང་དགོས། \qquad\qquad\qquad （作谓语）$$

$$དབྱིན་སྐད་བཏང་ཤེས། \qquad\qquad\qquad （作述语）$$

$$བློག་བརྩོན་ལ་བཀའ་ཕུལ། \qquad\qquad\qquad （作述语）$$

$$ཤུ་མཐུད་དུ་སྐྱོང་དགོས། \qquad\qquad\qquad （作中心语）$$

③ 这类 VP 不能出现在补语、述补结构的述语和联合结构的前后项等位置上, 即它的规则中都有合一等式$.buyu=否、$.shuyu2=否、$.lhqx=否、$.lhhx=否。

(2) VP 对内部成分的条件约束

绝对条件: %VP.内部结构=单词、%%VP.内部结构=单词、%%VP.buyu=是。

并不是所有的动词都能构成这类述补式VP, 只有%%VP 的词性为助动词时, 才能构成这类 VP; 否则, 会成为动词重叠。因此, 有如下规则, 即

IF %VP.内部结构.单词.词性 = 动词,%%VP.内部结构.单词.词性 = vu THEN $.内部结构 = 述补 ENDIF

4. VP→VP tu

(1) VP 的整体性质

① 这类 VP 的内部结构为述补, 即$.内部结构 = 述补、$.述语 = %VP、$.补语 = %tu。

② 这类 VP 可以出现在谓语、述宾结构的述语、述补结构的补语和状中结构的中心语等位置。例如

$$\text{ཀློ་བཟང་གིས་ཕྱིར་ཚར།} \qquad \text{(作谓语)}$$

$$\text{བསམ་བློ་གཏོང་བཞིན་ཡོད།} \qquad \text{(作述语)}$$

$$\text{བསླབས་ནས་འབྲི་ཀྱིན་ཡོད།} \qquad \text{(作补语)}$$

$$\text{ནས་ཡང་འཚོར་ཀྱིན་འདུག} \qquad \text{(作中心语)}$$

③ 这类 VP 不能出现在述补结构的述语和联合结构的前后项等位置,即它的规则中都有合一等式$.shuyu2 = 否、$.lhqx = 否、$.lhhx= 否。

(2) VP 对内部成分的条件约束

绝对条件:%VP.内部结构 = 单词、%tu.内部结构 = 单词、%tu.buyu = 是。

在这类 VP 中,%VP 是无形态变化的及物动词或不及物动词,%tu 是表示时态的助词,一般有 ཟིན 、 ཚར 、 གྱུར 、 བྱུང 、 གིན 、 ཀྱིན 、 ཀྱིན 、 གྱིན 、 བཞིན 、 འགྱུར 、 རྒྱུ 和 བྱ 等。其中, གྱུར 、 བྱུང 、 འགྱུར 和 བྱ 等表示时态时,%VP 后面要加 པར 或 བར 。例如, གྲོལ་བར་གྱུར 、 བཏང་བར་བྱུང 、 འབྱུང་བར་འགྱུར 和 བསྒྲོས་པར་བྱ 等。 ཟིན 、 ཚར 、 གིན 、 ཀྱིན 、 ཀྱིན 、 གྱིན 、 བཞིན 等可直接用在%VP 后面。因此,对这类 VP 有如下相对条件,即

IF %tu.原形 = གྱུར | བྱུང | འགྱུར | བྱ THEN %VP.后带 = པར | བར ENDIF

5. VP→NP|AP|VP pw VP

(1) VP 的整体性质

① 这类 VP 在藏文文法理论中称为同体。其中,NP、AP、VP 表示补充或说明动作%VP 发生的结果,具有补语的语法功能。

② 这类 VP 的内部结构为述补,即$.内部结构 = 述补、$.述语 = %VP、$.格= ལ 格、$.补语 = %(NP|AP|VP)。

③ 这类 VP 可以出现在谓语、述宾结构的述语和述补结构的述语等位置。例如

$$\text{སྒྲོལ་མས་ཡི་གེར་བྲིས།} \qquad \text{(作谓语)}$$

$$\text{ལྷགས་གཞིར་དུ་བསྒྱུར།} \qquad \text{(作述语)}$$

$$\text{གཙང་མར་བཀྲུས་ཏེ་བསྣམས།} \qquad \text{(作述语)}$$

④ 这类 VP 不能出现在补语、联合结构的前后项等位置,即它的规则中都有合一等式$.buyu = 否、$.lhqx = 否、$.lhhx = 否。

(2) VP 对内部成分的条件约束

绝对条件如下。

① %NP.内部结构 = 单词、%pw.原形 = གྱི | རི | གི | དུ | ཏུ 、%VP.内部结构 = 单词。

② %AP.内部结构 = 单词|状中|形带 པོ 等、%pw.原形 = གྱི | རི | གི | དུ | ཏུ 、%VP.内部结构 = 单词。

③ %VP.内部结构 = 动带 པ་བ 等、%pw.原形 = ར་ཐ 、%%VP.内部结构 = 单词。

这类述补式 VP 与上述述宾式 VP 在结构上无法区分，只能通过语义关系进行识别。需要强调的是，这类 VP 不能用 ན 和 ལ 这两个格助词。

9.3.5 动词联合的 VP

动词联合有无标记联合和有标记联合两种。但是，在真实文本中，无标记联合一般跟数词或后缀 པ་བ 等联合使用，所以此处只探讨有标记联合的整体性质和对内部组成成分的限制条件。

(1) VP 的整体性质

① 这类 VP 的内部结构为联合结构，即$.内部结构 = 联合、$.前项 = %VP、$.虚词 = 连词、$.后项 = %%VP。

② 这类 VP 可以出现在谓语和述宾结构的述语等位置。例如

　　　　ཚན་རིག་པས་བཏགས་ཞིང་དཔྱད།　　　　　　　　　　(作谓语)

　　　　ཁྱེད་རང་འགྲོའམ་མི་འགྲོ　　　　　　　　　　　　(作谓语)

　　　　ཡི་གེ་འབྲི་ཞིང་ཀློག　　　　　　　　　　　　　(作述语)

　　　　བུ་བ་བསྐུབས་ནས་ས་བསྐྲལ།　　　　　　　　　　(作述语)

③ 这类 VP 不能出现在补语、述补结构的述语、联合结构前后项等位置，即它的规则中都有合一等式$.buyu = 否、$.shuyu2 = 否、$.lhqx = 否、$.lhhx = 否。

(2) VP 对内部成分的条件约束

绝对条件：%VP.内部结构=单词|述宾、%c.原形=ཅིང|ཞིང|ཤིང|དང|གམ་སོགས、%%VP.内部结构 = 单词|述宾。

在这类 VP 中，%c 的属性取值不相同的时候，对它的内部成分的条件约束也不相同。

① 当虚词为连词 དང 的时候，前后两个 VP 的内部结构必须为单词，其词性必须要保持一致，并且这类 VP 后面直接可以用数词。例如，དགག་དང་འགོག་གཉིས 、འབྲི་དང་འཆད་དང་ཀློག་གསུམ 等，因此有如下规则，即

IF %VP.内部结构 = 单词,%c.原形 = དང,%%VP.内部结构 =单词 THEN $.后数 = 是 ENDIF

② 当虚词为连词 གམ་སོགས 和%%VP 的内部结构为 མ/མི +VP 的时候，这类 VP 可以表示疑问，而且前后两个 VP 的中心动词必须相同。例如，ཁྱེད་རང་པ་ཡུལ་ལ་འགྲོའམ་མི་འགྲོ 、ཁྱེད་ཀྱིས་དཔྱིན་ཡིག་ཟིན་ནས་མི་ཟིན 等，因此有如下规则，即

IF %VP.原形 = %%VP.原形，%c.原形 = གམ་སོགས THEN $.疑问 = 是 ENDIF

③ 当虚词为连词 ཅིང་།ཞིང་།ཤིང་ 的时候，在这类 VP 中，%VP 和%%VP 的内部结构属性取值必须要相同。例如， བགྲོད་ཅིང་བཀར་ 、 ས་བཅོས་ཞིང་རྫོ་རྩོལ 等，因此有如下规则，即

IF %VP.内部结构 = %%VP.内部结构，%c.原形 = ཅིང་།ཞིང་།ཤིང THEN $.内部结构 = 联合 ENDIF

由于连词 ཅིང་།ཞིང་།ཤིང་།དང་།གམ་སོགས 等用法多样，联合式 VP 对内部成分的条件约束不太好归纳。在上述规则中，规则①可以防止像 དག་དང་འཐག 、 སྐན་འཕྲང་བ་དང་ནད་དགས་ 、 ཉི་མ་ཤར་བ་དང་དཔེ་ཁྲིད་ཁྲེད 和 ཡོང་ཅད་དང་ཐུན 等结构识别成联合式 VP；规则③可以防止像 ཡི་གེ་བྲིས་ཞིང་བསྐུར 、 ང་བགྲོལ་ཞིང་འབྱུང 等结构识别成联合式 VP。

9.3.6 状中结构的 VP

(1) VP 的整体性质
① 这类 VP 的内部结构为状中结构，即$.内部结构 = 状中、$.状语 = %DP、$.中心语 = %VP。
② 这类 VP 可以出现在谓语和述宾结构的述语等位置。例如

སྐལ་བཟང་གིས་རྒྱུན་དུ་ཡི་གེ་འབྲི་གིན་ཡོད། (作谓语)

སྟོད་ཚུལ་འདགས་སྐྱོང་ནས་ཡང་བྱེད་དགོས། (作述语)
③ 这类 VP 不能出现在补语、述补结构的述语、状中结构的中心语和联合结构的前后项等位置，即它的规则中都有合一等式$.buyu = 否、$.shuyu2 = 否、$.zhxyu2 = 否、$.lhqx = 否、$.lhhx = 否。
④ 在这类 VP 中，%DP 为 མ 和 མི 的时候，这类 VP 的否定属性取值为是，即

IF %DP.原形 = མ།མི THEN $.否定 = 是

(2) VP 对内部成分的条件约束
绝对条件：%DP.内部结构 = 单词|联合、%DP.zhuangyu = 是、%VP.内部结构 = 单词|联合|述宾|述补。

并不是所有的副词都能用在动词性短语前面构成状中式 VP，一般用在动词性短语前的副词有 ལེགས་པར 和 རབ་ཏུ 等部分程度副词，རྒྱུན་དུ 、 ཏག་ཏུ 、 ནམ་ཡང 等时频副词，མ 和 མི 等否定副词，འན་གྱིས 、 རིམ་གྱིས 、 རབ་དགའི་དང་ནས 、 ཞི་བའི་སྲོ་ནས 等方式副词，因此有如下相对条件。
① IF %DP.原形 = ལེགས་པར།རབ་ཏུ།...THEN %VP. ལེགས་པར = 是 ENDIF，…。
② IF %DP.原形 = རྒྱུན་དུ།ཏག་ཏུ།THEN %VP. རྒྱུན་དུ = 是 ENDIF，…。
③ IF %DP.原形 = མ།མི THEN %VP. མ།མི = 是 ENDIF。
④ IF %DP.原形 = འན་གྱིས།རིམ་གྱིས།...THEN %VP. འན་གྱིས = 是 ENDIF，…。

相对条件①规定：当%DP 为 ལེགས་པར་ 和 རབ་ཏུ་ 等程度副词时，要求作中心语的%VP 是那些能受 ལེགས་པར་ 和 རབ་ཏུ་ 等程度副词的动词。相对条件②～④与①一样。

9.4 形容词性短语结构及其形式化描述

9.4.1 概述

形容词性短语由联合结构、状中结构等构成的，句中一般承担定语、谓语和中心语 2 等句法成分。现代藏语形容词性短语的内部组合模式如表 9-11 所示。

表 9-11 现代藏语形容词性短语的内部组合模式

序号	内部结构	组合模式	实例
1	联合结构	AP→AP c AP	མཚོ་ཞིང་བཞིད། གསལ་ལ་སྐྱལ་པ། ཟུར་གསུམ་དང་གྲུ་བཞི།
		……	……
2	状语+中心语 2	AP→DP AP	ད་ཅང་མཛོས། ཤིན་ཏུ་སྐྱིད་ རབ་ཏུ་དཀར།
		AP→NP pc AP	སྐྱ་ལས་མཛོས། གཅིག་ལས་མང་ མཛོར་དོ་ལས་རིང་།
		……	……

上表归纳了形容词性短语的 2 种典型的结构类型。第二种结构中的 ལས་ 在传统藏文文法中称为从格。我们认为，ལས་ 和它之前的名词性短语或数词短语、数量词短语进行合并后可以修饰和限制其后的形容词性短语，与状语的功能基本一致。因此，可以把这种组合模式归纳到状中结构，其中 ལས་ 还可以用 བས་ 进行替换。

形容词性短语中存在重叠现象，例如 དཀར་དཀར་སྐྱོ་སྐྱོ་ 、མཛོས་མཛོས་ 和 ཀྱག་ཀྱོག་ 等。但是，这种情况切分的时候一般按词进行切分，用在名词性短语后面作定语，不能出现在谓语的位置。

9.4.2 联合结构的 AP

经过对藏语真实语料统计的基础上，从具体结构或具体组合的情况来分，联合结构 AP 的内部组合模式如表 9-12 所示。

表 9-12 联合结构 AP 的内部组合模式

序号	内部结构	组合模式	实例
1	联合结构	AP→AP c AP	མཚོ་ཞིང་བཞིད། གསལ་ལ་སྐྱལ་པ། མཛར་ཚོལ་སྐྱུར་པོ་ དཀར་པོ་དང་དམར་པོ།
		AP→AP AP	རྩ་མེར་དཀར་དམར་ཞེ་འཇིགས་ཆུན་པ།

1. AP→AP c AP

(1) AP 的整体性质

① 这类 AP 的内部结构为有标记联合，即$.内部结构 ＝ 联合、$.前项 ＝%AP、$.虚词 ＝ 连词、$.后项 ＝%%AP。

② 这类 AP 可以出现在谓语、联合结构的前后项和中心语 2 等位置。例如

ཚེ་ཞིང་བཙོང་ལ་ཚོ་ཞིང་སྲུང་། 　　　　　　　　　　　（作前后项）

ཞེན་ཏུ་ཕ་ཞིང་རིང་བ 　　　　　　　　　　　　（作中心语）

即它的规则中都有赋值合一等式$.weiyu ＝ 是、$.lqx ＝ 是、$.lhx ＝ 是、$.zhxyu2 ＝ 是。

③ 这类 AP 能否出现在主语、谓语和定语等位置，需要考虑如下两种情况。

第一，如果这类 AP 是带 པ་བ 等的形容词性短语，那么这类 AP 就没有谓语的句法功能，可以出现在主语和定语等位置。例如

སྤྲིན་པོ་དང་ཁེར་པོ་ངང་པོ་སོགས་ནི་རྩ་བའི་ཁ་དོག་གསུམ་མོ། 　　　（作主语）

ཚོ་ཞིང་བཞིགས་པ་ནི་མེ་ཏོ། 　　　　　　　　　　（作主语）

རི་བོ་མཐོ་ཞིང་བཙིགས་པ 　　　　　　　　（作后置定语）

ཡངས་ཞིང་ཚེ་བའི་ས་གཞི 　　　　　　　　（作前置定语）

第二，如果这类 AP 是不带 པ་བ 等的形容词性短语，而且其连词为 ཅིང་、ཞིང་ 或 ཤིང་，那么这类 AP 具有谓语的句法功能，不能出现在主语和定语等位置。例如

སྐྱེད་མོས་ཚལ་འདི་མཛེས་ཞིང་བཀྲ་ན་སྲུག 　　　　　（作谓语）

རི་བོ་བརྟན་ཞིང་བརྟིད 　　　　　　　　　　（作谓语）

因此，对这类 AP 有如下规则，即

IF %%AP.内部结构 ＝ 形带 པ་བ 等 THEN $.weiyu ＝ 否　ENDIF

IF %%AP.内部结构 ＝ 单词 THEN $.zhuyu ＝ 否，$.dinyu ＝ 否　ENDIF

在现代藏语中，带 ཚ་བོ་མ་མོ 等的形容词既有形容词的语法功能，又有名词的语法功能，是一种兼类词。例如，འཆར་བོ་གཉེན 带下划线的是名词，是动词 གཉེན 的直接宾语，而 ཇུ་ཅེར་འཆར་བོ 中带下划线的是形容词，修饰前面的名词 ཇུ་ཅེར 。

需要指出的是，这种带 ཚ་བོ་མ་མོ 等的形容词用在名词性短语后面作定语修饰名词性短语的时候，存在歧义现象[85]。例如，བུ་མོ་གཟུགས་མར་དཀར 这个句子有如下两种分析结果，即

[བུ་མོ་གཟུགས་མ]ར་དཀར། 　　　　　　　　　　（述宾结构）

བུ་མོ་[གཟུགས་མར་དཀར]། 　　　　　　　　　　（主谓结构）

(2) AP 对内部成分的条件约束

在这类 AP 中，%AP 的内部结构可以是单词或联合、形带 པ་བ 等，虚词%c

的原形为 ཅིང་ 或 ཞིང་、 ཤིང་、 གམ་སོགས་、 དང་ 、 ལ་ 等，%%AP 的内部结构可以是单词
或联合、形带 པ་བ་ 等，即它的绝对条件为

$$%AP.内部结构 = 单词|联合|形带 པ་བ་$$

$$%c.原形 = ཅིང|ཞིང|ཤིང|གམ་སོགས|དང|ལ$$

$$%%AP.内部结构 = 单词|联合|形带 པ་བ་$$

两个 AP 能否组合成更大的联合式 AP，需要考虑前后项的一些属性特征，如
内部结构、虚词、词性和形容词子类等。一般来说，同属一个形容词子类的形容
词性短语都可以形成联合结构。例如， བཙན་ཅིང་བརྟེན་པ་ 的前后项都是性质形容词，
而不在同一个子类中的形容词很难构成联合式 AP。例如，* སྙན་ཞིང་ཆུང་བ་ 就不是联
合式 AP，其中前项是性质形容词，后项是限定形容词。有时候，不在同一个子
类中的形容词也能构成联合式 AP，例如 དམར་ཞིང་གུག་པ་ 中的前项是颜色形容词，后
项是形状形容词。因此，从形容词子类的角度很难准确描述这类 AP 对内部成分
的约束条件。

如果这类 AP 中的连词为 ཅིང་ 或 ཞིང་、 ཤིང་、 ལ་ 等，那么一般情况下它前项的内
部结构为单词或不带 པ་བ་ 等的联合；如果这类 AP 中的连词为 གམ་སོགས་ 或 དང་ ，那
么一般情况下其前项的内部结构为形带 པ་བ་ 等。因此，对这类 AP 的内部组合，
我们采用如下的相对条件，即

IF %c.原形 = ཅིང|ཞིང|ཤིང| ལ་ THEN %AP.内部结构 = 单词，%%AP.内部结构
= 单词|形带 པ་བ་ 等 ENDIF

IF %c.原形 = གམ་སོགས| དང་ THEN %AP.内部结构 = 形带 པ་བ་ 等，%%AP.内
部结构 = 形带 པ་བ་ 等 ENDIF

2. AP→AP AP

(1) 这类 AP 的整体性质

① 这类 AP 的内部结构为无标记联合，即$.内部结构 = 联合、$.前项 = %AP、
$.后项 = %%AP。

② 这类 AP 的后面直接可以用数词进行修饰，例如 ཆེ་འབྲིང་ཆུང་གསུམ་、
རབ་འབྲིང་ཐ་གསུམ་等，即它的规则中都有赋值合一等式$.后数 = 是。

③ 这类 AP 可以出现在定语位置。例如

སློབ་གྲྭ་ཆེ་འབྲིང་ཆུང་བ་　　　　　　　　　　(作定语)

ཁ་དོག་སྔོ་མེར་དཀར་དམར་　　　　　　　　　　(作定语)

即它的规则中都有赋值合一等式$.dinyu = 是。

(2) AP 对内部成分的条件约束

在这类 AP 中，%AP 的内部结构是单词，%%AP 的内部结构可以是单词，也

可以是形带 པ་བ 等。当前后两个 AP 的内部结构都为单词时，这两个单词不能是相同的，否则不构成联合式 AP。因此，它的绝对条件为

%AP.内部结构 = 单词

%%AP.内部结构 = 单词|形带 པ་བ

%AP.原形 ≠ %%AP.原形

　　两个 AP 能否组合成更大的无标记联合式 AP，需要考虑前后项的一些属性特征，如内部结构、词性和形容词子类等。一般来说，同属一个形容词子类的形容词可以形成无标记联合结构。例如，དཀར་དམར་མེར 的前后项都是颜色形容词，而不在同一个子类中的形容词很难构成无标记联合式 AP。例如，དཀར་འཇམ 就不是联合式 AP，其中前项是颜色形容词，后项是性质形容词。因此，对这类 AP 的内部组合，我们采用如下相对条件，即

IF %AP.内部结构 = 单词，%%AP.内部结构 = 单词|形带 པ་བ 等 THEN %AP.形容词子类 = %%AP.形容词子类 ENDIF

9.4.3　状中结构的 AP

　　在藏语真实语料统计的基础上，从具体结构或组合的情况来分，状中结构 AP 的内部组合模式如表 9-13 所示。

表 9-13　状中结构 AP 的内部组合模式

序号	内部结构	组合模式	实例
1	状语+中心语 2	AP→DP !AP	ཏུ་ཚང་མཛོས། ཤིན་ཏུ་སྐྱིད། རབ་ཏུ་དགའ།
		AP→NP pc !AP	ཆུ་ལས་མཛོས། རི་ལས་མཐོ། རྒྱ་མཚོ་ཟབ།
		AP→MCP pc !AP	གཉིས་ལས་མང་། གཉིས་ལས་ཆེ།
		AP→MP pc !AP	མཐོ་ཏོ་ལས་རིང་། རྒྱ་མ་ལྔ་ལས་མང་།

　　1. AP→DP AP

　　(1) AP 的整体性质

　　① 这类 AP 的内部结构为状中，即$.内部结构 = 状中、$.状语 = %DP、$.中心语 = %AP。

　　② 这类 AP 能否出现在谓语和定语等位置，需要考虑的情况跟上述有标记联合结构的整体性质相同。例如

ཤེན་མོའི་སྐྲང་བ་རབ་ཏུ་བགྲ་བ　　　　　　　　　　(作后置定语)

མཆོག་ཏུ་མཛོས་པའི་མེ་ཏོག　　　　　　　　　　(作前置定语)

སྐྱངས་འབྲས་ཤིན་ཏུ་བཟང་།　　　　　　　　　　(作谓语)

因此，对这类 AP 有如下规则，即

　　　　　IF %AP.内部结构 = 形带 པ་བ 等 THEN $.weiyu = 否 ENDIF

　　　　　　IF %AP.内部结构 = 单词 THEN $.dinyu = 否 ENDIF

　(2) AP 对内部成分的条件约束

　　在这类 AP 中，%DP 和%AP 的内部结构既可以是单词，又可以是联合，并且 DP 能带形容词性短语而作状语，%AP 是能受 DP 的形容词，即%DP.内部结构 = 单词|联合、%DP.后形 = 是、%AP.内部结构 = 单词|联合、%AP.zhxyu2 = 是，但并不是所有的副词都能修饰形容词作状语，能够出现在 AP 之前的 DP 一般有 ཤིན་ཏུ、ད་ལྟ、མཆོག་ཏུ、རབ་པར 等表示程度副词和否定副词 མ 或 མི，并且作中心语的 AP 具有选择要求，一般情况下表示性质或颜色、形状、速度等的形容词能作中心语的 AP。因此，它的相对条件为

IF %DP.副词子类 = dx|dnTHEN %AP.形容词子类 = aq|ac|as|ax ENDIF

　2. AP→NP|MP|MCP pc AP

　(1) AP 的整体性质

　① 这类 AP 的内部结构为状中，即$.内部结构 = 状中、$.状语 = %NP|%MP|%MCP+%pc、$.中心语 = %AP。

　② 如果这类 AP 的中心语为单音节形容词，那么它可以出现在谓语位置。例如

　　　　　　མགྲིན་སྐྲ་ཕྱི་ཁང་ལས་སྐྲན།　　　　　　　　　　(作谓语)

　　　　　　སྟོན་ཁའི་འཁྱི་བ་ཁར་ལས་ཚོ།　　　　　　　　　(作谓语)

　　　　　　ལམ་ཐག་སྐྱེ་ལུ་བཅུ་ལས་རིང་།　　　　　　　　(作谓语)

　③ 如果这类 AP 的中心语为带 པ་བ 等的形容词性短语，那么它就没有谓语的句法功能，只能作定语。例如

　　　　　　བཅུ་ལས་ཆེ་བའི་གྲངས་ཀ　　　　　　　(作前置定语)

　　　　　　སྐྱེ་གཉུགས་རྣ་ད་ལས་མཛེས་བ　　　　　(作后置定语)

因此，对这类 AP 有如下规则，即

　　　　　IF %AP.内部结构 = 单词 THEN　$.dinyu = 否 ENDIF

　　　　　IF %AP.内部结构 = 形带 པ་བ 等 THEN　$.weiyu = 否 ENDIF

　④ 这类 AP 不能出现在状中结构的中心语位置，即它的规则中都有赋值合一等式$.zhxyu2 = 否。

　(2) AP 对内部成分的条件约束

　　在这类 AP 中，%NP 和%pc 的组合、%MP 和%pc 的组合，以及%MCP 和%pc 的组合等分别具有状语的功能，即修饰和限制其之后的形容词。其中，%NP 和%MCP 的内部结构为单词或联合，%MP 的内部结构为数量结构，%pc 的原形

为 ལས་ 或 བས་，%AP 为中心语，其内部结构是单词或形带 པ་བ 等，即它的绝对条件为%NP|%MCP.内部结构 = 单词|联合、%MP.内部结构 = 数量、%pc.原形 = ལས་ | བས་ 、%AP.内部结构 = 单词|形带 པ་བ 等、%AP.zhxyu2 = 是。

在这类 AP 中，作中心语的 AP 同样具有选择要求，一般由性质形容词、颜色形容词、限定形容词等承担，即它的相对条件为

IF %DP.内部结构 = NP|MP|MCP+pc THEN %AP.形容词子类 = aq|ac|as|ax ENDIF。

在这类 AP 中，如果%NP 的内部结构为无标记联合结构，那么就会存在如下歧义现象[85]。例如， ནོར་ལུག་ལས་མང་ 和 གསེར་དངུལ་ལས་བཟང་ 有如下两种分析结果。

① [ནོར་][[ལུག་ལས་][མང་]]| 和 ② [ནོར་ལུག་ལས་][མང་]|

① [གསེར་][[དངུལ་ལས་][བཟང་]]| 和 ② [གསེར་དངུལ་ལས་][བཟང་]|

对此，我们把名词无标记联合作为整体来处理，将②作为正确的分析结果。

第 10 章　藏语句法分析

10.1　藏语句型概述

句型是指句子的句法结构类型。确定和区别句型就是句法平面对具体的句子进行抽象的句法分类。自然语言中的句子是无限的，但抽象的句型却是有限的。只有认识和了解抽象的、有限的句型，才能根据有限的句型生成或创造出无限的、具体的句子。

藏语是典型的动居句尾型语言。其语序常态是"施事(S)-受事(O)-动作(V)"的格局。这种语序形成的无限的句子可以归类为两个基本句型。根据词或短语的功能，构成一个句子的单位可以分为基本单位(N)、虚词(P)和结束单位(V)等。通过这三个单位构成的藏语句子(S)的两个基本句型用形式化的方法可以写为 S = NP + PP + VP 和 S = NP + VP[88]。本章分析和探讨这两种句型的具体句法结构。

10.1.1　NP+PP+VP 句型

藏语主要是通过虚词语法手段来表现的，依靠虚词可以对句子进行分析和描述，了解句子的语法信息。藏语虚词中格助词具有格和虚词双重作用。藏语句子中词与词或短语与短语之间的语法关系主要通过格助词的添接来表现，因为藏语的格是指用在词语之间能区分词与词之间的区别，并能说明该词在词组或句子中功能的一类虚词。例如，ཤིང་བཟོ་བ་དགས་སུ་སྟོང་བ་བཅས། 中的 ཋྱི 区分了 ཤིང་བཟོ་བ 和 དགས་སུ་སྟོང་བ་བཅས།，并说明ཋྱི之前的ཤིང་བཟོ་བ为动作 བཅས 的执行者，在句中作主语，而དགས་སུ་སྟོང་བ་བཅས།是谓语。

传统藏语语法中把格助词按形态分为八个格。其中，第一格和第八格等与动词无关，因此按语法形式可以分为四个格，即属格、主格、ལ 格和从格等。由于格不同，这种句型可以分为四种。

(1) NP+ps+VP
一个名词性短语(NP)、属格助词(ps)和动词性短语(VP)构成的句子。
重写规则为

$$S \rightarrow NP \ ps \ VP$$

例如，　བཀའ་ཤིས་ཀྱི་ནུ་མོའོ།　、　ཕྱུན་གཞིགས་ཀྲན་རབས་རྣམས་ཀྱི་མཛད་གས་བཙལ་དོ།　。

(2) NP+pz+VP

一个名词性短语(NP)、主格助词(pz)和动词性短语(VP)构成的句子。

重写规则为

$$S \to NP\ pz\ VP$$

例如，　ལུ་བ་ཆར་གྱིས་སྦྲངས།　、　དགེ་རྒན་གྱིས་ས་སྐྱུག་གིས་སློ་མས་ སྐྱེང་ལ་ཡི་གེ་ཕྲིས།　。

(3) NP+pc+VP

一个名词性短语(NP)、从格助词(pc)和动词性短语(VP)构成的句子。

重写规则为

$$S \to NP\ pc\ VP$$

例如，　གདང་རེ་ལས་རྒྱ་བཞུར།　、　རྫས་བུ་ལས་གོས་འདམ།　、　ས་ནས་རྩྭ་སྐྱེས།　。

(4) NP+pw+VP

一个名词性短语(NP)、位格助词(pw)和动词性短语(VP)构成的句子。

重写规则为

$$S \to NP\ pw\ VP$$

例如，　རྒྱ་སྐར་བཙོས་ས་ནས་མགའི་དཀྲིངས་སུ་འཕངས།　、　ཟི་ལིང་ན་བརྫོ་སྒྲ་མང་།　。

10.1.2　NP+VP 句型

实词和虚词是构成藏语句子的两个因素。其中，实词是必须的，没有实词无法构成句子，但多个实词的组合中并不一定有虚词。因此，这类句型是由一个名词性短语(NP)和动词性短语(VP)构成的。此外，这种句型中的名词性短语后面的虚词 ཞེ 可有可无，整句意义不会有变化。例如，ཁོང་(ཞེ)དགེ་རྒན་ཡིན།(他是老师)中的 ཞེ 可有可无。因此，这种句型也可以表示为 NP+cc+VP。

重写规则为

$$S \to NPccVP$$

例如，　ཁྱེད་རང་སྐུ་ཁམས་བདེའམ།　、　སློབ་མ་སློབ་གྲར་སོང་།　、　གཙན་གཟན་སྟྭ་ཚོགས་འདུ་ཛ་ཛ།　、　མེ་ཏོག་ཤིན་ཏུ་མཛེས།　、　དངོས་པོ་ཉེ་མི་རྟག་པ་ཡིན།　等。

通过以上分析可知，藏语句子是以单音节动词、单音节形容词和单音节助词等为核心，运用连词将词语联接起来组成句子的过程。其结构的主要特点是以形式来表达意义和关系。根据第 9 章的内容，藏语上下文无关语法规则如表 10-1 所示。

表 10-1　藏语的上下文无关语法规则

句子	名词性短语	动词性短语	形容词性短语	副词性短语	数词性短语	数量短语
S→NP pz VP	NP→AP ps NP	VP→NP VP	AP→AP AP	DP→DP DP	MCP→MCP MCP	MP→MP c MP
S→NP cc VP	NP→VP ps NP	VP→NP pw VP	AP→AP c AP	DP→d	MCP→MCP c MCP	
S→NP VP	NP→NP ps NP	VP→NP pc VP	AP→DP AP		MCP→m	
S→S c S	NP→NP NP	VP→VP cx VP	AP→NP pc AP			
S→NP AP	NP→NP AP	VP→VP cs VP	AP→MP pc AP			
	NP→NP MCP	VP→VP VP	AP→a			
	NP→NP MP	VP→VP tu				
	NP→NP c NP	VP→VP pw VP				
	NP→n	VP→AP pw VP				
	NP→r	VP→VP c VP				
	NP→k	VP→DP VP				
	NP→f	VP→v				
	NP→t					
		VP→u				

10.2　短语结构语法

10.2.1　形式语法

短语结构语法是用数学的方法研究自然语言和人工语言的语法理论。在这个理论中，乔姆斯基提出不同于传统语法的形式语法的定义，即形式语法是数目有限规则的集合。这些规则可以生成语言中的合法句子，并排除语言中的不合法句子。形式语法分为 0 型语法、1 型语法、2 型语法和 3 型语法。这四种形式语法统称为短语结构语法。短语结构语法是形式语言理论的主要内容，是自然语言处理中最重要的形式模型[89,90]。

形式语言理论不仅是当代计算机学科的基础理论之一，也为语言学的研究打开了崭新的局面，对自然科学和社会科学的很多领域产生了深远的影响，在算法分析、编译技术、图像识别、人工智能等领域得到广泛的应用[91]。

1. 形式语法的定义

对下面这样一个句子，如果用成分分析法分析，并对分析的结果做出结构上的描述，就会得到如图 10-1 所示的结构图。

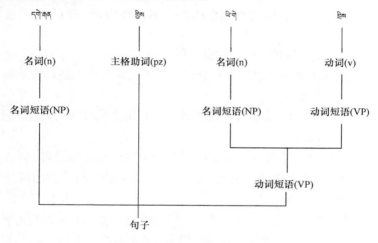

图 10-1　结构图

这表明，句子(S)首先分解为名词性短语(NP)、主格助词(pz)和动词性短语(VP)三部分；动词性短语(VP)又分解为名词性短语(NP)和动词性短语(VP)两部分；名词性短语(NP)由名词(n)构成，动词性短语(VP)由动词(v)构成，名词(n)分别是 དགེ་རྐན 和 ཡི་གེ ，主格助词(pz)是 གྱིས ，动词(v)是 བྲིས 。由此可见，这实际上是一个倒过来的句法树。同样的内容，除了用上面的形式描述，还可以用下面的形式进行描述。

句子(S)→名词性短语(NP)+格助词(pz)+动词性短语(VP)

名词性短语(NP)→名词(n)

名词(n)→ དགེ་རྐན | ཡི་གེ

格助词(pz)→ གྱིས

动词性短语(VP)→名词性短语(NP)+动词性短语(VP)

动词性短语(VP)→动词(v)

动词(v)→ བྲིས

这种形式就叫重写规则或者产生式。重写规则和句法树是形式语法的主要描述方式。上面是对一个普通的藏语句子进行语法分析的例子，涉及四个方面的内容。

① 句法范畴。例如，名词性短语(NP)、动词性短语(VP)等，用于表示语法单位类别。

② 词汇和词性。例如，དགེ་རྐན་ 、 ཡི་གེ 、 ཀྱིས་ 、 བྲིས་ 等是句子切分的结果；名词(n)、格助词(pz)、动词(v)等是标注词性的结果。

③ 句法成分之间的关系。例如，句子(S)由名词性短语(NP)、格助词(pz)和动词性短语(VP)构成，动词性短语(VP)由名词性短语(NP)和动词性短语(VP)构成等。

④ 句子(S)。句子是句子切分和分析的起点。

形式语法是自然语言的抽象化和形式化。因此，对应上述四个内容，形式语法具有如下四个构成要素。

① 非终结符号集合，该集合中的成员不能处于生成过程的终点。例如，NP、pz、VP、n、v 等可记作 V_n 。

② 终结符号集合，该集合中的成员只能处于生成过程的终点。例如，དགེ་རྐན་ 、 ཡི་གེ 、 ཀྱིས་ 、 བྲིས་ 等可记作 V_t ，它与 V_n 不相交，即 V_t 的成员不会出现在 V_n 中，V_n 的成员也不会出现在 V_t 中。

③ 重写规则集，或称产生式，其一般形式为 $\alpha \rightarrow \beta$ ，即 α 改写为 β ，或 β 替代 α ，箭头表示指令；α 是单独的非终结符号，β 是由终结符或非终结符组成的符号串。例如，S→NP pz VP 等，用来计算它两侧符号或符号序列之间的关系，这些重写规则用 P 来表示。

④ 起始符，用 S 表示，是 V_n 中的成员。

一个形式语法 G 是用上述四个构成要素组成的四元组，可以定义为

$$G = (V_n, V_t, P, S)$$

如果形式语法 G 的规则集 P 中所有规则都满足形如 $\langle B \rightarrow b \rangle$ ，其中 $B \in V_n, b \in (V_n \cup V_t)^*$ ，则称形式语法 G 为上下文无关语法(context-free grammar, CFG)。

用下面的一个具体语法 G_0 来分析形式语法工作的过程。G_0 定义为

$$G_0 = (V_n, V_t, P_0, S)$$

$$V_n = \{NP, VP, pz, n, v\}$$

V_t = { དགེ་རྐན་ , བཀྲ་ཤིས་ , ཡི་གེ , སློབ་མ , ཁོ་རང་ , གིས , ཀྱིས , ཡིས , བྲིས , བྱེད , གསུངས , རི་མོ , གཏོང་སྟེ , ཀླུ་དབྱངས , རྣ་མ , བཅམས , ཉོས , བླངས }

S=S

P_0: {

① S → NP pz VP

② NP → n

③ VP → NP VP

④ VP → v

⑤ n → དགེ་རྐན། | བཀྲ་ཤིས། | ཡི་གེ | སློབ་མ། | བོ་རང་། | རི་མོ། | གཙང་སྐྲ། | སྐྱུ་དུང་ས། | ཀླུ་མ།

⑥ v → བྲིས། | གསུང་ས། | བྱེད། | བཙམས། | བོས།

⑦ pz → གིས། | ཀྱིས། | ཡིས། }

其中，S 表示句子，NP 表示名词性短语，pz 表示主格助词，VP 表示动词性短语，n
表示名词，v 表示动词。利用这些重写规则，从初始符号 S 开始，可以生成
དགེ་རྐན་ཀྱིས་ཡི་གེ་བྲིས། 、བཀྲ་ཤིས་ཀྱིས་རི་མོ་བྲིས། 、སློབ་མས་གཙང་སྐྲ་བྱེད། 、བོ་རང་གིས་སྐྱུ་དུང་ས་སློབ་ས། 、
ཀླུ་མས་ཚོས་གསུང་ས། 、བོས་རི་མོ་བྲིས། 等这类主谓结构的藏语句子。其中，དགེ་རྐན་ཀྱིས་ཡི་གེ་བྲིས།
的生成过程如下。

S

使用重写规则① → NP pz VP

使用重写规则② → n pz VP

使用重写规则③ → n pz NP VP

使用重写规则② → n pz n VP

使用重写规则④ → n pz n v

使用重写规则⑤ → དགེ་རྐན pz n v

使用重写规则⑦ → དགེ་རྐན ཀྱིས n v

使用重写规则⑤ → དགེ་རྐན ཀྱིས ཡི་གེ v

使用重写规则⑥ → དགེ་རྐན ཀྱིས ཡི་གེ བྲིས།

上述生成过程句法树如图 10-2 所示。

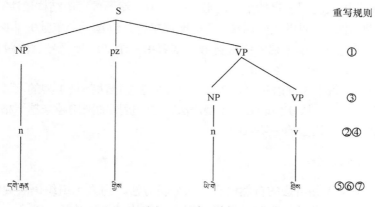

图 10-2　句法树

使用形式语法把一个线性的符号串映射为一个多维树形图的过程叫做句法分
析(parsing)，树形图叫做句法树(parse tree)。

　　为了用上下文无关语法描述和生成自然语言，乔姆斯基提出乔姆斯基范式：任何由上下文无关语法生成的语言均可由重写规则为 $A{\rightarrow}BC$ 或 $A{\rightarrow}a$ 的语法生成，其中 A、B、C 是非终极符号，a 是终极符号。具有这样重写规则的上下文无关语法的句法树均可简化为二元形式。这样就可以采用二分法分析自然语言，采用二叉树表示自然语言的句子结构。因此，上下文无关语法的重写规则 $A{\rightarrow}BC$ 或 $A{\rightarrow}a$ 也叫做乔姆斯基范式。在乔姆斯基范式中，重写规则和句法树都具有二元形式，这就为自然语言的形式描述提供了数学模型[27]。例如，在藏语中，具有二元形式的句法结构如下。

① 述宾结构：ཤུང་པོ་བརྩགས། 、ཨི་གི་ཁྲིས། 、སྐད་ཆ་བཤད། 。

② 主谓结构：ཆུ་བཀྱེར། 、ཏོ་ཀྲུག 、མེ་འབར། 、མེ་ཏོག་བཞད། 。

③ 偏正结构：གནས་མཆོག་ལྷ་ས། 、དགེ་རྒན་རྡོ་བཟང་། 、དགེ་རྒན་ཡོན་ཏན་ཅན། 。

④ 述补结构：སྒྲུང་ཐྲག 、བཤད་དཀར། 、ཨིན་ནོ། 。

2. 形式语法的乔姆斯基分类

　　如果对于形式语法的重写规则 $\alpha{\rightarrow}\beta$ 给予程度不同的限制，就可以得到不同类型的形式语法。

① 0 型语法。形式语法规则没有任何限制，规则左边应该是非空的符号串。

② 1 型语法，又叫做上下文有关语法。重写规则右边的符号串的长度必须不小于左边符号串的长度，如 $ABC{\rightarrow}ADEC$。

③ 2 型语法，又叫做上下文无关语法。重写规则左边只能包含一个单独的非终极符号，规则右边包含的符号串由终极或非终极符号组成，如 $A{\rightarrow}BC$ 或 $A{\rightarrow}bBCc$。把上下文无关语法应用于自然语言的形式分析中，就形成短语结构语法。

④ 3 型语法，又叫做正则语法。重写规则左边只包含一个单独的非终极符号，规则右边或者包含一个单独的终极符号，或者由一个非终极符号后面跟着一个终极符号组成，如 $A{\rightarrow}b$ 或 $A{\rightarrow}bC$。

　　由此可见，每个 3 型语法都是 2 型的，每个 2 型语法都是 1 型的，每个 1 型语法都是 0 型语法的。从 0 型语法到 3 型语法，对于规则的限制越来越严格，下一个语法要服从上一个语法的一切限制。

10.2.2　CFG 句法分析

　　基于上下文无关语法的自然语言句法分析方法，由人工组织语法规则，建立语法知识库，通过条件约束和检查来实现句法结构歧义的消除。至今，人们提出很多具有影响力的基于规则的句法分析算法，如 CYK(Cocke-Younger-Kasami)分析算法、Earley 分析算法、线图分析算法、LR(Left-right)分析算法、GLR(generalized LR)分析算法和左角分析算法等。

句法分析的过程可以理解为句法树的构造过程。因此，根据句法树构造过程的不同，这些算法又可以划分为自顶向下(top-down)的分析方法、自底向上(bottom-up)的分析方法和两者相结合的分析方法。自顶向下分析算法实现的是规则的推导过程，从初始符号 S 开始，自顶向下地进行搜索，构造句法分析树，一直分析到句子的结束。自底向上分析算法的实现过程恰好相反，从词串开始，通过不断地匹配重写规则减少符号串的长度以组成更大的句子成分，直到组成开始符号 S。有些算法用什么方法本身是确定的，如 CYK 算法、Earley 算法、LR 算法和 GLR 算法等都属于自底向上分析方法。有些算法既可以采用自顶向下分析方法，也可以采用自底向上分析方法，还可以采用两者相结合的分析方法，如线图算法和左角分析算法等。

标准 LR 分析算法是为了分析程序设计语言提出的，是一种自底向上的无回溯分析法。其实质是借助一张分析表，成功地把一个具有不确定性的过程变成确定性的分析过程，这个确定性表现在分析表的确定性上，这就要求语法必须是无二义的。但是，自然语言显然不存在没有歧义的语法，藏语作为自然语言的一种，也存在歧义，可以通过各种途径加以扩展，使算法可以应用到藏语句法分析中。

10.3　藏语 CFG 句法分析

2013 年，完么扎西首次采用 LR 分析算法对藏语句子进行结构分析，并实现一种基于上下文无关语法的句法分析系统[76]。本节介绍 LR 分析算法和句法树的生成过程。

10.3.1　LR 分析算法

1. 基本思想和基本概念

自底向上分析方法的特点是移进(shift)-归约(reduce)。因此，自底向上分析法实际上是一种"移进-归约"算法，对句子中的单词取词是顺次移进，而利用语法中的重写规则是按条件归约。这种方法的关键是在分析过程中如何确定句柄(短语)。LR 分析法正是给出一种能根据当前分析栈中的符号串(通常以状态表示)和向右顺序查看输入串的符号个数就可唯一地确定分析器的动作是移进还是归约，以及用哪个重写规则归约，因此也能唯一地确定短语。这种算法在本质上是一种自左向右的 LR 算法，建立在项目和项目集概念的基础上。它的信息存放方式主要是栈。这种算法的基本思想是根据当前输入符号和栈顶状态，使用分析表，从而确定下一步分析动作。

①　状态由若干个二元组(项目)构成。所谓二元组(项目)是指一个其右边的某一位置上加一个特殊标记的重写规则。一般用"."来标记这个位置。为了更加直观，我们用数字来标记这个位置，如果是数字 3，则表示刚刚开始识别该重写规则右边可以推导出的符号串；如果数字大于重写规则所有符号串的长度，则表示该重写规则右边可以推导出的符号串已全部扫描完毕，必须将该重写规则右边归约成重写规则左边的非终结符号。形如<$A→BC,3,x$>,其中<$A→BC$>是重写规则，3表示特殊记号在 B 的前面，x 是终结符或终止符号"#",表示当某个项目是归约项目时，应该对哪一个输入符号进行归约。因此，项目二元组中的 x 称 1-向前看符号。由此可知，项目概念的思想就是指项目记录了特定语法规则右边识别中的中间步骤。所谓项目集是指若干个项目组成的一个集合。这个项目集的闭包完整地描述了分析输入符号串过程中某一阶段所处的状态。

②　分析表由动作表(Action)和转向表(Goto)构成。动作表是将一个状态和一个输入符号映射为某个操作的函数，输出值包括移进、归约、接受或失败。转向表是将一个状态和一个输入符号映射为某个新状态的函数。

③　分析动作有移进，即把当前输入符号移到栈顶；归约，即从栈顶弹出一串符号(短语)，由语法的某个重写规则的左边符号(非终结符号)替代该符号串，并入栈；接受(accept)，即输入符号串处理完毕，并且栈中只剩下初始符号 S；失败(error)，既无法进行移进，又无法进行归约，并且栈中并非只有唯一的初始符号 S。

2. 状态构造算法

为了在分析过程中刻画某一阶段所处的状态，引入下面两个定义。

定义 10.1　设 T 为语法 G 的一个项目集,则这个项目集闭包 T' 的定义如下。

①　$T \subseteq T'$，即 T 中每一个项目属于 T 的闭包 T' 。

②　如果<$A→αBβ,4,x$>属于 T' ,则该语法的 B 左边的所有形如<$B→X,3,y$>的重写规则都属于 T' 。

例如，对如下藏语语法 G 的产生式集合：

$$\{E→S$$
$$S→NP\ pz\ VP$$
$$NP→NP\ NP$$
$$NP→n|k$$
$$VP→NP\ pw\ VP$$
$$VP→v\}$$

而言，如果有一个项目集 T 含有项目 S→NP pz VP,5,#，则该项目集闭包 T' 除了含这个项目，还应该包含如下项目，即

VP→NP pw VP,3,#

VP→v,3,#

NP→NP NP,3, pzpwpcccduvapsnrf k

NP→n,3, pzpwpcccduvapsnrf k

NP→k,3, pzpwpcccduvapsnrf k

显然，项目集闭包完整地描述了分析输入符号串过程某一阶段所处的状态。因此，以后需要是把项目集闭包简称为状态。

已知项目集 T 和语法 G，从上述定义很容易推出计算项目集 T 的闭包 T' 的算法，如图 10-3 所示。

```
T' = T ;
   重复
      Old_T' := T'
            如果(<B→αBβ, 4>∈ T' 且 A→λ∈P )，那么
            所有的形如<A→λ,3>的项目加入 T' 中;
      直到 Old_T' = T' ;
   返回 T' ;
```

图 10-3　计算项目集闭包 T' 的算法

定义 10.2　设 T 是语法 G 的一个项目集闭包，R 是 T 中所有特殊记号在语法符号 $B(B\in V_n\bigcup V_t)$ 前面的项目，即

$$A→αBβ,4,x$$

组成的子集，则 T 的 B-后继项目集的核心由所有形如 $A→αBβ,5,x$ 的项目组成。T 的 B-后继项目集核心的闭包 T' 称为 T 的 B-后继项目集闭包，简称状态 T 的 B-后继状态 T'。这说明，从某一个状态如何转移到另一个状态取决于这个状态中的重写规则 $A→αBβ$，其中 B 可以理解为触发条件。

若已知语法 G 的项目集闭包 T 和语法符号 $B\in V_n\cup V_t$，就可以很容易写出计算 T 的 B-后继状态 T' 的算法，如图 10-4 所示。

```
T' = Φ ;
   循环(每个项目 i 都属于 T)
      如果项目 i 是形如<A→αBβ, 4>的项目，那么
            <A→αBβ, 5>加入到 T' 中;
   T' = Closure(T')
```

图 10-4　T 的 B-后继状态 T' 的算法

根据上述分析，构造所有分析状态是件相当机械的事情，具体步骤如下。

① 引入新规则 $E→S$，并把 E 定义为新的语法初始符号。

② 从项目 $E{\rightarrow}S$ 出发，构造项目集 $\{E{\rightarrow}S,3,\#\}$ 的闭包，因此得到状态 T_0。

③ 如果项目 $<A{\rightarrow}\alpha B\beta,4,x>$ 属于状态 T_i，并且 $B{\rightarrow}X$ 是规则集 P 的一条重写规则，那么项目 $<B{\rightarrow}X,3,x'>$ 也属于状态 T_i，其中若 β 不为空，则 $x'\in\text{first}(\beta)$；若 β 为空，则 $x'=x$。

函数 First(x)定义为

$$\text{first}(x)=\{\alpha|x{=}{>}\alpha\beta,\alpha\in V_t,\beta\in V_n\bigcup V_t\}$$

$$\text{first}(x)=\{x\},\quad x\in V_t(\text{终结符的 first 集是它自身})$$

④ 状态 T_j 是状态 T_i 遇到输入字符 y(终结符或非终结符)时的后继状态。对于所有状态 T_i 中形如 $<A{\rightarrow}\alpha B\beta,4,x>$ 的项目二元组，$<A{\rightarrow}\alpha B\beta,5,x>$ 都属于状态 T_j。

3. 状态构造算法示例

根据上述讨论的状态构造算法步骤，以如下藏语语法重写规则集为例，进一步解释和讨论分析输入符号串过程某一阶段所处的状态。LR 分析算法的状态构造的算法如图 10-5 所示。

图中实线框表示状态，虚线框表示解释或说明。例如，状态 00 遇见符号 NP 后，该状态转移到状态 02，其中的项目由步骤④建立，形如 $<A{\rightarrow}B\ a\ C,5,x>$ 中的数字 5 是指 "." 在符号 C 之前；状态 02 遇见符号 pw 后，该状态转移到状态 05，其中的项目由步骤③建立。依此类推，可以构造该语法的所有状态 $\{T_{00},T_{01},\cdots,T_{17}\}$。

4. 分析表构造算法

LR 分析算法的分析表由状态转移表和动作表两部分构成，得到藏语语法的状态集及状态的后继关系后，就可以着手构造析算法的分析表，但是状态构造算法会出现不适定状态。所谓不适定状态实际上是这样的项目集闭包，它既包含归约项目，又包含移进项目；或者它包含多个归约项目。因此，一旦状态集中含不适定状态，分析表中某些符号就会出现 "移进-归约" 冲突或 "归约-归约" 冲突的现象。例如，状态 T_{07} 既包含归约项目，又包含移进项目：状态 07 遇见符号 ps 时，既可以用规则 6 进行归约，又可以把状态 07 转移到状态 05。因此，要解决这种冲突问题，首先把栈顶子串归约成非终结符时，必须考虑紧跟在非终结符后面究竟可以出现哪些合法的终结符，并且从语法的整体角度要得到 1-向前看符号集。例如，对藏语语法中的名词性短语(NP)、动词性短语(VP)、副词性短语 DP 等的 1-向前看符号集分别为

1-向前看符号集(NP)={pz,pw,pc,cc,u,v,a,ps,n,r,t,f,q,k,m}

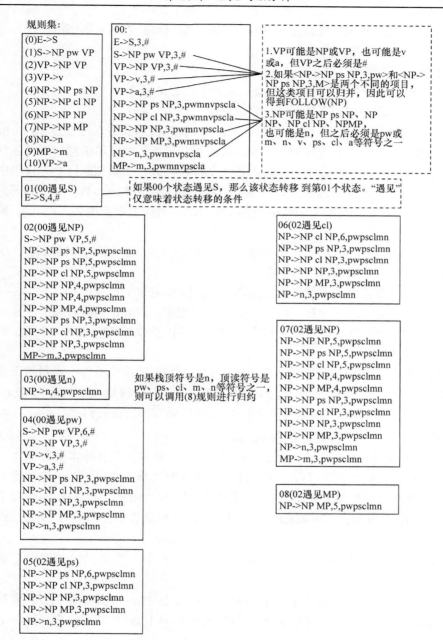

规则集:

(0)E->S
(1)S->NP pw VP
(2)VP->NP VP
(3)VP->v
(4)NP->NP ps NP
(5)NP->NP cl NP
(6)NP->NP NP
(7)NP->NP MP
(8)NP->n
(9)MP->m
(10)VP->a

00:
E->S,3,#
S->NP pw VP,3,#
VP->NP VP,3,#
VP->v,3,#
VP->a,3,#
NP->NP ps NP,3,pwmnvpscla
NP->NP cl NP,3,pwmnvpscla
NP->NP NP,3,pwmnvpscla
NP->NP MP,3,pwmnvpscla
NP->n,3,pwmnvpscla
MP->m,3,pwmnvpscla

1.VP可能是NP或VP，也可能是v或a，但VP之后必须是#
2.如果<NP->NP ps NP,3,pw>和<NP->NP ps NP,3,M>是两个不同的项目，但这类项目可以归并，因此可以得到FOLLOW(NP)
3.NP可能是NP ps NP、NP、NP cl NP、NPMP，也可能是n，但之后必须是pw或m、n、v、ps、cl、a等符号之一

01(00遇见S)
E->S,4,#

如果00个状态遇见S，那么该状态转移到第01个状态。"遇见"仅意味着状态转移的条件

02(00遇见NP)
S->NP pw VP,5,#
NP->NP ps NP,5,pwpsclmn
NP->NP ps NP,5,pwpsclmn
NP->NP cl NP,5,pwpsclmn
NP->NP NP,4,pwpsclmn
NP->NP NP,4,pwpsclmn
NP->NP MP,4,pwpsclmn
NP->NP ps NP,3,pwpsclmn
NP->NP cl NP,3,pwpsclmn
NP->NP NP,3,pwpsclmn
MP->m,3,pwpsclmn

06(02遇见cl)
NP->NP cl NP,6,pwpsclmn
NP->NP ps NP,3,pwpsclmn
NP->NP cl NP,3,pwpsclmn
NP->NP NP,3,pwpsclmn
NP->NP MP,3,pwpsclmn
NP->n,3,pwpsclmn

07(02遇见NP)
NP->NP NP,5,pwpsclmn
NP->NP ps NP,5,pwpsclmn
NP->NP cl NP,5,pwpsclmn
NP->NP NP,4,pwpsclmn
NP->NP MP,4,pwpsclmn
NP->NP ps NP,3,pwpsclmn
NP->NP cl NP,3,pwpsclmn
NP->NP NP,3,pwpsclmn
NP->NP MP,3,pwpsclmn
NP->n,3,pwpsclmn
MP->m,3,pwpsclmn

03(00遇见n)
NP->n,4,pwpsclmn

如果栈顶符号是n，顶读符号是pw、ps、cl、m、n等符号之一，则可以调用(8)规则进行归约

04(00遇见pw)
S->NP pw VP,6,#
VP->NP VP,3,#
VP->v,3,#
VP->a,3,#
NP->NP ps NP,3,pwpsclmn
NP->NP cl NP,3,pwpsclmn
NP->NP NP,3,pwpsclmn
NP->NP MP,3,pwpsclmn
NP->n,3,pwpsclmn

08(02遇见MP)
NP->NP MP,5,pwpsclmn

05(02遇见ps)
NP->NP ps NP,6,pwpsclmn
NP->NP cl NP,3,pwpsclmn
NP->NP NP,3,pwpsclmn
NP->NP MP,3,pwpsclmn
NP->n,3,pwpsclmn

图 10-5 LR 分析算法的状态构造算法

因此，当栈顶部出现子串(短语)，是否需要将栈顶部子串归约成非终结符 NP，取决于当前输入符号是否为 pz、pw、pc、cc、u、v、a、ps、n、r、t、f、q、k、 m 之一。若当前输入符号是这些符号之一时，则归约；否则，不归约。

　　1-向前看符号集(VP)={#,u,cx,ch}

　　1-向前看符号集(DP)={v,a}

　　1-向前看符号集(MP)={pz,pw,pc,cc,u,v,a,ps,n,r,t,f,q,k }

　　其次，必须考虑如下情况的归约条件。

　　① 如果栈顶符号串为{NP₁,NP₂,…,NP$_i$,…,NP$_n$}，当前输入符号为 pw 或 pc，则要判断栈顶各符号对应的词的词性。若栈顶符号 NP$_i$ 对应单个词，则直接判断该词的词性即可；若栈顶符号 NP$_i$ 由若干个符号构成，则要判断这些符号串中最后一个符号对应的词的词性。如果 NP$_i$ 对应的词为普通名词,NP$_{i+1}$ 对应的词为人名名词(nr)，或者 NP$_i$ 对应的词为普通名词，NP$_{i+1}$ 对应的词为地名名词(ns)，则归约；否则，不归约。

　　② 如果栈顶符号为{VP}，当前输入符号为 u、ch、cx，下一个输入符号为 v、u、a、#，则不归约；否则，归约。

　　又如，对藏语语法中的动词性短语而言，即 S→NP VP、VP→NP VP、S→NP pz VP、VP→NP pz VP 存在"归约-归约"冲突现象。因此，当前输入符号为 v、a 或 u 时，判断下一个输入符号是否为#，若是，则归约为非终结符 S；否则，归约为非终结符 VP。

　　由此可知，如果状态 T 是一个不适定状态，则对状态中的每一项目按下面方法定义一个简单 1-向前看集合：如果该项目是非归约项目<$A→αXβ,4$>，$X∈V_n \bigcup V_t$，则其简单 1-向前看集合就是{X}；如果该项目是归约项目<$A→α,4$>，则其简单 1-向前看集合就是 Follow(A)。

　　根据上面的讨论，可以构造 LR 分析算法的分析表，其具体步骤如下。

　　① 如果状态 T 遇见符号 x 转移到 T'，那么在转移表 Goto(T，x)中状态 T 为行，x 为列的格子里填入状态 T' (具体实现中，状态 T 和 T' 用数字来表示，0 到 9 的状态用数字 00,01,…,09 来表示，10 以上的用整数来表示；x 为非终结符、终结符或终止符#)。

　　② 如果 x 是终结符，那么动作表中的 T 为行和 x 为列的格子里填上动作"移进"。

　　③ 如果状态 T 中包含项目元组<$x→b,4,t$>，其中 $x→b$ 是编号为 i 的重写规则，那么动作表中的 T 为行和 t 为列的格子里填上动作"归约 i"，其中 t 为 Follow(x)。

　　④ 如果状态 T 中包含有项目元组<$E→S,4,#$>，那么动作表中的 T 为行和#为列的格子里填上动作"接受"。

　　⑤ 执行①～④，直至所有状态均已遍历。

5. 分析表构造算法示例

从以上讨论可知，某个状态只有遇到终结符，才可能发生归约动作，遇到非终结符，只可能发生"移进"动作。例如，状态 03 中有<NP→n,4,pwpsclmna>，对应第 8 条规则。因此，分析表的第 03 行和 pw、ps、cl、m、n、a 等为列的每个格子里填上"归约 8"，表示调用第 8 条规则进行归约，意思是当栈顶符号为 n，当前输入符号为 pw 或 ps、cl、m、n、a 等符号之一时，栈顶符号可以归约为 NP。此外，状态 00 遇见输入符号 n 时，符号 n 移入状态 03。因此，分析表的第 00 行和 n 列的格子中填上"移进 03"；状态 12 遇见符号 NP，将该状态转移到状态 17，因此状态 12 为行和符号 NP 为列的格子里填上数字 17；状态 01 遇见符号#则将终止分析过程，因此状态 01 为行和符号#为列的格子里填上"接受"，意思是该句子是合法的，分析成功。以上节藏语语法规则集为例，构造的 LR 分析算法的分析表如表 10-2 所示。

表 10-2　LR 分析算法的分析表

状态	动作表								转移表			
	n	m	cl	pw	ps	a	v	#	S	NP	VP	AP
00	移进 04	移进 03							01	02		
01								接受				
02	移进 04	移进 03	移进 07	移进 05	移进 06	移进 10				08		09
03	归约 8	归约 8	归约 8	归约 8	归约 8	归约 8	归约 8					
04	归约 9	归约 9	归约 9	归约 9	归约 9	归约 9	归约 9					
05	移进 04	移进 03								12	11	
06	移进 04	移进 03								14		
07	移进 04	移进 03								15		
08	归约 6	归约 6	归约 6	归约 6	归约 6	归约 6				08		09
09	归约 7	归约 7	归约 7	归约 7	归约 7	归约 7	归约 7					
10	归约 10	归约 10	归约 10	归约 10	归约 10	归约 10		归约 1				
11												
12	移进 04	移进 03	移进 07		移进 06	移进 10	移进 13			17	16	09
13								归约 3				
14	归约 4	归约 4	归约 4	归约 4	归约 4	归约 4				08		09
15	归约 5	归约 5	归约 5	归约 5	归约 5	归约 5						09
16								归约 2				
17	归约 6	归约 6	归约 6		归约 6	归约 6	归约 6			17	16	09

表 10-2 中，"移进"后面的数字表示状态号，"归约"后面的数字表示规则编号，状态号为行和非终结符为列的格子中的数字，表示状态号，意思是如果某一个状态遇见某个非终结符，则将该状态转移到另一个状态。

6. LR 分析算法过程

LR 分析算法的每一步工作都是由栈顶状态和当前输入符号唯一决定的，这种栈也称为分析栈，分析栈包括语法符号栈和相应的状态栈。在分析过程中，不断按向栈中压入当前分析状态和等待归约的符号。因此，用 LR 分析法分析句子结构的所有操作都发生在分析栈中，而输入缓冲区的指针只用来预读下一个符号，以决定分析栈该如何操作。LR 分析算法本身的工作是非常简单的。它的任何一步只需按栈顶状态 T 和当前输入符号 X 执行 $Action(T,X)$ 规定的动作。

由此可见，LR 分析算法的过程可以看作栈中的状态序列、已归约的符号串和输入符号串构成的三元式的变化过程。分析开始时的初始三元式为

$$(T_{00}, \#, X_1X_2\cdots X_n\#)$$

其中，T_{00} 为初始状态；#为句子左括号；$X_1X_2\cdots X_n$ 为输入串，其后的#为结束符。分析过程每步的结果可表示为

$$(T_{00}T_{01}\cdots T_m, \#A_1A_2\cdots A_m, X_iX_{i+1}\cdots X_n\#)$$

算法的下一步动作是由栈顶状态 T_m 和当前输入符号 X_i 唯一决定的，即执行 $Action(T_m,X_i)$ 规定的动作。经执行每种可能的动作之后，三元式的变化情形如下。

① 若 $Action(T_m,X_i)$=移进，且 $T=Goto(T_m,X_i)$，则三元式变为

$$(T_{00}T_{01}\cdots T_mT, \#A_1A_2\cdots A_mX_i, X_{i+1}\cdots X_n\#)$$

② 若 $Action(T_m,X_i)$=归约，且对应的重写规则为$<B\to b>$，则按重写规则 $B\to b$ 进行归约。此时，三元式变为

$$(T_{00}T_{01}\cdots T_{m-r}T, \#A_1A_2\cdots A_{m-r}B, X_iX_{i+1}\cdots X_n\#)$$

其中，$T=Goto(T_{m-r},B)$；r 为 b 的长度，即 $b=A_{m-r}\cdots A_m$。

③ 若 $Action(T_m,X_i)$=接受，则三元式不在变化，变化过程终止，分析成功。

④ 若 $Action(T_m,X_i)$=报错，则三元式的变化过程终止，报告错误。

一个 LR 分析算法的过程就是一步一步的变换三元式，直至执行接受或报错。用非形式语言可以把上述过程写成如图 10-6 所示的伪代码。

例如，利用上节藏语语法规则集所得到的状态集和分析表，对藏语句子 མེང་དང་མེའི་གི་ཚོགས་པ་གཞིས་ལ་ཁྱད་པར་ཆེན་པོ་འདུག 进行分析，该句子分析的全过程如图 10-7 所示。

```
初始状态 T₀ 压入状态栈中，符号#压入符号栈中；
token:=输入字符串的第一个输入符号；
    循环：
        if(action[栈顶元素, token]='移进')
            把 goto[状态栈顶元素, token]压入状态栈顶，同时把 token 压入符号栈中；
            token:=输入字符串的下一个输入符号；
        if(action[栈顶元素, token]='归约 i')
            应用编号为 j 的重写规则；
            从符号栈中弹出编号为 i 的重写规则的右边字符串，并把(goto[栈顶元素，编号为 i
的重写规则的左边符号])压入状态栈；
            编号为 i 的重写规则的左边符号压入符号栈顶，token 是当前输入符号；
        if(action[栈顶元素, token]='接受')
            结束，并输出该句子符合藏语语法；
        if(action[栈顶元素, token]='错误')
            结束，并输出该句子不符合藏语语法
```

图 10-6　LR 分析算法的伪代码

状态符	符号串	输入串	动作
00	#	nclnmpwnnv#	
0004	#n	clnmpwnnv#	移进
0002	#NP	clnmpwnnv#	归约
000207	#NP cl	nmpwnnv#	移进
00020704	#NP cl n	mpwnnv#	移进
00020715	#NP cl NP	mpwnnv#	归约
0002	#NP	mpwnnv#	归约
000203	#NP m	pwnnv#	移进
000208	#NP NP	pwnnv#	归约
0002	#NP	pwnnv#	归约
000205	#NP pw	nnv#	移进
00020504	#NP pw n	nv#	移进
00020512	#NP pw NP	nv#	归约
0002051204	#NP pw NP n	v#	移进
0002051217	#NP pw NP NP	v#	归约
00020512	#NP pw NP	v#	归约
0002051213	#NP pw NP v	#	移进
0002051216	#NP pw NP ZV	#	归约
00020511	#NP pw ZV	#	归约
0001	#S	#	归约
0001	#S	#	接受

图 10-7　LR 分析算法过程示例图

图中状态符 0004 是指 Action(00,n)=移进 04，把 04 压入状态栈中，同时符号 n 压入符号栈中；状态符 0002 是指 Action(04,cl)=归约 9，调用编号为 9 的规则，把栈顶符号 n 用 NP 替换，并把 NP 压入符号栈中，同时 Goto(00,NP)=02，意思是 00 状态遇见非终结符 NP，将该状态转移到 02 状态，同时把该状态号压入状态栈顶。依此类推，最后状态 00 遇见非终结符 S，即 Goto(00,S)=01，并把 01 压入状态栈，接着 Action(01,#)=接受，输入串只剩下结束符#，宣布该句符合藏语语法，分析成功。

10.3.2　句法树

句法分析的最终目标是自动推导出句子的语法结构，在自然语言处理中常常用树作为句子结构的描述工具。树是图的一种，由结点集合和边集合组成的，树中各个结点之间有两种关系(支配关系和前于关系)。通常把描述语法结构的树称为句法树。树形结构反映自然语言中小单元组成大单元，大单元组成句子的递增层次结构。因此，通过句法树就能得到更多的句子结构信息，即句中的词序、句子的层次、词类信息、短语类型信息、词与词、短语与短语之间的语义关系信息、逻辑关系信息等 。

采用 LR 分析算法对藏语句子进行分析的过程中，如何生成这种能刻画藏语句子语法结构的句法树是一项关键的技术。因此，首先通过下面的举例描述句法分析中生成句法树的过程。例如，利用如下藏语语法规则集，对藏语句子 བོད་ཀྱི་རིག་གནས་དར་བའི་སོས་ཀ་སྐྱེབས་བྱུང་། 进行自底向上的分析。

规则集如下。

① S->NP VP。

② NP->NP ps NP。

③ NP->VP hz(hz 表示后缀)。

④ VP->NP VP。

⑤ NP->n。

⑥ VP->VP u。

⑦ VP->v。

句法树生成过程如图 10-8 所示。

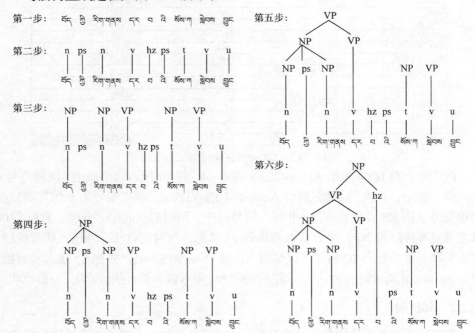

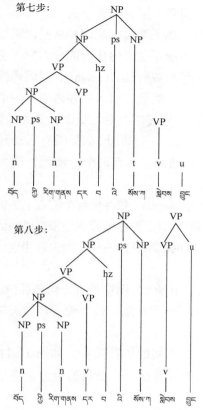

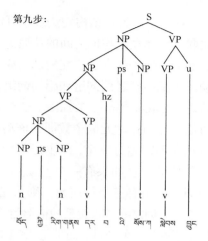

图 10-8　句法树生成过程图

到达第九步时，根结点 S 覆盖输入句子中的所有单词，生成一棵结构化的句法树，自底向上分析获得成功。根结点 S 支配结点 NP 和 VP，结点 NP 前于结点 VP，བོད་、ཀྱི་、རིག་གནས་、དར་、བ་、ནི་、སོས་ཀ、སྐྱེབས、བྱུང 等为叶子结点。

在实际实现过程中，除了用上述句法树描述句子结构，还可以用如下加括号的方式等价描述。例如，上例分析的结果为(S(NP(VP(NP(NP(n བོད་) ps(ཀྱི) NP(n རིག་གནས))VP(v དར))hz(བ)) ps(ནི) NP(n སོས་ཀ)) VP(VP(v སྐྱེབས) u(བྱུང))))。

10.4　依存语法

10.4.1　概述

依存语法(depandence grammar)又称从属关系语法(grammaire de dépendance)，由法国语言学家 Tesnière 创立[27]。

Tesnière 认为：结构句法现象可以概括为关联、组合和转位这三大核心。句法关联可以建立词与词之间的从属关系，这种从属关系由支配词和从属词联结而成。动词是句子的中心，支配别的成分，而它本身不受其他任何成分支配。直接受动词支配的有名词词组和副词词组，名词词组形成行动元(actant)，副词词组形成状态元(circonstant)。Tesnière 还将化学中"价"的概念引入依存语法，一个动词所能支配的行动元的个数即为该动词的价数。从理论上说，状态元是无限的，而行动元不得超过三个，即主语、宾语 1、宾语 2。一个动词，如果没有行动元，则为零价动词；如果有一个行动元，则为一价动词；如有两个行动元，则为二价动词；如果有三个行动元，则为三价动词。

表示单词之间依存关系的树形图称为依存树(D-tree)。依存树各个结点上的标记都是句子中具体的单词，而不是范畴(词类或词组类型)，并在依存树中依存语法的支配者和从属者分别被描述为父结点和子结点，即词汇结点由一些二元关系相连。例如，ངས་སྐད་ཆ་བཤད། 的依存树如图 10-9 所示。

这种依存树还可以用有向图表示，如图 10-10 所示。图中带有方向的弧(或边)表示两个成分之间的依存关系，支配者在有向弧的发出端，被支配者在箭头端，通常说被支配者依存于支配者。

除此之外，我们还可以用投射树表示单词之间的依存关系，如图 10-11 所示。图中实线表示依存联结关系，位置低的成分依存于位置高的成分，虚线为投射线。

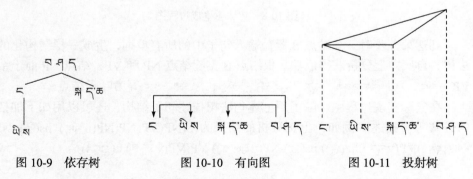

图 10-9　依存树　　　　　　图 10-10　有向图　　　　　　图 10-11　投射树

图 10-9～图 10-11 是目前常用的三种依存句法结构图式，它们的表达方式基本上是等价的，只是投射树对句子的结构表达能力更强一些。对于依存树图，现在使用最为广泛的是依存有向图。

美国语言学家 Hays 在 1960 年发表 *Grouping and Dependency Theory*，根据机器翻译的特点提出依存分析法[91]，尽管 Hays 的依存分析法是独立提出的，但是这种分析法在基本原则方面与 Tesnière 的依存语法有许多共同之处。这种分析法力图从形式上建立句子中词与词之间的依存关系，比 Tesnière 的理论更加形式化。

1965 年，Gaifman 证明了依存语法和短语结构语法具有等价性，并建立了一种类似于上下文无关文法的依存文法[92]。Gaifman 的依存语法体系包含如下规则。

① L_{I}：形如 $X(Y_1 \cdots Y_i * Y_{i+1} \cdots Y_n)$ 的规则，表示范畴 $Y_1 \cdots Y_n$ 按照给定的顺序依存于范畴 X，X 位于位置*。

② L_{II}：可列出属于某一范畴的所有词的规则，每个范畴至少包含一个词，每个词至少属于一个范畴，一个词可以属于多个范畴。

③ L_{III}：可列出所有可以支配一个句子的范畴的规则。

采用这 3 种形式的规则，可以从形式上表示句子中词与词之间的依存关系，推导句子的依存树，从而表示句法结构，达到自动句法分析的目的。

1970 年，计算语言学家 Robinsson 提出依存语法的 4 条公理[93]。

① 一个句子只有一个独立的成分。

② 句子的其他成分都从属于某一成分。

③ 任何一个成分都不能依存两个或两个以上的成分。

④ 如果成分 A 直接从属成分 B，而成分 C 在句中位于 A 和 B 之间，那么成分 C 从属于 A，或者从属于 B，或者从属于 A 和 B 之间的某一成分。

1987 年，Schubert 在研制多语言机器翻译系统的工作中，从语言信息处理的角度出发，提出用于语言信息处理的依存语法 12 条原则[94]。

1998 年，冯志伟根据机器翻译的实践，提出依存树应该满足的 5 个条件。这 5 个条件更加形象地描述了依存树中各个结点之间的联系，更加直观、更实用[91]。

上述这些公理、原则和条件等为依存语法的形式化描述及其在计算语言学的应用奠定了基础。

10.4.2　依存句法分析方法

依存句法分析是针对给定的句子序列应用某一依存语法体系对自然语言进行自动分析构建句子对应的依存树的一种方法。一般来说，句法分析方法可分为基于规则的分析方法和基于统计的分析方法。基于规则的依存句法分析方法的基本思想是由人工组织语法规则，建立语法知识库，通过条件约束和检查实现句法结构歧义的消除，包括上下文无关的依存句法分析、约束的依存句法分析和确定性分析策略(或称"依次读入"和"立即处理"的分析策略)等。基于统计的依存句法分析方法的基本思想是将语料库统计知识融入形式化的依存语法体系中，包括生成式句法分析、判别式句法分析和确定性句法分析等。

生成式句法分析方法采用联合概率模型，自顶向下生成一系列句法树并赋予其概率分值，然后采用 CKY 算法或线图算法找到概率打分最大的分析结果作为最后的输出。假设句子 x 的依存分析结果为 y，模型参数为 θ，则其联合概率模型为 $Score(x, y | \theta)$，以使目标函数 $\prod_{i=1}^{N} Score(x_i, y_i | \theta)$ 最大的 θ 作为模型的参数，其中 (x_i, y_i) 为训练实例，N 为实例个数。这是一种完全句法分析方法，通过搜索整个概率空间，得到整个句子的依存树。因此，采用全局搜索，分析算法的复杂度较高，一般为 $O(n^3)$ 或 $O(n^5)$，算法效率低。

判别式句法分析以识别为学习目的，尽量从样本数据抽取共有特征，得到正确的分类边界，不包含单一样本的具体特征。判别式句法分析方法采用条件概率模型 $Score(x | y, \theta)$，避开了联合概率模型所要求的独立性假设，训练过程即寻找使目标函数 $\prod_{i=1}^{N} Score(x_i | y_i, \theta)$ 最大的 θ。其代表性的工作是 Mc Donald 等开发的最大生成树(maximum spanning trees, MST)依存句法分析器。在依存句法搜索方面，与生成式方法一样，也是进行整个句子内的全局搜索，所以算法的复杂度为 $O(n^3)$。

生成式和判别式句法分析都使用动态规划算法实现依存关系，也就是在整句范围内进行全局搜索，找到概率打分最高的分析结果作为最后的输出。这样得到的结果是全局最优的，所以算法的高复杂度制约了其应用推广。

确定性句法分析方法以特定的方向逐次取一个待分析的词，为每次输入的词产生一个单一的分析结果，直至序列的最后一个词。这类算法在每一步的分析中都要根据当前分析状态做出决策(如判断其是否与前一个词发生依存关系)，因此这种方法又称决策式分析方法。它的基本思想是通过一个确定的分析动作序列得到一个唯一的依存树(有时可能会有回溯和修补)。其代表性的方法有日本先端科技大学的 Yamada 等和瑞典 Vaxjo 大学的 Niver 等提出的一种数据驱动的基于栈的确定性方法。

1. Yamada 分析方法

Yamada 等提出一种基于移进-归约算法的多次确定性依存分析方法[95]。该方法使用 Shift、Right-Reduce 和 Left-Reduce，分析过程的每一次循环由左至右遍历整个句子，通过 Right-Reduce 或 Left-Reduce 动作建立依存子树，通过 Shift 实现分析窗口的向前推进，直到句子中所有词都挂在一个结点下面。该结点便是整棵依存树的根结点。该方法的核心是针对当前结点对，判断该采用哪种操作。这被看作一个三类分类问题，采用支持向量机的方法用训练集当中的词对训练分类。Yamada 使用的分类特征不仅包含待分析结点对本身的信息，还包含两端的部分信息和它们子结点的信息，有助于排歧。但是，由于模型采取的从左至右的推进方式与依存关系的无序现象不吻合，因此会导致分析错误，尤其在长距离依存关系情况下会更加明显。算法复杂度为 $O(n^2)$，n 为待分析句子的长度。

2. Niver 分析方法

Niver 和 Nilsson[96,97]提出若干基于规则的确定性分析方法，并使用移进-归约算法，主要模型如下。

① 基于规则的模型。该模型是最简单的决策式分析模型，对一个待分析的词序列，以某种特定的优先顺序取一个词对，符合规则或满足约束的便认为它们之间存在依存关系，加一条边，且不能变动。

② 自左向右自底向上的模型。该模型是一个标准的自底向上的移进-归约算法。分析结构是一个三元组 (S,I,A)，其中 S 为堆栈，I 为待分析(剩余)的输入符号序列，A 为依存关系集合。分析动作主要有 Left-Reduce、Right-Reduce 和 Shift 操作，如图 10-12 所示。

初始：nil,I,$\varnothing$

终止：(S,nil,A)

$$\text{Left-Reduce}\quad \frac{[\cdots,W_iW_j]S\ [\cdots]I}{[\cdots W_j]S\ [\cdots]I\ A\cup\{W_i\leftarrow W_j\}}$$

$$\text{Right-Reduce}\quad \frac{[\cdots,W_iW_j]S\ [\cdots]I}{[\cdots W_i]S\ [\cdots]I\ A\cup\{W_i\leftarrow W_j\}}$$

$$\text{Shift}\quad \frac{[W_i,\cdots]I}{[\cdots W_j]\ [\cdots]I}$$

图 10-12　分析动作

分析器根据规则判断当前栈顶符号与下一个输入符号是否有依存关系，若有，则添加到集合 A，然后归约处于从属地位的符号；否则，执行 Shift。

③ 移进-归约依存句法分析模型。该模型采用的算法是一种类似于上下文无关文法的移进-归约算法。其数据结构和 Left-rightbottom-upparsing 一样，采用 (S,I,A)，但它是一种自底向上和自顶向下相结合的模型，有 Left-arc、Right-arc、Reduce 和 Shift 四种分析动作，如图 10-13 所示。

初始：$(\text{nil},I,\varnothing)$

终止：(S,nil,A)

Left-arc$(w_i|S,w_j|I,A)\rightarrow(S,w_j|I,A\bigcup\{(w_j,r,w_i)\})$　　　　$\neg\exists w_k\exists r'(w_k,r',w_i)\in A$

Right-arc$(w_i|S,w_j|I,A)\rightarrow(w_j|w_i|S,I,A\bigcup\{(w_j,\text{r},w_i)\})$　　　$\neg\exists w_k\exists r'(w_k,r',w_i)\in A$

Reduce$(w_i|S,I,A)\rightarrow(S,I,A)$　　　　　　　　　　　　　　$\exists w_j\exists r(w_j,r',w_i)\in A$

Shift$(S,w_i|I,A)\rightarrow(w_i|S,I,A)$

图 10-13　移进-归约算法中的分析动作

图 10-13 中，Left-arc 将下一个输入单词 w_j 的弧 $w_j\xrightarrow{r}w_i$ 添加到堆栈顶部的单词 w_i 上，并且从堆栈中弹出单词 w_i；Right-arc 将从堆栈顶部的单词 w_i 向下一个输入单词 w_j 添加弧线 $w_i\xrightarrow{r}w_j$，并将线单词 w_j 移动到堆栈上；Reduce 将弹出堆栈顶的单词 w_i；Shift 将下一个输入单词 n 移动到堆栈上。

基于规则和优先顺序的方法很难处理长距离依存关系，因此 Niver 等又提出决策引导的句法分析方法，将最大条件似然估计、k 邻近和基于记忆的学习方法等做决策引导。下面简要介绍这三种决策引导方法。

(1) 最大条件似然估计(maximum conditional likelihood estimation, MCLE)

这种方法从语料库中训练在某一状态(state)下某转换操作(transition)的概率 $P(t\,|\,s)$，在分析时根据当前状态取 $P(t\,|\,s)$ 最大的那个转换，认为 $r_{\max}$ 是最有可能的依存关系。

若给定模型的所有可能的分析器状态的集合为 S，$T{:}S\rightarrow\{$Left-arc, Right-arc, Reduce, Shift$\}\times(R\cup\{\text{nil}\})$ 为这个状态空间的分析表，则对于每个分析器状态 $s\in S$ 应该保持 $T(s)=(t_{\max},r_{\max})$，其中

$$t_{\max}=\operatorname{argmax}_t P(t\,|\,s)$$

$$r_{\max}=\begin{cases}\operatorname{argmax}_r P(r|t_{\max},s), & t_{\max}\in\{\text{Left-arc,Right-arc}\}\\ \text{nil}, & \text{其他}\end{cases}$$

分析表 $T(s)$ 定义从每个状态到最可能从该状态转换的映射，如果最可能的转换是 Left-arc 或 Right-arc，则给定状态和转换最可能的依存关系。对于每个状态 s 的学习问题将成为转换 t 和依存关系 r 的概率 $P(t\,|\,s)$ 和 $P(r\,|\,t,s)$ 的估计问题。

(2) k 邻近学习方法

这种方法是观测训练集中与当前词对以某种举例测度最近的 k 个词对是否具有依存关系，从而引导当前决策。给定训练数据 $T=(\langle x_1,y_1\rangle,\cdots,\langle x_n,y_n\rangle)$，$x$ 是判断相似性所依据的特征，也可称作实例，y 可取 0 或 1，表示不具有或具有依存关系，即

$$\mathrm{kNN}(x) = \frac{1}{k} \sum_{x_i \in N_k(x)} y_i$$

$$f(x) = \begin{cases} 1, & \mathrm{kNN}(x) \geqslant 0.5 \\ 0, & \text{其他} \end{cases}$$

$$\mathrm{d}(v_i, v_j) = \sqrt{\sum_{r=1}^{n} (a_r(v_i) - a_r(v_j))^2}$$

其中，$N_k(x)$ 是当前实例的 k 个邻近，测度使用欧氏距离；$f(x) = 1$ 表示当前实例具有依存关系，即可以在当前词结点对加边。

(3) 基于记忆学习方法

Nivre 用基于记忆的学习方法引导决策隐射为

$$f : \mathrm{Config} \rightarrow \{\mathrm{LA,RA,RE,SH}\} \times (R \cup \{\mathrm{nil}\})$$

这个方法不是单纯地判断当前词对该不该加边，而是通过学习判断下一步的转换和依存关系。

与动态规划的方法相比，Nivre 的方法用性能换取效率，在准确率上不具备优势，但它只有线性的复杂度($O(n)$)，易于融入丰富特征。因此，决策式的依存句法分析由于算法直观、复杂度低和特征选取灵活多样而逐渐得到重视。

10.5 藏语依存句法分析

10.5.1 概述

藏语依存句法分析的研究近几年才开始，与其他语言相比滞后很多。2013 年，华却才让提出一种基于判别式的藏语依存句法分析方法，制定了一种包括 36 种依存关系的藏语依存关系体系，实现了一种半自动藏语依存树库构建系统，利用此系统构建了规模为 1 万多句的依存树库[98,99]。2015 年，多拉等提出一种藏语依存树库构建的理论与方法[100]。2016 年，华却才让等提出一种藏语复合句的依存分析方法[101]。其基本思想是首先根据虚词和连词句法特征，将一个复合句切分成多个单句，然后对每个单句进行依存分析，最后把分析好的多个单句进行合并。

从第 9 章可知，藏语句子的核心是位于句子末尾的动词，其他成分加上格助词等虚词和动词发生结构关系，其基本语序结构为＜主语＞＋＜间接宾语＞＋＜直接宾语＞＋＜状语＞＋＜谓语＞＋＜补语＞[102]。

此种句法结构适用于依存句法表示。例如，དགེ་རྒན་གྱིས་སློབ་ཁང་དུ་སློབ་ཁྲིད་བྱེད་བཞིན་ཡོད། 的依存树如图 10-14 所示。

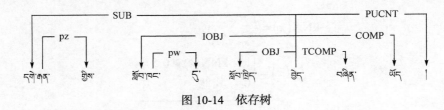

图 10-14　依存树

10.5.2　藏语依存关系体系

依存语法最核心的问题是如何按照一定的准则确定不同词类之间的依存关系。由中心词结点(head)及其所有依存结点(dependency)构成的中心词结点依存关系(head dependents relation, HDR)结构中,结点 H 和依存结点之间应满足的性质如下。

① H 决定 HDR 的语法属性,且通常可以替代 D。

② H 决定 HDR 的语义属性,D 的存在使 HDR 的语义变得更加具体。

③ D 的形式依赖 H。

④ D 在句子中的位置是依据 H 确定的。

由于国内外对藏语依存语法体系的研究很少,因此我们借鉴英语和汉语等其他语言的依存语法体系,如《面向语料库标注的汉语依存体系的探讨》《哈尔滨工业大学的汉语依存标注集》等。采用 $r(h,d)$ 表示词对之间的依存关系,意为中心词 h 支配依存词 d,r 表示 h 指向 d 的依存关系。例如,OBJ(ཟེས/vt-4 , ར་ཚ/ng-3)表示 ཟེས 为中心词, ར་ཚ 为依存词,其依存关系为述宾关系,即 ར་ཚ 为 ཟེས 的宾语。在制定依存语法体系时,如果类划分过粗,就不能全面;如果类划分过细、语法体系过于庞大,不但会增加标注依存关系难度、降低效率,关系之间只有细微差别的情况也会使结果呈现严重的不一致性。此外,语料库规模一定时,类分得越细,统计数据的稀疏问题越严重,会对分析模型的鲁棒性造成不良影响。因此,依存关系语法体系的规模有必要折中考虑。

依据以上原则和藏语语法本身的特点,我们制定了包括 15 种依存关系的藏语依存语法体系。

(1) 谓语 Root

谓语是全句的中心词,是单音节动词、单音节形容词、单音节助词和终结词等。它没有支配词,为统一,专设一个虚拟词"root"支配它,"root"与谓语词之间关系为 Root。

ད་རྒྱུག Root(root-0, རྒྱུག /vi-2)

ཁོ་རང་སྐྱོབ་གྱུར་སོང་། Root(root-0, སོང /vi-6)

མི་ཏོག་མཛེས། Root(root-0, མཛེས /a-3)

བདག་གི་ན་མོའོ། Root(root-0, འོ /uf-4)

(2) 主谓 SUBJ

根据第 9 章的分析可知，在藏语句子中名词、代词、动名词(带后缀 པ་བ 等的动词)、形名词(带后缀 པ་བ 等的形容词)和数词等可以出现在主语位置上。与汉语等其他语言不同，藏语中有双主语现象，分别是主主语和副主语，一般由主格助词或 ནི་སྐ 表示主语，主语和谓语之间的关系为主主谓(SUBJ-Z)和副主谓(SUBJ-F)。

སྐྱབ་མས་ཡི་གེ་ཐིས། SUBJ-Z(ཐིས /vt-4, སྐྱབ་ལ་མ /nr-1)

བཀྲ་ཤིས་ནི་དགེ་རྒན་ཡིན། SUBJ-Z(ཡིན /vs-4, བཀྲ་ཤིས /nr-1)

མེ་འབར། SUBJ-Z(འབར /vi-2, མེ /ng-1)

ས་གཙང་། SUBJ-Z(གཙང /a-2, ས /ng-1)

འདི་ནི་གསེར་རོ། SUBJ-Z(རོ /uf-4, འདི /rp-1)

ཁ་ལོ་བས་ལག་པས་ཀྲང་འཁོར་བསྐོར། SUBJ-Z(བསྐོར /vt-6, ཁ་ལོ་བ /ng-1), SUBJ-F(བསྐོར /vt-6, ལག་པ /ng-3)

(3) 间接宾语 IOBJ

在藏语述宾结构中，间接宾语后面必须要用位格助词或从格助词，使之与述语分开，一般名词、代词、动名词、形名词和数词等出现在宾语位置上，述语和宾语之间的关系为 IOBJ。

ནར་ཕྱོགས་སུ་སོང་། IOBJ(སོང /vi-3, ནར་ཕྱོགས /kn-1)

རྟོ་ན་རྒྱ་མཚོ་ཡོད། IOBJ(ཡོད /ve-4, རྒྱ /fn-1)

རྟ་ལ་རྒྱ་ཐིན། IOBJ(ཐིན /vt-4, རྟ /ng-1)

བ་ལས་ནོ་མ་བྱུང་། IOBJ(བྱུང /vi-4, བ /ng-1)

(4) 直接宾语 DOBJ

在藏语述宾结构中直接宾语和述语之间不用格助词，一般名词、代词、动名词、形名词和数词等出现在直接宾语位置上，述语和宾语之间的关系为 DOBJ。

སྟོང་བོ་བཅུགས། DOBJ(བཅུགས /vt-2, སྟོང་བོ /ng-1)

སུམ་བརྒྱ་ཡོད། DOBJ(ཡོད /ve-2, སུམ་བརྒྱ /mc-1)

(5) 前置定语 QATT

在藏语名词性短语中，前置定语和中心词之间必须用属格助词，一般动名词、形名词、数词短语和数量短语等出现在前置定语位置上，其中心词为支配词，定语为依存词，它们之间的关系为 QATT。

སྟོང་བོའི་ཡལ་ག QATT(ཡལ་ག /ng-3, སྟོང་བོ /ng-1)

ཐིས་པའི་རི་མོ QATT(རི་མོ /ng-3, ཐིས་པ /vn-1)

མཛེས་པའི་མེ་ཏོག QATT(མེ་ཏོག /ng-3, མཛེས་པ /an-1)

ངའི་ས་ཁྱུལ QATT(ས་ཁྱུལ /ng-3, ང /rp-1)

(6) 后置定语 HATT

在藏语名词性短语中，形名词、代词、数词、数量短语等出现在后置定语位置上。其中心词为支配词，定语为依存词，它们之间的关系为 HATT。

སྒྱུ་སྐྱེན་མོ HATT(སྒྱུ /ng-1,སྐྱེན་མོ /an-2)

ལུག་སྤུས་བརྒྱུ HATT(ལུག /ng-1,སྤུས་བརྒྱུ /mc-2)

དགེ་རྐྱེན་དེ HATT(དགེ་རྐྱེན /ng-1,དེ /ri-2)

དཔེ་ཆ་པོ་དེ་གསུམ HATT(དཔེ་ཆ /ng-1,པོ་དེ་གསུམ /mq-2)

(7) 状语 ADVA

在藏语状中结构中，一般副词或副词性短语出现在状语位置上，修饰后面的谓语，谓语为中心词，状语为依存词，它们之间的关系为 ADVA。

ཤིན་ཏུ་མཛེས ADVA(མཛེས /aq-2,ཤིན་ཏུ /dr-1)

ལེགས་པར་ཤོན ADVA(ཤོན /vt-2,ལེགས་པར /dr-1)

མ་སོང་། ADVA(སོང /vi-2,མ /dn-1)

མི་ཡག ADVA(ཡག /aq-2,མི /dn-1)

(8) 补语 COMP

在藏语述补结构中，一般动词、形容词、时态助词、助动词、命令助词、终结词和疑问词等出现在补语位置上，补充或说明其前面的述语。动词前面用接续词或饰集词，形容词前面用饰集词。补语和述语之间的依存关系为 COMP。

བཅད་དེ་ཆད COMP(བཅད /vt-1,ཆད /vi-2)

གསལ་ཡང་གསལ COMP(གསལ /aq-1,གསལ /aq-2)

བསྐྱབས་ཆར COMP(བསྐྱབས /vt-1,ཆར /ut-2)

སྐྱེབས་བྱུང COMP(སྐྱེབས /vi-1,བྱུང /uv-2)

ཕྱིས་ཤིག COMP(ཕྱིས /vt-1,ཤིག /up-2)

རྟོགས་སོ COMP(རྟོགས /vt-1,སོ /uf-2)

ཡིན་ནམ COMP(ཡིན /vs-1,ནམ /un-2)

(9) 联合关系 CONJ

藏语联合结构包括名词联合、动词联合、形容词联合、代词联合、名词代词联合等。两个词由虚词 དང་སྒྲ 、 གམ་སོགས 、 ཅིང་ཞིང་ཤིང 等进行连接，我们规定虚词之前的词为支配词，之后的词为依存词，它们之间的关系为 CONJ。

སློབ་མ་དང་དགེ་རྐྱེན CONJ(སློབ་མ /ng-1,དགེ་རྐྱེན /ng-3)

ཁབས་ནོ CONJ(ཁ /ng-1,ནོ /ng-3)

བཏག་ཅིང་བཀད CONJ(བཏག /vt-1,བཀད /vt-3)

སྐྱེན་ཞིང་འཇེབས CONJ(སྐྱེན /aq-1,འཇེབས /aq-3)

དེ་དང་འདི CONJ(དེ /ri-1,འདི /ri-3)

ཁོ་རང་ངམ་སྐྱ་མོ CONJ(ཁོ་རང /rp-1,སྐྱ་མོ /nr-3)

(10) 格关系 GZC

藏语句子中的格助词按语法形式来分主要有主格助词、ལ 格助词、从格助词、属格助词，添接在名词、动名词、形名词、代词、数词等后面。其中名词、动名词等为支配词，格助词为依存词，它们之间的关系为 GZC-Z、GCZ-W、GZC-C 和 GCZ-S。

ལྷག་གིས་ངར་སྐད་སློག GZC-Z(ལྷག /ng-1,གིས /pz-2)

ནགས་སུ་ཞིང་སྟོང་བཅུགས GZC-W(ནགས /ng-1,སུ /pw-2)

གཉས་རེ་ལས་རྒྱ་བལུར GZC-C(གཉས་རེ /ng-1,ལས /pc-2)

སློབ་གྲུའི་བོར་ཡུག GZC-S(སློབ་གྲུ /ng-1,འི /ps-2)

(11) 同位语 APPO

在藏语名词性短语中，同位词在前中心词在后，同位词具有限制或确定的作用，中心词为支配词，同位词位依存词，它们之间的关系为 APPO。

གཉས་མཆོག་ལྷ་ས APPO(ལྷ་ས /ns-2,གཉས་མཆོག /ng-1)

སྨན་པ་དོན་འགྲུབ APPO(དོན་འགྲུབ /nr-2,སྨན་པ /ng-1)

(12) 连词 COOR

在藏语中，虚词主要有 དང་སྟེ།、ནི་སྟེ།、དེ་ཏེ་སྟེ།、གམ་སོགས、ཅིང་ཞིང་ཤིང་、ཀྱང་ཡང་འང 等。虚词之前的词为支配词，虚词为依存词，它们之间的关系为 COOR。

སློབ་གྲུ་དང་བཙོ་གྲུ COOR(སློབ་གྲུ /ng-1,དང /cl-2)

བཀུག་པ་ནི་ཨེ་ཨོ COOR(བཀུག་པ /an-1,ནི /cc-2)

འཕངས་ཏེ་ཕོག COOR(འཕངས /vt-1,ཏེ /cx-2)

སློབ་མའམ་དགེ་རྒན COOR(སློབ་མ /ng-1,འམ /cl-2)

མཐོ་ཞིང་བརྗིད COOR(མཐོ /ax-1,ཞིང /ch-2)

མཛེས་ཀྱང་མཛེས COOR(མཛེས /aq-1,ཀྱང /cs-2)

(13) 数量关系 DIG

在藏语中，量词单独不能表示量度，跟数词联合使用才能表示量度，量词为支配词，数词为依存词，它们之间的关系为 DIG。

རྒྱམ་ཟླ DIG(རྒྱམ /qu-1,ཟླ /mc-2)

པོ་ཏི་གསུམ DIG(པོ་ཏི /qu-1,གསུམ /mc-2)

(14) 关联词 GLC

藏语复合句分为联合复句和偏正复句。这两种复句所用的关联词不一样，每个分句的中心词与该分句的关联词之间的依存关系为 GLC。例如，对 ངས་རྒྱན་དུ་དེ་ལྷར་ཡིད་ལ་བསམ་མོད། ཡོན་ཀྱང་དངོས་སུ་སྐྲབ་པའི་གོ་སྐབས་ཤིག་ད་བར་དུ་མ་བྱུང་། 而言，有 GLC(བསམ /vi-7,མོད /cz-8)、GLC(སྐྲུ /vi-19,ཡོན་ཀྱང /cz-10)。

(15) 标点符号 PUNCT

现代藏语句末一般用单垂符"ǀ"或双垂符"ǁ"表示一个句子结束或一个分句，谓语与标点符号之间的关系为 PUNCT。

སློབ་གྲུར་སོང་ǀ PUNCT(སོང /vi-3,ǀ /ww-4)

值得强调的是，该依存语法体系中的依存关系的数量不是封闭的。这体现在两个方面，向外表现为基本依存关系可以再扩大，向内体现在每种依存关系还可以再进行细分。

10.5.3　确定性藏语依存句法分析

由于藏语依存树库的缺乏，我们选择基于规则的依存句法分析方法，即 Arc-eager 分析方法。该分析方法需要的数据结构主要有如下三种。

① 堆栈 Stack$[\cdots,w_i]S$ 用于存放部分处理的符号。

② 队列 Queue$[w_j,\cdots]Q$ 用于存放剩余的输入符号序列。

③ 集合 Assembly$[w_i,w_j]A$ 用于存储分析过程中产生的依存关系。

由此可知，Arc-eager 分析方法可以表示成一个三元组(S,Q,A)，分析过程就是该三元组的动态变化过程。假设给定一个输入序列 W，首先初始化成(nil,W,Φ)。根据机器学习的分类决策判断 S 的栈顶元素和 W 的元素是否存在依存关系，然后采取相应的动作，操作栈中的单元移动，算法迭代进行，直到 Q 为空。当三元组变为(S,nil,A)时，分析结束。

Arc-eager 分析方法定义了四个分析动作，依存关系就是通过这四个分析动作构建的。这四个分析动作被看作一个四类分类问题，判断采用哪种操作是由机器学习的判断结果决定的。

① Left-arc(LA)。在当前三元组$(t|S,n|Q,A)$中(t 和 n 表示栈顶元素)，假设存在依存关系 $n{\to}t$，即 t 依存于 n，则在集合 A 中添加项$(n{\to}t)$，同时从 S 中删除 t,于是三元组变为$(S,n|Q,A\cup\{(n{\to}t)\})$。

② Right-arc(RA)。在当前三元组$(t|S,n|Q,A)$中，假设存在依存关系 $t{\to}n$，即 n 依存于 t，则在集合 A 中添加项$(t{\to}n)$，同时把元素 n 压入栈 S 中，于是三元组变为$(n|t|S,Q,A\cup\{(t{\to}n)\})$。

在当前三元组$(t|S,n|Q,A)$中，如果不存在依存关系 $t{\to}n$，同时也不存在依存关系 $n{\to}t$，那么分析器根据不同情况执行下列操作。

③ Reduce(RE)。假如再没有元素 $n'(n'\in Q)$依存 t，并且 t 有父结点在其左侧，此时分析器从栈 S 中弹出 t，于是三元组变为$(S,n|Q,A)$。

④ Shift(SH)。如果上述三种情况都不满足，那么 n 压入栈 S 中，此时的三元组变为$(n|t|S,Q,A)$。

下面是用上述算法对藏语句子ཆུ་མོ་རྐྱོང་གྱིའུ་ཁྱལ་ར་བར་སུ་མཐུད་དུ་སྐྱོང་བདར་བྱེད་བཞིན་ཡོད进行句法分析的过程。依存句法分析过程示例如图 10-15 所示。

第一步，分词及标注。

ཆུ་མོ /nr ས /pz རྐྱོང་གྱི /ng འི /ps ཁྱལ་ཆལ་ར་བ /ng ར /pw སུ་མཐུད་དུ /dr སྐྱོང་བདར /ng བྱེད /vt

བཞིན/ut ཡོད/ve ।/ww

第二步，制定依存关系。

Root(root-0,ཆེད /vt-9),SUBJ(ཆེད /vt-9,ཚུ་མོ /nr-1),IOBJ(ཆེད /vt-9,ལུས་ཅལ་ར་བ /ng-5)

DOBJ(ཆེད /vt-9,སྐྱོང་བཞེར /ng-8),COMP(ཆེད /vt-9,བཞིན /ut-10),COMP(ཆེད /vt-9,ཡོད /ve-11)

QATT(ལུས་ཅལ་ར་བ /ng-5,སྐྱོབ་སྒྱུ /ng-3),GZC-Z(ཚུ་མོ /nr-1,ས /pz-2),GZC-S(སྐྱོབ་སྒྱུ /ng-3,ཡི /ps-4)

GZC-W(ལུས་ཅལ་ར་བ /ng-5, ར /pw-6),ADVA(ཆེད /vt-9, སྒུ་མཐུང་ད /dr-7),PUNCT(ཆེད /vt-9,

।/ww-12)

第三步，移进-归约。

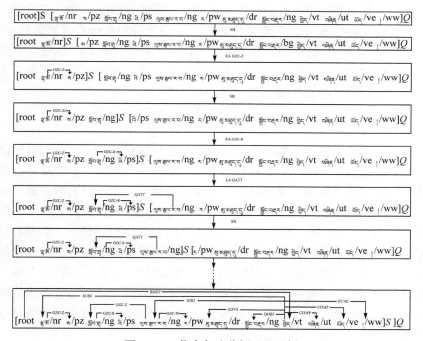

图 10-15　依存句法分析过程示例

　　由此可知，当 Q 为空的时候，分析结束，分析器将输出添加到集合 A 中的依存关系序列。

　　确定性依存句法分析方法可以降低算法复杂度，分析的每一步都不需要保留多个可能的结果，而只给出一个确定的结果。这种分析方法不是全局寻优，算法的错误率必然升高，因此保证算法确定性的前提下如何减少错误率是研究这种方法的一个侧重点。

第 11 章　统计机器翻译原理

11.1　机器翻译概述

机器翻译是自然语言处理的一个历史悠久的研究领域。远在古希腊时代，人们就试图设计一种理想化的语言来代替人类使用的各种各样种类繁多的语言(从现代语言学的角度看，这些语言分属不同的语系、语族、语支)，以便在不同民族之间进行思想交流，为此曾提出过许多方案，在一些方案中甚至已经考虑了如何用机器的方法分析人类语言的问题。

11.1.1　机器翻译技术的发展

20 世纪 30 年代初，法国科学家 Artsouni 提出用机器的方法进行自然语言翻译的想法，并在 1933 年 7 月 22 日获得一项 "翻译机" 专利[91]。1933 年，苏联发明家特洛杨斯基设计了用机械方法把一种语言翻译为另一种语言的装置，并在同年登记了他的发明。但是受限于当时的科技条件，这些翻译机器并没有制成。

随着 1946 年世界第一台电子计算机的诞生，使应用机器翻译人类的自然语言成为可能。第二次世界大战期间，英国使用计算机破解了德国的英格玛密码，破解语言编码(密码)似乎就是机器翻译的一个形象的例子。英国工程师韦弗是机器翻译领域的先驱之一，他在 1947 年写到：当我看到汉语文本时，我假定它确实是用英文写的，但它是用一些奇怪的符号编码的，我需要做的就是将信息从这些编码中剥离出来[14]。

韦弗在 1949 年发表备忘录《翻译》，正式提出机器翻译问题，除了提出各种语言都有许多共同点的观点之外，还首次提出一个重要的观点，即翻译类似于解读密码的过程，用解读密码的方法进行机器翻译的想法，这成为后来基于噪声信道模型的统计机器翻译理论的滥觞。但是，韦弗只是把机器翻译看成一种机械的解读密码的过程，远没有看到机器翻译在词法分析、句法分析，以及语义分析等方面的复杂性。

机器翻译的早期研究充满了乐观主义色彩，人们都期望机器翻译技术能够马上有突破，感觉机器翻译问题会很快得到解决。1954 年，美国乔治敦大学在国际商业机器公司的协同下，用 IBM-701 计算机进行了世界上第一次机器翻译实验[103]。

早期机器翻译技术研究深受韦弗思想的影响，将机器翻译的过程与解读密码的过程类比，试图通过查询词典的方法实现词对词的机器翻译。可以想象，这种翻译结果的可读性会很差，难以付诸使用，影响机器翻译技术的进一步发展。怀疑论者宣称，诸如语义消歧等相关问题无法通过自动翻译的方法解决。

1966 年，美国科学院语言自动处理咨询委员会公布题为 *Language and Machine* 的研究报告，对机器翻译持否定态度，宣称：在目前给机器翻译以大力支持还没有多少理由；机器翻译研究遇到了难以克服的语义障碍。

在此影响下，机器翻译技术研究出现萧条局面。美国、法国、日本、加拿大等仍然坚持开展机器翻译技术研究，商用机器翻译系统的基础还是建立起来了。于是，在 20 世纪 70 年代初期，机器翻译技术研究又出现复苏的局面。

1976 年，加拿大蒙特利尔大学与加拿大联邦政府翻译局联合开发的实用机器翻译系统 TAUM-Meteo 正式投入使用，为电视、报纸等提供天气预报资料翻译。美国在乔治敦大学机器翻译系统的基础上，进一步开发大型机器翻译系统 SYSTRAN。该系统的研发始于 1968 年，它的"俄-英"翻译系统从 1970 年起一直为美国空军所用。法国纺织研究所的 TTTUS-IV 系统，可以进行英、德、法、西班牙等四种语言的互译。日本富士通公司研发了 ATLAS-Ⅰ 和 ATLAS-Ⅱ 英日机器翻译系统。1982 年，日本在提出第五代计算机计划的同时，提出亚洲多语言机器翻译计划，研发日语、汉语、印度尼西亚语、马来西亚语、泰五种语言互译的机器翻译系统，于 1995 年初完成。近几年，随着计算机网络技术的快速发展和普及，人们对机器翻译呈现出广泛的需求。随着深度学习研究的兴起，神经网络机器翻译研究成为机器翻译领域的热点。神经网络机器翻译从技术角度看是一个显著的进步，但并不是解决各种语言翻译问题的"万能钥匙"。Google 翻译系统就采用了结合统计机器翻译和神经网络机器翻译的技术，为用户提供更加准确的机器翻译服务。

早在 1956 年，我国就把机器翻译研究列入我国科学工作发展规划，作为其中的一个课题。1959 年，中国社会科学院语言研究所与中国科学院计算技术研究所合作，进行俄汉机器翻译研究和实验。1981 年，冯志伟教授设计的汉—法、英、日、俄、德多语言机器翻译系统进行实验，获得成功。之后，"译星"、"高立"、"863-IMT/EC"、"Matrix"、"天语"、"SinoTrans" 等机器翻译系统陆续投入应用并商品化。目前，我国机器翻译研究遍地开花，方兴未艾。

11.1.2　机器翻译方法

1. 基于规则的转换翻译(rule based machine translation，RBMT)

其思想方法是,对源语言和目标语言进行适当描述,把翻译机制与语法分开,用规则描述语法的实现思想。其过程分为三个阶段。

① 对输入文本进行分析，形成源语言抽象的内部表达。

② 将源语言内部表达转换成目标语言抽象的内部表达。

③ 根据目标语言内部表达生成目标语言文本。

其优点是，可以较好地保持原文结构，产生的译文结构与原文结构关系密切，尤其是对于语言现象已知或句法结构规范的源语言句子具有较强的处理能力和较好的翻译效果。不足是，分析规则由人工编写，工作量大，规则的主观性强，规则的一致性难以保障，不利于系统扩充，尤其对非规范的语言现象缺乏相应的处理能力。

2. 基于中间语言的翻译(interlingua based machine translation，IBMT)

其思想方法是，首先将源语言句子分析成一种与具体语种无关的通用语言或中间语言，然后根据中间语言生成相应的目标语言。中间语言是逻辑化和形式化的语义表达语言，它的设计无需考虑具体待翻译的语言对，因此该方法适合多语言之间的翻译[104]。假如需要实现 $n(n \geqslant 2)$ 种语言之间的互译，如果采用其他方法需要 $n(n-1)$ 个翻译器。如果采用中间语言翻译方法，对于每一种语言来说，只需考虑该语言的解析和生成，大大减少了系统研发和实现的工作量。但是，定义和实现中间语言是一件困难的事情，因此在具体实现时受到很大限制。国际先进语音翻译研究联盟曾采用的中间转换格式和日本联合国大学提出的通用网络语言是两种典型的中间语言。

3. 基于语料库的机器翻译(corpus based machine translation，CBMT)

基于语料库的机器翻译方法将语料库作为翻译知识的来源，该方法可以进一步分为基于记忆的翻译方法、基于实例的机器翻译方法和基于统计的机器翻译方法。它们之间的主要区别如下。

(1) 基于记忆的翻译(memory based machine translation，MBMT)

该方法认为人类大脑在进行翻译时是基于以往的翻译经验，不需要对待翻译的源语言句子进行语言学上的深层分析，只需将源语言句子拆分成适当的片段。然后，将每一个片段与已知的例子进行类比，寻找最相似的例子，再将这些例子对应的目标语言片段作为翻译结果。最后，将这些目标语言片段组合成一个完整的句子[105]。

(2) 基于实例的机器翻译(example based machine translation，EBMT)

该方法需要对已知的语料进行词法、句法，乃至语义分析，形成实例库存放翻译示例[106]。在这种方法中，双语语料本身就是翻译知识的一种表现，虽然不一定是唯一的。翻译知识的获取在翻译之前没有全部完成，在机器翻译的过程中还要查询并利用语料库。

(3) 统计机器翻译(statistical machine translation，SMT)

在该方法中，翻译知识的表示来自双语语料等各种语料的统计数据，而非语料库本身。翻译知识的获取在翻译之前已经通过翻译模型的训练完成，在机器翻译的过程中一般不再使用语料库[107,108]。

4. 神经网络机器翻译(neuralnetwork machine translation, NMT)

神经网络机器翻译是近几年提出的一种机器翻译方法。其方法与基于记忆的翻译方法类似，用人工神经网络的方法构建一个编码-解码架构[109]。编码就是把源语言序列进行编码，并提取源语言中的信息，通过解码再把这种信息转换到目标语言中，从而完成对语言的翻译。

11.2   统计机器翻译

统计翻译模型的概念意味着我们建立翻译模型时需要用到统计学的方法。具体的方法是，从一个句子对齐的双语平行语料中学习翻译规则，其中最首要的工作是从语料库估计字词的翻译概率分布。估计字词的翻译概率分布是建立词对齐关系的前提，而建立词对齐关系是任何统计机器翻译模型的基本步骤之一。

由于篇幅所限，重点讲述基于字词的翻译模型。

11.3   基于噪声信道模型的统计机器翻译基本原理

如图 11-1 所示，$t_1, t_2, \cdots, t_m$ 表示信息源发出的信号，$s_1, s_2, \cdots, s_l$ 是接收者接收到的信号。通信中的解码问题就是根据接收到的信号还原出发送的信号 $t_1, t_2, \cdots, t_m$。

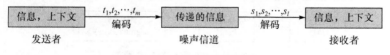

图 11-1   噪声信道模型

统计机器翻译方法认为翻译问题就是噪声信道问题[110]。我们可以认为一种语言的句子 $t = t_1^m \equiv t_1, t_2, \cdots, t_m$，由于经过一个噪声信道而发生扭曲变形，从而在信道的另一端呈现为另一种语言的句子 $s = s_1^l \equiv s_1, s_2, \cdots, s_l$。$t_1, t_2, \cdots, t_m$ 是信道意义上的输入，翻译意义上的目标语言，而 $s_1, s_2, \cdots, s_l$ 是信道意义上的输出，翻译意义上的源语言，翻译问题就是如何根据实际观察到的 $s_1, s_2, \cdots, s_l$，还原最为可能的

$t_1, t_2, \cdots, t_m$ 问题。例如，对于汉文到藏文的机器翻译，可以将待翻译的汉文文本看成藏文文本经过噪声信道后扭曲变形的结果。翻译的过程就是将这种加入噪声的汉文文本还原为无噪声的藏文文本的过程。$s = s_1^l \equiv s_1, s_2, \cdots, s_l$ 表示源语言(翻译意义上的)，句子 s 由 l 个汉文字词构成。$t = t_1^m \equiv t_1, t_2, \cdots, t_m$ 表示目标语言(翻译意义上的)，句子 t 由 m 个藏文字词构成。

上述这种观点认为，一种语言中的任何一个句子 t 都有可能是另一种语言中的某个句子 s 的译文，只不过可能性有大有小，可能性最大的句子 t 就是句子 s 的译文。用概率论的语言来描述，就是在已知 $s = s_1^l \equiv s_1, s_2, \cdots, s_l$ 的前提下，求得令条件概率 $P(t_1, t_2, \cdots, t_m \mid s_1, s_2, \cdots, s_l)$ 达到最大值的那个句子，即

$$\hat{t} = \mathrm{argmax}\ P(t|s) \tag{11-1}$$

利用贝叶斯公式，即

$$P(t|s) = \frac{P(s \mid t) \cdot P(t)}{P(s)} \tag{11-2}$$

其中，$P(s|t)$ 表示 t 翻译为 s 的可能性；$P(t)$ 表示 t 本身是一个合乎情理的句子的可能性；$P(s)$ 表示 s 本身是一个合乎情理的句子的可能性。

由于 s 一旦产生就不会改变，因此 $P(s)$ 是一个常数，可以忽略。这样式(11-1)可写为

$$\hat{t} = \mathrm{argmax}\ P(t|s) = \mathrm{argmax}\ P(s|t) \cdot P(t) \tag{11-3}$$

从概率论的角度讲，$P(t|s)$ 是后验概率，是我们求解的目标。$P(s|t)$ 是条件概率，又叫似然概率函数，其估计值通过统计历史数据得到。$P(t)$ 是先验概率，一般根据主观给出。证据因子 $P(s)$ 也称归一化常数。$P(s)$ 其实也是先验概率，只是在贝叶斯公式的很多应用中不重要，可仅看成一个权值因子，以保证各类别的后验概率总和为 1。

一个基于噪声信道模型的统计机器翻译系统框架可以用图 11-2 所示。

图 11-2　统计机器翻译系统框架

根据这个框架，如果要建立一个源语言 s 到目标语言 t 的统计翻译系统，必须解决如下三个问题。

① 估计目标语言的语言模型 $P(t)$，也就是估计目标语言译文 $P(t)$ 的流畅度。

② 估计翻译模型 $P(s|t)$，也就是估计目标语言 t 对于源语言 s 的忠实度。

③ 设计有效快速的搜索算法，以求解 $\hat{t}$，使 $P(s|t) \cdot P(t)$ 最大。

基于噪声信道模型的统计机器翻译模型，将语言模型和翻译模型结合起来，

使翻译的结果更加流畅。

在贝叶斯公式中，翻译的方向已经从 $P(t|s)$ 转向了 $P(s|t)$。在我们的例子中就是从汉藏翻译转向藏汉翻译。

11.4 统计语言模型

统计语言模型最初是为了解决语音识别问题。在语音识别问题中，计算机需要知道一个文字序列是否可以构成一个人们能够理解的有意义的句子，然后呈现给使用者。例如下面的句子。

① 万维网(WWW)的发明人、麻省理工学院教授 TimBerners-Lee 获得美国计算机协会颁发的图灵奖。

② 万维网(WWW)的发明人、获得美国计算机协会颁发的图灵奖麻省理工学院教授 TimBerners-Lee。

③ 万维网(WWW)的美国计算机协会颁发发明人、获得的教授 TimBerners-Lee 图灵奖麻省理工学院。

第一个句子符合汉语语法，语义清晰。第二个句子虽然不符合汉语语法，但读者可以大致理解其含义，语义还算清晰。第三个句子既不符合汉语语法，语义也不清楚。我们也可以这样说，第一个句子是一个合理的句子，第二个句子是一个较为合理的句子，第三个句子是一个不合理的句子。实际上，判断一个句子是否合理，就是看它在相应的自然语言中出现的可能性有多大。显然，第一个句子出现的可能性大于第二个句子，而且远远大于第三个句子出现的可能性。

如上所述，假定 t 表示某个自然语言中有意义的句子，它由一串有特定顺序的字词 $t_1,t_2,\cdots,t_m$ 组成，m 是以字词为单位的句子长度。为了计算句子 $t=t_1^m \equiv t_1,t_2,\cdots,t_m$ 的概率 $P(t)$，我们将 $P(t)$ 展开，即

$$P(t) = P(t_1,t_2,t_3,\cdots,t_m) \tag{11-4}$$

利用概率的乘法原理，可以表示为

$$P(t) = P(t_1)P(t_2|t_1)P(t_3|t_1,t_2)\cdots P(t_m|t_1,t_2,\cdots,t_{m-1}) \tag{11-5}$$

即句子 t 出现的概率等于其中每个字词出现的条件概率之积。$P(t_1)$ 表示第一个词 t_1 出现的概率，更准确描述是 $P(t_1|<t>)$；$P(t_2|t_1)$ 表示在已知第一个词 t_1 的前提下，第二个词 t_2 出现的概率。依此类推，显然，词 t_i 出现的概率取决于它之前的所有词。

从计算量看，第一个词的条件概率 $P(t_1)$ 很容易计算，第二个词的条件概率 $P(t_2|t_1)$ 也相对容易计算，但是第三个词的条件概率 $P(t_3|t_1,t_2)$ 就很难计算。因为这时条件概率的计算已经涉及三个变量，而每个变量的可能性都是一种自然语言词典的大小(汉语的词汇量大约是 20 万的量级，藏语的词汇量应该在 15 万)。到计算最后一个词的条件概率时，计算量太大，无法估算。为了解决这一问题，我们应用马尔可夫提出的一种简化假设，即随机过程中各个变量 t_i 的概率分布，只与它的前一个随机变量 t_{i-1} 有关。于是式(11-4)可写为

$$P(t_1,t_2,\cdots,\ t_m)=P(t_1)P(t_2|t_1)P(t_3|t_2)\cdots P(t_m|t_{m-1}) \tag{11-6}$$

对应的统计语言模型是二元模型。如果假设一个词出现的概率与它前面的 $N-1$ 个词有关，那么统计语言模型就是 N 元的。

现在我们讨论如何估计条件概率 $P(t_i|t_{i-1})$。根据条件概率的定义

$$P(t_i|t_{i-1})=\frac{P(t_{i-1},t_i)}{P(t_{i-1})}$$

如果拥有大规模的语料库，我们就可以估计出联合概率 $P(t_{i-1},t_i)$ 和边缘概率 $P(t_{i-1})$。假设语料库的大小为#，t_i 和 t_{i-1} 两个词在语料库中成对出现的次数为 $\#(t_{i-1},t_i)$，词 t_{i-1} 本身在语料库中出现的次数为 $\#t_{i-1}$，那么

$$P(t_{i-1},t_i)\approx f(t_{i-1},t_i)$$

$$P(t_{i-1})\approx f(t_{i-1})$$

$$f(t_{i-1},t_i)=\frac{\#(t_{i-1},t_i)}{\#}$$

$$f(t_{i-1})=\frac{\#(t_{i-1})}{\#}$$

$$P(t_{i-1}|t_i)\approx\frac{\#(t_{i-1},t_i)}{\#(t_{i-1})}$$

如果出现 $\#(t_{i-1},t_i)$ 统计结果为零，或者 $\#(t_{i-1},t_i)$ 和 $\#t_{i-1}$ 只出现一次的情况，我们不能就此判断 $P(t_i|t_{i-1})=0$ 或者 $P(t_i|t_{i-1})=1$。发生这种情况，显然是语料规模不足够大导致的。假设我们要训练一个藏语的语言模型，又假设藏语的词汇量大约是 15 万的量级，训练三元语言模型就有 $150\,000^3=3.375\times10^{15}$ 个不同的参数。假定因特网上有 1000 万个有意义的藏文网页，每个网页平均有 1000 个藏文词。即使我们将这些网页内容都用于模型训练，也只有 10^{10} 个藏文词。因此，上述大部分条件概率的计算值仍然会为零，这种语言模型称为不平滑的。简而言之，统计语言模型的零概率是一个无法回避的问题。平滑技术就是用来解决这类零概率问题的。

平滑技术有许多，古德-图灵估计是众多平滑技术的核心[111]。其原理就是对没有看见的事件，我们不能简单地认为发生概率就是零，因此从概率的总量中分配一个很小的比例给这些没有看见的事件。那些看见的事件的概率总和就要小于1，需要将看见的事件概率调小一点。至于调小多少，要根据"越是不可信的统计折扣越多"的方法进行。

下面以统计藏语单语语料中每个词(藏文词典中的词)的概率为例，说明古德-图灵估计公式。

假设一个藏语语料库中出现 r 次的藏文词有 N_r 个，未出现的词数为 N_0，语料库的大小为 N，那么

$$N = \sum_{r=0}^{\infty} r N_r \tag{11-7}$$

显然，出现 r 次的藏文词在整个语料库中的相对频度是 r/N，如果不做进一步的优化处理，相对频度就是这些词的概率估计。

假定 r 的值比较小时，它的统计值可能不可靠，那么在计算那些出现 r 次的词的概率时，要使用一个更小一些的次数 d_r，而不使用 r。古德-图灵估计为

$$d_r = (r+1)\frac{N_{r+1}}{N_r} \tag{11-8}$$

显然

$$\sum_r d_r N_r = N$$

根据齐普夫定律，我们知道出现一次的词数量比出现两次的多，出现两次的比出现三次的多。因此，r 越大，词的数量 N_r 越小，即 $N_{r+1} < N_r$。一般情况下，$d_r < r$，而 $d_0 > 0$。这样就可以给未出现的词赋予了一个很小的非零值，从而解决零概率的问题。同时，下调了出现频率很低的词的概率。究竟如何判定一个词的出现频率是否很低，在实际应用中，一般设一个阈值。也就是说，对于出现次数高于阈值的词的频率不作下调，而低于阈值的词的频率就要下调，并将下调得到的频率的总和分配给未出现的词。这样，出现 r 次的词的概率估计为 d_r / N。于是，对于出现频率超过一定阈值的词，概率估计就是它们在语料库中的相对频度；对于出现频率小于这个阈值的词，概率估计就小于它们的相对频度，出现次数越少的，折扣就越多。对于那些没有出现的词，也给予一个比较小的概率。这样所有词的概率估计就平滑了。

对于二元组 (t_{i-1}, t_i) 的条件概率估计 $P(t_i | t_{i-1})$ 可以做同样的处理。通过前一个词 t_{i-1} 预测后一个词 t_i 时，所有可能情况的条件概率总和为 1，即

$$\sum_{t_i \in V} P(t_i | t_{i-1}) = 1$$

对于出现次数非常少的二元组 (t_{i-1}, t_i)，按照古德-图灵方法打折扣，即

$$\sum_{(t_{i-1}, t_i) \text{ seen}} P(t_i \mid t_{i-1}) < 1$$

意味着有一部分概率没有分配出去，留给了没有看到的二元组 (t_{i-1}, t_i)。基于上述思想，估计二元模型概率的公式为

$$P(t_i \mid t_{i-1}) = \begin{cases} f(t_i \mid t_{i-1}), & (t_{i-1}, t_i) \geqslant T \\ f_{gt}(t_i \mid t_{i-1}), & 0 < (t_{i-1}, t_i) < T \\ Q(t_{i-1}) f(t_i), & \text{其他} \end{cases} \qquad (11\text{-}9)$$

其中，T 为阈值，一般在 8～10；函数 f_{gt} 表示经过古德–图灵估计后的相对频度。

$$Q(t_{i-1}) = \frac{1 - \displaystyle\sum_{t_i \text{ seen}} P(t_i \mid t_{i-1})}{\displaystyle\sum_{t_i \text{ unseen}} f(t_i)}$$

类似地，对于三元模型，概率估计为

$$P(t_i \mid t_{i-2}, t_{i-1}) = \begin{cases} f(t_i \mid t_{i-1}, t_{i-2}), & (t_{i-2}, t_{i-1}, t_i) \geqslant T \\ f_{gt}(t_i \mid t_{i-1}, t_{i-2}), & 0 < (t_{i-2}, t_{i-1}, t) < T \\ Q(t_{i-2}, t_{i-1}) P(t_i \mid t_{i-1}), & \text{其他} \end{cases} \qquad (11\text{-}10)$$

由于本章引用的例子是汉藏机器翻译，因此根据基于噪声信道模型的统计机器翻译模型，需要建立藏语统计语言模型。无论是建立藏语语言模型，还是建立汉语语言模型，使用的技术和方法都是一样的。

11.5　统计翻译模型

在统计机器翻译中，我们并不直接对整个句子的翻译概率分布进行建模，因为即使是大规模的双语语料库，大部分句子也都只出现一次，所以估计这个概率分布很困难。为此，我们将句子翻译概率分布的建模过程分解成几步，将句子切分成单独的字词来翻译。这种将生成数据的过程分解成几步，通过概率分布对每一步进行建模，再将它们组成连贯的内容的建模的方法就是生成式建模[112,113]。

11.5.1　共现

假设我们已经有一个汉藏句子对齐的平行语料库，语料库中汉文句子 s 与它的藏文翻译 t 成对出现。

我们以词汇化概率分布 $P(t \mid s)$（词汇翻译概率）的形式表示字词与字词之间的对应关系，$P(t \mid s)$ 表示汉文字词 s 被翻译为藏文字词 t 的概率。

正如统计机器翻译这个名词所示，需要从统计数据中学习(训练)一个模型，这些统计数据就是双语语料库中字词出现的频次。遍历语料库所有包含汉文字词 s(如“我”)的双语句对，可以统计出其对应哪些藏文字词及对应的次数。基于这些统计数据，我们可以估计条件概率分布，即

$$P\left(t|s\right)=\frac{\text{count}(t,s)}{\sum_{t'}\text{count}(t',s)}$$

“我”在双语句对中出现了 10 000 次，其中有 7000 次被翻译成 ང་，将这两个数相除得到一个比例 0.7，即 $P($ང་$|$我$)=0.7$。概率分布具有两个特性，即

$$\sum_{t}P\left(t|s\right)=1$$

$$\forall t:0\leqslant P\left(t|s\right)\leqslant 1$$

例如，对于“我”的翻译概率，我们期望得到下式，即

$$P(t/\text{s})=\begin{cases}0.7, & t=\text{ང་}\\ 0.26, & t=\text{བདག་}\\ 0.02, & t=\text{ང་རང་}\\ 0.015, & t=\text{རང་}\\ 0.005, & t=\text{ཁོ་བོ་}\end{cases}$$

读者可能会想到，每个汉文字词 s 都可能偏向对应藏文中的单垂符 །(相当于藏文句号)。但是，汉文字词 s 与其他藏文字词也有对应关系，我们期望“我”有非常大的机会对应藏文字词ང་，即 $P($ང་$|$我$)>P($།$|$我$)$。

这种从数据(句对)中获取概率分布的方法不但直观，而且具有理论依据。对给定的数据，我们可以通过为一些未出现的事件(字词共现)保留一定的概率值等方法进行最大似然估计。

11.5.2　对齐

目前，我们只讲了汉文句子 s 中的字词与藏文句子 t 中的字词成对出现的共现关系，并没有讨论它们之间的对齐关系。

计算翻译概率 $P\left(t|s\right)$ 的一个关键问题是如何定义目标语言句子 t 中的字词与源语言句子 s 中字词之间的对齐关系。

例如，我们已经有了如表 11-1 所示的翻译概率列表。根据表 11-1 可以将一个汉语句子“我太高兴了”逐词翻译成藏文，一种可能的翻译是 ང་ཧ་ཅང་དགའ་པོ་བྱུང་ 。

表 11-1　　"我"、"太"、"高兴"和"了"这四个汉文字词的词汇翻译概率表

我		太		高兴		了	
t	$P(t/s)$	t	$P(t/s)$	t	$P(t/s)$	t	$P(t/s)$
ང	0.7	ཧ་ཅང	0.8	དགའ་པོ	0.8	སྒྲུང	0.7
ངའག	0.026	ཞེ་དྲག	0.17	སྐྱིད	0.16	འདུག	0.26
…		…		…		…	

在这个例子中，"我"可以翻译成藏文字词" ང "，"太"可以翻译成" ཧ་ཅང "，"高兴"可以翻译成" དགའ་པོ "，"了"可以翻译成" སྒྲུང "，即存在从汉文字词到藏文字词的一个映射。这个映射就是对齐，可以通过如图 11-3 表示字词之间的对齐关系实现。

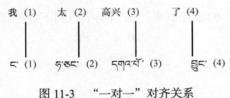

图 11-3　　"一对一"对齐关系

如上，$s = s_1^l \equiv s_1, s_2, \cdots, s_l$ 表示汉文句子 s 由 l 个字词构成，$t = t_1^m \equiv t_1, t_2, \cdots, t_m$ 表示藏文句子 t 由 m 个字词构成，那么藏文字词 t_j 与对应的汉文字词 s_i 的对齐可以形式化为对齐函数，即

$$a : t_j \to s_i, \quad 1 \ll j \ll m, 0 \ll i \ll l$$

为了简化建模，假定一个或多个输出字词(藏文)可以对应一个输入字词(汉文)，对应汉文句子到藏文句子的"一对一"或"一对多"的翻译，或者不产生任何输出。对于一个输出字词(藏文)对应多个输入字词(汉文)，以及多个输出字词(藏文)对应多个输入字词(汉文)的情况，可以通过句法规则将多个连续的输入字词组合成一个片段，并以片段为单位将上述情况变换成汉文句子到藏文句子的"一对一"或"一对多"的翻译。作为一种特殊情况，在没有任何输入的情况下也能产生输出。这时，我们认为空词产生这个输出，一般用 Null 表示，置于输入句子的句首。这就是在上述函数中 $0 \ll i \ll l$，而不是 $1 \ll i \ll l$ 的原因。

本例的对齐函数为

$$a : \{ t_1 \to s_1, t_2 \to s_2, t_3 \to s_3, t_4 \to s_4 \}$$

汉文句子到藏文句子的翻译中，汉文字词与藏文字词恰好同序，但并不总是这样，如图 11-4 所示的例子。

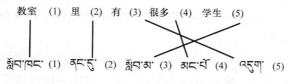

图 11-4　"一对一"(汉藏字词不同序)对齐关系

对齐函数为

$$a : \{t_1 \rightarrow s_1, t_2 \rightarrow s_2, t_3 \rightarrow s_5, t_4 \rightarrow s_4, t_5 \rightarrow s_3\}$$

上述情况意味着，翻译过程中还必须对藏文字词的顺序进行重排序。

　　除了字词顺序不尽相同，汉藏文在表达相同的语义时所使用的字词数量也有差别。例如，在如图 11-5 所示的例子中，一个汉文字词需要两个或两个以上藏文字词来表达相同的意思。

对齐函数为

$$a : \{t_1 \rightarrow s_1, t_2 \rightarrow s_1, t_3 \rightarrow s_3\}$$

　　还有一种情况，一些汉文的藏文翻译输出中的字词在对应的汉文句子中没有相应的字词。例如，在如图 11-6 所示的例子中，藏文翻译输出中的格助词ཕ没有相应的汉文字词与之对应。按照前面的约定，我们认为 Null 产生了藏文字词ཕ。

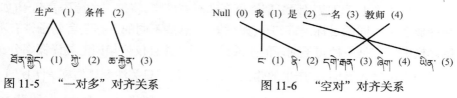

图 11-5　"一对多"对齐关系　　　　　　图 11-6　"空对"对齐关系

对齐函数为

$$a : \{t_1 \rightarrow s_1, t_2 \rightarrow s_0, t_3 \rightarrow s_4, t_4 \rightarrow s_3, t_5 \rightarrow s_2\}$$

　　有时候汉文的字词在藏文中找不到明确与之对应的字词，因此这些汉文字词在翻译成藏文时只能舍弃。例如，在如图 11-7 所示的汉藏句对中，"了"没有对应的藏文翻译。

图 11-7　"对空"对齐关系

　　我们以汉藏文翻译为例，考虑了翻译过程中源语言字词的重复、添加和舍弃，这使每个输出字词都准确地对应一个输入字词(包括引入的 Null)，从而使对齐函数成为满映射的，为建立基于字词的对齐模型奠定了基础。这里要说明两点。

① 虽然我们以汉藏翻译为例,但上述方法同样适用于藏汉翻译,或其他任意两种语言之间的翻译。

② 在上述对齐模型中,通过满映射函数,每一个输出字词都准确地对应一个输入字词,但是反之一个输入字词可能对应多个输出字词或者空输出。

词对齐技术是统计机器翻译的基础,几乎所有的统计机器翻译模型都是建立在词对齐基础上的[114]。词对齐的任务是,给定双语句对(t,s),其中s为源语言句子,t为目标语言句子,找到一种概率分解模型来描述任意一种从t到s的映射a,即t到s的词对齐a。有了词对齐a,我们就可以得到从源语言句子s到目标语言句子t的翻译概率,即

$$P(t|s)=\sum_a P(t,a|s)$$

相比于概率$P(t|s)$,$P(t,a|s)$更容易拆解成各种形状。不失一般性,可以有

$$P(t,a|s)=\prod_{j=1}^{m}P(a_j|t^{j-1},a_1^{j-1},s)\cdot P(t_j|t_1^{j-1},a_1^j,s)$$

11.5.3　IBM 模型 1

IBM模型1可以应用词汇翻译概率和对齐模型,将每一个源语言句子(如汉语)翻译成多个不同的目标语言句子(如藏语)。这些不同的目标语言句子带有不同的翻译概率。它是一种句子翻译的生成式模型,并且仅依赖词汇翻译概率分布。对于每一个由输入字词s_{a_j}产生的输出字词t_j,我们只关注翻译概率$P\left(t_j|s_{a_j}\right)$。

将一个长度为l的汉文句子$s=s_1,s_2,\cdots,s_l$翻译成长度为m的藏文句子$t=t_1,t_2,\cdots,t_m$,并根据对齐函数$a_j=i$,$(j=1,2,\cdots,m;\ i=0,1,2,\cdots,l)$将藏文字词$t_j$与汉文字词$s_i$对齐,则汉文句子$s$到藏文句子$t$的翻译概率为

$$P(t,a|s)=\frac{\varepsilon}{(l+1)^m}\prod_{j=1}^{m}P(t_j|s_{a_j}) \tag{11-11}$$

关键部分是m个藏文输出字词t_j的词汇翻译概率的乘积。由于引入空词,实际上有$l+1$个输入字词。因此,将$l+1$个输入字词映射到m个输出字词,就有$(l+1)^m$种不同的对齐。参数ε是一个归一化常数,$\frac{\varepsilon}{(l+1)^m}$用来保证$P(t,a|s)$是一个正确的概率分布,也就是所有的藏文翻译$t$和对齐$a$的概率之和为1,即$\sum_{t,a}P(t,a|s)=1$。

现在我们将这个模型应用于表11-1的例子,有

$$P(t,a|s) = \frac{\varepsilon}{5^4} \times p(\text{ང་}|\text{我}) \times p(\text{ཤིན་ཏུ་}|\text{太}) \times p(\text{དགའ་}|\text{高兴}) \times p(\text{སོང་}|\text{了})$$

$$= \frac{\varepsilon}{5^4} \times 0.7 \times 0.8 \times 0.8 \times 0.7 = 0.00050\varepsilon$$

$$P(t,a|s) = \frac{\varepsilon}{5^4} \times p(\text{འདག་}|\text{我}) \times p(\text{ཞིདག་}|\text{太}) \times p(\text{སྐྱིད་པོ་}|\text{高兴}) \times p(\text{འདག}|\text{了})$$

$$= \frac{\varepsilon}{5^4} \times 0.26 \times 0.17 \times 0.16 \times 0.26 = 0.0000029\varepsilon$$

根据以上的计算结果，我们可以得出将"我太高兴了"翻译成藏文句子 ང་ཤིན་ཏུ་དགའ་པོ་སོང་ 的概率是 0.00050ε。

11.5.4　学习词汇翻译模型

到目前为止，我们都是假定获得这些翻译概率分布。可事情显然不是这样，我们不可能事先了解这些概率分布。现在介绍一种从句子对齐的平行语料中学习上述概率分布的方法。该方法就是期望最大化(expectation maximization, EM)算法。

1. 语料不完备问题

前面讲了一种估计词汇概率分布的方法，即对任意输入词汇 s，遍历一个大的句子对齐的双语语料库，记录每个字词是如何被翻译的，并统计次数，然后用最大似然估计来估计这些统计数据的概率分布。但是，即便上述双语语料库是句子对齐的，它们也不是词对齐的。对于每个汉语输入字词 s，我们并不知道在对应的藏文译文句子中，哪个位置上的字词才是它的翻译。换句话说，上述数据缺少词对齐函数 a。

现在我们必须解决一个问题，即从不完备语料中估计模型，模型中词对齐是一个隐变量。

如果有人工标注的数据，即所有句对都标明词对齐关系，那么就可以通过统计频次，然后应用最大似然估计来获得词汇翻译概率模型，或者词汇翻译概率模型已经得到，就可以估计出每个句对最可能的词对齐关系。遗憾的是我们两者都没有，因此使用期望最大化算法解决上述语料不完备的问题。

2. 期望最大化算法

期望最大化算法也称为 EM 算法，是一种填补语料缺陷的迭代算法，通过交替的步骤来训练模型。期望最大化算法流程如下。

① 初始化模型。通常从均匀分布开始，或选随机翻译概率作为初始值。

② 将模型应用于数据(求期望步骤)。

③ 从数据中学习模型(最大化步骤)。

④ 重复迭代步骤②和③，直至收敛。

首先初始化模型，在没有先验知识的情况下，均匀分布是一个好的起点。在词汇翻译实例中，这意味着每个输入词 s 将被等可能地翻译成任意一个输出词 t。当然，也可以选随机翻译概率作为初始值。

在求期望的步骤中，将模型应用于数据，通过计算用最可能的值填补数据中的缺陷。在机器翻译的应用中，缺失的是词对齐关系，因此需要找到最佳的对齐。开始时，所有的对齐都拥有相同的可能性，但随着迭代的进行，对齐将会有倾向性，例如"我"的最可能的翻译将会倾向于 ང。

在最大化步骤中，从数据中学习模型，通过对缺陷的估计，数据将得到扩充。根据模型可以只简单地考虑最优的估计，但是考虑所有可能的估计，并根据概率对它们加权会更好。有时不可能有效地计算所有的估计，所以使用采样技术，利用从加权选项中得到的部分统计数据，可以通过最大似然估计来学习模型。

迭代上述两个步骤直至收敛。期望最大化算法在数学上能保证一些特性，例如在迭代过程中，模型的复杂度能够确保不会增加。在有些情况下，以 IBM 模型 1 为例，期望最大化算法能够确保收敛到全局最小值[108]。

3. IBM 模型 1 中的期望最大化算法

为了将期望最大化算法用在 IBM 模型 1 中，首先以均匀概率分布初始化模型，然后在数据上使用该初始化模型，对数据进行统计来估计改进的模型，接着进行下一轮的迭代计算。

当在数据上使用模型时，要计算给定的目标语言句子和源语言句子的一种对齐概率。在我们的例子中，就是要计算给定的藏语句子与汉语句子的一种对齐概率 $p(a|t,s)$。根据条件概率的定义和链式法则，有

$$p(a|t,s) = \frac{p(t,a|s)}{p(t|s)} \tag{11-12}$$

其中，$p(t,a|s)$ 是根据对齐函数 $a_j = i$，$(j=1,2,\cdots,m;\ i=0,1,\cdots,l)$ 将藏文字词 t_j 与汉文字词 s_i 对齐后，汉语句子 s 到藏语句子 t 的翻译概率；$p(t|s)$ 是求在任意对齐方式下，汉语句子 s 到藏语句子 t 的翻译概率，即

$$p(t|s) = \sum_a p(t,a|s) \tag{11-13}$$

对齐方式由 $a_j, j=1,2,\cdots,m$ 的具体值所决定，而每个 a_j 的取值可以是 0 到 l 之

间的任意数，因此

$$p(t|s) = \sum_{a_1=0}^{l} \cdots \sum_{a_m=0}^{l} p(t,a|s)$$

$$= \sum_{a_1=0}^{l} \cdots \sum_{a_m=0}^{l} \frac{\varepsilon}{(l+1)^m} \prod_{j=1}^{m} P\left(t_j|s_{a_j}\right)$$

$$= \frac{\varepsilon}{(l+1)^m} \sum_{a_1=0}^{l} \cdots \sum_{a_m=0}^{l} \prod_{j=1}^{m} P(t_j|s_{a_j}) \tag{11-14}$$

式中，右边是多个项之和，每个项包含 m 个翻译概率，每个翻译概率对应目标语言句子 t 中的每一个词。

不同的单项对应目标语言句子中的词到源语言句子中的词的不同对位方式，每一种对位方式只出现一次。因此，通过直接估计可以得到下式，即

$$P(t|s) = \frac{\varepsilon}{(l+1)^m} \prod_{j=1}^{m} \sum_{i=0}^{l} P(t_j|s_i) \tag{11-15}$$

这样，有

$$P(a|t,s) = \frac{P(t,a|s)}{P(t|s)}$$

$$= \frac{\dfrac{\varepsilon}{(l+1)^m} \prod_{j=1}^{m} P(t_j|s_{a_j})}{\dfrac{\varepsilon}{(l+1)^m} \prod_{j=1}^{m} \sum_{i=0}^{l} P(t_j|s_i)}$$

$$= \prod_{j=1}^{m} \frac{P(t_j|s_{a_j})}{\sum_{i=0}^{l} P(t_j|s_i)} \tag{11-16}$$

式(11-16)定义了如何把模型用于数据，计算藏语句子与汉语句子的一种对齐概率 $P(a|t,s)$，从而填补了不完备语料的缺憾。这为期望最大化算法的"期望"步骤奠定了基础。

在最大化步骤，需要对所有对齐方式下的词语翻译进行计数，用其概率作为权重。为此定义计数函数，它从句对中统计某个特定的输入字词 s 被翻译成 t 的次数，即

$$c(t|s;t,s) = \sum_{a} P(a|t,s) \sum_{j=1}^{m} \delta(t,t_j)\delta(s,s_{a_j}) \tag{11-17}$$

其中，$\delta(x,y)$ 为克罗内克函数，当 $x = y$ 时，其值为 1，否则为 0；$\sum_{j=1}^{m}\delta(t,t_j)\delta(s,s_{a_j})$ 为对位关系 a 中汉文字词 s 与藏文字词 t 对齐的次数。

把式(11-16)代入式(11-17)并作简化可以得到下式，即

$$c(t|s;t,s) = \frac{P(t|s)}{\sum_{i=0}^{l}P(t|s_i)}\sum_{j=1}^{m}\delta(t,t_j)\sum_{i=0}^{l}\delta(s,s_i) \tag{11-18}$$

其中，$\sum_{i=0}^{l}\delta(s,s_i)$ 是源语言句子 s 中单词 s_i 出现的次数；$\sum_{j=1}^{m}\delta(t,t_j)$ 是目标语言句子 t 中单词 t_j 出现的次数。

我们可以估计新的概率分布，即

$$P(t|\mathbf{s}) = \frac{\sum_{(t,s)}c(t|s;t,s)}{\sum_{t}\sum_{(t,s)}c(t|s;t,s)}$$

11.5.5　其他更高级的 IBM 模型

前面我们介绍了 IBM 模型 1，然而这个模型有很多瑕疵。当翻译过程涉及重排序、添词、舍词等问题时，它的表现不好。

在统计机器翻译技术发展过程中，研究人员给出在不同假设条件下的 5 个复杂度递增的模型，这 5 个 IBM 模型的改进如下。

① IBM 模型 1：词汇翻译。
② IBM 模型 2：增加绝对对齐模型。
③ IBM 模型 3：增加繁衍率模型。
④ IBM 模型 4：增加相对对齐模型。
⑤ IBM 模型 5：修正模型缺陷。

IBM 模型 1 忽略了词出现在句子中的位置，源语言句子中的词与目标语言句子中的词对齐时与位置无关。IBM 模型 2 根据源语言输入和目标语言输出字词的位置，为对齐增加一个明确的模型。IBM 模型 3 通过建立繁衍率模型，使每一个源语言句子的字词对应多个目标语言字词,包括前面所述的源语言字词不被翻译，以及在源语言中增添字词的情况。IBM 模型 4 引入相对位变模型，使一个源语言字词的译词(目标语言字词)位置取决于前一个源语言字词的译词(目标语言字词)的位置。IBM 模型 5 对 IBM 模型 3 和 IBM 模型 4 中一些不可能的对齐方式的概率为非零值等问题进行了修正。

参 考 文 献

[1] 嘎玛司都. 司都文法详解. 西宁: 青海民族出版社, 2003.

[2] 吉·曲周. 声明八卷. 拉萨: 西藏民族出版社, 1988.

[3] 尼玛扎西, 毛永刚, 于洪志. 信息技术信息交换用藏文编码字符集基本集(GB/T 16959—1997). 北京: 中国标准出版社, 1997.

[4] 才旦夏茸. 藏文文法. 兰州: 甘肃民族出版社, 2005.

[5] 色多五世罗桑崔臣嘉措. 藏文文法根本颂色多氏大疏. 兰州: 甘肃民族出版社, 1981.

[6] 尼玛扎西. 藏文拼写形式语言及其自动机研究和应用. 北京: 科学出版社, 2016.

[7] 毛尔盖桑木旦. 藏文文法概论. 西宁: 青海民族出版社, 2005.

[8] 格桑居冕, 格桑央京. 实用藏文文法教程. 成都: 四川民族出版社, 2004.

[9] 吉太加. 藏语语法研究. 西宁: 青海民族出版社, 2007.

[10] 字典编写组. 新编藏文字典. 西宁: 青海民族出版社, 1989.

[11] 格桑居冕. 藏语复句的句式. 中国藏学, 1996, (1): 132-141.

[12] Enderton H B. 集合论基础. 英文版. 北京: 人民邮电出版社, 2006.

[13] 陈鄢. 自然语言处理基本理论和方法. 哈尔滨: 哈尔滨工业大学出版社, 2013.

[14] 宗成庆. 统计自然语言处理. 2 版. 北京: 清华大学出版社, 2013.

[15] Linz P. 形式语言与自动机导论. 孙家骕, 等, 译. 北京: 机械工业出版社, 2005.

[16] 王小捷, 常宝宝. 自然语言处理技术基础. 北京: 北京邮电大学出版社, 2001.

[17] 俞士汶. 计算语言学概论. 北京: 商务印书馆, 2004.

[18] 才让加. 藏语语料库加工方法研究. 计算机工程与应用, 2011, 47(6): 142, 143.

[19] 冯志伟. 汉字的熵. 文字改革, 1984, 2: 12-17.

[20] 吴军, 王作英. 汉语信息熵与语言模型的复杂度. 电子学报, 1996, (10): 69-72.

[21] 黄萱菁, 吴立德, 郭以昆, 等. 现代汉语熵的计算及语言模型中稀疏事件的概率估计. 电子学报, 2000, (8): 110-112.

[22] 孙帆, 孙茂松. 中文信息处理前沿进展//中国中文信息学会二十五周年学术会议, 2006: 542-551.

[23] 江荻. 书面藏语的熵值及相关问题//中文信息处理国际会议, 1998: 377-381.

[24] 严海林, 江荻. 藏文大藏经信息熵研究//中国少数民族多文种信息处理研究与进展, 2004: 1-6.

[25] 王维兰, 陈万军. 藏文字丁、音节频度及其信息熵. 术语标准化与信息技术, 2004, (2): 27-31.

[26] 完么扎西, 尼玛扎西. 现代藏文信息熵及其属性. 西藏大学学报(自然科学版), 2017, 32(1): 51-57.

[27] 冯志伟. 自然语言处理的形式模型. 合肥: 中国科学技术大学出版社, 2010.

[28] 邢永康, 马少开. 统计语言模型综述. 计算机科学, 2003, 1: 22-26.

[29] Allen J. Natural Language Understanding. Upper Saddle River: Addison-Wesley, 1994.

[30] 张仰森, 曹元大, 俞士汶. 语言模型复杂度度量与汉语熵的估算. 小型微型计算机系统, 2006, 10: 69-71.

[31] 王大, 崔蕊. 数据平滑技术综述. 电脑知识与技术, 2009, 17: 4507-4509.

[32] 吴军. 数学之美. 2 版. 北京: 人民邮电出版社, 2014.

[33] 完么扎西, 尼玛扎西. 藏文的信息熵与输入法键盘设计. 北京大学学报(自然科学版), 2017,

53(3): 405-411.

[34] 珠杰. 藏文信息处理中若干关键技术研究. 成都: 西南交通大学, 2016.

[35] 程元斌. 一类 NFA 到 DFA 的直接转化方法. 计算机系统应用, 2012, 10: 109-113.

[36] 尼玛扎西. 藏文信息处理技术的现状、存在的问题及其前景. 西藏大学学报(社会科学版), 1997, 12(2): 1-5.

[37] 完么扎西, 尼玛扎西. 藏语自动分词中的几个关键问题的研究. 中文信息学报, 2014, 28(4): 132-139.

[38] 才智杰, 才让卓玛. 藏文自动分词系统的设计. 计算机工程与科学, 2011, 33(5): 151-154.

[39] 刘汇丹, 诺明花, 赵维纳, 等. SegT: 一个实用的藏文分词系统. 中文信息学报, 2012, 26(1): 97-103.

[40] 苗夺谦, 卫志华. 中文文本信息处理的原理与应用. 北京: 清华大学出版社, 2007.

[41] 陈小荷. 自动分词中未登录词问题的一揽子解决方案. 语言文字应用, 1999, (3): 103-109.

[42] 完么扎西, 尼玛扎西. 藏语自动分词中的数词识别方法研究. 西藏大学学报(自然科学版), 2015, 30(2): 96-104.

[43] 陈玉忠, 李保利, 俞士汶, 等. 基于格助词和接续特征的藏文自动分词方案. 语言文字应用, 2003, (1): 75-82.

[44] 陈玉忠, 李保利, 俞士汶. 藏文自动分词的设计与实现. 中文信息学报, 2003, 17(3): 15-20.

[45] 祁坤钰. 基于国际标准编码系统的藏文分词词典机制研究. 西北民族大学学报(自然科学版), 2010, (4): 29-32.

[46] 孙媛, 罗桑强巴, 杨锐. 藏语交集型歧义字段切分方法研究//中国少数民族语言文字信息处理研究与进展——第十二届中国少数民族语言文字信息处理学术研讨会, 2009: 228-237.

[47] 刘开瑛. 中文文本自动分词和标注. 北京: 商务印书馆, 2000.

[48] 史晓东, 卢亚军. 央金藏文分词系统. 中文信息学报, 2011, 25(4): 54-56.

[49] Jiang T, Yu H, Jam Y. Tibetan word segmentation system based on conditional random fields//Softeare Engineering and Service(ICSESS), 2011 IEEE 2nd International Conference on. IEEE, 2011: 446-448.

[50] 康才畯. 藏语分词与词性标注研究. 上海: 上海师范大学, 2014.

[51] 孙萌, 华却才让, 才智杰, 等. 基于判别式分类和重排序技术的藏文分词. 中文信息学报, 2014, 28(2): 61-65.

[52] 李亚超, 江静, 加羊吉, 等. TIP-LAS: 一个开源的藏文分词词性标注系统. 中文信息学报, 2015, 29(6): 203-207.

[53] 罗智勇, 宋柔, 朱小杰. 藏族人名汉译名识别研究. 情报学报, 2009, 28(3): 478-480.

[54] 加羊吉, 李亚超, 宗成庆, 等. 最大熵和条件随机场模型相融合的藏文人名识别. 中文信息学报, 2014, 28(1): 107-112.

[55] 加羊吉, 李亚超, 于洪志. CRF 与规则相结合的藏文人名识别方法. 西北民族大学学报(自然科学版), 2016, 37(3): 41-45.

[56] 华却才让, 姜文斌, 赵海兴, 等. 基于感知机模型藏文命名实体识别. 计算机工程与应用, 2014, 50(15): 172-176.

[57] 康才畯, 龙从军, 江荻. 基于条件随机场的藏文人名识别研究. 计算机工程与应用, 2015, 51(3): 109-111, 185.

[58] 珠杰, 李天瑞. 深度学习模型的藏文人名识别方法. 高原科学研究, 2017, 1(1): 112-124.

[59] 珠杰, 李天瑞, 刘胜久. 基于条件随机场的藏文人名识别技术研究. 南京大学学报(自然科学), 2016, 52(2): 289-299.

[60] 陈玉忠. 信息处理用现代藏语词语的分类方案//第十届全国少数民族语言文字信息处理学术研讨会, 2005: 24-31.

[61] 才让加. 藏语语料库词语分类体系及标记集研究. 中文信息学报, 2009, 23(4): 107-112.

[62] 才让加, 吉太加. 基于藏语语料库的词类分类方法研究. 西北民族大学学报(自然科学版), 2005, 26(2): 39-42.

[63] 扎西加, 索南尖措. 基于藏语信息处理的词类体系研究. 西藏大学学报(自然科学版), 2008, 23(1): 36-41.

[64] 才藏太. 班智达藏文语料切分词典的建立与算法研究. 计算机应用, 2009, 3: 2019-2021.

[65] 苏俊峰, 祁坤钰, 本太.基于 HMM 的藏语语料库词性自动标注的研究.西北民族大学学报(自然科学版), 2009, 30(73): 42-44.

[66] 才智杰, 才让卓玛. 班智达藏文标注词典设计. 中文信息学报, 2010, 24(5): 46-49.

[67] 华却才让, 姜文斌, 赵海兴, 等. 基于感知机模型藏文命名实体识别. 计算机工程与应用, 2014, 50(15): 172-176.

[68] 华却才让, 刘群, 赵海兴. 判别式藏语文本词性标注研究. 中文信息学报, 2014, 28(2): 56-60.

[69] 张卫. 中文词性标注的研究与实现. 南京: 南京师范大学, 2007.

[70] Brill E. A simple rull-based part-of-speech tagger//Proceedings of the Third Conference on Applied Natural Language Processing, 1992: 152-155.

[71] 完么扎西. 藏语词语兼类情况及识别规则库. 西藏大学学报(自然科学版), 2014, 29(2): 87-94.

[72] Marshall I. Choice of grammatical word-class without global syntactic analysis: tagging words in the LOB corpus. Computers and the Humanities, 1983, 17: 139-150.

[73] 于洪志, 李亚超, 王昆, 等. 融合音节特征的最大熵藏文词性标注研究. 中文信息学报, 2013, 27(5): 161-165.

[74] 龙从军, 刘汇丹, 诸明花, 等. 基于藏语字性标注的词性预测研究. 中文信息学报, 2015, 29(5): 211-215.

[75] 羊毛卓么. 藏文词性自动标注系统的研究与实现. 拉萨: 西藏大学, 2012.

[76] 完么扎西. 藏语句法分析系统的研究与实现. 拉萨: 西藏大学, 2013.

[77] 吴云芳. 词义消歧研究: 资源、方法与评测. 当代语言学, 2009, 11(2): 113-123.

[78] Brown P F, Della P S A, Della P V J, et al. Word-sense disambiguation using statistical methods//Proceedings of ACL, 1991: 264-270.

[79] Gale W A, Church K W, Yarowsky D. A method for disambiguation word senses in a large corpus. Computers and Humanities, 1992, 26: 415-439.

[80] Lesk M. Automatic senese disabiguation: how to tell a pine cone from an icecream//Proceedings of SIGDOC Conference, 1986: 24-26.

[81] 詹卫东. 面向中文信息处理的现代汉语短语结构规则研究. 北京: 清华大学出版社, 2000.

[82] 吉太加. 现代藏文语法通论. 兰州: 甘肃民族出版社, 2000.

[83] 仁青措. 书面藏语词组结构类型分析. 西南民族大学学报(哲学社会科学版), 1997,18(1): 91-96.

[84] 完么扎西, 尼玛扎西. 现代藏语名词性短语结构规则研究. 高原科学研究, 2018, 2(1): 83-93.

[85] 完么扎西, 尼玛扎西. 试析现代藏语定中、主谓和述宾等结构歧义. 西藏研究, 2018, (6): 104-108.

[86] 完么扎西, 尼玛扎西. 基于语料库的藏语动词短语结构及语法功能研究. 西藏大学学报(藏文版), 2018, (4): 181-193.

[87] 多识. 藏语语法深义明释. 兰州: 甘肃民族出版社, 1999.

[88] 吉太加. 藏语句法研究. 北京: 中国藏学出版社, 2013.

[89] 刘颖. 计算语言学. 修订版. 北京: 清华大学出版社, 2014.

[90] 冯志伟. 基于短语结构语法的自动句法分析方法. 当代语言学, 2000, 2(2): 84-98.

[91] 冯志伟. 机器翻译研究. 北京: 中国对外翻译出版公司, 2004.

[92] Gaifman H. Dependency systems and phrase-structure system. Information and Control, 1965, 8: 304-337.

[93] Robinsson J J. Dependency structures and transformational rules. Language, 1970, 46(2): 259-285.

[94] Schubert K. Metataxis: Contrastive Dependency Syntax for MT. Dordrecht: Foris, 1987.

[95] Yamada K, Knight K. A syntax-based statistical translation model//Proceedings of ACL, 2001: 523-530.

[96] Niver J, Nilsson J. Three algorithms for deterministic dependency parsing//Proceedings of the 8th Conferenceon Computational Natural Language Learning, 2003: 49-56.

[97] Niver J, Nilsson J. Pseudo-projective dependency parsing// Proceedings of ACL, 2005: 99-106.

[98] 华却才让, 姜文斌, 赵海兴, 等. 基于词对依存分类的藏语树库半自动构建研究. 中文信息学报, 2013, 27(5): 166-172.

[99] 华却才让, 赵海兴. 基于判别式的藏语依存句法分析. 计算机工程, 2013, 39(4): 300-304.

[100] 扎西加, 多拉. 藏语依存树库构建的理论与方法探析. 西藏大学学报(自然科学版), 2015, 30(2): 76-83.

[101] 华却才让, 赵海兴. 藏文复合句的依存句法分析. 中文信息学报, 2016, 30(6): 224-229.

[102] 马进武. 藏语语法四种结构明晰. 北京: 民族出版社, 2008.

[103] 刘群. 统计机器翻译综述. 中文信息学报, 2003, 17(4): 1-12.

[104] UNL Center and UNL Foundation. The Universal Networking Language Specifications.http: //www.undl.org/unlsys/unl/UNLspecs32.pdf[2002-10-3].

[105] Sato S, Nagao M. Toward memory-based translation. Proceedings of COLING, 1990, 3: 247-252.

[106] Nagao M. A Framework of a Mechanical Translation between Japanese and English by Analogy Principle. New York: Elsevier, 1984.

[107] Brown P F, Cocke J, Della P S A, et al. A statistical approach to machine translation. Computational Linguistics, 1990, 16(2): 79-85.

[108] Brown P F, Della P S A, Della Pietra V J, et al. The mathematics of statistical machine translation. Computational Linguistics, 1993, 19(2): 263-313.

[109] Scheler G. Machine translation of aspectual categories using networks//Proceedings of KI-94 Workshop, 1994:389-390.

[110] Koehn P. Statistical Machine Translation. Cambridge: Cambridge University Press, 2010.

[111] 徐志明, 王晓龙, 关毅. N-Gram 语言模型的数据平滑技术. 计算机应用研究, 1999, 16(7): 37-39.

[112] 梁华参. 基于短语的统计机器翻译模型训练中若干关键问题的研究. 哈尔滨: 哈尔滨工业大学, 2013.

[113] Och F, Ney H. Discriminative training and maximum entropy models for statistical machine translation//Proceedings of the 40th Annual Meeting of the Association for Computational Linguistics, 2002: 295-302.

[114] Och F, Ney H. A comparison of alignment models for statistical machine translation//The 18th International Conference on Computational Linguistics, 2000: 1086-1090.